기본 안전공학

정국삼 · 송영호

화수목

머리말

사회생활을 행하면서 제반 위험에 노출되는 현장의 환경에서 사람의 인명과 시설 및 장치의 보호라는 관점에서 안전이라는 개념은 사고·재해 방지와 함께 효율적인 작업 활동을 수행함에 있어 필수적인 업무의 일환으로 정착되어져야만 하는 것이다.

이와같이, 인적과 물적인 피해 및 손실의 방지에 입각한 평안한 생활 속에 지속적인 발전을 추구하면서 국내 산업을 선진국형 안전을 지향하고자 함에 따라, 횡적인 학문의 체계적인 정립과 함께 생활 속에 안전에 대한 올바른 이해와 인식의 필요성이 요구되고 있는 것이다.

즉, 생활 현장에서 작업에 따른 높은 성능과 효율을 기하기 위하여 정상상태를 지향하는 겉(表)의 학문인 일반공학과 함께 높은 안전성 또는 낮은 위험성을 기하는 이상상태를 위한 속(裏)의 학문인 안전공학의 지식과 경험이 수반 되어야만 보다 선진화된 안전문화가 정착되리라 여겨진다.

따라서, 본 책자에서는 산업과 생활 현장에서 일어나고 있는 제반 위험 요소의 발생과 이에 대응하는 대책에 대하여 안전의 기본이 되는 내용들을 분야별로 나누어 정리하여 독자의 학문적인 이해 및 지식의 습득을 위한 지침서로서의 도움이 되고자 하였다.

다만, 매우 광범위하고 다양한 분야의 안전 지식에 부응하지 못하고 부족한 지식과 미비한 내용으로 편집한 사항이 많이 있다고 사료되었기에, 이는 독자 제위의 너그러운 아량으로 이해하여 주시면서 기탄없는 지적과 조언을 기하여 주시면 추후 더욱 보완하여 보답하고자 합니다.

아울러, 신성대학교의 김 영수 교수와 대전과학기술대학교의 송 영호 교수와는 학창시절부터 오랜 기간 맺어온 인연과 더불어 본 책자 편집을 위해 많은 노고가 있었습니다. 또한, 책자 발간을 위해 도서출판 '화수목'의 관계자 여러분이 제반 지원과 협조를 하여 주셨습니다. 이 모든 분들께 감사의 인사를 드립니다.

개신골 연구실에서

대표 저자 정 국삼

차 례

기본 안전공학

P/A/R/T

01 서 론

제01장 서 론

1.1 안전의 정의

(1) 안전의 의미

'안전(安全, safety)'이라는 의미에 대해 사전에서는 다음과 같이 정의하고 있다. 즉, 안전은 '편안하여 위험이 없는 것'이라 하였는데, 여기에서 위험은 '위해(危害) 또는 손실(損失)이 생길 염려가 있는 것'이라 말하고, 위해는 '사람의 생명 및 신체를 해치는 것, 또는 그 위험과 손해'라고 말하고 있다. 또한, 염려(念慮)는 사람의 심리이고 감정인 것이다. 사람이 '그것이 안전하다'라고 하는 것은 그것이 자신을 피해를 입힐 염려가 없다고 느끼고 있는 것을 의미한다. 따라서 동일한 것에 대해 동일한 관계를 가지고 있는 사람이 다수인 경우에는, 사람에 따라 다른 정도의 염려를 느끼는데, 극단적인 경우, 어느 사람은 매우 위험하다고 느끼는 것에 대하여, 어느 사람은 안전하다고 느끼는 경우가 있다.

그러나 공학에서 안전을 취급하는 경우에는 사람에 따라 다른 개념으로 다룰 수 없는 것이다. 그러므로 일반적인 개념에 가능한 한 가까운 객관량으로서 안전성(安全性)을 정의하고, 객관량으로서 안전성을 취급하는 것까지를 공학의 범위로 하고 있으며, 이것을 사람들이 어떻게 받아들이는 가는 심리학(心理學, psychology)의 문제일 것이다. 또한, 조건을 주었을 때 안전성이 얼마가 되는 가를 구하거나, 안전성을 주었을 때 이를 만족하는 여러 조건을 구하는 것까지를 공학의 범위로, 안전성을 얼마로 정하는 가는 정치적인 행정학(行政學, public administration)의 문제로 다루어야 할 것이다. 그리고 안전성을 사람들이 어떻게 받아들이고 어떻게 행동하는 가의 문제는 사회학(社會學, sociology)의 문제일 것이다. 물론, 안전을 공학적으로 논할 때는 이들의 문제에도 관심을 가지고 다룬다고 하여도, 범위만은 명확히 하면서 공학의 범위 내에서만 다루어져야 할 것이다.

그리고 '생길 염려'에 가장 가까운 객관량은 발생확률(發生確率) 또는 생기확률(生起確率)이라 하여, 차후에 일정기간 내의 예상되는 발생횟수 즉, 예상 발생빈도(發生頻度)인 것이다. 여기에서, 안전의 정도를 '안전성'이라 하고, 위험의 정도를 '위험성'이라고 할 때, 이들은 다음의 식 (1.1)과 식 (1.2)와 같이 정의할 수 있다.

$$D = H_1 \cdot P_1 + H_2 \cdot P_2 \tag{1.1}$$

$$S = A - D \tag{1.2}$$

여기에서, D, S : 위험성 및 안전성

H_1, P_1 : 위해(인적)의 크기 및 발생빈도

H_2, P_2 : 손실(물적)의 크기 및 발생빈도

A : 정수

그런데, P가 발생확률의 경우이면 (H·P)는 '피해기대값', P가 발생빈도인 경우에는 '피해적산값'이라고 말할 수 있고, 장래에 일어난다고 예상되는 사고의 피해적산값으로 10^{-n}라고 할 정도의 적은 빈도이므로 적산이라고 말하기는 곤란하다. 그래서 P가 빈도의 경우에도 여기에서는 (H·P)을 피해기대값이라고 부르는 것으로 한다.

따라서 $H_1 \cdot P_1$은 위해의 기대값이고, $H_2 \cdot P_2$는 손해 또는 손실의 기대값이다. 다만, 이와 같이 정의하는 것은 부호화한 것에 지나지 않아, 공학에서 다루는 데는 이들 각각의 양에 상세한 정의를 주어 단위를 정하여 실제의 값을 구할 수 있게 하여야 할 것으로 이에 대해서는 나중에 언급하겠지만 개념만은 분명히 하고자 한다. 즉, 안전성은 위해 및 손해라고 하는 실제의 피해가 발생하기 전에 이의 발생을 예측하여 '피해기대값이 얼마나 적은가', 바꾸어 말하면, '피해기대값의 적은 정도'인 것이다. 적다고 말하는 것은 취급상에 어려움이 있어 크기의 정도 즉, 위험성을 취급하는 것이 공학적으로 편리하며, 이는 '피해기대값'인 것이다.

(2) 안전 용어의 사용 명칭

안전이라는 용어를 사용한 단어를 다음과 같이 구분하여 나타내어 볼 수 있다.

1) 안전칼, 안전유리, 안전성냥, 안전핀 등 — 그대로 사용하면 인체를 다치게 할 염려가 많은 것을 연구하여 그 염려를 적게 한 것.
2) 안전등, 안전폭약 등 — 특정의 용도에 이용되는 경우, 그것이 인체를 다치게 할 염려를 적게 한 것.
3) 안전모, 안전화, 안전안경 등 — 이를 이용하는 경우, 인체를 다치게 하는 것을 방지하는 것.
4) 안전기, 안전장치, 안전밸브 등 — 기계, 기구 및 장치의 파손이나 취급의 잘못을 방지함에 따라 간접적으로 인체를 다치게 하는 것을 방지하는 것.
5) 안전율, 안전계수 등 — 정량적인 수치의 개념으로 이용되는 것.
6) 안전보장 등 — 국가의 안전에 이용되는 것.

(3) 안전의 취급 범위

앞에서도 언급한 바와 같이, 피해기대값을 취급하는 공학을 편의상 '안전공학'이라고 하지만 실제로는 '위험공학'이라고 정의하는 것이 적합하다고 생각되어진다. 그러나 일반적으로 널리 알려져 있는 대로 '안전공학'이라고 칭하여 위험에 대한 사항을 다루고 있는 것이다. 이와 같이, 취급하여지고 있는 안전공학에 대하여 그 이외의 공학을 일반 공학으로 불리고 있다면, 안전공학과 일반 공학은 표 1.1에 나타낸 바와 같이, 명확한 차이가 있는 것을 알 수 있다. 즉, 대상으로 하는 상태, 평가 대상 및 발생 빈도 등이 구분되고 있는 바, 일반 공학을 겉(表)의 학문이라면 안전공학은 속(裏)의 학문인 것이다. 또한, 분야적으로 중복하지만 목적이 다르다. 바꾸어 말하면, 평가함수가 다른 것이다. 또한, 기본적인 기술은 어느 부분에서는 공통적인 것이 있기는 하지만 취급하는 범위가 다르기에 연구방법도 다른 것이다.

표 1.1 안전공학과 일반 공학의 구분

구 분	안전공학	일반 공학
대상 상태	이상(異常) 상태	정상(定常) 상태
평가 대상	위험성, 안전성	효율, 성능, 수량
발생 빈도	저(低)빈도, 드문 현상	고(高)빈도, 다발 현상
취급 범위	제어 불능, 반대적 목적	제어 가능, 합리적 목적
효과	(−) 효과	(+) 효과
학문 및 연구범위	안전성공학(위험성공학)	신뢰성공학
취급 범위	고장부터 취급	고장까지 취급

다만, 앞에서 언급한 일반 공학이라고 하는 것은 관념상의 것으로, 기계·전기·건축·토목·화학 등의 기존의 공학은 일반 공학과 안전공학의 양쪽을 포함한 것이고, 안전공학은 기존의 각 공학의 안전공학 부분만을 추려내어 하나의 영역을 형성한 것이라고 할 수 있다.

그러므로 안전공학은 모든 공학 분야에 대하여, 이를 이면(裏面)에서 취급하지 않으면 안 된다. 즉, 나타나 있는 위험 현상에 대하여 대처하는 동시에 잠재(潛在)하고 있는 위험 현상에 대하여도 대처할 필요가 있다.

1.2 위험의 정의

(1) 위험의 의미

'위험(危險)'이라는 용어에 관해서는 사전에서는 '위험한 것'과 '좋지 않은 일이 일어날 염려 또는 가능성이 있는 것'의 2가지의 의미가 거론될 수 있다. 전자가 주관적이고 정서적인 것에 대하여, 후자는 객관적이고 수량적으로 나타낼 수 있는 개념으로 해석될 수가 있다.

따라서 위험이라는 단어가 'risk'의 번역어로 틀림은 없지만, 이에 대한 의미를 보다 살펴 볼 필요가 있다. 즉, risk를 Webster 사전에서는 "The probability of loss, injury, disadvantage or destruction"이라고 나타내고 있는 것을 보면, risk의 개념은 앞에서 언급한 '위험'이라는 2가지의 의미 중에, 후자인 '좋지 않은 일이 일어날 염려 또는 가능성'에 해당할 것이다. 한편, '위험한 것'에 상당하는 단어로는 'dangerous' 및 'hazardous'가 있기에, 위험이라는 용어는 영어로 사용할 때에는 구별하여 나타내고 있다.

참고로, 'risk'의 개념은 원래 보험회사의 설립에 관련되어 활용되어지면서 risk에 관한 정보가 보험금 산정에 불가결한 것이 되면서 전문적 번역어로 '위험률'이 선정되었지만 적합한 단어가 나오지 못한 채 '위험의 정도' 또는 '위험의 비율' 등으로 불리어져 왔다. 따라서 risk의 의미는 통상적으로 위험률, 위험도, 위험성 등으로 나타내고 있는 것이 현실인데, 어간이 위험이고, 어감이 위험한 것에 직결하고 있는 것만은 분명하다.

한편, '위험'의 반대어인 '안전'에 대해서도 마찬가지로, 원자력발전소가 위험한가 안전한가? 라고 하는 질문 자체와 같이 옳은 의미는 아닐 것이다. 만약 질문한다면, '위험은 어느 정도인가?'라고 하여야 할 것이다. 이 점에 대해서는 외국의 경우도 상황은 마찬가지로, "How safe is safe enough?"라는 질문을 하는 것이 원자력 분야에서는 훨씬 이전부터 사용하고 있어, 일상적으로 사용하는 '위험' 및 '안전'이라고 하는 단어도 그 의미는 반드시 명확한 것은 아니다. 따라서 위험이라는 문제에 가장 밀접한 관계를 갖고 있는 손해보험이나 생명보험 등의 보험업계 입장에서는 용어의 통일화 및 이론의 체계화를 이룩하고자 노력하고 있는 것이다.

그러므로 앞에서 언급한 바와 같이, '좋지 않은 일이 일어날 염려 또는 가능성'으로 정의한 '위험(risk)'의 의미에 대하여, 손해보험의 입장에서는 '무언가의 사건(일)의 발생에 관하여 존재하는 불확실성'으로 정의하고 있다. 이 위험이라고 하는 개념은 손실(損失) 그 자체, 손실의 원인인 사건, 손실의 확률과는 다른 의미임을 주의하지 않으면 안된다.

(2) 위험의 구분

'위험'이라고 하는 것을 큰 의미로 나누어 볼 때, '발생의 위험(if risk)'과 '시기의 위험(when risk)'이 있다. 전자의 예로서, 산업재해의 경우와 같이 재해 발생의 여부가 불확실하여 손실 발생의 불확실성이 있다. 후자의 예로서, 인간의 사망과 같이 언제 사망하는지가 불확정하여 시기에 관하여 불확정성이 있지만, 인간은 반드시 사망하기 때문에 '발생의 위험'은 존재하지 않는 것이다.

참고로, 보험의 종류에 있어, 사고 등의 발생에 대하여 보전하여 주는 손해보험은 '발생의 위험'에 대응하고, 사망 등의 발생에 대하여 보전하여 주는 생명보험은 '시기의 위험'에 대응하는 것이다.

따라서 손해보험의 입장에서는 위험과 손실의 확률을 구별하고 있다. 즉, 어느 손실이 확실히 발생하게 되면 손실의 확률은 1 또는 100% 이기에 불확실성은 없으므로 위험은 존재하지 않는다. 마찬가지로, 손실이 절대로 발생하지 않는다면 확률은 0 이기에 역시 불확실성은 없으므로 위험은 존재하지 않는다.

예를 들면, 1만 가구를 한 집단으로 한 A와 B의 주택단지의 경우, 이들 단지에서 매년 평균 100가구(1%)가 화재로 손실을 입는다고 가정할 때, 매년 화재의 손실이 A 단지에서는 90~110가구로 변동하고, B 단지에서는 80~120가구까지 변동한다고 한다면, 손실의 확률은 두 단지 모두 1%이라 하여도 위험은 A 단지가 B 단지보다 낮다고 할 수 있는 즉, 불확실성이 보다 적은 것이다.

(3) 위험의 용어

위험과 손실과 관련된 용어로, 'peril'와 'hazard'의 의미는 차이가 있는 것이다.

즉, peril은 '손실을 일으킬지도 모르는 우연한 사건'으로 정의하며, hazard는 'peril로의 손해의 가능성을 가져오거나 또는 증가시키는 상태'로 사고 요인(要因), 손실 요인, 위험 사정(査定) 등으로 불린다.

예를 들면, 자동차 사고의 경우에, 손실을 발생시킬 가능성이 있는 peril(우연한 사건)의 하나로서 '충돌'을 들 수 있다. 그리고 충돌을 발생시킬 가능성을 많게 하는 조건은 동결한 도로인 바, 이 '동결한 도로'는 hazard(손실 요인)이다. 즉, 겨울철에는 도로가 동결되어 있기 때문에 충돌의 위험 확률은 높게 되지만, 손실의 위험 확률은 반드시 높은 것은 아니다. 그 이유로서는 앞에서 언급한 주택단지의 화재 예에서 밝힌 바와 같이, risk는 확률의 손실과 실제 손실간의 불확실성을 의미하기 때문이다.

지금까지 설명한 risk는 손해보험계의 입장에서 제시한 정의로, 일반인들이 갖는 일상적인 감각과는 반드시 일치하지 않는다. 그렇지만, 앞에서 언급한 바와 같이, peril, hazard 등의 차이는 분명히 하여 두어야 할 것이며, 특히, peril, hazard, risk, danger를 '위험'이라고 잘못 번역하여 사용하고 있는 경우가 많으므로 유의하기 바란다. 여기에서, danger는 일반적으로 '위험물'을 뜻하고 있다.

이와 같이, 위험과 관련된 용어에 대하여 올바르게 이해하고 구분하여야 한다.

참고로, 자주 사용하면서 잘못 알려질 수 있는 용어들을 짝 지워 비교·설명하여 보기로 한다.

- (failure–fault) ─ failure는 '고장'의 의미로, 시스템 요소가 규정의 기능을 잃은 것으로, 이를 사상(事象, event)이라 한다. 그리고 fault는 보통, 요소의 현행의 상태로, '고장의 결과'에 해당된다.
- (hazard–risk) ─ hazard는 '위험원(危險源)'의 의미로, 생명 및 재산에 손해를 끼칠 염려가 있는 물리적 상태이다. 예로서, 유독물질은 위험물(danger)이고, 이것이 탱크 내에 저장되어 있는 것은 hazard로서, 동결한 도로, 골프장 벙커 등도 이에 해당된다. 그리고 risk는 'hazard/안전대책'이라 생각하여도 좋다. 즉, 어느 시간의 범위, 어느 수준에서 hazard가 실제로 위험한 사태로 되는 확률이다. 도로가 동결되면(hazard) 자동차가 사고를 일으킬 확률(risk)은 높게 되는 바, 이것을 risk가 높다고 하는 것이다.
- (analysis–assessment) ─ analysis는 '해석'의 의미로, hazard를 밝히게 하고 조사하는 과정을 말한다. 그리고 assessment는 hazard를 정량적으로 표현하고 risk의 수준을 밝히게 하는 과정이다.
- (safety–reliability) ─ safety는 '안전성'의 의미로, 사람이 위해(危害)로 사상(死傷)을 입지 않거나, 물체가 파손 또는 손해를 입지 않은 상태로 정의한다.

  그리고, reliability는 '신뢰성'의 의미로, 시스템, 기기 등의 기능이 시간적으로 안전성을 나타내는 경우 또는 성질로 정의하는데, plant의 고장이나 가동률에 관한 문제를 취급한다.

  또한, '안전성 평가' 또는 '위험성 평가'라고 하여, risk라는 용어가 자주 이용되고 있는데, 이하에서는 risk를 '위험성'이라는 의미로 포괄적으로 사용하고자 한다.

1.3 사고 및 재해

오늘날 산업의 발전을 기하는 공업기술의 진보에 따라, 각종의 사고·재해는 더욱 그 발생기구가 복잡화하여짐에 따라 사고·재해의 방지대책은 과학기술의 문제와 함께 수준 높은 기술을 필요로 하게 되었다.

그리고 산업에 수반하여 발생하는 사고·재해 중에는 생산, 수송, 저장 및 기타의 산업 활동에 따라 발생하는 것 이외에 산업제품의 사용에 따른 경우도 있어, 이러한 의미에서 일상생활 중에 접하게 되는 유해·위험한 제품에 의한 사고·재해도 당연히 포함하여 다루어져야 할 것이다.

그런데, 재해는 천재(天災, 자연재해)와 인재(人災, 인위재해)로 크게 나누어 볼 수 있는데, 원칙적으로 인재는 예방할 수 있지만 천재는 예방하기 어렵다. 그래서 지진, 폭풍, 홍수, 이상기후 등과 같은 천재 대책은 오로지 이에 의한 피해를 감소시키는 것에 노력을 기울이고 있으며, 이를 위해 예지(豫知), 예보(豫報)가 중요한 과제가 되고 있다. 한편, 산업재해는 거의 대부분이 인재로서, 원칙적으로 대부분 이를 사전에 방지하는 것이 가능하기에 산업재해의 대책으로는 천재의 대책과는 달리 예방을 제1로 하여, 피해의 감소를 이와 병행하여 다루어지고 있는 것이다.

그러므로 산업에 있어 위험의 문제를 다루는데 있어서는, 먼저 사고·재해의 실태를 파악하는 것이 중요하다. 즉, 구체적으로 사고·재해가 어떠한 원인에 의해 발생하고 어떠한 경과를 거쳐 확대하는가에 대한 정확한 분석과 이를 방지하기 위한 적절한 대책에 대하여 확실한 지식을 가져야 하는데, 이들에 대한 분석 및 대책은 종합적 내지 계통적인 체계로 이루어져야 할 것이다.

이와 같이, 현대사회에서 발생하고 있는 사고·재해의 원인과 경과의 규명을 기하면서 이의 방지에 필요한 과학과 기술에 관한 계통적인 지식을 취급하는 학문이 위험공학(risk engineering)인 바, 지금까지 안전공학(safety engineering)이라고 흔히 알려져 취급하여온 것으로, 인위(人爲)재해를 연구대상으로 하는 반면에 자연(自然)재해를 연구대상으로 하는 것은 방재(防災)공학에서 취급하고 있다. 그러나 실제로는 자연재해가 가해 요인이 되는 것으로, 인위적으로 대책을 시도하는 것에 따라 그 피해를 사전에 방지하는 사고·재해가 있다. 예로서, 지진에 의한 석유시설 공장의 화재 등의 경우와 같이, 자연의 힘에 의한 직접적 피해와 인위적으로 방지가 가능한 간접적 피해를 구별하여, 후자를 안전(또는 위험)공학의 대상으로 하여 인재(人災)의 범위에 포함하여 다루어지고 있는 것이다.

실제로, 안전공학이 피해기대값을 취급하는 공학이라고 한다면 오히려 위험공학이라고 하는 편이 적당하지만, 편의상 지금까지 안전공학이라고 칭하여 위험을 취급하여 온 것이다. 그러므로 위험공학은 이와 같은 배경과 함께 이루어져온 것으로, 기존의 전통적인 공학이 순조로운 생산 공정에 관한 학문으로서 에너지 및 물질의 이동을 중심으로 취급하고 있는 반면에, 위험공학은 순조로운 생산 공정에 역행하는 요소들이 발생하는 생산저해인자 및 건강저해인자인 산업현장에서의 사고·재해를 방지함에 따라 생산 활동을 순조로운 궤도로 올려놓게 하는 독자적인 학문영역으로 다루어지고 있다고 할 수 있다.

(1) 사고·재해의 종류

사고·재해는 여러 종류가 있는데 이를 분류하는 경우, 업종별, 발생 원인별, 재해 형식과 대책 면에서의 요소별, 발생 장소별, 위험성별 등으로 나누어 볼 수 있다.

여기에서는 피해의 종류별과 위험의 종류별로 각각 나누어 정리하여 보고자 한다.

1) 사고·재해의 종류별에 의한 분류

① 화재 및 폭발 재해

인화성액체, 가연성가스, 폭발성물질, 기타 종류의 위험성물질의 연소, 분해 및 폭발 등에 의해 발생하는 산업화재 및 폭발재해로, 주로 석유와 화학 관련시설이 있는 공장 등에서 많이 발생한다. 공장건물, 생산설비, 수송선박, 원재료, 제품, 적하 등에 대한 손해가 매우 클 뿐만 아니라 인명 피해도 매우 높은 재해로 빈번히 대규모 재해로 되는 경우가 많다.

② 파괴 및 도괴 재해

보일러 또는 고압가스 설비의 파열, 시설의 도괴, 토사의 붕괴 및 낙반 등과 같이 시설, 구조물, 기계, 장치 등의 파괴 및 도괴가 원인이 되어 발생하는 재해로서 구조, 재료, 토질 등에 관련이 깊고 고압가스공업, 건설공업, 광업 등에서 자주 발생한다. 폭발재해와 마찬가지로 인명의 피해도 높은 재해이다.

③ 공업중독 및 직업병

유해가스, 증기, fume, mist, 분진 등의 흡입 및 독극물이 피부나 점막과 접촉 등에 의하여 일어난 중독, 직업성 암, 진폐(塵肺), 피부염, 눈 부식증 등의 유해 물질에 의한 것 이외에도, 방사선에 의한 방사선 장해, 소음 환경에 의한 난청, 고온 환경에 의한 열 중증 및 산소 결핍에 의한 질식 등도 여기에 포함된다. 증상으로는 급성, 아(亞)급성, 만성으로 구별되며 또한 전신장해와 국부장해로 나누어진다. 암, 진폐, 난청 등과 같이 치유하기 어려운 것도 있다.

④ 노동 상해

고소(高所)에서의 추락, 중량물에 의한 압중(壓重), 전류에 의한 감전, 단순한 전도(轉倒) 등에 의하여 일어난 골절(骨折), 좌상(挫傷), 창상(創傷), 화상(火傷) 등의 인신 상해의 사고로 인한 사상이다.

⑤ 산업공해

산업 활동에 따라 일어나는 매우 광범위한 대기 오염, 소음 진동, 지반의 침하 및 악취에 의하여 인체의 건강이나 생활과 밀접한 관계가 있는 재산, 동식물, 생육 환경에 피해를 일으키는 것을 산업공해라 한다.

앞에서의 ①~④는 공장 내에서의 사고·재해이고, ⑤는 공장주변의 지역사회에 피해를 끼치는 것으로, 주민에 대한 생활 방해 및 다른 산업에 대하여 손해가 되어 나타난다. 때로는, 폭발, 파괴 등의 사고 및 설비의 고장 등이 원인이 되어 공해 문제를 일으키는 것도 있다.

이들은 산업에 있어서는 생산저해인자로 되는 것이고, 동시에 인간에 있어서는 건강저해인자로 여겨지는 것이다. 그리고 이들의 각종 재해 및 공해는 현실적으로 원인이 서로 중복되거나 연쇄적인 인과관계에 있기에, 원인의 규명 및 방지 대책의 수립에 있어서도 이들을 각각 독립하여 별도로 다룰 수가 없는 것이다.

따라서 위험공학에 있어서는 앞에서 분류에 따른 사고·재해, 공해를 상호 관련성을 중시하며 종합적으로 시스템 공학적으로 다루는 입장을 취하는 것이 된다.

2) 사고·재해의 위험별에 의한 분류

사고·재해 종류와 기존의 학문 영역과의 관련을 보기 위해서 표 1.2에서와 같이, 이의 위험의 종류를 화학적, 물리적, 기계적, 전기적, 토목시설적 위험의 5종으로 분류하는 것이 적당하며, 이들의 위험에 속한 사고·재해를 유형별로 나누고 다시 이들의 직접원인이 되는 위험한 물건을 예시하였다. 그리고 이들은 위험에 의한 사고·재해 분류의 방침을 나타낸 것이어서, 표 1.2에 예시한 사항들은 모든 것을 망라한 것이 아니고 각각 대표적인 것에 지나지 않은 것이다.

한편, 기계적 위험에 의한 사고·재해는 발생빈도가 가장 높아, 노동재해의 통계에서 도수율에 가장 크게 영향을 주는 것이다. 또한, 다수의 인명 피해를 발생시키면서 사망률이 높은 사고·재해는 화재, 폭발, 파열, 충돌, 추락, 감전, 낙반, 붕괴, 도괴 등인데, 이들은 중대사고·재해가 되는 경향이 강한 것이고 노동재해 통계상으로도 강도율에 큰 영향을 주는 것이라고 할 수 있다.

한편, 오늘날에는 공업기술의 비약적인 진보에 따라 새로운 유해위험물질의 출현과 함께, 생산 공정에는 고압, 고속, 고온, 극저온 등의 극한 조건이 도입되는 경우가 많아지고 더구나 생산 규모의 증대에 따라 유해위험물질의 저장량 및 수송량이 격증하고 이들 설비는 대형화에 따라 사고·재해의 빈발을 초래하고 있는 것이다.

사고·재해를 위험별로 분류한 이 방법은 일반적으로 이의 계기가 되는 에너지의 형태의 차이에 따라 나눈 것이지만, 이들 방지대책은 그 유형별에 따라 서로 간에 차이가 있다고 하여야 할 것이다. 따라서 이들의 화학적, 물리적, 기계적, 전기적, 토목시설적의 각각의 위험에 대응한 대책은 각각의 분야에 있어 전문적으로 고찰·연구되어야만 하며 사고·재해의 상호 관련성도 종합적으로 고찰되어야 할 것이다.

(2) 사고·재해의 영향

사고에 의한 재해의 발생은 순조로운 생산 공정에서는 일어날 수 없는 불의의 일로서, 대부분이 발생하기 전까지 예기치 않은 사고가 돌연히 출현하면서 그 결과로 생산설비가 파괴되고 원료·제품이 소실되고 근로자가 사상하는 경우도 있으며, 더욱이 대형사고로 되면 공장 전체가 파괴에 이르는 것도 있다. 결과적으로 사고의 발생은 인적·물적 손실을 가져오는 비능률의 최대의 것이라고 말할 수 있다. 이와 같이, 사고에 의한 손실의 발생은 일반적으로 인도적, 경제적 사회생활적으로 중대한 영향을 끼치는 것이다.

표 1.2 사고·재해 위험별에 의한 분류

No.	위험의 종류	사고 · 재해의 종류별	위험물건(예)
I	화학적 위험	화재, 폭발	가연성가스, 가연성액체, 가연성고체, 가연성분진, 폭발성물질, 자연발화성물질, 금수성물질, 혼합위험성물질
		공업중독, 유해물질에 의한 직업병	질식성가스, 자극성가스, 전신중독성가스, 발암성물질, 유해분진, fume, mist, 부식성물질, 독극물
		대기오염	매연, 분진, 배가스, 악취
		수질오탁	폐액, 폐기물
II	물리적 위험	눈 장해	자외선, 적외선
		방사성 장해	α선, β선, 중성자선, γ선, X선
		열 중증, 화상, 동상	고온, 저온
		잠함병	고기압
		고산병	저기압
		난청, 소음공해	음파
		신경증, 진동공해	진동
III	기계적 위험	파열, 분출	압축기, 고압장치, 배관
		낙하, 도괴, 절단	양중기
		진동, 파단(破斷)	고속회전기
		충돌, 탈선, 역차(轢車)	차량, 운반기
		압중(壓重), 염전(捻轉)	중량물

No.	위험의 종류	사고·재해의 종류별	위험물건(예)
		전도(轉倒), 추락	통로, 계단, 발판, 사다리, 작업대
		격돌, 협착(挾搾), 절자(切刺)	원동기, 동력전달장치, 제조기계, 공작기계
Ⅳ	전기적 위험	감전	전기기기, 배선
		발화	누전, 전기불꽃, 정전기방전
Ⅴ	토목시설적 위험	낙반, 붕괴, 도괴, 침하	갱도, 토사, 지반, 구축물

① 인도적인 영향

앞의 표 1.2에서와 같이 여러 종류의 사고·재해가 발생하여 인명의 피해를 입게 되는 바, 현대 산업에 있어서의 원칙의 하나로 지켜야 할 것으로는, "인간은 그 직업에 의해 생명 및 건강을 잃어서는 안된다"고 하는 인간 존중의 원칙을 확인하여, 안전하게 건강적인 환경 속에 근로자들의 생명과 건강을 최상의 상태로 유지할 수 있도록 노력하여야 할 것이다.

② 경제적인 영향

사고·재해로 인하여 노동력과 생산수단인 원재료와 생산설비의 손실을 입게 된다. 노동 상해, 공업중독과 직업병 및 재해에 의한 휴업과 근로의욕의 상실 등을 가져오는 노동력에 대한 손실과 함께 공장의 화재, 폭발 및 파괴 재해 등으로 인한 원재료와 생산설비에 대한 피해를 생기게 함으로써 경제적인 손실을 초래하게 된다. 따라서 산업재해의 방지, 즉 생산저해인자의 제거에 따라 생산능률을 증진하고 제품의 품질을 개선하는 결과를 가져올 수 있다.

③ 사회적인 영향

공장의 사고·재해로 인하여 발생하는 가스중독, 악취, 폐기물 배가스 및 배수, 소음 등으로 인근 민가와 지역사회에 피해를 주는 영향이 점점 증가하고 있다. 따라서 이와 같은 시민생활에 폐해를 입지 않도록 사고·재해의 발생 방지와 함께 철저한 행정지도를 기울여야 할 것이다.

이상에서와 같이 사고·재해의 방지에는 2가지의 지도정신이 있다. 즉, 근로자와 지역 주민의 건강과 생명을 지키고 그 인간성을 존중하는 것을 목적으로 한 '인도주의'와 생산 저해의 원인이 되는 산업재해를 방지하고 재해에 의한 막대한 경제적 손실의 경감과 생산능률을 향상시키는 것을 목적으로 한 '경영주의'이다. 한편으로는 인간의 '건강저해인자'와 '생산저해인자'의 2가지 입장에서 보는 바, 이들은 건전한 산업의 경영이라는 관점에서 볼 때, 서로 상반된 것은 아니고 양쪽의 목적은 모두 일치하는 것이다.

결론적으로, 위험공학의 목적은 이와 같이 매우 비능률적이고 비인도적인 각종 사고·재해 발생을 사전에 방지함에 따라 산업을 건전한 궤도에 올려놓게 하는 것이다. 즉, 위험공학은 순조로운 생산 공정을 다루는 종래의 공학과는 달리, 생산 및 건강의 저해인자를 제거하기 위한 공학이라고 말할 수 있다.

(3) 사고·재해의 방지

1) 사고·재해 방지의 기본 4원칙

① 예방가능(豫防可能)의 원칙

사고·재해는 천재(天災)와는 달리 인재(人災)이므로 사전에 방지할 수 있으므로, 원칙적으로는 모든 인재가 예방 가능(preventable)하다는 것이다. 그러나 실제로 모든 인재를 예방하는 것은 곤란한 것이기에 물적인 면과 함께 인적인 면에 대해서도 원인의 규명을 하여야만 한다.

종래의 사고·재해 대책 중에는 사후 대책에 상당한 것이 많이 다루어진 경향이 있었다. 예를 들면, 화재·폭발의 대책으로서 건물의 방화구조, 위험물의 저장량의 제한, 보안거리, 방폭벽 및 방유제 등은 사고가 일어난 후의 피해를 감소시키기 위하여 설치한 것이고 화재경보기, 소화기, 소화설비 등은 화재 발생 후의 조기 발견과 화재 진압을 위한 것이고 피난설비, 구급설비 등은 이미 재해가 확대한 후 응급처치에 관한 것이다. 이와 같이, 사후 대책을 위하여 설비를 완전히 구비하여도 그것만으로는 결코 화재·폭발의 발생을 사전에 방지할 수는 없다.

즉, 사전 대책으로는 그 발생원과 위험성물질의 적정 관리가 필요한 것이다.

취급하는 물질의 물성과 이것들이 사용되는 조건하에서의 위험성 평가를 물성론, 반응론 등의 지식을 활용하여 이에 따라 과학적인 적성 관리 방식을 시행하는 것이 재해를 사전에 방지하는 기본적인 예방 대책인 것이다. 물론, 만일의 경우에 대비하여 사후 대책을 충분히 구비하는 것도 매우 중요한 것이다.

그러므로 인재 대책으로서 보다 중요한 것은 사고 발생 후의 처치보다 사고 그 자체의 발생을 사전에 방지하는 대책인 것으로, 안전공학에서는 사전대책에 중점을 두고 다루고 있는 것이다.

② 손실우연(損失偶然)의 원칙

재해라고 하는 개념을 분석할 때, 이는 비정상의 사건인 '사고'와 그 결과로서 생기는 '손실'이라는 2개의 개념으로 구분하여 고찰하는 것이 필요한데, 사고와 손실간에는 다음과 같은 관계가 있다. "하나의 사고의 결과로서 생기는 손실의 대소 또는 손실의 종류는 일정하지 않고 우연에 의하여 결정된다."라고 한다. 즉, 동일한 사고를 반복하여 행하여도 동일한 손실이 생기는 것은 아니다. 예를 들면, 가스폭발 사고의 경우, 파괴된 기물의 종류, 부상의 유무와 인원수, 부상의 부위와 정도, 폭발 후 병발하는 화재의 유무 등은 모두 폭발 당시의 사고발생장소, 인원의 배치, 주위의 가연물의 양 등에 따라 우연히 정해지는 것이기에, 일률적으로 예측할 수 없는 것이다.

실수 및 사고에 의하여 발생하는 손실은 매우 작거나 때로는 크기도 하는 경우가 있는 것이다. 이에 대한 것을 H.W. Heinlich가 수만 건에 달하는 인명 상해 통계자료를 발표하였었다. 즉, Heinlich의 법칙이라는 것으로, 예를 들면, 넘어지는 동일 사고를 되풀이하여 일어나게 하면, 상해를 입지 않은 경우가 300회, 경상의 경우가 29회, 중상의 경우가 1회의 비율로 발생한다는 1:29:300의 법칙으로 알려지고 있다. 실제로는 이 비율은 사고의 종류에 따라 다른 바, 예로서, 추락, 감전 등의 사고에는 중상의 비율이 높으므로, 이 숫자에 큰 의미가 있지는 않고 사고와 상해의 정도와는 우연적인 확률 법칙이 있다는 것을 나타내고 있는 것이다.

사고가 일어나도 손실을 전혀 입지 않는 경우가 있다. 이는 'near accident'라고 하는 '앗차 사고'인데, 이와 같이 손실이 없는 사고도 재발하면 어떠한 크기의 손실을 입는가는 우연으로 결정되므로 예측할 수 없다는 것이다. 따라서 재해 방지에 있어서 근본적으로 중요한 것은 손실의 유무에 관계없이 사고의 발생을 미리 방지하는 것이며 그 결과로서 손실도 없게 되는 것이다.

③ 원인계기(原因繼起)의 원칙

사고와 손실과의 관계는 앞에서 언급한 바와 같이 우연적인 면이 있으나, 사고와 그 원인과의 관계는 필연적인 인과관계로 연쇄적으로 진행한다는 것이다.

표 1.3에서와 같이, 직접원인은 1차 원인으로서 사고의 발생에 가장 가까운 원인으로, 물적원인과 인적원인으로 분류한다. 물적원인은 설비, 환경 등의 불량인 불안전상태, 인적원인은 사람의 불안전행위에 의해 일어나는 것이다.

간접원인으로 (1) 기술적원인, (2) 교육적원인, (3) 관리적원인, (4) 신체적원인, (5) 정신적원인의 5가지 항목이 거론되는데, 이들 원인 중에 (1), (2), (3)의 원인인 바꾸어 말하면, 기술적, 교육적 및 관리적의 3가지 원인이 대부분을 차지하고 있는 것이다. 그밖에 기초 원인으로 학교교육적원인, 사회적 또는 역사적 원인으로, 보다 폭 넓게 사회적으로 해결하여야 할 고차원인이다.

따라서 이 연쇄를 단절하여 어느 하나의 원인을 제거하면, 사고의 발생을 방지할 수가 있다. 이것을 '사고 방지대책의 실시'라고 한다.

만약, 직접원인만을 제거하여도 간접원인이 남아있는 한, 동일한 직접원인이 재발하는 것을 막을 수가 없다. 그러므로 원인 분석에 있어서는, 2차원인 또는 기초원인 까지 거슬러 깊이 규명하여 가장 근본적인 대책을 세워야만 할 것이다.

표 1.3 사고·재해 원인의 분류와 경과 과정

직접원인	1차원인	물적원인, 인적원인
간접원인	2차원인	기술적원인, 교육적원인, 관리적원인, 신체적원인, 정신적원인
	기초원인	학교교육적원인, 사회적원인, 역사적원인
기초원인 → 2차원인 → 1차원인 → 사고 → 손실		

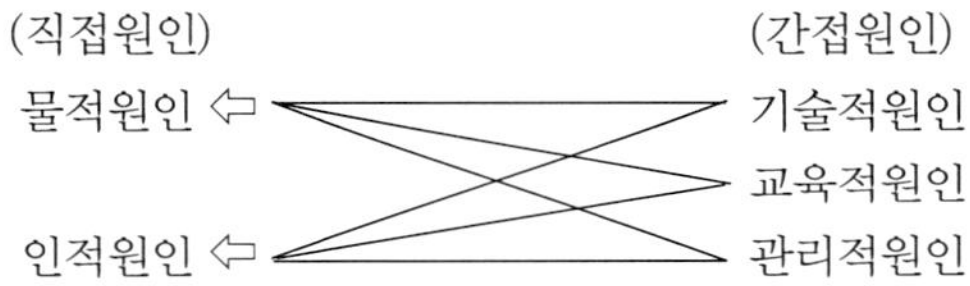

④ **대책선정(對策選定)의 원칙**

앞에서 언급한 사고 원인 중에 기술적원인, 교육적원인, 관리적원인의 3가지가 가장 중요한 것으로 들 수 있는데, 이들의 원인에 대한 대책으로는 각각 기술적(Engineering) 대책, 교육적(Education) 대책, 관리(규제)적(Enforcement) 대책으로, 위험 대책의 3E라고 말하며, 사고·재해 방지에 있어 3개의 기둥이 된다. 이들의 3E를 유기적으로 집약, 결합시켜 활용함에 따라 사고·재해의 방지에 큰 효과를 얻을 수 있는 것이다. 즉, 기술이 진보 및 발전하여 교육 효과를 높이고, 충실한 기술과 교육에 의하여 합리적인 규제를 행할 수 있다. 따라서 3E의 시행 순서는 기술, 교육, 규제의 순으로 이루어져야 할 것이다.

i) 기술적 대책 — 이 대책은 공학적 대책이라고도 말하는 것으로, 기계장치 및 공정의 설계, 공장의 건설 등에 있어 잠재한 위험요소를 보다 세밀히 검토하고 발생의 가능성이 있는 여러 위험을 예측하여, 이들의 위험 방지에 대한 대책을 기술적으로 해결하여 설계와 건설의 계획 단계에서 수립하는 것이다. 이와 같이 안전설계를 기한 기계 장치 또는 시설을 점검 및 보전의 기술을 통하여, 원래의 계획대로 유지하도록 하는 것이다, 또한, 이렇게 근본적인 기술적 대책을 시행하기 위해서는, 모든 화학물질 및 재료와 대부분의 기계 장치 및 시설에 대하여 이들의 위험한 제반 성질 또는 기구를 파악하고 이를 제어하는 구체적인 방법을 함께 파악하여야 한다. 이를 위해서는 기존의 각종 데이터를 수집 및 정리하고,

성질을 모르는 물질에 대해서는 여러 위험 물성의 측정을 행하고, 기계 장치의 안전설계에 필요한 자료를 얻기 위한 실험과 연구를 통하여 사고 방지에 필요한 자료를 축적하여야만 할 것이다.

ii) 교육적 대책 — 이 대책으로는 산업계뿐만 아니라 각종 학교와 교육기관에서 위험에 관한 교육과 훈련을 실시하는 것이 필요하다. 위험(안전)교육은 가능한 한 어린 시절부터 교통안전뿐만 아니라, 넓은 의미의 안전에 관한 올바른 태도와 관습을 심어 주어야 하며, 중등교육 과정에서는 화학실험 및 물리실험을 포함한 전 교육과정을 통하여 구체적인 안전 교육과 훈련을 실시하여야만 한다. 그리고 자연계 고등교육 과정에서는 전문교육으로 장래의 과학기술자로서의 필요한 위험공학의 지식을 계통적으로 교육시키고, 산업체의 기술자에게는 구체적인 업무 내용을 따르는 안전기술 및 관리방법에 대하여 교육을 행하도록 하여야만 한다.

iii) 규제적 대책 — 이 대책으로는 여러 가지 기준에 따라 행하는 것이다. 기준으로는 국가기관이 법률적인 규제로 시행하는 '명령기준'과 각종 학회 및 협회에서 편집한 안전지침이나 공업규격과 산업체에서 행하는 작업기준인 '권고기준'이 있다.

안전에 관한 명령기준은 안전을 확보하고 사고·재해를 방지하기 위하여 준수하여야 할 최저필요한도를 나타낸 것이다. 그리고 법규의 규정에는 제한이 있는데, 예를 들면, 소방법에 의한 규정 수량 이하의 위험물, 고압가스취급법에 의한 규정 압력 이하의 압축가스 등은 법규의 적용범위 외에 있지만, 이들의 위험성은 결코 없는 것이 아니기에 법규제의 유무를 떠나 취급에 신중을 기하여야 할 것이다.

또한, 산업기술의 진보가 빠르게 진행되고 있는데 반하여 법규를 개정하는 것은 다소의 시일이 걸리고 새로운 생산 공정의 실용화와 신규물질의 취급에 대한 법규의 개정이 이를 따라가지 못하기 때문에, 현행의 법규를 준수하여도 사고· 재해가 완전히 발생하지 않는다고 할 수가 없다. 따라서 법규로 정한 것 이외에 학회 및 협회에서 정한 권고기준도 참조하고 안전공학의 지식을 여러 방면에서 습득하여 자체적으로 작업 기준을 작성하여 이를 시행하여 보는 것이 필요하다.

결론적으로, 앞에서 설명한 기술적, 교육적, 규제적 대책에 의한 사고· 재해의 방지 대책 중에서 가장 우선적으로 다루어져야만 하는 것은 기술적 대책으로, 위험공학에서는 이들의 대책 중에서 가장 깊은 기반이 될 수 있는 안전을 위한 기술을 주로 연구대상으로 올려 다루는 것이다.

이상에서와 같이, 사고·재해의 방지에 있어서는 가장 적절한 대책을 선정하는 것이 필요하며, 이는 원인의 분석에 의해 주어지는데, 직접원인만을 대상으로 하는 대책보다는 간접원인까지 거슬러 올라가 다루는 대책이 필요하다. 또한 선정된 대책은 시기를 놓치지 않고 이를 확실히 실시하여야만 할 것이다.

2) 사고·재해 제어 수단의 5원칙

사고·재해의 위험원(危險源)과 발생조건의 제어(制御) 수단의 5원칙으로는, 물적 제어의 3원칙인 위험원의 제거(exclusion), 격리(isolation), 방호(protection)와, 인적 제어의 2원칙인 위험에 대한 인간측면의 보강(reinforcement)과 인간 측의 대응(accomodation)이 있다.

① **위험원의 제거(除去)(R_1)**

i) 대체(代替) ― 위험원이 없는 안전한 것으로 교체하는 것이다. 즉, 동일한 목적을 수행할 수 있는 다른 것으로 교체하거나 동일한 제품의 새로운 것으로 교체하는 것이다.

(예) • 세척 작업 시에 신나 대신에 비눗물이나 가성소오다(NaOH) 용액의 사용
• 승강기의 와이어로프의 교체

ii) 작업방법의 변경(變更) ― 위험원을 없애는 안전한 방법으로 변경하거나 작업방법을 개선하는 것이다.

(예) • 스프레이 도장(塗裝) 작업을 침전(沈澱) 도장 방식으로 변경
• 작업방법의 개선으로 안전한 작업 자세를 취하는 것

② **위험원의 격리(隔離)(R_2)**

i) 울 및 칸막이 설치(設置) ― 위험원에 인간이 접촉할 가능성을 배제하는 것이다.

(예) • 기계설비나 추락 및 화재·폭발의 위험이 있는 장소에의 이들의 설치

ii) 자동화 및 원격 제어방식의 채택(採擇) ― 위험원에 인간이 접촉할 필요성을 배제하는 것이다.

(예) • 위험기계의 작업점이나 유해인자의 발생 작업에의 이들의 채택

③ **위험원의 방호(防護)(R_3)**

i) 기계의 작업점에 방호장치의 설치

(예) • 연동식(連動式), 양수조작식(兩手操作式), 감응식(感應式)의 방호장치

ii) 덮개 및 후드의 설치

(예) • 기계의 동력전달장치, 맨홀 등의 개구부, 유해·위험인자가 누출되는 용기에의 이들의 설치

④ 위험에 대한 인간측면의 보강(補强)(R_4)

i) 도구 및 장비의 사용

(예) • 프레스 작업 시에 손 공구를 사용하여 가공재를 송급(送給) 및 취출(取出)

ii) 보호구의 착용(着用)

(예) • 보안경, 안전화, 안전장갑, 마스크, 귀마개, 내열복 등의 보호구 착용

⑤ 위험에 대한 인간측의 대응(對應)(R_5)

i) 인간 자신의 안전한 위치와 자세의 확보(確保)

(예) • 물체를 들어 올리는 경우, 앉아서 작업할 때의 작업 높이, 작업대의 적절한 공간을 위한 안전한 위치와 자세의 확보

ii) 인간 자신이 안전 행동의 기준 판정 이행(履行)

(예) • 위험원과 사고 발생조건을 인지하지 못한 상황에서의 작업 금지
• 작업 시작 전에 위험원과 사고 발생조건의 존재 여부를 점검 및 측정
• 작업 중단 및 종료 시에 안전 상태의 확인

이와 같이, 물적 제어의 3원칙과 인적 제어의 2원칙에 의한 사고·재해의 위험원과 발생조건의 제어 수단의 5원칙을 실행하는 기본 순서는 $R_1 \rightarrow R_2 \rightarrow R_3 \rightarrow R_4 \rightarrow R_5$의 과정으로 각 원칙의 방법을 순차적으로 진행하여 위험성(위험원과 사고발생 조건)을 확인하고 이들 제어 수단의 이행 여부에 따라 다시 $R_5 \rightarrow R_1$로 되돌아서 다시 반복하여 실행하는 것을 일명, '위험관리 model'의 구성이라고 한다.

(4) 사고·재해의 조치

1) 사고·재해 발생 시의 조치

'사고·재해 발생 시의 조치' 순서는 (1) 긴급조치, (2) 사고·재해 조사, (3) 사고·재해 원인의 분석, (4) 대책의 수립, (5) 대책의 실시 계획, (6) 대책의 실시 및 평가와 같이 6단계로 진행되어진다. 즉, 사고가 발생하였을 때에는 '긴급조치'를 취하여 피해를 최소화하도록 하는 것이 필요하다. 이 경우에, 당황하지 않고 침착히 행동하고 순간적으로 조치를 취할 때는 그 조치의 결과로 일어날 상황을 예상하여 다음에 취하여야 할 조치를 강구하여야 한다.

2) 사고·재해의 조사

'사고·재해 조사'는 사업장내에서 발생한 사고·재해를 대상으로, 그 원인과 구성 요소를 파악하고 이의 결과를 통하여 대책을 수립함으로써 유사 및 동종의 사고·재해가 발생되지 않도록 예방하는데 목적이 있으며, 이의 조사 요령은 표 1.4에서와 같이 단계별로 진행한다.

3) 사고·재해 원인의 분석

사고·재해는 여러 발생 원인들이 복잡하게 얽혀 있을 뿐만 아니라 그 요소들의 결합 방식에 따라 나타나는 결과도 달라지기 때문에, '사고·재해 원인의 분석'에 있어서는 그 실체를 포착하기가 어렵기에 분석의 목적에 따라 분석방법도 달라지게 하여야한다.

일반적인 원인분석 방법으로는 다음과 같이 개별적 및 통계적 방법이 있다.

i) 개별적 원인분석 — 이 분석은 각각의 사고·재해별로 자세히 그 원인을 규명하는 것이기에, 예상하지 않았던 사항들을 발견하게 되거나 지금까지 실시하고 있는 안전대책의 결함을 알 수 있게 된다. 그러므로 특별하거나 중대한 사고·재해의 원인 분석 및 사고·재해 발생건수가 적은 중소 규모의 사업장에 적합한 방법이다.

표 1.4 사고·재해 조사 요령

진행순서		조사내용
제1단계	사실 확인	• 현장조사를 통해 작업 개시부터 사고·재해 발생까지의 과정과 관련 요인 조사 • 사고·재해 발생 후의 조치 및 2차 사고·재해 여부 조사
제2단계	직접원인 및 문제점 확인	• 파악된 사실에 근거하여, 기준에서 벗어난 사실을 문제점으로 취하여 재해의 직접원인을 확인 • 확인된 문제점은 인적·물적 및 그 배경이 되는 관리면도 분석, 검토하여 사고·재해의 영향 정도를 평가
제3단계	기본원인 및 근본적인 문제점 결정	• 불안전상태 및 불안전행동의 배후에 있는 기본원인을 4M에 의해 분석 및 결정하여 근본적인 문제점 결정
제4단계	대책 수립	• 확인된 사고·재해 원인 및 근본적 문제점을 중심으로 동종 및 유사 재해의 예방 대책과 실시 계획의 수립

그리고 대표적인 분석기법은 다음과 같은 것들이 있는데, 이들 분석 결과들은 통계적 원인분석의 기초자료로 활용되어진다.

a) 사고·재해 행렬법(actual dynamic matrix): 사고·재해 요인들 간의 시간적 영향을 행렬표로 나타내는 기법

b) 특성요인도(fish bone type): 사고·재해 요인들의 상호 인과관계를 화살표로 결합시켜 표현하는 기법

c) 결함수분석(fault tree analysis): 사고·재해 요인들 간의 논리적 결합구조를 이용하여 연역적으로 분석하는 기법

d) 사상수분석(event tree analysis): 사고·재해 요인들 간의 사상의 전개과정을 대응의 적부로 귀납적으로 분석하는 기법

e) 문답법: 사고·재해 요인을 구조화된 질문을 따라 추적하여 분석하는 기법

ii) 통계적 원인분석 ― 이 분석은 사업장에서 발생한 사고·재해의 구성 요소들을 통계기법을 활용·분석하고, 사고·재해의 발생 경향이나 요인 및 공통적인 유형을 파악하여 공통적 사고·재해 발생요인을 갖는 동종 사고·재해의 예방에 적합한 방법이다.

일반적으로 이용되고 있는 사고·재해 통계로서 월별, 요일별, 직장별, 직종별, 시간별, 근속년수별, 연령별, 부상부위별 등이 있고, 이외에 분석목적에 따라서 성별, 상해유형별 등으로 다양한 양식이 활용될 수 있다.

이와 같은 통계적 분석결과의 도표에 의한 표현 방식에는 다음의 것이 있다.

a) 파레토도(pareto chart): 분류항목을 크기순으로 나열하여 항목간의 경중을 비교하는 방식

b) 크로스도(cross chart): 2개 항목 이상의 발생빈도를 분석하는 방식

c) 관리도(control chart): 시간 경과에 따른 재해발생건수 및 불안전행동률 등의 변화 추이를 나타내는 방식

4) 사고·재해 예방대책의 선정과 실시

사고·재해에 대한 예방대책으로는 직접원인의 제거뿐만 아니라 그들의 배후에 있는 보다 근본적인 요인들의 제거가 요구되고 있는 것이다. 이러한 관점에서 볼 때, 3E(Engineering, Education, Enforcement)나 4M(Man, Machine, Media, Management)에 의한 사고방식은 사고·재해의 배후 요인인 즉, 근원적인 요인을 이해하는데 효과적인 틀을 제시한다고 할 수 있다.

그리고 대책은 선정만으로 끝나는 것이 아니라, 그것이 실행되어야만 비로소 사고·재해 분석의 효과를 나타내기 때문에, 예방대책이 선정되면 그 대책을 신속하게 실시하는 것이 중요하다. 이 대책들의 실행 조치는 사고·재해와 관련 있는 관리감독자 및 작업자가 중심이 되어 관계자의 협조를 얻어서 실시하는데 누가, 무엇을, 어떻게 해야만 하는가에 대한 교육과 훈련을 행하여 두어야 한다. 특히, 사고·재해가 빈발하는 것이 아니므로, 평소 반복적인 훈련에 의하여 신속한 대처능력을 갖도록 하여야한다.

(5) 사고·재해 통계

1) 사고·재해율

사고·재해의 발생을 통계적으로 나타내는 비율로는, 사고·재해의 발생 빈도와 크기 등을 다루는 수치로 다음의 식(1.1) ~ 식(1.8)에서와 같이 도수율, 강도율 등으로 나타낸다.

① 도수율(度數率, frequency rate: F.R)

사업장의 사고·재해 발생 빈도를 나타내는 수치로, 근로시간수(100만 시간)중에 발생하는 사고·재해건수의 비율을 지수로 나타낸 것이다.

$$도수율 = (사고·재해건수/근로시간수) \times 10^6 \quad (1.1)$$

여기에서, 근로시간 수는 1일의 소정 근로시간과 근로일수의 곱으로 산정하며, 이 방법의 적용이 어려울 경우에, 평균 수치로 1일 8시간, 1개월 25일의 근로로 하여 1년간 1인의 근로시간을 2,400시간으로 산정한다. 그리고 사고·재해 발생 건수의 계산에는 산업재해보상법에 의한 4일 이상의 요양을 요하는 상해 사고를 기준으로 하는 것이 일반적이다.

② 강도율(强度率, severity rate: S.R)

사업장의 사고·재해 발생 크기를 나타내는 수치로, 근로시간수(1,000시간)중에 발생한 사고·재해로 인한 근로손실일수의 비율을 지수로 나타낸 것이다.

$$강도율 = (근로손실일수/근로시간수) \times 10^3 \quad (1.2)$$

여기에서, 근로손실일수의 산정은 재해에 의한 휴업일수의 (300/365), 사망의 경우에는 7,500일로 하며, 장애등급에 따라 50~7,500일의 근로손실일수 규정을 적용하는 바, 이에는 2가지 경우로 구분한다. 즉, 그 기간 동안 휴업하여 치료한 후에, 근로하는 경우와 신체의 노동기능장애가 남아있는 경우(영구일부노동불능)이다. 전자의 경우에는 강도율의 계산은 간단하며, 후자의 경우에는 법적으로 정해진 신체장애등급표에 따라 산정한다.

③ 천인율(千人率)

사업장의 근로자수(1,000명)에 대하여 1년간 사고·재해 발생건수의 비율을 지수로 나타낸 것이기에, '년천인율(年千人率)'이라고도 한다.

$$천인율 = (연간\ 사고·재해발생건수/근로자수) \times 10^3 \quad (1.3)$$

여기에서, 천인율은 재해의 통계 또는 분석을 하는데 있어 그다지 자세한 편이 못되지만, 사업장별 사고·재해 발생 정도를 파악하는데 참고하고 있다. 실제로 이를 변형시킨 백분율로 100명의 근로자 중에 1년에 발생하는 사고·재해자수를 '재해율'이라고 명명하여 이용되기도 한다.

④ 도수강도치(度數强度値, frequency-severity index, FSI)

사고·재해의 발생빈도의 다소와 상해 정도의 강약을 종합하여 나타낸 지수로, 도수율과 강도율을 동시에 고려하였기에 '종합사고·재해지수'라고도 부르며, 두 사고·재해 지수의 기하평균값이다.

$$도수강도치(FSI) = \sqrt{도수율 \times 강도율} \quad (1.4)$$

여기에서, 이 도수강도치는 어느 집단의 안전 성적을 비교하는 수단으로는 가장 논리적으로, 사고·재해의 발생 빈도나 강도만으로 평가할 때의 불합리한 점을 보완할 수 있는 방법이기도 하다.

참고 도수율과 강도율의 의미

1년간 100시간의 시간외 근무를 하며 20년간을 사업장에서 근로하였다고 가정할 때, 총 근로시간은 (8시간 × 25일 × 12개월 + 100시간) × 20년 = 50,000시간이 된다.

만약, 이 사업장에서 도수율이 20, 강도율이 3이라고 한다면, 사고·재해건수(P) 와 근로손실일수(Q) 다음과 같이 계산된다.

$20 = (P/50{,}000) \times 10^6 \Rightarrow P = 1.0$(건)

$3 = (Q/50{,}000) \times 10^3 \Rightarrow Q = 150$(일)

따라서 확률적인 견지에서 그 사업장에서 20년간 근무하는 동안 평균 1회의 사고·재해를 입게 되어 150일의 근로손실일수를 갖게 된 것이다.

한편, 도수율이 10.0이고 강도율이 2.0인 사업장의 경우, P = 0.5(건)이 되어 이 사업장에서 20년간 종사하는 근로자 중의 50%는 평균 1회씩 사고·재해를 입어 100일의 근로손실일수를 가지고 나머지 근로자 50%는 사고·재해를 입지 않는 결과가 된다.

⑤ 재해손실계수(cost factor)

10^3 근로시간당의 직접손실비(보상비와 의료비)의 합계를 나타낸 것이다.

$$사고·재해\ 손실계수 = (직접손실비/근로시간수) \times 10^3 \quad (1.5)$$

⑥ 생산량 또는 주행거리당의 재해 발생율

(예) • 생산량 100 ton당의 재해 발생율 = (재해건수/생산ton수) $\times 10^2$ (1.6)

• 주행거리 10^4km당의 재해 발생율 = (재해건수/주행거리) $\times 10^4$ (1.7)

⑦ 업무외의 재해율

$$업무외의\ 재해율 = (재해자수/업무외의\ 생활시간 \times 근로자수) \times 10^6 \quad (1.8)$$

2) 사고·재해율의 이용

사고·재해율은 이의 산정(算定) 및 사고·재해의 대책면에 있어 효과적으로 이용하는 것을 고려하여야 한다.

① 위험도의 추정

사업장 위험도의 추정에는 여러 방법이 검토되고 있으나, 사고·재해율로 비교적 용이하게 산정한다. 예로서, 도수강도치(FSI), 도수율(F.R) 등을 각 업종 평균과 비교함에 따라 안전관리의 객관적인 목표값으로 세울 수 있다.

② 관리도에 의한 안전관리

안전관리의 상황이 양호한 제1차년도의 사고·재해 도수율을 1개월 또는 1분기 마다 계산하고 아래의 식(1.9), 식(1.10)과 같은 관리한계를 산정하여 상방(上方) 관리한계값 이상이 발생할 경우, 안전 상태에 이상이 있는 것에 따라 즉시 필요한 대책을 강구하게 된다.

$$상방\ 관리한계값(UCL) = A + 2,756\sqrt{A(1-A)/M \cdot H} \tag{1.9}$$

$$하방\ 관리한계값(LCL) = A - 2,756\sqrt{A(1-A)/M \cdot H} \tag{1.10}$$

여기에서, $A = X/M \cdot H$

X : 재해건수, M : 근로자수, H : 근로시간수

③ 안전관리에의 활용

예를 들면, 각 사업장 간의 사고·재해율을 근거로 하여 안전 경쟁을 행하여, 안전에 대한 필요성과 관심의 향상을 기하여 본다.(예; FSI가 적당함)

1.4 사업장 안전관리

사고·재해의 효과적인 예방을 위해 사업장에서 기본적으로 행하여야 할 안전관리의 주요 활동에 대하여 언급하고자 한다.

(1) 안전관리 조직

1) 안전관리 기본조직

① 직계식 조직 ─ 안전관리에 관한 계획에서부터 실시에 이르기까지의 모든 것을 생산조직을 통하여 시행하는 관리방식으로, '라인(line)형 안전관리'라고도 한다. 이 조직은 소규모 사업장에 적합한 것으로, 안전관리를 전담하는 부서없이 모든 권한이 포괄적이고 직선적으로 행하게 되어 고도의 관리를 기할 수는 없다.

② 참모식 조직 ─ 안전관리를 관장하는 참모부문이 생산라인의 업무를 행하지 않고 안전관리의 계획, 조사, 검토, 권고, 보고 등을 행하는 조직으로 '스태프(staff)형 안전관리'라고도 한다. 그러므로 안전관리의 책임 및 권한이 직능적으로 분담되어 있는 것이 특징이다.

③ 직계참모식 조직 ─ 직계식 조직과 참모식 조직의 장점을 취한 절충식 조직으로, 안전관리 업무를 관장하는 참모부문이 안전대책의 기획을 행하게 하고, 생산라인의 각 부문에는 겸임 및 전임의 안전담당자를 두어 안전대책의 실행을 행하도록 하는 것이 특징으로 많은 사업장이 활용하고 있다.

2) 법규상의 안전보건관리 체제

사업장의 안전보건관리 체제는 개별 사업장의 업종, 규모, 경영방침 및 과거의 안전보건활동의 실적에 따라 다르기 때문에 그 형태에 대하여 일률적으로 정의할 수는 없지만, 산업안전보건법은 안전보건관리 조직의 정점과 생산계통의 정점과를 일치시킬 수 있도록 그림 1.1에서와 같이 관리조직의 체제를 구성하도록 규정하고 있는 것이다.

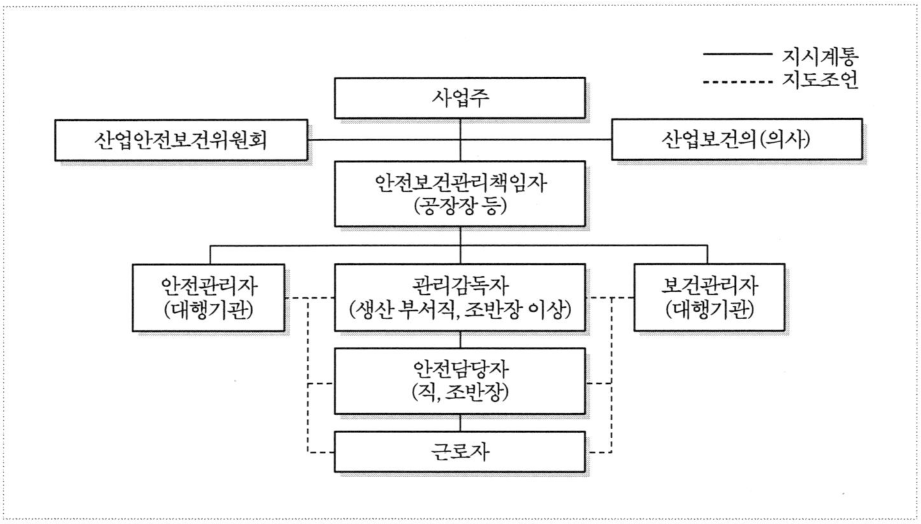

그림 1.1 법규상의 안전보건관리 조직

법정 안전보건관리 조직은 기업별의 일반적인 안전보건관리 조직과, 도급·수급 관계 기업체의 안전보건관리 조직으로 나누어 볼 수 있는데, 이들의 업무 활동은 모두 사업장내의 안전보건에 대한 교육·지도·감독, 재해의 예방, 재해 발생 시의 긴급조치 및 기타의 안전보건에 대한 제반 조치 사항 등을 강구하는데 있다. 즉, 건설업, 조선업 등과 같이 도급 관계에 있는 복수의 사업주의 근로자가 동일한 사업장내에서 근로하고 있는 경우에는 안전관리 책임의 한계가 모호하거나 사고·재해의 발생 가능성이 매우 크기 때문에, 안전보건 총괄책임자를 두어 도급주가 사고·재해 예방 업무를 총괄관리하도록 규정하고 있다. 그리고 도급·수급 관계 기업체는 안전보건에 관한 사업주 간의 협의체를 구성·운영하도록 별도로 규정하여, 도급·수급 기업체 근로자가 함께 작업함으로써 발생할 수 있는 산업재해를 예방하도록 하고 있다.

그리고 안전관리자는 안전보건관리책임자가 총괄 관리하는 산업재해 방지업무 중에 안전에 관한 기술적인 사항에 대하여 사업주 또는 관리책임자를 보좌하고, 관리감독자 및 안전담당자에게 안전업무에 대하여 지도 및 조언을 행하도록 하고 있으며, 주요 법적 직무 내용은 다음과 같다.

① 해당 사업장의 안전보건관리 규정에서 정하고 있는 업무
② 유해위험 기계·기구 등의 방호장치와 보호구의 구입 시에 적격품의 선정
③ 해당 사업장의 안전교육 계획의 수립 및 실시
④ 사업장 순회 점검, 지도 및 조치의 건의
⑤ 산업재해 발생의 원인 조사 및 대책 수립
⑥ 법정 명령이나 안전보건관리 규정 중에 안전 관련 사항을 위반한 근로자에 대한 조치의 건의
⑦ 기타 안전에 관한 사항으로서 고용노동부장관이 정하는 사항

(2) 안전보건관리 계획 및 규정

1) 안전보건관리 계획

안전보건관리에 있어 조직과 체제가 확립되면 이에 필요한 올바른 계획을 수립함으로써 모든 안전보건관리 활동이 지속적으로 전개되어지는 바, 계획의 주된 내용으로는 실시의 사항(중점사항과 세부사항), 시기, 부문, 담당자, 유의점, 결과 보고 및 확인 등이 명시되어야 한다.

그러나 설정된 안전보건관리 계획이 충실하지 못하거나 안전보건관리 활동이 활성화되지 않은 경우에는, 해당 사업장, 시설, 기타 사항에 관한 종합적인 안전보건관리의 개선 계획의 수립 및 시행을 조치할 것을 규정하고 있다.

2) 안전보건관리 규정

안전보건관리 규정은 사업장의 안전보건을 유지하기 위해 설치하여야 할 안전보건관리에 관한 기본적인 사항을 정한 것으로, 이를 근간으로 안전수칙·안전위원회의 규칙 등의 각종 규칙과 안전작업기준·설비검사기준 등의 안전기준이 마련되어진다. 그리고 동 규정은 사업장의 안전관리에 대한 기본성격을 정하는 것으로, 다음의 사항들이 포함되어야 한다.

① 안전보건관리 조직과 그 직무에 관한 사항
② 안전보건교육에 관한 사항
③ 작업장 안전 및 보건 관리에 관한 사항

④ 작업장 사고 조사 및 대책 수립에 관한 사항
⑤ 기타 안전보건에 관한 사항

(3) 안전 점검 및 진단

1) 안전 점검

'안전 점검'은 사업장 내의 건설물 및 설비, 기계, 기구 등의 안전 확보 상태가 구조, 규격, 기준 및 규칙 등의 여러 측면에서 정하여진 안전기준에 적합한 가의 여부를 확인하는 안전 활동으로서, 이의 방법은 대상 기기와 설비의 특성에 따라 다르지만, 일반적으로 다음 사항으로 나누어 볼 수 있다.

① **외관 점검** — 기기의 배치, 상태, 손상, 부식, 누유(漏油) 등의 유무를 육안 및 촉수에 의한 조사와 그 설비의 점검기준에 따른 해당기기의 양부(良否) 확인
② **작동 점검** — 점검 대상기기를 정해진 순서로 작동시켜 작동상황의 양부 확인
③ **기능 점검** — 간단한 조작을 행하여 기능의 양부를 확인
④ **종합 점검** — 정해진 기준에 따른 측정검사와 정해진 조건에 따른 운전시험을 행하여 그 기기의 종합적인 성능의 양부를 확인

이와 같이, 점검으로 발견된 기기 및 설비의 불안전요소에 대하여는 신속하게 조치를 취하여 재해를 예방하는 것이 안전 점검의 목적인 것이다.

그리고 특히 위험한 기기 및 설비에 대하여는 안전 점검의 취지를 적극 반영하여 '자체검사'를 정기적으로 시행하도록 법규상으로 규정하고 있다. 검사 방법은 외관검사, 기능검사, 검사기기에 의한 검사, 시험에 의한 검사 등이 있는 바, 그중에서도 초음파검사, 자기검사, 방사선 투과검사, 내압검사 등의 비파괴검사 방식이 활용되기도 한다.

2) 안전 진단

'안전 점검'이 사업장의 자체 인력에 의한 정기적인 안전상태의 평가활동이라면, '안전 진단'은 전문가나 외부 인력에 의해 비정기적, 수시적인 안전상태의 평가활동이라 할 수 있다. 안전 진단은 외부 인력에 의한 안전 확보상태의 평가인 만큼, 점검 및 검사의 기술적 수준은 안전 점검에 비하여 보다 전문적이다.

안전 진단의 주요 내용은 다음과 같은 사항을 들 수 있다.

① **물적 사항** — 기계 설비 및 위험물질의 위험성
② **인적 사항** — 불안전행동 및 작업방법, 안전보호구의 착용
③ **관리적 사항** — 안전관리체제 및 활동 상태, 안전활동 상태, 안전교육 실시
④ **환경적 사항** — 작업환경 상태

(4) 안전교육

안전교육은 산업체가 사업장 내의 인명과 재산을 보호하는 차원에서, 작업자에게 사업장에서 활용하고 있는 생산기술 전반에 대한 폭 넓은 지식과 기술을 제공하고, 또한 위험예지 능력과 사고·재해 예방조치 능력을 향상시키고 만약, 사고·재해가 발생하였을 경우에 그 피해를 최소화할 수 있는 능력을 육성시킴으로써 작업자 스스로의 생명과 신체 그리고 사업장의 재산을 보호하기 위하여 실시하는 것이기에 매우 중요하고 절대적으로 필요한 것이다.

1) 안전교육의 종류

산업안전보건법상, 안전교육은 사내 안전보건교육의 종류와 교육내용을 규정하고 있는데, 주요 교육으로는 근로자 정기교육, 채용 및 작업내용 변경시의 교육, 유해위험작업 근로자의 교육, 관리감독자 정기교육이 있으며 또한, 안전보건관리책임자를 비롯하여 안전관리자, 보건관리자, 산업보건의, 안전보건관리 대행기관 종사자, 자체검사원 등의 안전보건 관리업무를 수행하는 자도 신규교육 및 보수교육을 받도록 하고 있다.

2) 안전교육의 방법

안전교육은 단순한 안전에 관한 지식만을 가르치는 것뿐만 아니라 습득한 지식이 기능적으로 적용될 수 있게 하고 또한, 언제나 안전지식에 입각해서 행동할 수 있도록 동기유발 수준을 유지할 수 있게 하는 것이 중요하다. 따라서 안전보건관리자는 안전교육의 기법에 대해서도 깊은 이해와 숙지가 선행되어야 한다.

일반적으로 많이 이용되고 있는 안전교육 기법 및 장단점에 대하여 표 1.5에서와 같은 사항들이 있으며, 교육방법은 목적, 대상자, 훈련자, 훈련기간 및 장소 등에 따라 적합하게 적용되어져야 하며, 교육내용은 훈시보다는 이론적 설명이, 이론적 설명보다는 토의나 관찰이 또한, 보편적인 것보다는 실무에 관련된 안전교육으로 진행시키는 것이 좋다. 이 경우, 교육의 진행은 기본적으로 지식교육, 기능교육, 태도교육의 순서로 이루어지는 것이 보통이다.

표 1.5 주요 안전교육 기법 및 장단점

교육기법	장 점	단 점
강의	• 시간의 계획과 통제가 용이하다. • 많은 것을 동시에 하기가 쉽다.	• 하향식이며 권위주의적이다.
실습	• 흥미를 일으킨다. • 요점 파악이 쉽고 습득이 빠르다.	• 장소 선정이 어렵다. • 학습과 작업과의 구별이 문제된다. • 과오, 위험성이 있다.
시청각 교육	• 흥미가 있고 학습동기가 유발된다. • 학습의 속도가 빠르다. • 인상적으로 잘 기억할 수 있다.	• 작성에 잔일과 경비가 든다. • 이동에 불편하다. • 적절한 교재의 확보가 어렵다.
토의법	• 민주적, 협력적 • 적극적인 사고유발 • 주제 테마에 의해 동기가 유발된다. • 지식 경험을 자유롭게 교환할 수 있다.	• 참가자의 질에 좌우된다. • 지도자로서 적재 경험자를 구하기 힘들다. • 많은 사람을 동시에 상대할 수 없다.
사례 연구	• 학습 동기를 유발할 수 있다. • 현실적인 문제의 학습이 가능하다. • 생각하는 학습 교류가 가능하다.	• 적절한 사례의 확보가 곤란하다. • 원칙과 rule의 체계적 습득이 힘들다.

P/A/R/T

02 위험성

2.1 | 위험성의 정의

2.2 | 위험성의 상대적 비교

2.3 | 위험성의 공중적 허용

2.4 | 위험성의 평가

제02장 위험성

2.1 위험성의 정의

(1) 위험성의 의미

위험성(또는 위험도, 위험률)은 보통, 인적 또는 물적 피해(손실)의 크기와 이것이 일어나는 확률의 곱으로 정의하고 있지만, 차후 언급하는 위험성 평가를 논의하는 경우에서는 위험성의 개념을 이뿐만 아니라 사회가 이를 어떻게 평가하는가에 대한 것도 포함시켜야 한다고 지적하고 있다. 즉, 공중적 수용(또는 허용) 또는 사회적 수용(또는 허용)(public acceptance/social acceptance)에 대하여 주안점을 갖게 되었는바, 오래 전부터 특히, 원자력발전소의 위험성에 관련하여 risk assessment 및 public acceptance의 연구가 진행되고 있었다.

즉, 미국 원자력위원회가 원자력발전소의 위험성의 평가에 관한 보고서로 발표한 바(Reactor Safety Study, WASH-1400)에 의하면, 사고에 의한 공중적(사회적) 위험성(public/social risk level)을 정량적으로 비교하기 위해 다음과 같이 정의하였다.

$$\text{공중적(사회적) 위험성} = \text{발생확률(빈도)} \times \text{피해크기(강도)}$$

$$\text{(손실크기/단위시간)} = \text{(사고건수/단위시간)} \times \text{(손실크기/사고건수)}$$

예를 들면, 1년 동안 약 80만 건의 교통사고가 일어나 그 중에서 200건당 1건의 비율로 평균 1.5명의 사망자가 발생한다고 할 경우, 교통사고에 의하여 사망하는 공중적(사회적) 위험성은 다음과 같이 계산할 수가 있다.

$$8 \times 10^5 \text{(사고/년)} \times 1.5/200 \text{(사망/사고)} = 6 \times 10^3 \text{(사망/년)}$$

현재, 국내 총 인구를 5천만 명이라고 하면, 각 개인당의 평균적인 social risk는

$$6 \times 10^3 \text{(사망/년)}/5 \times 10^7 \text{(명)} = 1.2 \times 10^{-4} \text{(사망/년·명)}$$

이 위험성은 1명당 1년에 교통사고로 사망하는 개인적 social risk라고 말한다.

그런데, 이 수치의 의미는 10만 명의 집단에서 1년에 12명이 사망할 가능성이 있다는 것으로, 한 사람이 0.00012 또는 0.012%의 사망의 가능성이 있다. 이와 같이, 위험성의

정의에서 나타낸 바와 같이, 위험성은 공중(사회)에 대한 위험성(public/social risk level)과 개인에 대한 위험성(personal risk level)으로 나타낼 수 있는 것이다.

한편, 국내의 산업재해로 인한 사망자수가 1년에 2천 명 정도이므로, 총 산업체 근로자를 1,250만 명으로 할 때, 국내의 산업재해에 의한 산업체 근로자 개인의 사망 risk는 1.6×10^{-4}(사망/년·명)의 값을 나타내고 있으며, 업종별로는 이의 값보다 높거나 낮은 수치로 비교가 될 것이다.

이와 같은 개인적 위험성에 대하여 사람이 어떠한 반응을 나타내고 있는 가를 H. J. Otway와 Erdman은 다음과 같이 설명하고 있다.

- 10^{-2}(사망/년·명) — 사람의 자연 평균수명을 100년이라고 하는 경우의 개인의 위험률(risk level)로서, 극히 높은 비율의 값을 나타내는 위험률인 것이다.
- 10^{-3}(사망/년·명) — 극히 일부의 운동경기(예: 권투)나 3D 업종의 산업분야에 존재하는 경우이다. 이러한 높은 수준의 위험률을 갖는 작업은 매우 적어서, 일반적으로는 허용(또는 용인)할 수 없는 위험률이기에, 이의 risk를 감소시키고자 하는 대책을 즉시 수립하여 시행하여야만 할 것이다.
- 10^{-4}(사망/년·명) — 이러한 위험률의 작업은 일반 사람들이 근무하고 싶지 않다고 생각되는 것으로, 이러한 위험률의 작업이 있다면 사람들이 공동으로 대책을 강구하는데 이르기까지는 아니지만, 이의 위험성을 낮추고자 하는데 필요한 손실 비용을 투자하는 정도의 개인 risk이다. 예를 들면, 교통 규제 및 소방 등에 대한 법적인 규제가 해당된다.
- 10^{-5}(사망/년·명) — 수영하다가 익사하는 정도의 위험률로, 이러한 위험률의 예방에 대해 일반 사람들이 적극적인 관심과 이에 대한 대책을 느끼고 있으며, 이 risk를 피하기 위해서는 다소 불편하여도 이를 감수하고자 한다.
- 10^{-6}(사망/년·명) — 천재(天災) 즉, 자연재해에 의한 위험률과 같은 정도로서, 이러한 risk가 타인에게는 일어나도 자신에게는 일어나지 않는다고 생각하는 위험률이다. 따라서 보통의 사람들은 이러한 risk에 그다지 관심을 나타내지 않으며, 만약, 이러한 종류의 재해가 일어나면 숙명적인 것으로 받아들이고자 하는 생각을 한다.

  이와 같은 위험성에서 알 수 있는 바와 같이, 사고에 의하여 10^{-3}(사망/년·명) 이거나 그 이상의 높은 위험성은 공중 사회생활에서 허용(또는 용인)될 수 없는 높은 위험성이고, 한편, 10^{-6}(사망/년·명)이거나 이보다 낮은 위험성은 공중 사회생활에서는 무시되는 낮은 위험성이다. 따라서 이 사이에 있는 $10^{-6} \sim 10^{-3}$(사망/년·명)은 사회적으로 허용(또는 용인)되는 위험성(social acceptable risk) 으로 인식되지만, 내용적으로는 차이가 있는 것이다.

(2) 위험성의 표시와 예

위험성을 나타내는 방법과 실제의 예를 나타내어 본다.

1) 사람의 사망 및 수명

위험성의 대상이 되는 좋지 않은 일 중에, 사람의 '사망'은 최대의 것으로 논의의 여지가 없는 객관적 사실이다. 여기에서, 사망률(정확히는 조(粗)사망률)은 한 해의 사망자수를 분자로 하고, 성별과 연령에 관계없이 총 인구수를 분모로 한 비율로, 통상적으로 인구 천 명당으로 나타내고 있다.

그리고 어느 집단의 위생 상태 및 견해를 바꾸면 원인에 관계없이 그 집단에서의 사망 위험성의 평균적인 상황을 나타내는 것에, 정정(訂正)사망률, 유아(幼兒)사망률 및 평균수명의 3가지의 지표가 사용된다.

① **정정사망률** — 집단의 연령 구성을 고려해 조(粗)사망률을 정정(訂正)한 것으로, 연령의 구성이 현저하게 다른 집단끼리 비교할 경우에 사용된다. 예를 들면, 1960년과 2010년에는 연령의 구성이 현저히 다른데(노령화), 1960년의 구성을 기준으로 정정하면, 2010년의 조(粗)사망률은 6.0(인구 천 명당)에 대하여 정정사망률은 3.5가 된다고 한다. 그런데, 1960년은 두 사망률이 모두 14.0이 된다고 할 때, 사망의 위험성은 1/4로 줄어든 것이 된다.

② **유아사망률** — 생후 1년 미만의 사망자수를 출생자 1,000명에 대하여 나타낸 것으로, 북유럽 국가와 같이 선진국의 경우에는 10 이하의 최소 그룹에 속하고 있는 반면에, 이집트나 필리핀 및 아프리카 국가들은 100에 가까운 훨씬 높은 값을 나타내고 있다.

③ **평균수명** — 태어났을 때(0세)의 평균 여명(餘命, 남은 수명)이다. 성인으로서 수명의 경우를 생각하는 사람은 그 연령에서의 평균 여명이 몇 년인가를 알고 싶어할 것이다. 예를 들면, 2010년에 남자의 평균수명이 75세에 대하여 40세의 평균여명이 38세로 되어있기에, 평균수명을 기준으로 생각하면 3년을 과소평가한 것이 된다. 영유아의 사망이 많았던 시대에는 보다 과소평가한 것이 될 것이다.

앞에서 소개한 것은 인구동태 통계의 기초이지만, 다음에 다루어지는 여러 가지 위험성과 비교하는 경우에 기준(특히 사망률)으로서 많이 사용된다.

2) 직업상의 위험성

인구 통계에서는 사람의 생활시간의 모든 것(일하는 시간, 잠자는 시간도 포함)에 대하여 다루고 있지만, 직업상의 위험성은 근로시간 내에 한하여 평가된다.

따라서 단위 표시가 1년간 100만 명당으로 나타내고 있어도, 이를 시간당으로 나타내고자 하면 1년간의 근로시간(편의상 보통 2,400시간)으로 나누지 않으면 차후에 설명하는 자발적 행위에 의한 위험성 등과 비교할 수가 없다.

산업 현장에서의 사고 사망자수를 나타낼 때, 1만 명당 사망자수를 '사망만인율' 및 100만 명당 기준 등으로 나타내어 위험성의 추이를 볼 수 있다. 참고로, 국내 2013년도에 산업재해보험보상법에 의한 총 근로자 1,545만 명 중에 사고 및 질병으로 1,929명이 사망하였기에 사망만인율은 1.25의 값을 나타내고 있는 것이다.

또한, 사망보다는 자주 일어나는 직업상의 위험성은 부상으로, 이를 수치화할 필요가 있는데, 보통 근로손실일수(또는 근로불능일수)로 산정한다. 국내의 경우, 근로손실일수가 7,500일을 사망의 경우와 같은 일수로 산정하고 있는데, 미국의 안전성평의회(National Safety Council)에서는 6,000일로 산정하고 있기도 한다.

3) 자발적 행위에 의한 위험성

사람은 위험이 따르는데도 불구하고 스스로가 행하는 자발적 행위가 있다. 이의 예로서, 표 2.1에 나타낸 활동 중에 스포츠 및 흡연과 같은 것인데, 특히, 전자는 그 행위를 행하고 있는 동안에만 위험성이 따르므로, 기준으로 하는 데는 1년간은 너무 길기 때문에, 시간당 10억 명 당으로 산출하는 예가 있다. 표 2.1은 비교를 위하여 자발적 행위가 아닌 것도 포함하고 있는 것의 산출한 하나의 예를 나타내었는데, 수치 중에 연간사망률로부터 산출하였다고 생각되어지는 것도 있다. 예를 들면, '침대에서 수면 중의 유아'는 10억 명 중에 시간당 140명이 사망하는 것으로, 이를 환산하면 연간 1,000명 중에 1.23명이 사망하는 바, 이는 거의 1살의 유아의 사망률에 상당하므로 '침대에서 수면 중'이라고 하는 것을 단지 수식이라 생각하면 타당한 수치라고 생각되어진다.

표 2.1 여러 활동에 의한 사망확률의 비교(미국)

활동 내용	† 사망/시간 · 명($\times 10^{-9}$)	†† 사망/년 · 명($\times 10^{-3}$)
예방접종	1.3	0.011
비전투지역 방사선 피복(핵전쟁)	5.0	0.044
침대에서 수면 중의 유아	140	1.23
벼락에 맞음	200	1.75
계단 오르기	550	4.82
수렵	950	8.32
자동차 여행	1,200	10.51
항공기 여행	1,450	12.70
담배 흡연	2,600	22.78

활동 내용	† 사망/시간 · 명($\times 10^{-9}$)	†† 사망/년 · 명($\times 10^{-3}$)
등산	2,700	23.65
수영	3,650	32.97
오토바이 운전	6,280	55.01
베트남전쟁 군인	7,935	69.51
카누 젓기	10,000	87.60
등산(알프스)	40,000	350.4
프로 권투	70,000	613.2
탄생	80,000	700.8

㈜ † 10억 명이 1시간 폭로되었을 때의 사망자 수
†† 1,000명이 1년간 폭로되었을 때의 사망자 수

통계상의 수치에는, 때로는 산출 근거가 없어 진위의 정도를 알 수 없는 경우가 있는데, 표 2.1의 맨 아래 난에 있는 '탄생'에 관한 수치는 그 의미에서 산출방법이 확실하지 않은 예이다. 그리고 이 표에서 사람에게 강조하고자 하는 것 중의 하나는 '스포츠'에서의 위험성인데, 위험한 직업인 '채탄업' 등에 비하여, 그 행위를 행하고 있는 시간당으로는 매우 높다고 하는 것이다. 또한, 이와는 반대로 표에 한정된 조건하에서의 '방사선 피폭' 및 '예방 접종'에 의한 위험성이 적은 것이 눈길을 끄는데, 이는 일반인들에게 위험성의 개념을 설명하는 자료로서 사용될지는 모르지만, 한편으로는 의도적으로 악용될 위험도 있는 것이다.

또 하나의 평가 예로서, 표 2.2와 같이 자발적 행위에 의한 위험성과 수동적인 위험성의 연간 사망률을 비교하여 보았는데, 자발적 행위에 의한 위험성 중에서 흡연과 음주 및 스포츠(자동차 경주, 오토바이 운전 등) 등은 수동적인 위험성에 비하여 매우 높은 값을 나타내고 있다.

표 2.2 자발적 행위에 의한 위험성과 수동적 위험성과의 비교

자발적인 것(행위)	(사망/년 · 명)($\times 10^{-5}$)	수동적인 것(원인)	(사망/년 · 명)($\times 10^{-5}$)
흡연(20개비/일)	500	인플렌자	20
오토바이 운전	200	백혈병	8
자동차 경주	120	육상교통사고(미국)	5
음주(와인1병/일)	75	홍수/토네이도(미국)	0.22
암벽 등반	4	지진(미국/캘리포니아)	0.17
축구 경기	4	비행기 추락(미국)	0.01
진단용 X선	1	원자력발전 방출(1km밖)	0.01
끽연자와 동석	1	압력용기 폭발(미국)	0.005
사카린 사용	0.2	운석 낙하	6×10^{-6}

또한, Starr(1976)는 위험성−편익 해석법(risk−benefit analysis)의 기본 원리의 하나로서, 위험성(R)과 편익(B)과 R = B^3의 비례 관계가 있다고 하는 가정을 광업근로자에 관한 통계로부터 도출하였는데, 자발적 및 수동적인 위험성−편익 관계를 그림 2.1에 도표로 나타내어 보았다. 그림에서 파선으로 나타낸 수평선은 연간 사망률이 약 1/100로, 성별, 연령을 고려하지 않은 경우의 수치로 사람의 자연수명이 100살인 경우의 비율이다. 여기에서 강조하고 있는 것은, 일반적으로 자발적 행위에 의한 위험성은 수동적인 위험성보다 크고(약 100배), 자발적 행위 중에도 자가용 비행기에 의한 위험성이 더욱 높으며, 기타의 자발적 행위는 통상의 사망률 1/100보다 약간 낮은 값 부근에 집중하고 있는 것이다. 즉, 자기 자신이 무의식중에 자연수명의 위험성(연간 사망률 1/100)보다 약간 낮은 수준의 매우 큰 위험성을 모험하면서 스포츠(끽연도 포함)를 즐기고 있다는 것이다.

그리고 수동적 위험성 중에서 상업 비행 및 자동차 운전은 비교적 높고, 전력의 경우는 생산, 사용에 관한 모든 위험성이 포함되어 있다. 또한, 천재의 경우, 10^{-10}(사망/명·시간)으로 연간으로 하면 약 10^{-6}(사망/명·년)의 값으로, 개인당의 경우에 연간 100만분의 1이라는 확률이다. 이 값은 허용(또는 용인)될 수 있는 위험성(acceptable risk)의 한계 값으로 자주 사용되고 있다. 참고로, 원자력발전의 위험성 해석에 많은 연구를 하고 있는 미국의 Rassmussen 교수에 의하면, 이 정도 확률은 '운명적이라고 생각되는 값'으로 여겨지고 있다. 이러한 관점에서 그림 2.1에서 횡축 즉, 편익의 평가는 매우 어려운 문제라고 생각되지만, 이를 근거로 Starr의 연구 가설을 그림 2.2에 정리하였는데, 화력 및 원자력 발전에 의한 위험성은 거의 원 안에 속해 있는 '무시될 수 있는 위험성'(negligible risk) 인 것이다. 이와 같이, 위험성은 어느 정도 높아도 사회생활에서 편익이 있으면 사회는 그것을 허용(또는 용인)하는 경향이 있다.

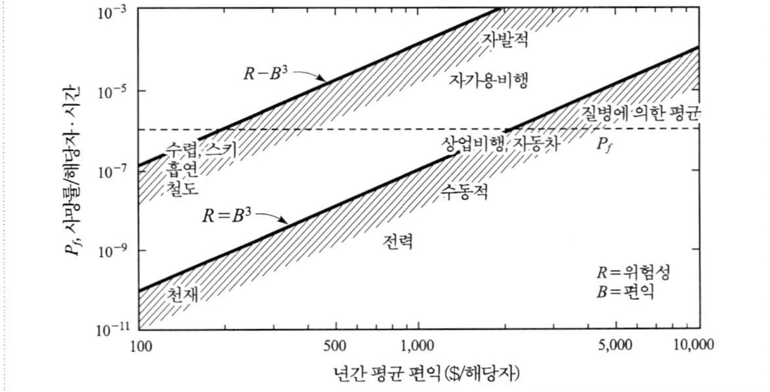

그림 2.1 자발적 및 수동적인 위험성과 편익의 관계

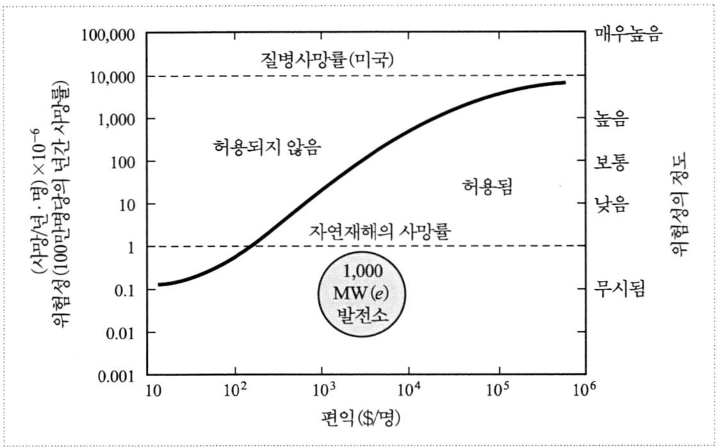

그림 2.2 수동적인 위험성과 편익의 관계

4) 교통수단에 의한 위험성

교통수단에 의한 위험성은 여러 형태의 지표로 비교하여 나타내어지고 있다. 즉, 항공기(정기), 자동차(자가용), 철도의 교통수단별의 비교를 탑승인원과 탑승 시간당의 위험성(예: 사망자수/10^9명·시간)은 대략 항공기(2,400) > 자동차(950) > 철도(80)의 순서지만, 탑승인원과 여행거리당(예: 사망자수/10^9명·mile)은 자동차(0.45) > 항공기(0.38) > 철도(0.23) 순서로 항공기와 자동차의 위험성이 달라진다. 그런데, 항공기의 사고는 주로 이착륙할 때 많이 발생한다는 사실에서 여행거리 및 시간보다도 오히려 여행횟수로 결부시키는 것이 좋다고 생각되어 이의 위험성 (예: 사망자수/10^6명·여행횟수)으로 나타낸 경우, 항공기(1.8) > 철도(0.06) > 자동차(0.03)의 순서를 나타내어 완전히 다른 결과를 나타내고 있다(단, 여행당의 여행 거리(miles)를 항공기, 철도, 자동차 = 475, 26, 5의 값을 적용함). 따라서 위험성의 대소를 비교할 때, 무엇을 분모로 취하는가가 중요한 수단이 되는데, 같은 data base를 사용하여도 위의 경우와 같이 위험성의 정도가 보다 크기도 하고 적어지기도 한다.

5) 대형 사고의 위험성

사고라고 하는 말을 인위적인 것뿐만 아니라 지진 및 홍수와 같은 자연재해도 포함하여 사용한다. '큰 사고는 거의 일어나지 않지만 작은 사고는 잘 일어난다.'라고 하는 것은 과거에 일어난 사고를 근거로 하여 일반적으로 알려져 있는 논리이다. 그런데, 사고 발생의 확률은 오랜 기간의 통계 데이터를 이용하여 산출해야 하는 것이 일반적이지만, 그다지 오랜 운전 경험을 갖고 있지 못한 원자력발전에서는 과거의 데이터에 근거하여 알 수 있는 것이 적어, 안전을 위하여 2중 3중으로 설계되어 있는 방호 계통을 포함한 운전의 전체 시스템의 각 부분에 대하여 원활히 작동되지 않는 확률을 구하고, 이들 사상(事象, event)의 각각 독립 사상인 경우에는 이들 확률의 곱의 값을 구하여 ETA(event tree analysis) 또는 FTA(fault tree analysis)가 이용되고 있다.

참고로, 원자력발전 이외의 사상은 모두 과거의 경우의 자료에 의한 것이지만, 어느 사상도 앞에서 언급한 상식을 실증하고 있다. 자주 언급되고 있는 '원자로 사고로 사망(공중의 경우)하는 것은 낙하하는 운석에 충돌하여 사망하는 정도의 것이다.'라고 하는 표현을 하고 있다. 참고로, 자연적 및 인위적 원인에 의한 사고의 빈도와의 관계에 대한 비교값을 그림 2.3과 그림 2.4에 나타내어 보았다.

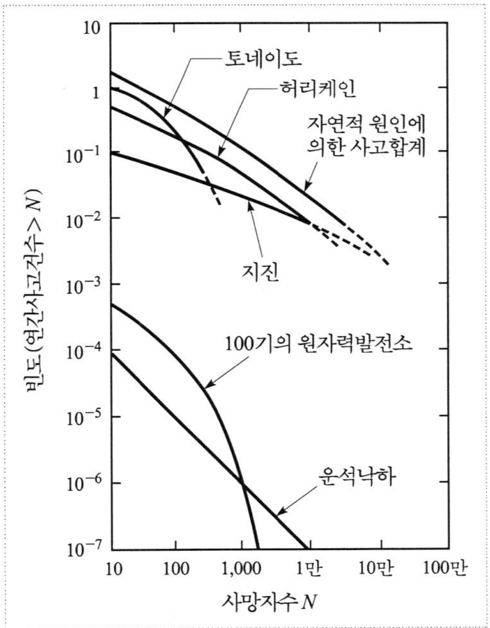

그림 2.3 사망자수 N명 이상의 자연적 원인에 의한 사고의 빈도

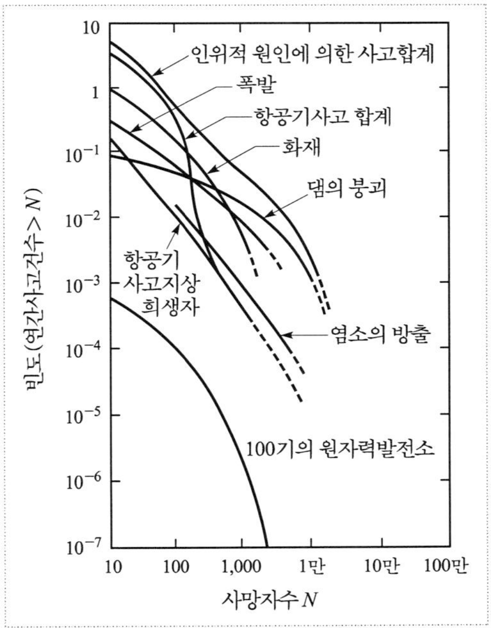

그림 2.4 사망자수 N명 이상의 인위적 원인에 의한 사고의 빈도

다만, 그와 같은 해석법의 결점은 산출된 확률의 불확실성에 있다. 즉, 100만년에 1회의 정도라고 하는 적은 확률과 1회에 1,000명 사망하는 피해 영향과의 곱(위험성의 정도)의 값은 그 자체에서는 의미를 부여하는 것은 곤란하고, 만약에 도움을 줄 수 있다면 다른 위험성과 비교하여 보는 경우가 아닐까 생각되어진다.

2.2 위험성의 상대적 비교

앞에서 여러 위험성의 비교를 하여 보았는데, 이와 같이 비교를 하는 목적 또는 효용으로는 첫째로, 개인이 자신의 행동을 선택하는 경우의 지침이 되는 것이고, 두 번째로, 사회의 복지와 위험성 간의 최선의 해결책을 구하는 경우이다. 따라서 이를 위해서는 위험성의 상대적인 비교 방법이 필요한데, 일반적으로 다음과 같이 3가지 방법이 이용되고 있다.

(1) Background법 (background level과의 비교법)

인간 활동이 가해지지 않은 자연의 상태를 확실하게 유지하기는 어렵지만, 경우에 따라서는 과거로 거슬러 올라가 예를 들면, 조류의 수은 오염의 background를 박물관에 표본으로 보존되어 있는 박제를 이용하거나, 극지의 빙하층의 두께 얼음에 의해 과거의 납의 투하량을 구하는 것도 행하여지고 있지만, 많은 경우는 현재의 지구상에 인위적인 영향이 가능한 한 적은 지역의 데이터(base line이라 함)를 구하여 background로 잡는다. 이와 같이 하여 얻어진 background에서의 값과의 비교의 예를 그림 2.5에 방사선과 대기오염 물질(SO_2, NO_2)과의 비교를 보였는데, 빗금으로 표시한 background와 치사 level, 의학적으로 효과(영향)를 나타내는 level, 규제 환경기준(방사선은 경수로의 선량(線量)목표치, 대기오염에서는 환경기준치(air quality system, AQS)을 대수 눈금으로 나타내었다. 이들 값을 검토하여 볼 때, 규제치가 background의 몇 배의 값으로 결정되고 있는가 하는 것으로, 규제의 엄격함의 정도를 비교할 수 있을 것이다.

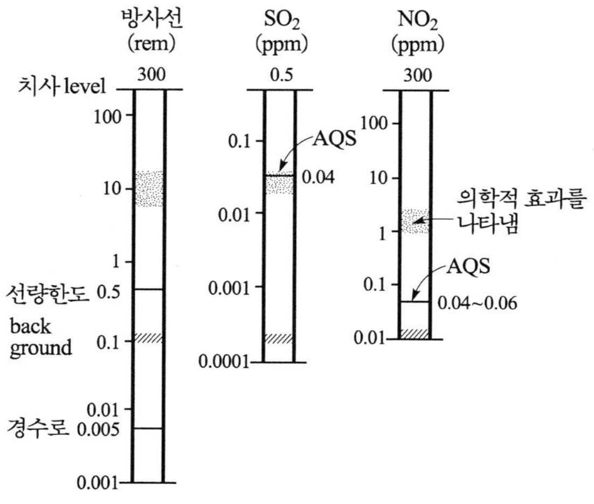

그림 2.5 방사선, SO_2, NO_2의 영향과 background와의 비교

즉, SO_2에서는 약 100배, NO_2에서는 몇 배이지만, 원자력발전소(방사선)에서는 오히려 background의 겨우 5%가 환경규제치이다. 방사선은 0.5rem의 선량한도는 일반 공중의 개인에 대한 연간 피폭선량으로, background의 5배가 되고 있는 것을 볼 때, NO_2와 같은 수준의 엄격한 기준이지만, 현재의 원자력발전소의 경우는 더욱 강화하여 1/100을 목표로 하고 있는 것이다.

(2) Balance법 (대체안과의 비교법)

어느 목표를 달성하는데 대체안을 어느 것을 취하여도 상품 또는 편익으로 동등한 경우의 비교를 할 때에 유효한 방법이다. 그러나 예를 들면, 살충제의 DDT 및 절연재의 asbestos는 유해한 것으로, 무해한 또는 유해의 정도가 낮은 그의 대체품을 고려하여 성능이 완전히 동등한 것으로 한 경우, 단지 위험성의 비교만으로는 결말을 갖지 못하고 상품의 가격이 큰 것을 말하게 될 것이다. 따라서 문제는 위험성-편익의 trade off에 어려운 부담을 갖게 된다.

위험성의 balance법의 응용으로서, 몇 가지 위험성에 대하여 최적화를 행하는 것이 있는데, 예를 들면, 삼림 벌채에 의한 토양의 침식(위험성 B)과 농업 생산의 손실(위험성 A)과 같은 trade off에서는, 이들의 위험성을 합성하여 그림 2.6 에 나타낸 바와 같이 합성 위험성의 최소점을 구하는 것이다.

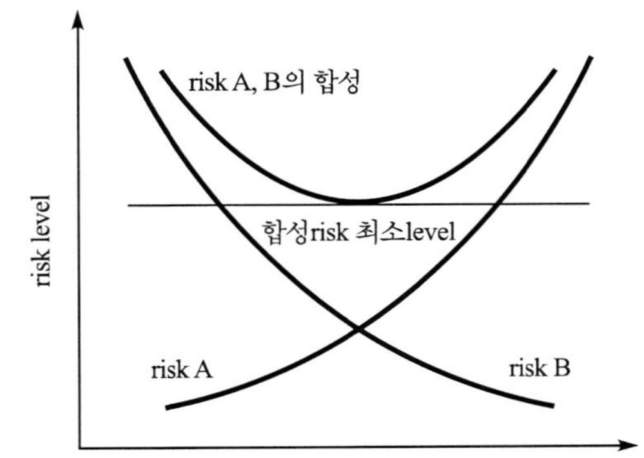

그림 2.6 Balance법의 model

(3) 위험성 – 편익법

위험성이 커도 편익이 크면 이를 중지시키지 않고 허용(용인)한다고 하는 생각으로, 극단적인 예로, 중병의 환자가 생명 연장을 위하여 위험성이 큰 수술 및 처치를 행하는 경우이다. 또한 말라리아가 번창하는 지역에서의 유독성이 있는 DDT의 사용 등으로, 의지의 결정이 그 시점이나 그 사회에서의 가치관에 크게 지배되는 것은 당연하다.

위험성과 편익과의 비교에는 또한 무언가를 행하거나 행하지 않는 것으로부터 생기는 위험성도 포함된다. 미국 및 캐나다에서는 soft drink에 사카린의 사용을 금지하고 있는데, 그 이유로 방광암을 생기게 한다고 하는 실험 결과인데, 미국에서 매년 1,200명 이상이 병에 걸린다고 하는 소견이 나오고 있기 때문이다. 한편, 설탕의 섭취에 의한 수명 단축(비만에 의함)의 위험성을 감소시키기 위해서는 사카린의 사용이 바람직하지만, 사카린을 soft drink에 이용하지 못하고 그 대신에 설탕의 섭취에 의한 비만으로 인한 수명 단축의 개인의 위험성은 100배 정도 크다는 결론을 내고 있다. 따라서 보다 큰 관점에서 생각하면, 어느 쪽의 위험성도 soft drink 대신에 물을 마시고 있으면 감소시킬 수 있다고 하는 것이 되는 것이다.

(4) 비교법

지금까지 여러 실제의 예를 언급한 바와 같이, 이 경우의 해석은 보통 편익을 무시하든가 특별히 거론하는 것 없이 결과를 나타내는데, 보통은 사망을 공통항으로 활용하고 있다. 여기에서 비교시키는 위험성은 각각이 동일한 편익을 갖는다고 하는 의미에서의 대체안은 아니다.

2.3 위험성의 공중적 허용

앞에서 설명한 바와 같이, 여러 위험성이 세상에 존재한 바, 이들 위험성을 가져오는 원인에 대하여 살펴보면, 크게 3가지의 경우로 나누어 볼 수 있다. 즉, 질병, 자연현상 및 인위적인 것이다. 먼저, 질병의 위험성은 의학의 진보에 의해 급속히 줄어들고 있어 앞으로도 이에 기대하고 싶은 것이다. 그리고 자연현상의 위험성(예: 태풍 및 지진 등)은 피할 수 없는 것이지만 피해를 최소한도로 하는 노력이 앞으로도 필요하다. 또한, 인위적인 위험성은 주로 과학기술의 진보에 따라 창출 되는 것인데, 앞에서 언급한 질병 및 자연현상의 위험성이 적게 되는데 따라 주목을 끌게 되었다.

한편, 원자력발전에 있어서는 세계의 어느 곳에서도 '공중적(사회적) 허용(용인)(public acceptance, PA)'을 얻는데 곤란을 겪고 있다. 이 때문에 이미 소개한 바와 같이, C. Starr를 비롯하여 많은 사람들에 의해 연구조사가 행하여지고 있다.

따라서 여기에서는 PA의 요점에 대하여 소개하여 보고자한다.

(1) 위험성의 수용 상태에 의한 구분

위험성을 좋지 않은 일이 일어날 확률로 정의하여, 위험성 수용(受容)의 상태에 따라 3가지의 용어로 구별하여 사용되고 있다.

1) 실재(實在)하는 위험성(de facto risk)

공중에 받아들여지면 받아들여 버리는, 그 자체가 존재하는 위험성인 것

2) 받아들일 수 있는 위험성(acceptable risk)

받아들일 가치가 있다고 하는 의미로, 여기에는 평가와 판정이 필요하지만, 그 주체를 전문가/정부 수준과 공중의 수준으로 나누어, 그림 2.7에 나타낸 과정 (a)~(d)에 의하여 PA가 얻어지거나 얻어지지 못하게 된다. 공중에 받아들여지지 않는 경우도 수정책에 의해 받아들여지게 되는 것도 있다. 반대로, 전문가/정부 수준에서 받아들일 수 없는 것(unacceptable)으로 판정하여도 공중이 받아들이고 있는 경우(c)도 있다.

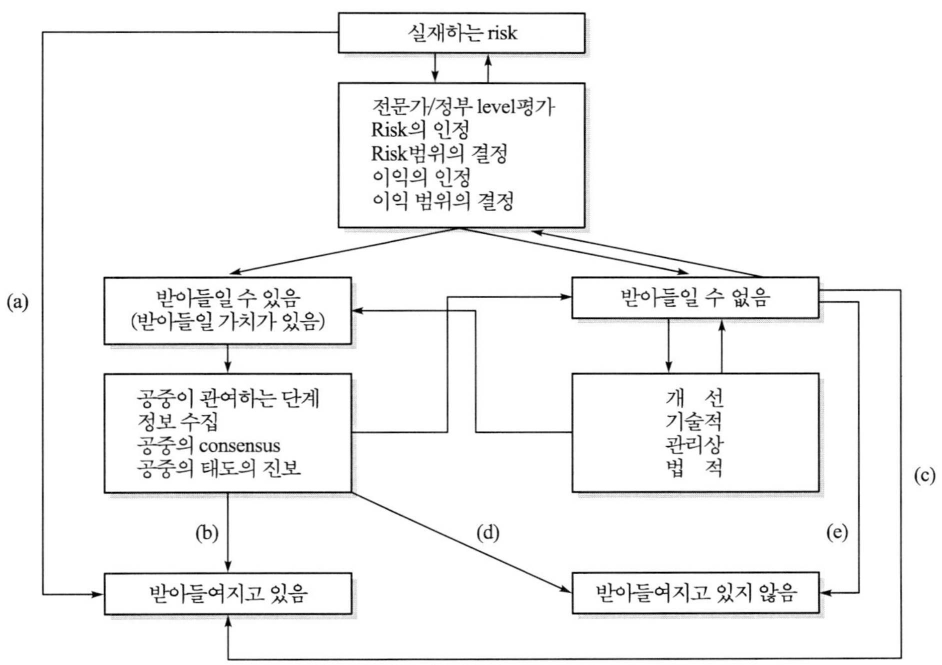

그림 2.7 위험성이 공중에 수용성 여부의 과정

3) 받아들이고 있는 위험성(accepted risk)

이 위험성에 관하여 PA가 이미 얻어지고 있는 경우, 이를 받아들이고 있는(accepted) 위험성이라고 하며, PA가 얻어지지 않은 경우에는 받아들이지 않는(unaccepted) 위험성이라고 한다.

이와 같이 정의한 위험성의 상태(status)를 다음과 같이 5단계로 나누어 본다.

① 위험성이 실재하여(de facto) 받아들이고 있는 것(accepted)
② 받아들일 수 있는(acceptable) 위험성을 받아들이고 있는 것(accepted)
③ 받아들일 수 없는(unacceptable) 위험성을 받아들이고 있는 것(accepted)
④ 받아들일 수 있는(acceptable) 위험성을 받아들이지 않는 것(unaccepted)
⑤ 받아들일 수 없는(unacceptable) 위험성을 받아들이지 않는 것(unaccepted)

(2) 위험성의 상태와 크기

앞의 1)항에 설명한 바와 같이, 위험성의 상태에 의한 분류(a~e)를 행하여 각각의 위험성을 연간사망률로 정리한 것을 보면, 위험성의 실제 수준과 공중이 받아들이는 수준(수용성)과의 사이에는 큰 차이가 있는 것을 알 수 있다. 예를 들면, 받아들여지고 있는 위험성(a~c)은 연간 사망률이 약 10^{-2}~10^{-10}의 범위를 갖는 것에 대하여, 받아들이지 않는 위험성(d~e)은 연간 사망률이 약 10^{-2}~10^{-8}의 범위에 있다. 다만, 받아들여지고 있는 위험성의 대부분은 10^{-4}~10^{-8}에 속하여있다.

그리고 전문가/정부 수준에서의 판단은 어느 정도 합리적이어서 받아들일 수 있는 위험성(b, d)은 10^{-4}~10^{-8}, 받아들일 수 없는 위험성(c, e)은 10^{-2}~10^{-5}의 범위가 되어 서로 겹치거나 구별되기도 한다. 이들의 결과를 위험성의 분류와 함께 나타내어 정리한 것이 그림 2.8인데, 이에 의한 결론으로는, 위험성의 실제 수준과 공중의 받아들이는 수준(수용성)간의 상관성을 구하는 것은 비현실적이라고 할 수 있을 것이다.

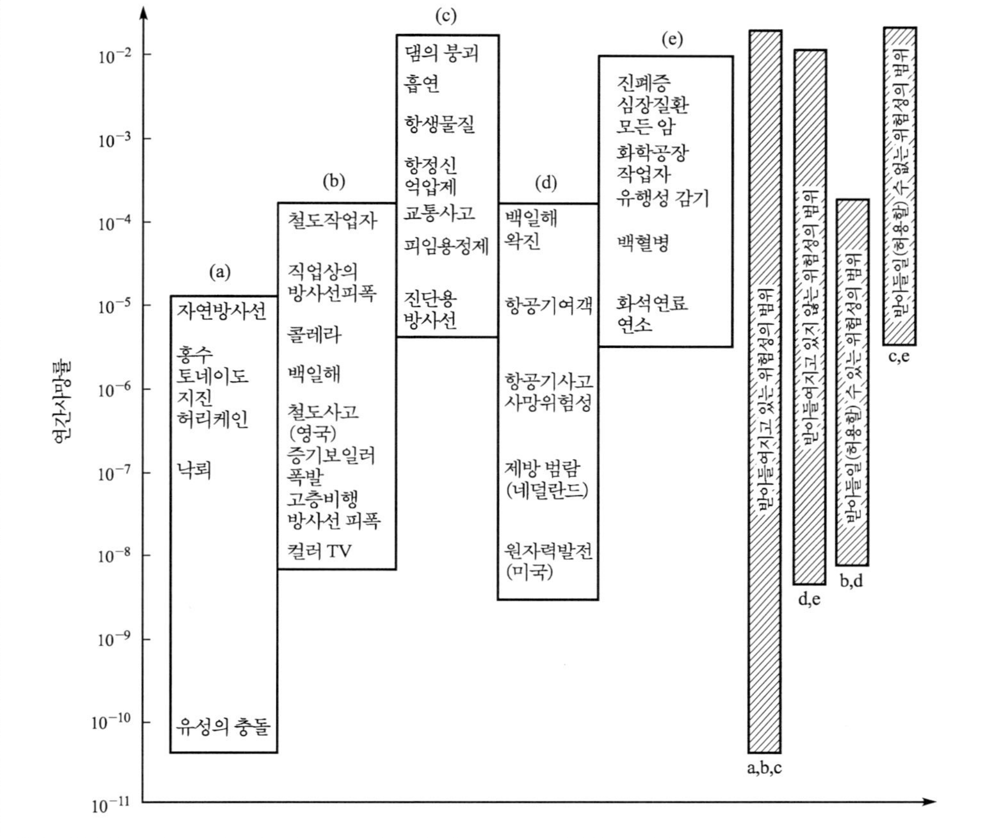

그림 2.8 여러 위험성의 상태에 따른 크기와 수용의 범위(숫자 (a)~(e)는 위험성의 상태)

(3) 위험성의 영향 인자

기존의 여러 위험성에 원자력 및 방사선에 의한 것을 덧붙여서 위험성 수준의 현상을 평가함과 더불어, 앞에서와 같이 분류한 위험성의 상태의 변화에 영향을 미친다고 생각되는 인자를 검토하였는데, 인자는 다음의 4개의 범주(category)로 크게 나누어 볼 수 있다.

- 범주 1 — 위험성 및 편익의 이해에 영향을 주는 인자
  (예: public information)
- 범주 2 — 위험성 및 편익의 범위와 형식에 영향을 주는 인자
  (예: 법적 관리와 긴급 체제)
- 범주 3 — 위험성의 대중적 허용에 영향을 주는 인자
  (예: 위험성을 수반하는 기술에 대한 공중의 이해 정도)

• 범주 4 — 위험성의 개인적 수용에 영향을 주는 인자
(예: 개인의 연령과 건강 상태)

이들 범주의 여러 인자들을 조사한 결과를 검토하여 얻어진 것은 위험성이 자연 현상에 의한 것과 인위적인 것이 있는데, 어느 것의 위험성도 수용성이 확립되는 과정은 복잡하고 유동적이고 가역적으로 있는 것이 있었다. 그리고 수용성에는 개인 수준과 사회 수준의 양자가 있고, 전문가에 의하여 받아들일 수 있는 방향으로 진행하여가는 과정을 좌우하는 인자와 개인 및 사회가 받아들이는 과정을 좌우하는 인자는 서로 달라, 비록 같은 인자로 있어도 이들 3가지 과정에 미치는 영향의 크기에는 차이가 있다고 하는 것이다.

이하에서는, 앞에서의 범주에서 소개한 인자를 비롯한 주목할 제반 영향 인자에 대하여 언급하여 보고자 한다.

1) 위험성 및 편익의 이해에 영향을 주는 인자

위험성이 높은 심장병 환자의 사망률은 보도매체를 통하여 잘 알고 있고, 또한 위험성이 낮은 콜레라와 같은 병은 그 위험성이 미치는 범위에 대하여 공중은 즉시 알 수 있게 된다. 이 때문에 위험성 수준과 공중의 수용성과는 일치한다고 말할 수 있다. 예외로, 눈에 띄는 것은 백혈병의 경우로, 위험성이 매우 낮은 것임에도 불구하고 사실보다 감정적인 동기에 따라 받아들이고 있지 않는 것이다.

2) 위험성 및 편익의 범위와 형식에 영향을 주는 인자

법규의 역할 중에 하나는 위험성 수준을 유지하는 것에 있다고 말할 수 있는 바, 그 수준이 받아들일 수 있는 것으로 있으면, 오랜 기간 이를 유지하여 가는 것에 따라 특히, 수준을 낮게 하는 노력을 하지 않아도 자연스럽게 공중에 받아들여지는 것으로 된다. 그 예로는, 영국의 철도사고로, 150년 이상 공중에 받아들여지지 않았지만 안전성에 대하여는 거의 변하지 않아 받아들여지게 되었다.

경우에 의하면, 자동차의 속도를 법규로 규제하는 경우와 같이, 공중이 법규를 받아들이지 않는 편익의 경우가 법규에 의해 보호되는 편익보다도 유리하다고 생각하면, 위험성 수준을 규제하는 것에 법규가 도움이 되지 못하는 것이 된다.

위험성 수준을 낮추고자하는 동기는 그 분야의 전문가의 헌신과 소수의 걸출한 인도주의자의 노력에서 생긴다. 그 예로서, 전자에 대해서는 댐의 붕괴, 후자에 대해서는 영국에서의 19세기 초에 행하여진 노동안전기준의 개선을 들 수 있다.

3) 위험성을 수반하는 기술에 대한 공중(사회)의 이해 정도

1,830년 영국의 철도 여행에 따른 일반 공중의 사망 위험성은 오늘날의 수준보다 한자리수가 높은 10^{-6}(사망/명·년)이었기에 받아들여지지 않았다. 그런데 이에 많이

익숙하여졌기 때문에 받아들여지게 된 것이다. 그러나 전문 수준에서의 인식이 적절하여도 위험의 수용성을 보증하는 것만은 아니다. 예를 들면, 석탄의 채굴은 수백 년 이어져 온 행위이지만 이것에 수반된 위험성은 아직도 받아들여지지 않는 것이다.

4) 자유 의지(자발적 행위)로 위험성을 피하는 경우와 그렇지 않은 경우

개인 및 사회 수준의 수용성에서는 위험성을 선택할 수 있는 정도가 필요조건이 된다. 예를 들면, 하루에 20개비의 담배를 피우면 폐암에 의한 사망 위험성이 5×10^{-3}(사망/명·년)으로 높게 되는데, 이와 같이 높은 위험성에도 자발적으로 있으면 받아들여지고 있다. 이와는 대조적으로, 원자력발전소 방사선 피폭에 의한 사망 위험성은 흡연의 경우보다 10^6배나 낮은데도 불구하고 받아들여지고 있지 않는 것이다.

5) 사회적 편익의 정도와 범위

사회적 편익의 정도와 범위는, 전문가/정부 수준의 평가에 큰 영향을 미치는 요인이 된다. 예를 들면, 약품의 임상적 이용, 화학공업, 석탄의 채굴 등에 따른 위험성은 받아들일 수 없는 것이어도, 이들은 사회의 넓은 계층에 편익을 주고 있어, 어느 정도는 정당화(받아들여짐)된다. 그러나 항공기 여행과 같이 비교적 적은 계층의 사람들에게만(지금은 그렇지 않지만) 편익을 주는 경우는, 비교적 낮은 위험성에도 받아들여지고 있지 않다.

6) 개인이 위험성을 받아들이는데 영향을 미치는 인자

여기에서 무엇보다도 주목하여야만 하는 결과는, 전문가/정부가 받아들일 수 없다고 판정한 높은 위험성을 개인이 받아들이고 있는 심리적 인자이다. 위험성이 10^{-2}~10^{-4}(사망/명·년)으로 높지만, 얻을 수 있는 편익이 크기 때문에 공중이 명확히 받아들이고 있는 행위로서 흡연, 자동차 운전 및 일종의 스포츠 등이 있는데, 많은 경우에 '자기는 괜찮다'라고 생각하는 경우가 지배하여 확률(높은 위험성)의 개념이 공중에 이해되고 있지 않는다고 생각된다. 또한, 어느 경우는 위험에 숙달하여 버리든가, 또는 위험에 직면하기 전에 일이 벌어져 버리든가 하기 때문에 받아들여지고 있는 경우도 있다. 이는 특히, 때로는 엄청난 규모로 일어나 다수의 사망자를 낼 가능성이 있는 자연재해의 위험을 폭넓게 받아들여지고 있는 사실과 맥을 같이한다.

한편, 미지(未知)에의 공포 및 발암물질에 대한 두려움은 위험의 정도여하에도 불구하고 위험의 수용을 방해하는 큰 인자이고 또한, 위험의 정도가 동일하여도 성인 남자에 대한 위험보다 여성 및 어린이에 대한 위험의 경우가 받아들여지기 어렵다.

7) 기타

공중은 개인 자신들의 건강 보호에는 엄격한 기준을 요구하면서 동시에 대량의 죽음을 초래하는 위험은 무심코 받아들이고자 하는 경향을 강하게 갖고 있다.

이것은 PA 과정의 복잡성을 나타내는 것이라 말할 수가 있다. 여기에서, PA를 좌우하는 인자로서 정보매체가 차지하는 역할이 크다. 특히, TV는 매일 방영하는 드라마에서의 사람의 죽음과 현실의 사망 보도에 식상(둔감)하고 있는 공중에게 보다 보도가치가 있는 화제를 제공하는데 약진하게 되어, 공중은 제공되는 이들의 보도에 탐닉하여 버리고 있는 것이 현실이다.

위험성-편익 관계의 PA의 과정에서, 편익에 대하여 공중이 이해할 수 있는 것은 항상 개인적인 수준에서 뿐이다. 높은 수준의 위험성을 자발적으로 받아들이기 위한 결정적인 인자는 개인적 이익이라고 생각되어진다. 일반적으로, 공중은 자신들에게 직접적으로 무언가 문제가 일어날 때까지는 사회적 이익에는 거의 주의를 기울이지 않는다.

2.4 위험성의 평가

(1) 위험성 평가의 목적

위험성에 대하여는 앞에서 구체적으로 설명하였지만, 위험성의 평가는 목적에 따라 각양각색으로 해석되고 있는데, 기본 목적은 각 산업에 있어서 사고·재해의 발생을 사전에 방지하거나 발생에 따른 피해 손실을 최소화하고자 하는 것으로, 이를 위하여 플랜트의 설비·장치나 재료·물질 및 공정상에 잠재한 제반 위험요소를 밝히는 것이 효과적이다.

그러나 실제적으로 플랜트를 대상으로 위험성 평가를 실시하는 목적은 위험의 정도를 산정하고, 이의 결과가 허용(용인)할 수 있는 위험의 수준 내에 있는가를 확인하고, 이의 수준보다 높을 경우에는 그 원인을 파악하고 유효한 대책을 찾아내도록 하는 것이다. 여기에서, 위험은 무언가의 원인으로 플랜트에 이상이 발생하여 주위에 손해를 끼치는 현상으로 '잠재위험(潛在危險)'이라 부른다. 예로서, 가연성물질을 취급하는 경우에는 화재·폭발의 잠재위험을 갖고 있으며, 독성물질을 취급하는 경우에는 인신중독의 잠재위험을 갖게 되는데, 일반적으로는 이들의 잠재위험이 현재화(顯在化)할 때의 피해 규모를 감안하여 평가하게 된다.

여기에서, 현재화의 가능성을 발생확률(또는 생기확률)로 평가하는 경우도 있고, 발생의 결과를 해석하는 것에 따라 정성적으로 평가 및 판정하는 경우도 있다. 그리고 피해 규모의 평가에서는 손해를 금액으로 표현하는 것도 있고, 피해를 입은 범위 또는 피해자의 수로 평가하는 경우도 있다. 또한, 발생 가능성과 피해 규모를 하나의 지표값으로 하여 이의 곱의 값으로 평가하는 경우도 있는데, 이 값은 앞의 (1)절에서 언급한 '위험성(risk)'이라고 하는 개념으로 정의되고 있다.

(2) 위험성 평가의 구성

위험성은 사고·재해가 발생한 경우의 피해영향(C)과 사고·재해의 발생확률(P)과의 함수로 나타내어지는 것이기 때문에, 시스템의 위험성을 평가하기 위해서는 먼저, 시스템을 구성하고 있는 unit와 unit를 조합시킨 기구, 그리고 각각의 unit가 사고를 일으킨 경우의 영향 크기, 다음으로, 각각의 unit가 사고를 일으킬 확률을 구할 필요가 있다. 이와 같이 위험성을 평가하기 위한 수순과 그 내용을 그림 2.9에 나타내었는데, 이를 총괄적으로 '위험성의 사전(事前) 평가'라는 의미로 해석하여 risk assessment로 정의하였다. 여기에서, 위험성을 사전 평가하기 위한 기본적인 구성은 1) 위험성의 결정(검출과 정량화), 2) 위험성의 평가(감소와 허용), 3) 위험성의 관리(저감 대책)로 구분하는데, 실제로, 1)과 2)를 행하는 것을 risk assessment로, 3)을 risk management로 구분하여 다루어지고 있다. 즉, 위험성을 사전에 평가하는 risk assessment와 이에 적합한 대책 및 관리 체제를 갖추게 하는 risk management가 요구되고 있다.

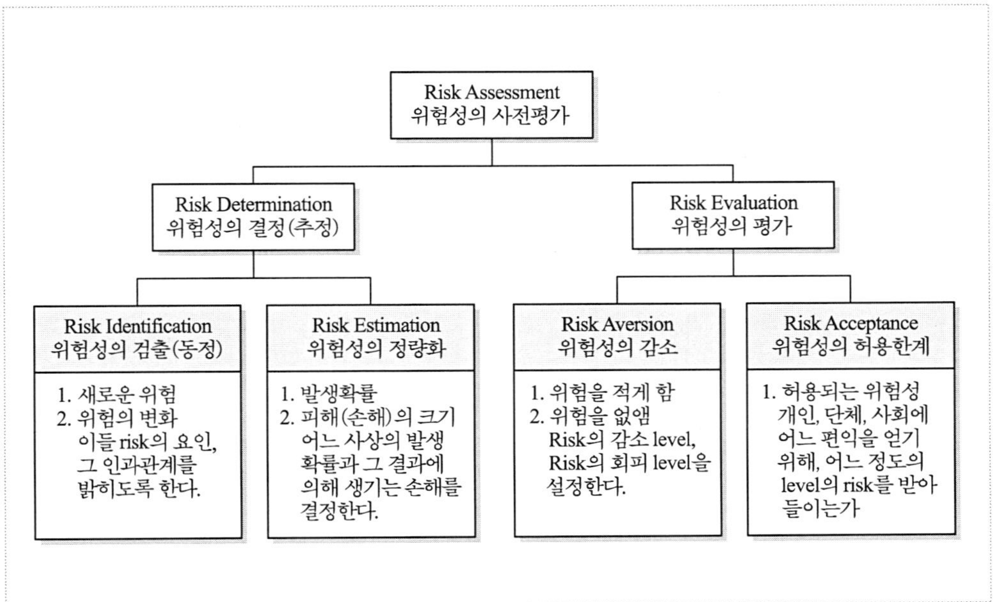

그림 2.9 Risk Assessment의 구성

1) 위험성의 결정

위험성의 결정((決定) 또는 추정(推定))(risk determination)은 2가지인데 먼저, 위험성의 검출(檢出)(또는 동정(同定))(risk identification)로, 보다 정확한 의미는 hazard identification으로 즉, 일상 업무 및 작업 과정에서 위험성을 제공할 가능성이 있는 물질, 장치 및 환경조건 등을 밝히는 것이다. 다음으로는, 위험성의 정량화(定量化)(risk estimation)인데, 어느 상정(想定)된 사고의 시나리오를 결정하여 고장률 등의 데이터를 이용하여 사고의 발생확률을 계산하고, 인적 및 물적 손해의 크기를 결정하는 것이다.

이와 같은 위험성의 결정(검출과 정량화)을 좁은 의미에서, 흔히 위험성 해석(또는 위험성 분석)(risk analysis)이라 부르기도 하는데, 해석 방법에는 도표와 점검표 등을 활용하는 정성적 방법과, 컴퓨터와 수치 등을 이용한 정량적 방법이 있다. 이들 기법들의 공통적인 원리는 정상상태 또는 설계 기준치로부터의 편차(deviation)를 설정하여 이의 편차가 시스템에 어떠한 영향을 주는가를 밝히게 하는 것이다. 또한, 정형화된 양식보다는 경우에 따라 대상시스템이나 작업 상황에 맞게 변형시켜 사용하는 것이 일반적이다.

① 정성적 평가 기법

i) 점검표(check list) — 시스템의 상태를 확인하기 위하여 점검 항목을 기재한 목록을 만들어, 각 항목별로 점검을 행하는 것으로, 다양한 산업 분야에서 시스템의 계획 단계에서부터 설계, 제작, 운전, 일상적인 점검, 보수 및 유지 등의 모든 단계에서의 작업과 설비의 점검과 평가를 위해 사용되어지고 있다. 이 기법은 점검에 필요한 항목을 빠짐없이 비교적 쉽게 단시간 내에 실시할 수 있으며, 실시자가 달라져도 점검 및 평가 내용의 차이가 생기기 어렵다는 장점이 있지만 반면에, 점검 항목이 빠져 있으면 그 항목에 대한 평가를 행할 수 없는 결점도 있다.(표 2.3의 예)

표 2.3 Check list의 예

<table>
<tr><th colspan="3">점검 항목</th><th>점검 내용</th><th>점검 방법</th><th>점검 결과</th></tr>
<tr><td rowspan="5">반응장치</td><td>산수 장치</td><td>펌프 진동기</td><td>소리, 진동 및 발열의 이상 등의 유무</td><td>눈 확인</td><td></td></tr>
<tr><td colspan="2" rowspan="4">기초, 지주, 가설대</td><td>변형, 균열, 손상의 유무</td><td>눈 확인</td><td rowspan="4"></td></tr>
<tr><td>도장 상황 및 부식의 유무</td><td>눈 확인</td></tr>
<tr><td>침하의 유무</td><td>눈 확인</td></tr>
<tr><td>앵커 볼트 등의 헐거워짐 유무</td><td>눈 확인 또는 햄머 테스트</td></tr>
</table>

점검 항목			점검 내용	점검 방법	점검 결과
	본체부	본체	누설의 유무	눈 확인 및 가스검지	
			변형, 균열, 손상의 유무	눈 확인	
			볼트 등의 헐거워짐 유무	눈 확인 또는 햄머 테스트	
			보온(냉)제의 손상, 탈락 등의 유무	눈 확인	
			라이닝 등의 상황 및 손상의 유무	눈 확인	
		차켓, 코일 방해판	누설의 유무	눈 확인 및 가스검지	
			변형, 균열, 손상의 유무	눈 확인	
			부식의 유무	눈 확인 또는 계기로 두께측정	
			고정 상황의 적부	눈 확인	
		맨홀, 가시창	누설의 유무	눈 확인 및 가스검지	
			변형, 균열, 손상의 유무	눈 확인	
			부식의 유무	눈 확인 또는 계기로 두께측정	
			볼트 등의 헐거워짐 유무	눈 확인 또는 햄머 테스트	

ii) 예비적 위험 해석(preliminary hazard analysis, PHA) — 상세한 설계 내용이 분명한 시점에서, 공정의 위험성을 예비적으로 평가하여 이에 따른 설계는 안전 측면에서 방향을 설정하여 주는 모든 시스템안전 프로그램에서의 최초 단계의 해석이다. 즉, 시스템 내에 위험 요소가 어디에 있는가, 어떠한 위험 상태에 있는가, 안전 기준과 시설 수준은 어떠한 가 등을 평가하는 방법이다. 따라서 이 해석의 목적은 시스템의 구상 단계에서 예상되는 시스템 고유의 위험 상태를 평가하고 사고·재해의 위험수준을 결정하는 것이다.(표 2.4의 예)

표 2.4 PHA의 work sheet의 예

프로젝트 명칭:		페 이 지:
장 치 명칭:	PHA Work Sheet	실시일자:

잠재 위험	전제되는 운전조건	상정(想定) 원인	예상되는 출현결과	영향 평가	제 언
부식 구멍	정상 운전	부식성물질 X의 반응기 내에서의 형성	반응기 하류의 저온 영역의 배관/드럼 등의 내벽부의 부식 구멍. 구멍이 난 후에는 내부 유체 누설 발생	중대	• 부식성물질 X에 의한 부식구멍의 사례를 조사하여, 부식 발생의 개연성을 밝히게 하는 것. • 부식성물질 X의 형성 조건을 밝히게 하고, 형성 방지책을 확립하는 것. • 부식성물질 X에의 내부식성 재료를 선정하는 것.

iii) 고장형·영향 해석(failure modes & effects analysis, FMEA) — 장치 및 기기 등의 시스템에 영향을 주는 모든 요소를 대상으로 하나의 부품에 고장이 난 경우에 그 고장을 유형별로 분류하고, 전체 시스템이나 사용 작업자 및 임무 완수에 어떠한 영향을 미치고 얼마나 위험한 상태인가를 해석하는 것이 다. 그러므로 해석하기 전에 시스템의 설계 사양, 설계 도면, 구성 부품들의 신뢰도 자료 등에 대한 분석이 선행되어야 하고 분석 수준의 결정, 고장의 구분 설정, block diagram의 작성 등의 작업이 필요하다.(표 2.5의 예)

표 2.5 FMEA의 work sheet의 예

Job:	Failure Modes	Sheet No:
	and	Date:
Unit:	Effects Analysis	Prepared by:

No.	Item	Failure Mode	Cause of Failure	Possible Effects	Countermeasure	Note
AOIa	유량제어밸브 V-001고장	동작불능 (열린상태)	① 구동계 고장	A/B유량비율 유지 불능이 되어 B유량 증가 시에는 반응기 내의 온도가 상승한다.	반응기내 온도계, 반응기 출구 온도계에서 고온도 경보 출력 있음. 온도계에서의 경보 출력에서 자동 차단계 작동	O.K

iv) 위험·조작성 해석(hazard & operability study, HAZOP 또는 OS) — 공정 등의 시스템의 위험을 여러 조작 조건을 변화시켜 이에 따른 영향을 해석한다. 즉, guide word(표 2.6의 예)를 이용하여 공정의 상태로부터의 편차(deviation)를 설정하여 잠재 위험성의 적출과 각종 공정 이상에 대한 image training의 기구로서도 이용된 다. 예를 들면, '온도가 상승하면 반응기는 어떻게 되는 가' 등이다.(표 2.7의 예)

표 2.6 HAZOP의 guide words

Guide Word	적용대상
NO or NONE	(설계 의도의 완전 부정)의 설정, 주로 유량에 적용 [예: no flow 등]
MORE	유량, 온도, 압력 등의 (양적인 증가)의 설정에 적용 [예: more flow, more temperature, more pressure 등]
LESS	유량, 온도, 압력 등의 (양적인 감소)의 설정에 적용 [예: less flow, less temperature, less pressure 등]

Guide Word	적용대상
AS WELL AS	조성 변화에 따른 물성 변동 등의(질적인 증가)의 설정에 적용 [예: contaminant 등]
PART OF	조성 변화에 따른 물성 변동 등의(질적인 감소)의 설정에 적용 [예: partial reaction 등]
REVERSE	(설계 의도와의 역행)을 설정, 유량 및 반응에 적용 [예: reverse flow, reverse reaction 등]
OTHER THAN	(위의 것 이외의 상황 즉, 완전 대체)의 설정에 적용 [예: sampling, corrosion/erosion, start-up/shut-down, maintenance 등]

표 2.7 HAZOP의 work sheet의 예

Job:	Hazard & Operability Study	Sheet No:
		Date:
Unit:		Prepared by:

No.	Guide Word	Deviation	Possible Causes	Consequence	Action Required
원료 공급 A계					
A-01	No	No Flow	① Pump P-1 정지(pump 본체 고장, motor 고장 구동원系 고장 등)	[①~④] • 반응기의 원료 A원료 공급 정지에 따라, 반응기내는 반응 정지한다. 프로세스상에서의 위험은 생기지 않지만, 불량품이 생산된다. • 원인 ①, ②는 각각으로 검출이 가능. ③, ④는 반응기 출구온도에서의 검출도 된다.	• 불량품 발생 방지를 위해 확실한 검출 방법을 검토하고 제시하는 것
A-02			② 저장조 A내 원료 A의 사용제한		
A-03			③ 수동밸브 HV-1 오조작 “닫힘”		
A-04			④ 제어밸브 CV-1 닫힘(제어밸브 본체 고장, 제어계의 고장 등)		
A-05			⑤ 배관 파단	• 프로세스면에서의 거동	• 파탄 발생의 가능성

v) What-If 해석(what-if analysis) — 만약에 무언가가 발생하면 어떻게 될 것인가라는 질의를 통하여 바라지 않은 사고로 되게 한 위험 및 상황을 해석한다. 즉, ‘만약 펌프가 정지하였다면’, ‘만약 이 제어계가 고장이 났다면’이라는 설계자 및 운전자의 일상적 발상을 rule화한 기법으로, 시스템의 구성 및 안전대책의 적부(適否)와 관계된 잠재위험과 이것의 현재화(顯在化)하여 생기는 사고·재해의 검출 또는 동정에 있다.

② 정량적 평가 기법

i) 상대위험도 평가(relative ranking techniques) — 공정이나 장치설계 및 lay out 등이 최선의 상태에 있는 가를 지표값을 이용하여 검토하고, 그 정도에 따라 상대적으로 비교하여 수치적인 등급을 행한다. 대표적 기법으로 Dow Chemical 사에서 개발된 Dow방식(Dow Method)으로 화재폭발지수(fire & explosion index, F&EI)로 공정 위험성을 평가하는 것이다.(그림 2.10의 예)

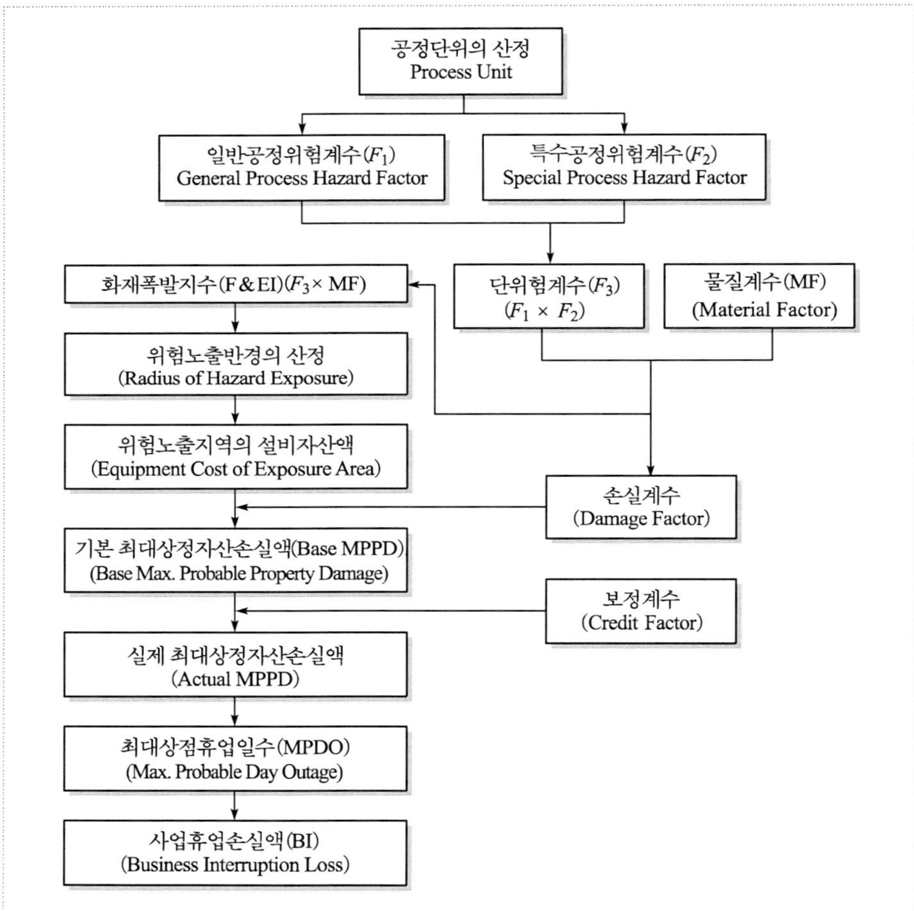

그림 2.10 Dow 방식에 의한 상대위험도 평가

ii) 고장형·영향·치명도 해석(failure modes, effects & criticality analysis, FMECA) — 고장형·영향 해석(FMEA)에 등급화한 치명도(criticality)를 부가한 정량적인 평가 기법이다. 이 해석은 위험성이 큰 요소 특히, 고장이 직접적으로 시스템의 손상 및 인명의 사상을 가져올 수 있는 요소를 대상으로 그 부품의 고장이 시스템의 치명적 피해에 미치는 영향도를 분석하는 방법으로, 분석 단위로는 10^6시간당의 고장건수 또는 10^6회 사용당의 고장건수가 사용된다. (표 2.8의 예)

표 2.8 FMECA의 work sheet의 예

• 프로젝트: 가스용접용 로봇 • 시스템: 전원공급 케이블 • 계약번호: 98-35-27

번호	구성요소	기능	고장양식	추정원인	부품에의 영 향	치명도 평점		고장 등급	대책
						강도	빈도		
#1	금속피막	저항체로 전류를 제어	단선	- 절단기 정비불량 - 자기표면 오염	개방고장	3.0	1.0	I	설비 및 공정관리 재검토
			피막 흠	- 피막두께 불균일 - 절단불량	잡음발생	1.0	1.5	II	
#2	캡리드	외부회로와 접속되어 통전	캡 맞춤 불량	- 캡과 자기의 봉합도 변화	개방고장	3.0	1.0	I	봉합도 관리방법 재검토
			리드용접 불량	- 용접조건 부적합	저항값 변화	3.0	0.7	II	
#3	보호도료	피막저항체의 보호	절단흠 사이에 채워짐	- 도료 중에 이물질 혼입	쇼트 및 저항 감소	3.0	1.0	I	재질, 검사방법 재검토

iii) 결함수 해석(fault tree analysis, FTA) — 정상사상(頂上事象, top event) 에 사고의 영향을 나타내고, 그것이 어떠한 경우에 발생하는가를 구성요소에 까지 거슬러서 해석하여 원인을 규명하는 방법이다. 즉, 평가 대상으로 하는 바람직하지 않은 사상을 정상사상으로 하고, 이의 요인의 상호관계를 논리합(論理合, OR)과 논리적(論理積, AND)으로 나타내어 분석하는 연역적(演繹的) 방법이다. 따라서 인간-기계 시스템의 고장이나 사고·재해의 발생 요인간의 상호관계를 수목(樹木)의 도표로 나타내어 각각의 요인의 발생확률 및 고장률 등의 정량적 확률 평가를 행할 수 있다. 또한, 시스템의 안전이 확보되기 위한 최소한의 집합이나 시스템 내의 각 부품의 상대적 중요도 등의 유용한 결과를 얻을 수도 있다.(그림 2.11의 예)

iv) 사상수 해석(event tree analysis, ETA) — FTA와는 반대로, 계기가 되는 사상(事象, event)으로부터 사고·재해의 시나리오를 나타내어 대책의 결과와 피해크기를 해석하는 방법이다. 즉, 사고의 발단사상(發端事象) 또는 계기사상(繼起事象)을 시점으로 하여 사상(event)의 전개과정을 대응의 적부(適否)에 따라 사고의 종단사상(終端事象) 즉, 최종의 사고 피해내용을 귀납적(歸納

的)으로 해석하는 시스템 분석 방법이다. 그리고 이 분석에서 사상의 대응(방재설비의 작동 및 인간의 대응) 적부는 대응책의 유무, 대응의 성공 여부(성공/실패) 등의 2원적논리로 다루며, FTA의 경우와 같이, 종단사상의 출현확률을 구하는 정량적인 확률 평가를 행할 수도 있다.(그림 2.12의 예)

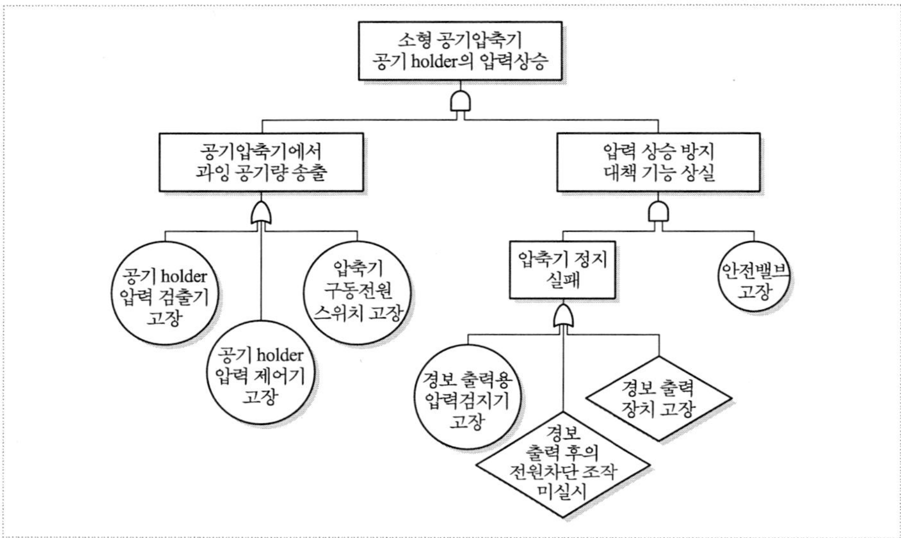

그림 2.11 Fault Tree Analysis의 예

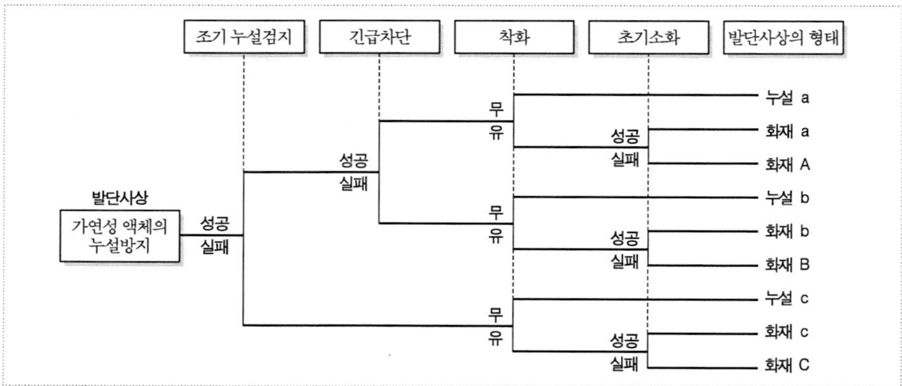

그림 2.12 Event Tree Analysis의 예

v) 원인·결과 해석(cause & consequence analysis, C&CA) — FTA와 ETA를 조합시킨 것으로, 잠재적 사고의 기본적인 원인과 이에 의한 결과를 해석한다. 즉, 사고의 발단(또는 계기)사상의 발생 원인을 해석하고, 이로부터 시작된 사고의 전개 상황의 해석을 행하는 것이다. 이 경우에, 설정하는 해석 대상의 발

단(또는 계기)사상은 ETA에 해당하고, FTA에서는 정상사상으로 하여 이의 출현하는 조건 및 원인을 거슬러 가면서 해석한다.(그림 2.13의 예)

2) 위험성의 평가

위험성 평가(評価)(risk evaluation)는 위험성의 감소와 허용한계로 나누어 보는데, 위험성의 감소(減少)(risk aversion)는 일반적으로 위험성을 완전히 제거하는 것이 아니고 어느 허용한계로 감소시키는 것으로, 이를 위해서는 위험성의 감소 수준 및 회피 수준을 결정할 필요가 있는 것이다.

또한, 위험성의 허용한계(risk acceptance)를 설정하여야 하는데, 이는 편익을 고려하여 개인, 단체 및 사회적으로 받아들일 수 있는 위험성의 수준을 결정하기 위하여 안전성의 유지를 위한 장치 및 조작의 평가와 장치산업에서의 사고·재해가 미치는 주변 환경에의 영향 평가 등을 행하여야 할 것이다. 세계 각국에서는 각각에 대하여 위험성 수준을 제안하고 있는데, 예를 들면, 영국의 화학공장에서는 근로자에 대하여 현재의 위험성 수준의 1/10의 값으로, 3×10^{-5}(사망/년·인)을 허용수준으로 하고 있다.

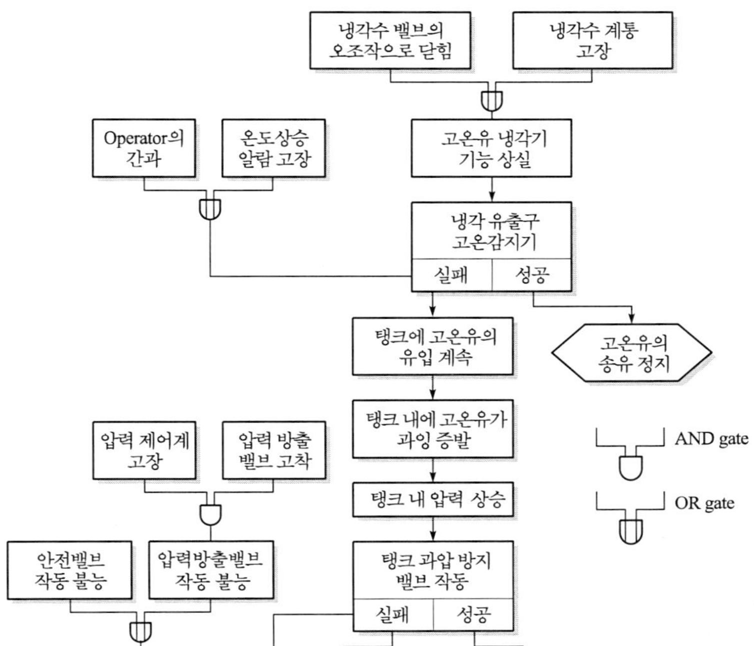

그림 2.13 Cause & Consequence Analysis의 예

3) 위험성의 관리

위험성 관리(管理)(risk management)는 위험성의 사전 평가에 따라, 이에 적합한 i) 대책의 수립 및 관리체제의 구축, ii) 대책의 실시로, 이에 따라 안전관리로 이어지는 것이다. 즉, 대책의 수립 및 관리체제의 구축은 위험성에 대한 대책을 검토하고 결정하는 것으로, 이는 계획, 설계, 제작(건설), 관리의 모든 것에 걸쳐 상세하게 행하는 것이 필요하며, 각각에는 hard ware는 물론이고 이에 따르는 인적인 면도 충분히 고려하여야 하고 방재관련 설비도 검토되어져야 한다. 그리고 대책의 실시는 hard ware의 적부 및 충분한 관리가 필요한데, 여기에서는 human factor도 매우 중요시된다. 그러나 human error에 모든 책임을 전가시켜서는 안 되는데, 이는 자주 설비 및 관리의 결함으로 나타나기 때문인 것이다. 아울러, 방재 설비의 적절한 운영도 재해 규모의 대소를 좌우하는 중요한 인자이다.

P/A/R/T

03 화학 안전

제03장 화학 안전

화학공업에서 발생할 수 있는 잠재위험은 다음과 같이 나누어 볼 수 있다.

(1) 화학적 위험: 반응, 연소, 부식 등의 물질 변화를 수반하는 위험

(2) 물리적 위험: 열, 압력, 충격과 같은 물리 변화에 기인한 위험

(3) 생리적 위험: 중독, 약상, 외상과 같은 내외로부터의 충격으로 생체 기능에 악영향을 주는 위험

또한, 위험성에 대한 대책을 행하는 관점에서, 편의적으로 이를 화학적 및 기계적 위험으로 크게 분류하고 있다.

1) 화학적 위험: (1)의 화학적 위험+(2)의 물리적 위험 중에 재료에 관계한 역학적 위험을 제외한 물리적 위험

2) 기계적 위험: (2)의 물리적 위험 중에 재료의 강도, 구조, 파괴 등을 중심으로 한 물리적 위험+(3)의 생리적 위험 중에 외상에 관한 생리적 위험

따라서 이를 토대로 정리하여 보면, 화학적 위험은 반응, 연소, 부식, 유독, 방사 및 일부 물리적 위험 등이 있다고 할 수 있는데, 이를 화학공업의 산업 현장에서의 화학물질, 화학공정 및 화학설비의 분야로 구분하여 이들의 위험성과 안전 원리에 대하여 설명하여 보고자 한다.

3.1 화학물질 안전

화학물질 중에서 어떠한 형태이든 간에 잠재적으로 위험성을 갖고 있는 물질을 위험성 물질(dangerous material) 또는 위험물(danger)이라고 한다. 이와 같이, 공업적으로 위험성물질은 취급 및 저장과 운송 등이 안전상의 입장에서 간단하지 않으며, 위험물의 종류가 다종다양하고 위험성이 획일적이지 않다. 또한 동일한 물질인 경우에도 상태와 조건의 차이에 따라 위험성이 변하고 있어 획일적인 분류를 어렵게 하고 있다. 따라서 본 장에서는 화학물질을 국내법 및 미국과 UN의 code와 규약에 의한 위험물의 분류와 이의 위험성의 표시 및 판정과 안전대책에 대한 내용을 기준으로 다루어 보고자 하였다.

(1) 위험성물질의 분류

관계된 법규 및 기관에서의 위험성물질의 분류는 표 3.1과 같다. 이 중에서 국내 소방법과 산업안전보건법 및 국외의 관계기관에 의하여 분류된 위험물질에 대하여 정리하여 보았다.

표 3.1 위험성물질의 분류

소방법	산업안전보건법	미국방화협회 (NFPA)	국제해사기구 (IMCO) 규약	미국 운수성 (DOT) 규칙
1. 제1류 산화성고체 2. 제2류 가연성고체 3. 제3류 자연발화성/ 금수성물질 4. 제4류 인화성액체 5. 제5류 자기반응성물질 6. 제6류 산화성액체	1. 폭발성 물질 2. 산화성 물질 3. 인화성 물질 4. 가연성 가스 5. 부식성 물질 6. 독성 물질	1. 연소위험성 2. 반응위험성 3. 건강위험성 ㈜ 각 위험마다 그 대소에 따라 0~4의 5단계로 구분함	1. 화약류 2. 고압가스 3. 인화성액체 4. 가연성고체 5. 산화성물질/유기과산화물 6. 독물/병원물질 7. 방사성물질 8. 부식성물질 9. 유해성물질 ㈜ 각 물질마다 다시 2~3개의 소분류로 나눔	1. 화약류 2. 고압가스 3. 인화성액체 4. 가연성고체 5. 산화성물질 6. 유독성물질 7. 방사성물질 8. 부식성물질

참고 위험별로 위험성물질의 구분

① 반응위험: 1. 화약류, 5. 산화성물질/유기과산화물
② 연소위험: 2. 고압가스, 3. 인화성액체, 4. 가연성고체
③ 유독위험: 6. 독물 및 병원물질
④ 부식위험: 8. 부식성물질
⑤ 방사위험: 7. 방사성물질

(2) 위험성의 표시

위험성 표시는 색, 그림, 문자, 숫자 등으로 나타내는데, 이중에 어느 것을 선택하는가는 목적 및 대상 등에 따라 다르며, 경우에 따라서는 이들을 조합하여 사용하기도 한다. (그림 3.1의 예)

1) 문자 표시

소방법, 고압가스취급법 등의 법규에서 '위험물 제4류', '고압가스' 등의 표시가 화학 약품에 붙어있는 경우.

2) 그림 표시

NFPA code 704에서, 화재 및 연소위험성(적색), 반응위험성(황색), 건강위험성(청색)으로 색분하고, 각 위험의 등급을 0~4의 5단계로 분류하고 기타 위험성도 표시한다.(그림 3.2의 예)

3) 숫자 표시

DOT code(2자리 숫자): 10단위 숫자: DOT 규칙의 대분류번호
1단위 숫자: 부차적 위험성의 0~9까지의 숫자

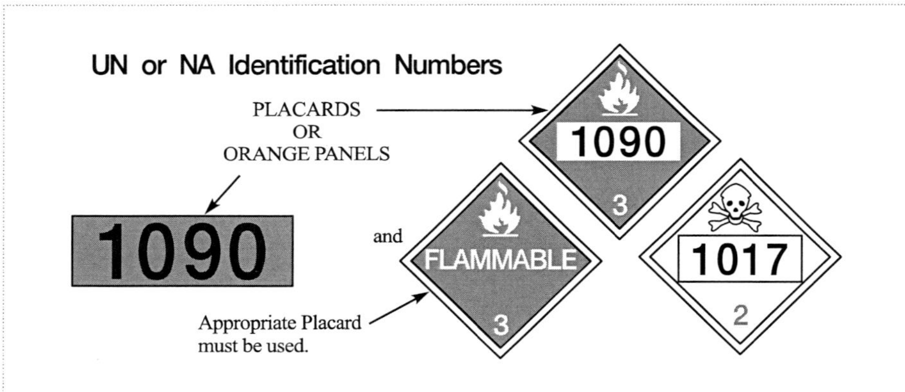

그림 3.1 UN Code의 예

그림 3.2 NFPA Code 704의 예

(3) 위험성의 판정

위험성의 유무 및 등급화에는 일정한 판정 규준이 있어야 가능하고, 또한 판정을 위한 방법도 필요하다. 그러나 많은 물질에 공통적으로 적용할 위험성의 규준이 없기에, 위험성을 앞에서 언급한 바와 같이 편의상 나눈 반응위험, 연소위험, 유독위험, 부식위험, 방사위험에 대하여 간단히 설명하고자 한다.

1) 반응위험성

① 물질 ― 유기과산화물, 질산에스테르류, 니트로 화합물, 니트로소 화합물, 아조화합물, 디아조화합물, 하이드라진 및 그 유도체

② 종류 ― 연소반응 및 폭발반응을 후에 일으키는 것을 제외하면, 다음의 반응 등이 있다.

i) 유기화학반응: 중합반응(vinyl중합, 개환중합 등), 자동산화에 의한 과산화물 생성 반응

ii) 산화반응: 유기, 무기의 광범위한 산화반응

(산화제) - 압축산소, 액화산소, 액화염소, 과산화수소와 같은 기체 및 액체
- 염소산, 과염소산, 과망간산 등의 알칼리금속염 및 암모늄염과 같은 고체

③ 판정

반응위험성은 화학물질 자체 또는 다른 물질과 반응하여 화재 및 폭발을 일으키는 위험성으로, 공기 및 산소의 공급 없이 발열 분해를 일으켜 급속한 가스의 발생과 연소·폭발을 일으키는 위험성이다. 반응속도가 빠른 발열반응이 대상이며, 위험성의 판정기준으로는 일반적으로 반응열과 반응속도에 의해 정의한다.

즉, 물질이 위험한 반응성이 있는 가의 여부를 판정하는 것으로, 반응속도(V) 및 반응열(Q)에 의해 식(3.1)과 식(3.2)와 같이 정의하고 있다.

$$V = f(C) \cdot g(T) \qquad (3.1)$$

여기에서,

$$g(T) \sim k_0 \exp(-E/RT) \qquad (3.2)$$

그리고 농도항 $f(C)$(물질의 종류 및 반응기구가 지배)와 온도항 $g(T)$(k_0, E와 같은 반응인자의 파악이 필요하며, 열반응 및 radical반응을 주 지배)에 의해 반응위험성이 판단된다. 일반적으로 반응속도가 빠르고 반응열이 클수록 반응위험성이 크다.

> **참고** 반응기구 및 반응인자를 구하는 방법
> 반응물질이 액체 및 고체의 열반응인 경우, TG, DTA, DSC 등의 열분석에 의해 반응열(Q), 활성화에너지(E), 반응속도상수(k) 등을 비교적 쉽게 구할 수 있다.

2) 연소위험성

① 발화의 입장에서의 구분

i) (자연)발화 위험

ㄱ. 열 및 충격에 따라 격렬히 폭발하는 물질(예: nitro화합물, diazo화합물, 유기과산화물 등)

ㄴ. 공기와 접촉하면 즉시 발화하는 물질(예: alkyl aluminium, 황린 등)

ㄷ. 물과 접촉하여 발화하는 물질(예: alkali금속, hydrosulfide 등)

ㄹ. 비교적 고온에서 가열하여야 발화하는 유기고체물질(예: 목재, plastics, 탄소 등)

② 인화 위험 – 가연성기체와 가연성액체

③ 명칭 및 상태별로 구분

i) 명칭별 – 폭발성, 발화성, 인화성, 가연성 등

ii) 상태별 – 연소성고체 등

그리고, 다음과 같은 물질의 위험성은 물질 그 자체보다도 상태 및 현상의 위험에 속하는 것으로 생각함이 타당할 것이다.

ㄱ. 압축 또는 액화하여 용기에 저장한 기체 물질:
내용물이 비록 어떠한 위험성이 없어도 고압 또는 저온이어서 잠재적 위험이 생기는데 이 위험을 물질에 부수된 위험으로 보는 가의 여부도 이견이 있다.

ㄴ. 물과 접촉하여 발화하는 물질:
물과 반응하여 가연성 및 유독성 가스를 발생하는 물질
(예: CaC_2, Ca_3P_2)로, 금수성물질(禁水性物質)로 구분함.

④ 판정

연소위험성을 판정하는 지표로서 발화점, 인화점, 최소발화에너지, 연소(폭발)한계, 한계산소지수 등이 있다.

연소에 의한 위험은 화재 및 폭발과 같은 큰 사고로 직접 이어질 가능성이 높아, 그 위험성의 판정에 많은 연구를 하고 있다. 다만 물질을 어떻게 분류하여도 연소

(폭발)형식의 다기성(多岐性), 동일한 연소성에서도 연소의 발생, 확대 및 그 효과 등에 위험 특성이 차이가 있어 단일 시험 및 지표로 위험성을 판정할 수가 없다. 표 3.2에 연소(폭발)위험성의 판정에 이용되는 특성과 지표 및 시험법에 대하여 종합하여 나타내었는데, 이와 같이 각각에 속한 여러 종류의 측정 결과를 종합하여 위험성을 판정하여야 한다.

표 3.2 연소(폭발)위험성의 판정에 이용되는 특성, 지표, 시험법

구별	특성물리량	지표	물질의 상태	시험법
연소의 발생	온도	(자연)발화온도	기체, 액체, 고체	발화점시험(정온법, 승온법)
		인화온도	액체, 고체	발화점시험(밀폐법, 개방법)
	에너지	최소발화에너지	기체	불꽃발화시험(용량불꽃법 등)
		충격감도	액체, 고체	낙추감도시험
	가스농도	연소(폭발)한계	기체	연소한계시험(버어너법, 전파법)
		산소지수	액체, 고체	한계산소시험(LOI 시험)
연소의 확대, 효과	속도	연소속도	기체	연소한계시험(버어너법, 전파법)
		표면후퇴속도	액체, 고체	액면연소시험
		열분해속도	기체, 액체, 고체	열중량분석(TG 등)
		화염전파속도	기체, 액체, 고체	화염전파시험(재료방화시험)
	온도	연소(화염)온도	기체, 액체, 고체	화염온도측정(접촉법, 비접촉법)
	열량	연소열	기체, 액체, 고체	발열량시험(bombe법), 단열법
	압력	폭발압력	기체, 액체, 고체	밀폐용기시험, 압력용기시험
	일	폭발강도	액체, 고체	연주(鉛鑄)시험, 연관(鉛管)시험
	가스성분	유독생성가스	기체	가스분석, 동물시험

i) 발화(연소 발생)에 관한 특성 지표

ㄱ. 발화온도(발화점) – 가연물을 가열할 때 스스로 연소를 시작하는 최저온도
  – 600℃ 이하에서 발화 위험

ㄴ. 인화온도(인화점) – 액체 및 고체의 면 위에 화염 및 불꽃에 의해 발화가 가능한 가연성혼합가스가 형성되는 액체 및 고체의 온도
  – 액체 및 고체의 위험성의 판정에 사용.

ㄷ. 최소발화에너지 – (전기)불꽃 등에 의해 가연성 혼합가스를 발화시키는데 필요한 최소의 방전에너지
  – 액체의 인화를 위한 발화원의 강약을 나타내는 발화 특성의 지표

ㄹ. 충격감도 – 일정 무게(주로 5kg의 추)의 물체를 50~60cm 높이에서 낙하하여 충격에 의해 에너지를 가하여 발화 여부를 측정.
– 고체의 폭발성물질 및 함산소물질이 측정 대상.

ㅁ. 연소한계(폭발한계) – 가연성가스가 공기(또는 산소)와 혼합하였을 때, 작은 발화원(불꽃, 화염)에 의해 발화, 연소하기에 필요한 가스농도
– 연소범위(폭발범위): 하한계~상한계로, 가연물이 기체이면 vol.%, 분진 등의 분산계는 g/m^3, mg/ℓ
– 하한계가 낮고, 연소범위가 넓으면 위험성이 크다.

ㅂ. 산소지수(LOI) – 가연성고체(주로 plastics) 및 액체를 발화시킬 수 있는 산소농도(vol.%).
– 통칭 OI(oxygen index)라고도 부른다.

ii) 발화 후 연소 확대에 관한 특성 지표

ㄱ. 연소속도 – 미연소가스가 화염면에 직각으로 이동하는 속도
– 혼합기체의 연소의 빠르기를 나타내는 물리량
– 가연성가스를 공기 중에 확산 연소하는 경우에는 아세틸렌 및 수소 등을 제외하고는 그 속도의 차이가 적어서 위험성을 비교하는 지표로는 실용적이지 못하다.

ㄴ. 표면후퇴속도(액면강하속도) 및 열분해속도 – 가연성물질이 고체 및 액체의 경우, 연소의 진행속도를 측정하는 지표로서, 이를 연소속도로 하여 위험성의 판정에 이용한다.

ㄷ. 화염온도 및 연소열 – 물질의 종류와 조성에 따라 이들 값의 변화가 크지만, 열역학적 계산에 의하여 추정되므로 연소성의 판정 지표로 자주 사용된다.

> **참고** 방열(放熱)을 무시한 화염온도를 단열화염온도라 한다.

ㄹ. 폭발압력 – 특정 용기 중에 연소반응시의 최대압력으로 추정한다.
– 압력용기 시험법으로, 유기과산화물의 폭발성의 정도를 측정

ㅁ. 폭발강도 – 폭발성물질의 폭발 위력을 측정하는 지표.
– 화약류와 같이 폭굉(detonation)을 일으키는 물질의 시험 방법

a) 연관(鉛管)시험: 연관(鉛管)중에 폭발성물질을 넣어, 뇌관으로 기폭시켜 연관의 변형 정도로 폭발위력을 비교, 측정

b) 연주(鉛鑄)시험: 납(鉛)의 block 중에 폭발시켜 내부에서 형성된 공동(空洞)의 크기로 폭발강도를 비교, 측정

ㅂ. 화염전파속도 – 유기재료의 표면에서의 화염의 확대 정도를 나타내는 속도로, 재료의 방화시험에 이용.

3) 유독위험성

유독위험의 판정에 기본적인 문제는 생체에 대한 유독 여부를 어떻게 다룰 것인가이다. 예로서 토끼의 경우, 설탕 및 소금은 각각 20g/kg 및 3.1g/kg 투여하면 죽기에 극단적으로 볼 때, 이들 물질들은 무해한 화학물질이라 말할 수 없다.

즉, 물질에 대해 일괄적으로 유해 및 무해로 구분하는 것은 곤란하고 그 위험성은 생체와 물질의 상호작용의 관점에서 다루어져야 할 것이다.

– 유독성을 인체에 대한 (–) effect로 다음과 같이 분류할 수 있다.

1. 국소(국부)반응(자극민감성)
2. 급성중독
3. 만성중독
4. 발암성 – 판정법은 완전히 의학적이어서, 그 지표가 미확립
5. 잠재독성(최기성(催奇性)) — 장기간에 걸친 환경보건 문제

따라서 오늘날에는 유독위험성을 국부반응을 포함하여 작용이 나타나는 시간에 따라 급성중독과 만성중독의 2가지로 대별하고 있다.

① **급성중독** — 동물실험에 의한 치사율(致死率: lethality) 즉, 투여한 물질에 의해 실험동물이 사망하는 약(물)량(藥(物)量)에 의하여 다음의 지표로 위험성을 비교한다.

i) MLD(minimum lethal dose) – 실험동물 전체가 사망률이 0인 약량

ii) LD_{50}(median lethal dose) – 실험동물 반수(50%)가 사망하는 약량

iii) LC_{50}(median lethal concentration) – 실험동물 반수(50%)가 사망하는 약량 (단, 유독물질이 기체 및 aerosol인 경우)

– 이들 위험성 지표는 실험동물에 의한 수치로, 유독작용은 동물의 종류 및 체중당의 수치로 비교하여, 이를 인체에도 적용하고 있다.

– 일반적으로 LD_{50}의 수치가 많이 이용되며 보통, 동물의 경구(經口)독성이 30mg/kg 이하를 독물(毒物), 300mg/kg 이하를 극물(劇物)로 정하고 있어, 표 3.3의 급별에서 독물은 '많이 유독', 극물은 '다소 유독'의 등급에

속한다.

② 만성중독 – 급성중독과 같이 적합한 위험의 지표는 없어 판정도 어렵다. 다만, 다음의 지표로 나타낸 농도를 준용하고 있다.

즉, TLV(threshold limit value), AC(allowable concentration) 또는 MAC(maximum allowable concentration)로, 건강한 남자가 1일 8시간 연속하여 그 환경에 있어서도 인체에 작용이 나타나지 않는 물질농도이다.

– 지표 단위는 유독물질이 기체인 경우는 ppm, 분체의 경우는 mg/m^3 등으로 표시하며, 수치가 적을수록 위험성이 큰 것을 뜻하며, 이 수치는 매년 ACGIH(american conference of governmental industrial hygienist)에서 발표되고 있다.

표 3.3 물질의 급성중독의 급별

분류	LD_{50} (쥐에 경구 투여)	LC_{50}(증기 4 hr) (쥐에 흡입 투여)	LD_{50} (토끼에 경피 투여)
1. 극히 유독	~ 1 mg/kg	< 10 ppm	~ 5 mg/kg
2. 많이 유독	1~50 mg/kg	$10 \sim 10^2$ ppm	5~44 mg/kg
3. 다소 유독	50~500 mg/kg	$10^2 \sim 10^3$ ppm	44~350 mg/kg
4. 약간 유독	0.5~5 g/kg	$10^3 \sim 10^4$ ppm	0.35~2.8 g/kg
5. 거의 무독	5~15 g/kg	$10^4 \sim 10^5$ ppm	2.8~22.6 g/kg
6. 무해	15 g/kg ~	> 10^5 ppm	22.6 g/kg ~

– 노동위생상의 관리농도이다 .

– 이들 지표의 농도와 LC_{50}과는 반드시 비례하지 않는다. 예로서, benzene과 toluene을 비교시, LC_{50}은 31.8(mg/l), 19.9(mg/l)이지만, MAC는 25(ppm), 100(ppm)으로 반대의 수치를 나타낸다.

③ 중독지수 – 가스농도와 작용시간의 곱으로 정의한다.

– 흡수된 가스의 전체량에 의해 작용이 나타나는 것으로 CO의 경우, 농도(ppm) × 시간(hr)의 값으로 중독지수를 나타내면 다음과 같다.

중독지수	~ 300	600	900	1500
작용 증상	무	다소 이상감	두통, 구토	생명 위험

④ 증기위험도지수(vapor hazard index: VHI)

– 허용농도(allowable concentration, AC)와 포화증기농도의 비율로 나타내는 값.(식(3.3) 참조)

$$VHI = (P_{max}/760)\cdot(10^6/AC) \quad (3.3)$$

여기에서, P_{max} : 포화증기압(mmHg)

AC : 허용농도(ppm)

- 중독 위험이 있는 물질의 증기로 되기 쉬움과 그 증기의 위험성을 합친 것으로, 액체인 용제(주로 유기용제)의 잠재적인 위험성을 평가하는데 적합함.
- 페인트나 분무칠과 같이 기체로 되기 쉬운 용제의 경우에는, VHI 보다 ACI(허용농도지수, allowable concentration index)로 위험성을 나타내는 것이 적합하다.(식(3.4) 참조)

$$ACI = 100/AC \quad (3.4)$$

4) 부식위험성

부식을 입는 측의 물질에 따라 나누는데, 인체와 재료(금속과 비금속 재료)로 분류하는 것이 편리하다.

① 인체에 대한 부식 위험

본질적으로 유독 위험과 같은데, 이 경우에는 impact가 주어지는 부위가 피부 및 점막과 같이 비교적 외기에 접촉되는 부분인 것 이외의 차이가 없어, 앞에서 언급한 급성, 만성 위험의 관점에서 동물실험에 의해 위험성을 판정한다.

② 재료에 대한 부식 위험

일종의 반응 위험으로 볼 수 있지만, 반응의 형식은 앞에서 언급한 일반적인 반응과는 다르다.

i) 건식반응: 고온의 공기 및 산화성가스에 의한 부식반응

ii) 습식반응: 수분의 존재 하에 물을 매개체로서 일어나는 부식반응
(대부분이 전지작용에 의한 전기화학반응이 됨)

③ 부식 현상의 형식적인 구분

i) 전면(全面)부식: 표면이 모두 부식

ii) 국부(局部)부식: 표면의 일부가 집중적으로 부식

iii) 입계(粒界)부식: 국부 부식의 일종

iv) 응력(應力)부식: 내부 응력의 존재 하에 일어나는 것

④ 부식 정도를 나타내는 지표

획일적으로 수치에 의해 부식위험을 나타내기는 어렵지만, 일반적으로 다음의 지표로 나타내고 있다.

i) 부식도 −단위시간당의 부식 감량: mdd(mg/dm^2·day)

ii) 평균침식도 − 부식도의 값을 연간의 부식 깊이로 환산: mm/year

> **참고** 금속재료의 경우, 평균침식도가 0.1~1.0(mm/year) 이상이면, 부식위험성이 있다고 생각된다.

5) 방사위험성

인체에 대한 영향만이 문제가 되고 있다는 점에서, 유독위험과 같은 종류이다. 따라서 자극성, 급성, 만성, 발암성 등의 노동위생상의 위험을 고려하여야 하고, 유전자에 대한 영향도 있어 환경보건상의 잠재위험도 함께 고려하여야 한다.

① 피폭의 종류

i) 급성피폭 − 대량의 방사선(放射線)을 일시에 피폭된 경우

− 병상: 백혈구 및 임파구의 급격한 저하, 피부의 홍반, 위장사, 중추신경사 등의 각종 위험

ii) 만성피폭 − 소량의 방사선을 장시간에 피폭된 경우

− 병상: 세포의 감소, 백혈병, 뼈, 갑상선, 폐 등의 암의 발생 등의 위험, 방사선의 유전적 영향으로는 유전자의 돌연변이

② 방사위험을 판정하는 지표

내용량(耐容量, tolerance dose, TD) 및 최대허용선량(maximum permissible dose, MPD): 장기 또는 1회의 피폭을 받았을 때 심한 장해 및 유전 장해를 일으킬 우려가 없는 최대 방사선량 [rem](표 3.4 참조)

표 3.4 개인에 대한 방사선량의 한도

장기	성인직업상의 피폭에 대한 MPD		공중 구성원에 대한 MPD 한도
	rem / year	rem / 3개월	rem / year
생식선, 골수	5	3	0.5
피부, 뼈, 갑상선	30	15	3.0
손, 팔, 다리, 복사뼈	75	38	7.5
기타의 단일장기	15	8	1.5

참고 rem(선량단위(線量單位))

= 흡수선량(rad)(吸收線量, 방사선에 의한 에너지흡수 측정척도) × 선질계수(線質係數, 방사선의 생물학적 효과의 차이값)

(선질계수) X, β, γ선= 1, 열중성자선= 3, α선, 고속중성자선= 10

(4) 위험성물질의 안전 취급

각종 위험성이 있는 화학물질의 안전한 취급에 있어서는 아래와 같은 단계별 사항이 시행되어야 할 것이다.

1) 기본 원칙

① 사전에 그 화학물질의 성상과 위험성에 대한 충분한 지식을 가져야 하는 바, 이는 위험성을 충분히 이해하고 취급하는 것이 안전히 취급하기 위한 근본적 요건이기 때문이다.

② 주류 및 약물을 먹고 그 영향이 아직 없어지지 않았다고 인정되는 사람에게는 절대로 작업을 시키지 않도록 한다.

③ 창고와 탱크의 안으로 들어갈 때는, 사전에 창고와 탱크 내의 공기의 안전성을 검사하고, 산소농도가 18% 이상이고 인화성의 가스 및 증기의 농도가 폭발범위를 벗어나거나 유해물질 농도가 허용농도 이하인 것 등을 확인한다.

④ 금속 마찰로 스파크를 발생할 수 있는 구두 등은 신지 않도록 한다. 만약, 이로 인하여 발생한 정전기의 제거를 위해 반드시 통전 조치를 하도록 한다.

⑤ 취급물질에 적응하는 방독 마스크, 자장식(自藏式) 호흡구, 에어라인 마스크 및 보호복, 보안경, 장갑, 헬멧, 구두 등을 착용하여야 하며 특히, 방독마스크의 경우, 흡수통의 유효성, 장착의 확실 여부 등을 검사하여야 한다.

⑥ 호흡기로의 흡입 및 피부로의 흡수되는 유해물질은 입으로 마시는 것 보다 중독성이 매우 빠르고 강한 중독을 일으키기 때문에, 작업을 마친 후에는 신속히 탈의하고 피부 및 얼굴 부위를 잘 씻고 다른 옷으로 갈아입도록 한다.

⑦ 작업 중에 이상함을 느끼면 즉시 작업을 중지하고 적당한 처치를 받도록 한다.

⑧ 작업을 마친 직후에는 음주를 하지 않도록 한다. 주류는 체내에 들어간 약간의 유해물에도 체외로의 배설을 지연시켜, 체내의 생각하지 않았던 부위에 증상이 나타나는 경우가 많다.

2) 안전 교육

화학약품 등의 위험물질에 의한 사고 중에는 폭발, 중독 등의 치명적인 인신사고로 이어지는 경우가 많은 바, 안전교육은 이를 방지하거나 감소시키는데 효과적이다. 즉, '어떠한 화학물질이 어떠한 위험성을 가지고 있는 가를 알고 있느냐'에 따라 그 물질의 취급에 대한 태도가 바뀌어가기 때문이다.

3) 반응성 위험물질의 위험성평가, 종합평가 및 안전대책

반응성을 갖는 화학물질을 보다 체계적이고 안전하게 취급하기 위해서 위험성의 평가를 행하는 것이 필요한데, 이를 위해서는 화학물질에 관한 사례 연구(case study), 위험성 data sheet(MSDS)의 화학적 지식의 활용, 위험성의 예측 및 시험에 의한 위험성의 평가를 행하여 종합적인 평가와 이에 대응하는 안전대책을 수립 및 시행하도록 한다.

(5) 위험성물질의 수송 안전

위험성이 있는 화학물질의 수송이나 운반은 도로, 철도, 수로, pipe line, 선박, 항공기 등의 다양한 수단으로 이루어지고 있는데, 이는 고정설비에서의 경우와 못지않게 위험발생의 요인이 개재되어 사고·재해가 많이 발생하고 있는 실정이다.

따라서 각국별로 위험물 수송에 관한 규정에 따라 각종 규제와 지도를 행하고 있으며, 국제적으로는 국제해사기구(IMO)의 위험물 code(IMDGC 또는 IMO code)가 국제적인 수송 안전에 큰 역할을 하고 있다.

여기에서는 각종 화학물질의 위험성에 대한 수송 수단에 따른 대응책에 대하여 간단히 설명하고자 한다.

1) 도로 수송

① 중합하기 쉬운 물질(예: 부타디엔, 산화에틸렌 등) — 중합에 의한 발열반응이 가속되므로 보냉(保冷)탱크의 사용

② 용융상태로 운반하는 물질(예: 유황, 인, 나프탈렌, 알칼리 등) — 보냉탱크에 의해 운반

③ 과산화수소 — 알미늄 또는 특수 강철제 탱크로 수송

④ 유기과산화물 — 냉동된 보냉탱크에 의해 운반

⑤ 유황3산화물 — 중합하지 않게 보온탱크에 의해 가열상태로 운반

⑥ 불소 — 납을 내장한 구리제 탱크로 운반

⑦ 알킬납 — 외부 표면이 보호된 탱크로 운반

2) 철도 수송

철도 수송상의 위험물의 유출 사고의 대부분은 충돌이나 탈선에 의한 것으로, 그 원인은 철도 차량의 기계적 특성 및 궤도의 결함인 경우가 많다. 그 이외의 잠재 위험성

은 기관이나 브레이크에서 생기는 불꽃이다.

따라서 이의 규제를 위해 각국별로 제반 규정이나 규칙을 제정하여 시행하고 있다.

(미국) 운수성(DOT)이 연방 철도국을 통하여 규정 제정

(영국) 화물열차 및 여객열차에 의한 위험물 수송에 관한 규정

(EU) 철도에 의한 상품 수송에 관한 국제규격(RID)

3) 파이프라인에 의한 수송

파이프라인 사고의 주요 원인은 외부로부터의 영향에 의한 것으로, 피복 손상을 포함한 기계적 장해와 지반 변화 및 굴삭기계에 의한 손상 등이다. 따라서 이의 방호 방법으로는, 주로 연강(軟鋼)이나 주철의 재질인 파이프라인에 coal tar와 유리섬유에 의한 피복과 음극방식(防蝕)이 있으며, 또한 피복과 음극방식을 조합시켜 외면 부식을 최소화하는 방법이 있다.

파이프라인으로 수송되는 주요 위험물로는 천연가스, LPG, 에틸렌 등의 화재 및 폭발 위험성이 있는 탄화수소 화합물과 암모니아, 염소 등의 중독위험성이 있는 물질 등이 대표적인 예이다.

4) 해상 수송

선박에 의한 해상 수송에 따른 주요 잠재위험성은 선박 자체의 '화재 및 폭발'과 가연성물질과 유해성물질의 선박으로부터의 '누출'이다. 그리고 선내에서의 화재 및 폭발 위험성은 위험물의 적하뿐만 아니라 하역 중 또는 세정 작업 중에 많이 발생한다. 또한, 해상에서의 누출은 충돌 및 좌초의 결과로 발생하는 경우가 많은데, 이는 항로의 혼잡, 빠른 조류나 해상의 날씨 등에 의한 것이고, 항내(港內)에서의 누출은 충돌이나 선적(船積) 및 육양(陸揚)할 때에 발생하기 쉽다.

5) 항공기 수송

항공기에 의한 위험물의 수송은 국제항공수송협회(IATA)의 적재제한품위원회가 관여하고 있다. IATA의 제한품에 관한 규칙은, 수송하는 화학제품의 종류 및 양의 규정을 세우고 특정의 포장과 표시를 요구하고 있는데, 약 2,300여종의 물질이 망라되어 있다. 그리고 방사성물질의 수송은 IATA의 규칙에 의하여 관리되고 있지만, 이는 국제원자력위원회(IAEA)의 방사성물질의 안전수송 규칙을 구체화한 것이다.

(6) 위험성물질의 응급조치시스템

위험성물질의 수송, 저장 및 취급 중에 발생하는 사고·재해에 대응하는 조치로 각국의 여러 기관들에 의해 응급조치시스템이 개발되어 이에 의한 지침서가 발간되고 있는 바,

이의 대표적인 것을 소개하여 본다.

1) CHRIS (USCG)

미국 해안경비대(U.S coast guard: USCG)에서 개발한 CHRIS(chemical hazards response information system) CG-446의 내용은 위험 화학물질의 수송 과정에서의 긴급사태 발생 시에 해안경비대원들이 어떠한 결정을 취하여야 하는가에 대한 정보와 지침을 주는 것을 제1의 목적으로 하고 있다.

CG-446-1 화학물질의 위험성에 관한 개설서

CG-446-2 위험화학물질 data집

CG-446-3 위험성평가 handbook

CG-446-4 위험대책방법 handbook

2) DOT-CHEMTREC

미국 운수성(U.S department of transportation: DOT)에서 약 2,000종의 위험성물질에 대한 잠재위험성과 긴급사태시의 조치 사항을 정리하여 발간한 위험성물질 응급조치 지침안내서로서, 그 내용은 다음과 같이 크게 3가지 부분으로 나누어 구성되어 있다.

① 인식번호(ID No.)순의 위험성물질명에 대한 지침번호의 색인

② 알파벳순의 위험성물질명에 대한 지침번호 및 인식번호의 색인

③ 각각의 지침번호에 대한 응급조치 지침

그리고 이 안내서에는 CHEMTREC(chemical transportation emergency center)이 있는데, 이는 미국 화학공업협회(CMA) 내에 설치된 공공 서비스기관으로, 하루 24시간 연중무휴의 근무로, 긴급 시에는 미국 전 지역에서 무료로 직접 통화를 할 수 있게 하여 긴급사고의 현장에 임한 사람들에게 즉석에서 조언을 주고 화학물질의 송출인에 대해서는 상세한 원조와 적당한 사후조치를 하기 위하여 협력을 제공하여 준다.

3) OHM-TADS (EPA)

미국 환경보호청(U.S environmental protection agency: EPA)에서 개발되어진 컴퓨터 이용 시스템 OHM-TADS(oil and hazardous materials-technical assistance data system)은 약 1,000종의 화학물질에 대한 물리적, 화학적, 생물학적, 독물학적인 제 성질과 상업적 data 등의 126항목에 이르는 광범위한 정보를 제공하며, 가장 중요성을 강조하는 사항은 수질에 주는 유해한 환경에 대한 것이다.

4) NFPA No.704

미국 방화협회(national fire protection association: NFPA)가 추천, 권장하는 시

스템인 NFPA No.704(standard system for the identification of the fire hazards of materials)로 발행되고 national fire code에 수록 되었는바, 공장 및 저장고의 화재 시에 소방요원에게 기본적인 경계 정보를 제공하고 있다. 위험물의 경계표지는 앞의 그림 3.2의 예와 같이 나타내고 있다.

5) Tanker 안전지침 (IMCO/ICS)

국제해사기구(inter-governmental maritime consultive organization: IMCO)에서 화학제품 및 원료의 chemical tanker에 관한 설비구조를 규정한 IMCO 위험물 복적선(服積船) 구조설비 규칙을 채택하였다.

그리고 국제해운회의소(international chamber of shipping: ICS)에서는 선주와 운항자의 입장에서 복적(服積) 수송에 종사하는 선박의 승무원에 대하여 항해 중 및 입항 중의 작업의 안전성을 향상시키기 위한 권고 사항을 제공하기 위하여, 'Tanker 안전지침(chemical편)' 및 'Tanker 안전지침(석유편)'을 발행하고 있다.

3.2 화학공정 안전

화학적인 잠재위험성 중에서, 공정상에서 일어나는 현상 및 상태의 입장에서의 주요 위험성으로는 폭주반응(화재 및 폭발)의 위험, 상태(압력 및 열)의 위험, 유동(방출 및 유출)의 위험으로 나누어 볼 수 있는데, 이들에 대하여 설명하고자 한다.

(1) 폭주반응의 위험

화학적 반응에 의한 위험성의 문제는 제어가 행하여지기 쉬운가의 여부에 달려있다. 따라서 폭주반응의 위험성은 무언가의 원인에 의해 반응과 그 제어의 균형(또는 수지)(balance)를 잃고 반응속도가 시간과 함께 지속적 증가로 일어나면서 온도의 상승으로 인하여 화재 및 폭발의 사고를 발생시키는 것이다.

이와 같은 종류의 반응의 생성조건은 기본적으로 반응에 의한 발열속도와 제어에 의한 방열속도의 균형의 상관성을 알게 되면 구할 수가 있는 것이다. 여기에서는 간단한 균일계열반응의 관계식을 식(3.5)와 식(3.6)에 예를 들어 설명하여 보기로 한다.

(단, 발열속도는 Arrhenius의 식을, 방열속도는 Newton의 냉각법칙을 따른다고 가정한다.)

$$q = \Delta H \upsilon V = \Delta H k_0 \exp(-E/RT) C_0^n V \tag{3.5}$$

$$q' = \alpha S (T - T_0) \tag{3.6}$$

여기에서, q : 발열속도(cal/s), q' : 방열속도(cal/s),

$\triangle H$: 발열량(cal/mol), υ : 반응속도(mol/cm^3·s),

k_0 : 반응속도상수, E : 활성화에너지((cal/mol),

R : 기체상수(=1.98cal/mol·^{0}K), T : 계내 평균온도(^{0}K),

T_0 : 외부(가열)온도(^{0}K), C_0^n : 반응물질농도(n은 반응차수),

V : 계의 부피(cm^3), S : 계의 표면적(cm^2)

α : 계의 표면전열계수(cal/cm^2·^{0}K·s)

이들 발열속도와 방열속도에 있어, 방열 조작에 영향이 큰 전열계수(α)만을 그림 3.3에서와 같이 변화시켜 비교하여 보기로 한다.

- 직선 Ⅰ — 전열계수(α)가 큰 경우로, 방열이 충분하여서 온도는 교점 A까지 상승하여 머물고, 그 이상은 상승하지 않는다.
- 직선 Ⅲ — 전열계수가 적어 $q > q'$ 이기에, 온도는 교점을 벗어나 상승을 계속하여 폭주하게 된다.
- 직선 Ⅱ — q 와 q'가 접하는 상태(교점 C)를 갖는 것으로, 폭주가 생기는 한계의 온도(Tc)를 갖는다.

따라서 교점 C에서의 한계온도(Tc)를 갖는 두 속도와의 상관성을 계산하여 정리하면, 폭주를 일으키지 않는 온도상승의 한계값 ($\triangle T$)c은 식(3.5)와 식(3.6)의 관계식에서 다음의 식(3.7)과 식(3.8)의 등식을 연립하여 구하여진 근의 값에 의하여 근사적으로 식(3.9)와 같이 구하여진다.

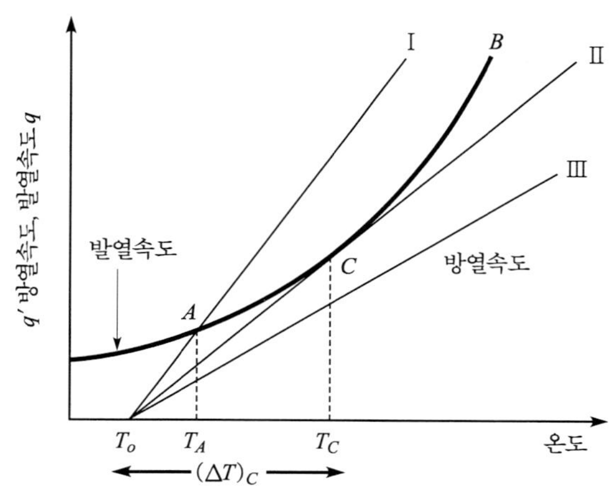

그림 3.3 발열속도(q)와 방열속도(q')의 관계

$$q = q' \quad (3.7)$$

$$dq/dt = dq'/dt \quad (3.8)$$

$$(\Delta T)_c = T_c - T_o \approx RT_o^2/E \quad (3.9)$$

계산 예

$T_o \approx 300(^0K)$, $E \approx 30(kcal/mol)$인 계의 경우, $R \approx 1.98(cal/mol \cdot {}^0K)$이므로,
$(\Delta T)_c \approx RT_o^2/E \approx 1.98 \times 300^2/30 \times 10^3 \approx 5.94(^0K)$ 값을 가짐.

실제적으로, 발화가 일어나지 않는 최대의 온도상승값 $(\Delta T)_c \approx (RT_o^2/E)$는 대략 $20(^0K)$ 정도의 값을 나타낸다. 이와 같은 관계식에 의하여 해석적으로 다루는 방법을 'Semenov의 열발화이론'이라고 한다.

(2) 상태의 위험

상태의 위험성 중에서 가장 많이 거론되는 것으로는 고압 및 진공으로 인한 압력 위험과, 고온 및 저온에 의한 열 위험이 있다.

1) 고압 상태에 기인한 위험성

(a) 고압으로 인한 용기 및 그 부속물의 파손 및 파괴

(b) (a)에 부수된 내용물(가연물 및 유독성 물질)의 방출

참고로, (a)에는 고압가스에 의한 부식 및 누설 등도 포함하지만, 이들은 기계적 위험이기에 여기에서는 이에 대하여는 생략하고 (b)에 대해서만 다루고자 한다.

① 고압에서 저압 상태로의 분출

분출(噴出)은 고압에서 저압의 상태로 물질이 방출되는 현상으로, 압력차가 크게 되면 방출량이 증가하여 위험성이 커지는 바, 방출물질이 기체인 경우와 저압가스 및 액체(응축성은 무시)인 경우로 나누어 이들의 압력차에 의한 방출량의 상관성을 다루고 있다.

② 압력의 발생면에서의 고압 위험

고압의 위험을 압력의 발생 측면에서 보면, 항상 압력이 걸려있는 경우와, 이상(異常)으로 고압이 발생하는 경우로 나누어 볼 수 있는데, 전자의 경우는 고압용기, 배관 , 반응기, 압축기 등과 같이 사전에 고압이 걸려있는 것이고, 후자의 경우는 고압이 발생하는 시기 및 상태가 정하여져 있지 않기 때문에 위험의 예측이 어렵다.

참고로, 위험이 발생하는 과압(過壓)의 원인은 다음과 같은 경우로 나누어 볼 수 있다.

i) 냉각계의 결함 및 고장: 냉각수 부족, 환류계 및 열교환기의 결함과 고장, 응축 조작의 불량 등

ii) 제어계의 결함 및 고장: 온도, 압력, 유량 등의 제어 불량, 오조작 등

iii) 외부 가열: 주변 화염, 태양열, 기타의 외부 가열에 의한 팽창 및 증기의 발생 등

iv) 타 물질 혼입, 상변화: 휘발성물질(물 포함)의 급격한 기화, 증기 폭발 등

v) 이상반응 발생: 계획되지 않은 반응, 분해, 폭주, 연소, 폭발의 발생 등

2) 고온 및 저온 상태에 의한 위험

고온의 위험성은 앞에서 언급한 고압 및 그 후의 발화 위험성에 관련한 것이 많고, 또한 재료의 특성 및 열화(劣化)와 같은 기계적 위험의 범주의 것을 제외하게 되면, 화상(火傷) 등의 생리적 위험의 관점에서만 다루어진다.

아울러, 저온의 위험성도 마찬가지로 이 경우에는 동상(凍傷)만이 문제가 되고 있는데, 이와 같은 화상 및 동상은 산업보건의 차원에서 다루어지게 된다.

(3) 유동의 위험

기체, 액체 및 분체 등이 강제적이거나 자연히 유동하게 되면 이에 따른 위험이 생기게 된다. 이의 예로는 다음과 같은 경우가 있다.

- 고속으로 흐르는 액체의 급 차단: 충격작용으로 기자재의 파손
- 전기절연성이 큰 물질의 배관 내 흐름: 대전(帶電)으로 정전기 발생
- 유독가스 및 가연성가스의 대기 중에 확산 및 실내 체류

그런데, 이들 위험성의 일부는 기계적 위험도 포함되고 있어, 여기에서는 유동의 위험성을 다음과 같이 나누어 설명하고자 한다.

- 기체(가스 및 증기)의 방출과 확산
- 액체의 유출 확대
- 정전기의 발생

1) 기체(가스 및 증기)의 방출과 확산

① 방출

방출(放出, discharge)이 많이 발생하는 경우는 plant의 결함에 의한 것으로, 이의 원인은 여러 상황이 있어, 방출량 및 방출기간을 정확히 평가하기 어려워 방출상황은 매우 불확실하기 쉽다. 다만, 여기에서는 용기로부터의 가스 및 증기의 전형적인 방출상황에 대하여 요약하여 보면 다음과 같이 나누어 볼 수 있다.

i) 유체 — 가스 및 증기, 액체, 증기와 액체의 혼합물

ii) 플랜트 — 용기, 부속 설비, 배관

iii) 간격 — 완전한 파손, 국소적인 간격

iv) 둘레 — 옥내, 옥외

v) 높이 — 지하, 지표면, 지상

vi) 유체의 운동량 — 적음, 많음

② 증기화

액체가 누설하면 증기운(蒸氣雲)이 형성되기 전에 증기화(蒸氣化, vaporization)가 일어나는데, 증기화의 생성속도에 따라 증기운의 모양이 정해진다.

여기에서는 액체의 누설에 의하여 생기는 증기화의 경우를 설명하고자 한다.

i) 상온, 상압 하에서 휘발성 액체: 누설 후의 액체가 평형상태에 있고, 비교적 완만히 증발한다. (예) acetone

ii) 과열된 액체: 누설된 과열 액체는 일부가 급격히 증발하고, 그 외의 액체는 증발에 따라 잠열을 빼앗기기 때문에 냉각된다.

ㄱ. 상온(常溫), 상압(常壓) 하에서 과열된 액체: (예) butane

ㄴ. 고온, 상압 하에서 과열된 액체: (예) cyclohexane

iii) 저온, 상압 하에서 액화가스: 누설하면 처음에는 빠르게 증발하다가 점차 완만히 증발하기 시작한다. (예) 저온의 methane

③ 확산

방출 및 증발의 형태가 변하면 확산(擴散, diffusion)의 상황도 변해간다. 방출한 물질이 운동에너지가 작은 경우에는 발생원이 순간 발생원인가, 연속 발생원인가에 따라 다르지만 비교적 주위의 공기와의 혼합이 느린 puff 및 plume이 형성되는데, 가연성가스가 이들이 확산하면서 가연성가스는 개방계 증기운폭발(蒸氣雲爆發, unconfined vapor cloud explosion, UVCE)을 일으킬 가능성이 큰 증기운을, 유해성가스는 치사량의 농도를 가질 수 있는 큰 가스운을 형성한다. 그리고 큰 운동에너지를 가진 고속의 jet로서 방출되는 경우에는 공기와의 혼합은 매우 빠르게 되면서 마찬가지로 커다란 증기운을 형성한다.

i) 대기 확산: 대기 중에 방출되는 것으로, 환경오염과 상관성이 있다.

ㄱ. 가연성가스: 순간농도가 문제, 국부적 농도분포가 중요

ㄴ. 유독성가스: 평균농도가 문제

ㄷ. 가연성, 유독성 가스: 대기에 비하여 밀도가 큰 것이 많다.

ii) 실내 체류: 건물 내에 위험한 가스가 방출될 때와 환기 설비의 설계와 관련하여 중요하다. 기본적으로 방출가스의 난류 혼합에 의한 균일화가 얼마나 급속하게 행하여지는 가에 달려있다.(그림 3.4 참조)

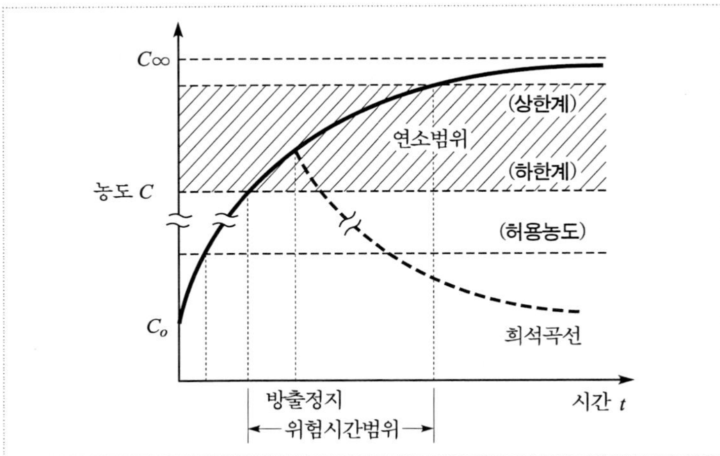

그림 3.4 실내에서의 가스 체류

그림 3.4에서, 방출가스가 가연성가스인 경우에는 연소한계, 유독성가스인 경우에는 허용농도 및 LC을 넣으면 위험농도에 도달하는 시간이 된다.

2) 액체의 유출 확대

액체가 유출되어 확대에 따른 위험성은, 액체가 상온으로 있는 경우(예: 석유)와 저온으로 있는 경우(예: LPG, LNG)로 구분하여 다루게 된다. 또한 이들의 각각의 경우도 유출면이 지표면인 경우에는 그 형상에 의해 확대가 결정되지만, 수면의 경우에는 시간에 따라 나누어 다루어져야 한다. 즉, 유출 초기에는 중력과 관성이 지배하고, 그 후에 중력과 점성, 마지막에는 표면장력과 점성이 지배하는 것과 같이 시간적으로 지배 인자가 변하기에 그 거동이 복잡하다.

그림 3.5는 폭발적인 증발의 가능성이 있는 온도 영역을 수온과 액화가스의 비점과의 관계를 나타내었는데, methane 단독으로는 폭발적인 증발은 일어나지 않지만, ethane이나 propane은 소량을 함유하고 있어도 쉽게 폭발하는 현상이 나타날 수 있음을 보여주고 있다.

3) 액체의 유동에 의한 대전 발생

액체의 유동으로 인한 대전(帶電) 즉, 정전기(靜電氣)의 발생 위험은 가스의 분출, 액체의 미립화 및 액체나 분체의 유동 등에 의해 발생한다.

① 대전의 기구 ― 유동하고 있는 액체와 정지된 고체, 또는 유동하고 있는 액체(고체) 미립자와 고(기)체간의 계면에서의 마찰에 의해 형성된 전기2중층이 떨어져 나가거나 유선의 확대에 의해 2중층간의 거리가 멀어질 때 정전(靜電) 전압이 상승하면서 불꽃이 발생하는 것으로 생각된다.(그림 3.6 참조)

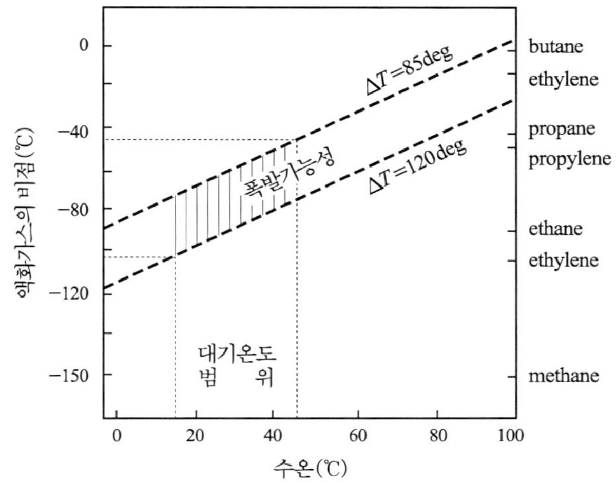

그림 3.5 폭발적인 증발 가능성이 있는 온도차의 범위

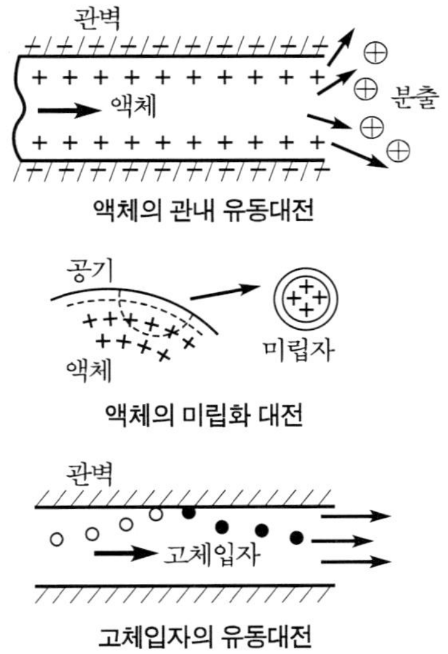

그림 3.6 유동에 따른 대전의 모형도

② 대전의 현상

i) 기체만의 유동에서는 발생하지 않고, 가스 분출시의 대전은 물방울(水滴), 응축물, 저장조의 스케일과 같은 액체 및 고체의 미립자가 있어야 발생하게 된다.(예: propane, 탄산가스와 같은 액화가스의 분출에서 대전 발생)

ii) 액체의 유동에서, 관내(管內)에서는 2중층간의 거리가 짧아서 안정하지만,

관구(管口)를 지나면서 거리가 멀어지면서 정전 전압이 크게 상승한다. (예: 가연성 액체, 분진의 발화가 유출구 근처에서 쉽게 발생)

iii) 전기저항이 클수록 대전 위험이 있는데, 10Ω·cm이상에서 나타난다.

iv) 액체의 대전량은 유속과 흐름의 상태에 따라 변한다. 즉, 유속은 속도의 제곱에 비례(Bustin SchÖn의 법칙)하고 흐름은 난류에서 증가한다. 따라서 발화 위험성이 있는 액체의 유속은 1m/s 이하로, 난류를 일으키는 filter 등의 기기는 하류에서 전하의 완화가 충분히 행하여지는 위치에 설치하는 것이 필요하다. 이외에도, 가스 분출 및 가연성액체의 배관 수송, 분체의 공기 수송 등의 기체 및 액체의 유동에 의한 대전 위험은 여러 문제점을 가지고 있다.

3.3 화학설비 안전

화학플랜트를 구성하고 있는 장치와 설비에 있어, 이들의 위험성에 따른 안전관리 및 대책에 대하여 압력시스템, 제어시스템 및 용역 설비의 3가지로 크게 나누어서 언급하여 보고자 한다.

(1) 압력시스템

화학장치를 구성하고 있는 압력시스템의 주요 요소와 이의 위험요인 및 안전대책의 기본 원리를 간단히 언급하고자 한다.

(a) 압력용기 ─ (예) 반응기, 증류기, 저장탱크

(b) 배관시스템 요소 ─ (예) 파이프, 곡관, T자관, 소켓트, 후렌지, 밸브, 노즐, 니플

(c) 열조절장치 ─ 열을 증가, 제어 또는 제거하는 장치
(예) 연소가열기, 재비기(리보일러), 증발기, 응축기, 냉각기, 열교환기 일반

(d) 압력조절장치 ─ 압력을 증가, 제어 또는 감소하는 장치
(예) 펌프, 압축기, 송풍기, 감속터어빈, 제어밸브

(e) 유체조절장치 ─ 액체 또는 고체를 공정시스템에 보내거나 또는 공정시스템으로부터 제거하는 장치
(예) 펌프, 압축기, 방출밸브

1) 반응기

반응기도 각각의 반응에 특유한 것이기에, 안전대책은 각각의 화학반응 및 일어날 수 있는 부반응에 대한 지식과 이해로 적절한 방법을 취하여야 한다.

① 일반적인 반응장치에서의 효과적인 대책

i) Interlock: 반응물질의 혼합비의 일정 범위 내로 조절

ii) 제어밸브: 온도 및 압력의 이상 상승에 따른 기체 방출

iii) 경보 및 자동운전 정지: 온도 및 압력의 이상 상승 대응

iv) 자동운전 정지: 동력, 냉매 및 계기용 공기 등의 정지

② 위험한 화학반응을 행하는 장치의 배치를 위한 기본사항

i) 위험이 많은 장치나 다량의 가연성물질이 존재하는 장소: 상호 근접한 배열 및 배치의 제한

ii) 매우 위험한 반응의 경우: 반응장치 별로 각각의 방폭벽 설치로 사고에 의한 다른 부분으로의 파급 방지

iii) 가연성가스 및 독성이 있는 물질을 취급하는 경우: 누설에 의한 사고 방지를 위한 건물 내 등의 충분한 환기 시설과 검지기의 설치

2) 증류탑

증류장치에 있어서 안전상의 관점에서 조작 조건의 설정, 부식을 고려한 재질의 선정, 조작의 제어 등이 문제가 되며, 아울러 증류 조작에 있어서 안전 및 운전상의 배려사항으로 탑저(塔底)액(液)의 유지시간, 탑정(塔頂)의 환류조의 설계 등으로, 이들에 대한 안전상의 제반 조치가 필요하다.

3) 저장탱크

① 저장탱크(또는 저장조)의 종류

i) 가스를 저장하는 가스홀더(gas holder)

ii) 액체를 저장하는 액체 저장탱크

iii) 고체를 저장하는 싸이로(cylo)

이들 설비는 석유 정제공업을 비롯하여 일반 화학공장에서도 매우 큰 부분을 차지하고 있어 안전성 차원에서 세심한 주의를 기울여야만 한다.

② 저장탱크의 주요 사고·재해인 화재 및 폭발의 주요 원인

i) 작업 miss에 의한 내용물의 누설

ii) 저장탱크의 설비상의 결함

iii) Vent 설비의 불량

iv) 정전기 방전(放電) 대책의 불량

③ 저장탱크의 안전 설비 및 작업에 대한 기본적 사항

i) 저장탱크의 안전성

ㄱ. 산수(散水)설비/단열피복 cone roof 탱크(불활성가스 봉입)

ㄴ. 가변(可變)용량탱크(불활성가스 봉입)

ㄷ. 저압탱크(불활성가스 봉입)

ㄹ. 부막식(浮膜式)탱크(저장물 증기가 공기와 완전 차단)

ㅁ. 후로트(float)지붕탱크

ii) 저장탱크의 보유거리

ㄱ. 가연성액체의 옥외 저장탱크의 보유거리(법규 및 기준)

ㄴ. 가연성액화가스(예: LP가스) 등의 탱크 간의 거리 및 주위 구조물과의 거리(법규 및 기준)

ㄷ. 탱크 주위의 보유 공지(空地)거리

iii) 방유제(방유뚝) 및 방액제(방액뚝)

ㄱ. 상압(常壓)탱크의 방유제(防油堤)

ㄴ. 고압(高壓)LPG 탱크의 방액제(防液堤)

iv) 방화(防火)설비

ㄱ. 가연성액체의 상압(常壓)설비: 고정식 air foam chamber

ㄴ. 탱크 yard: 소화전(消火栓)이나 가동용(可動用)소화기

v) 산수(散水)설비

ㄱ. 증기 증발이 쉬운 탱크, b. 액화가스의 탱크

vi) 탱크 구조상의 안전설비

ㄱ. Vent, ㄴ. 화염방지기(flame arrester), ㄷ. 게이지(gauge)설비,

ㄹ. 탱크의 접지(grounding of tanks), ㅁ. 수발관(水拔管, water draw off connection), ㅂ. 스윙파이프(swing pipe), ㅅ. 부식(corrosion) 대책

vii) 탱크의 안전작업

ㄱ. 탱크 내에 기름 주입작업, ㄴ. 기름의 혼합작업, ㄷ. 탱크 내 청소작업

4) 배관

사용 조건에 따라 발생할 위험요소에 대한 기본 안전대책

① **방식(防蝕)** — 내용물에 의한 부식 및 매설관과 장거리 배관의 토양에 대한 부식 대책

② **열팽창의 흡수** — 기온 변화 및 고·저온에 의한 배관재료의 신축(伸縮) 대책

③ **진동 방지** — 밸브에서의 유량 변화에 의한 진동 및 맥동 발생 대책

④ **이상 압력에 의한 파괴 방지** — 고압, 고·저온 배관에서의 오조작 및 분해 폭발을 일으키기 쉬운 배관에서의 이상 압력 발생 대책

⑤ **정전기 발생 대책** — 낮은 도전율(導電率)의 가연성액체의 배관 내 유체시의 정전기 발생 대책

⑥ **배관의 보전** — 조업 중의 배관에서의 누설이나 누출 및 배관 부식에 대한 배관의 보전(保全) 대책

5) 열교환기

열교환기(heat exchanger)에는 다관식(多管式), 공냉식(空冷式), 이중관식(二重管式), 코일식(coil式), 플레이트식(plate式) 등의 여러 종류가 있는데. 주로 사용되고 있는 것은 다관식 및 공냉식 열교환기로, 이들의 열교환기에서 운전의 개시와 정지시의 유체의 공급과 순환 공정 및 보수(保守)작업 등에 대하여 manual에 의한 작업 이행과 함께 유체의 누설이나 소음 등에 대한 안전에 관계된 기본적 대책을 수립, 시행하여야 할 것이다.

6) 연소가열기

연소가열기는 압력시스템에서의 중요한 요소로서, 원유 장치의 관 증류관, 올레핀 플랜트의 분해로, 반응기 및 열전달 촉매용의 가열기 등이 있다.

연소가열기의 주요 위험성으로는 ① 연소공간에서의 폭발, ② 관의 파열, ③ 플랜트의 타 부분에서 누설된 가연물의 발화원이 있다.

따라서 연소가열기의 위험성 제거는 설계와 조작의 양쪽 대책이 필요한 좋은 예이다.

7) 압축기 및 펌프

압축기나 펌프는 압력시스템에 있어 매우 중요한 공정용 기계로, 그 자체가 손상을 입는 잠재적 원인이 될 뿐 아니라 압력 및 유량의 변동을 전하여 진동을 일으켜 다른 플랜트의 부분에 영향을 미치고 있으며, 또한 주요 불량 상태 등에 대한 공통적으로 필요한 세부적인 조치 및 시행을 기준에 따라 적용하는 안전상의 기본적인 문제를 해결하여야 할 것이다.

① 공정용 압축기의 주요 불량상태

- i) 고장(액체의 충격, 윤활유 및 냉각수의 부족, 테일로드)
- ii) 누설(밸브, 특히 흡입밸브와 토출밸브)
- iii) 늘어붙음(燒付)(실린더와 피스톤)
- iv) 손상(가스켓)과 진동

② 공정용 압축기의 기본적 안전원리

- i) 윤활: 윤활시스템의 높은 신뢰성 부여
- ii) 방호: 압력방출밸브와 경보기 및 trip 장치를 작동시키는 방호장치의 설치

iii) 차단: 단일의 폐쇄밸브나 관 및 2중의 폐쇄밸브와 추기밸브에 의한 차단

iv) Purge: 경우에 따른 purge 설비

v) 충격 방지: 유입되는 액체에 의한 충격 방지를 위한 시스템의 설계

vi) 청소 및 손질: 기름이나 물의 누설에 대한 청소와 손질

vii) 감시: 압축기의 운전 중의 압력, 온도, 소음 및 진동 등의 변화의 감시

③ **공정용 펌프의 주요 불량상태**

i) 고장(축수(軸受)), ii) 파손(grand 및 seal), iii) 손상(cavitation, dry, 공회전)

④ **기본적인 안전원리**

i) Mechanical seal을 갖는 펌프, ii) Sealless 펌프

8) 압력의 방출과 배출

압력시스템의 파손, 특히 과잉 압력에 의한 파괴에 대응하여 압력을 경감하기 위하여 사용되는 압력방출장치로 압력방출밸브(pressure relief valve), 방출관 및 파열판 등이 있다. 특히, 압력방출밸브는 안전밸브(safety valve), 방출밸브(relief valve), 안전방출밸브(safety relief valve)와 같은 용어로 구별하고 있지만, 많은 경우 막연하게 같은 의미로 사용되고 있고 그 외에 relief header, flare system 등의 장치도 있다.

참고로, 기체(가스 및 증기)용으로 사용되는 것은 safety valve이고, 액체용으로 사용되는 것은 relief valve이다.

① **안전밸브**(safety valve)

안전밸브는 그 기능이 충분하지 않으면 설비 그 자체가 파괴될 뿐만 아니라 때로는 인명 피해를 초래하기도 한다. 주로 사용되는 것은 고성능의 스프링식 안전밸브로, 압력방출의 설정치는 각 기준 및 규정 간에 다소 다르지만, 보통 이상(異常) 운전 시와 화재 발생 시로 구별되고 있다. 즉, 이상 상태인 경우에 압력 방출압력은 일반적으로 설정압력의 100~110%를 초과하지 않도록 하고, 화재 시에는 110~120%를 초과하지 않도록 하고 있다. 그리고 이상 운전과 화재가 병행한 경우에는 설정압력이 설계압력의 100%를 초과하지 않도록 하고 있다.

② **파열판**(rupture disk)

방출밸브를 대신하는 압력방출장치인 파열판은 파열압력을 명기하는 것이 통례로 최저, 평균 및 최고의 파열압력이 있다.

(2) 제어 시스템

1) 계장기기의 안전 원리

계장기기의 고장 원인은 앞에서 언급한 바와 같이, 부품의 불량 및 열화(劣化)와 이를 가속시키는 사용 환경에 의한 것으로 알려져 있다. 그러나 부품에 기인한 고장은 제품의 문제로, 품질 개선과 안전 확보를 기하는 제조자 측의 노력이 필요한 것이다. 다만, 여기에서는 이에 관한 내용은 생략하고, 사용자 측이 관여하는 환경조건에 기인한 고장요소와 대책에 대하여 간단히 다루고자 한다.

① **온도**: (고장) 전자부품의 수명 단축
(대책) panel 계기 — air condition
field 계기 — air purge

② **습도**: (고장) 옥외 계기 — 결로(結露)
옥내 계기 — 저온수 침투 파이프 내장용기의 발청 및 절연 저하
(대책) 용기의 기밀성, 건조제 봉입, 수지 mold, 현장에서의 air purge 및 정기적 점검

③ **진동 및 충격**: (고장) 왕복동식 펌프 및 컴프레샤의 오차 증가, 단선, 피로 파괴
(대책) 배관의 진동 차단 flexible 연결, 맥동압 저감 surge tank, 방진고무 사용

④ **부식성가스**: (고장) 계기의 접점 불량 및 제반 장애
(대책) 내식성 재료 사용, 표면 처리, air purge, 기밀성 강화

⑤ **낙뢰**: (고장) 전자부품 파손
(대책) 유도뢰의 에너지 흡수 반도체 보호소자

⑥ **먼지**: (고장) 접촉 불량 및 접동부(摺動部) 마모
(대책) panel 계기 — case의 2중화 및 air purge

⑦ **전파 방해**: (고장) 전자기기의 일시적 작동 중단
(대책) sealed, filter 등의 전파 장해 대책

그리고 계장기기가 고장이 발생하여도 플랜트의 안전성에 지장이 없는 기본적 대책으로는 다음의 사항들이 고려되어야 한다.

① **용장(冗長)시스템**: 복수 대수의 기기를 동일한 목적에 이용하여 한 대가 고장이 발생하여도 운전 계속 가능

② **위험 분산**: 부분적 고장이 기기시스템 전체에 영향을 주지 않도록 시스템을 세분화

③ Fail safe: 기기가 고장시, 시스템을 안전 측으로 이행

i) 용장시스템 — 병렬형, 직렬형

ii) 위험 분산 — 계기별로 퓨즈 및 개별 전원 스위치 설치

iii) Fail safe — 열전대 단선시, 로의 온도 저하

2) 자동보호시스템

플랜트에서 위험한 상태를 만들 가능성이 있는 경우에 설치하는 시스템으로, trip system과 interlock system이 있다.

① Trip system

위험한 상태가 검출되었을 때, 플랜트의 전체 또는 일부의 운전을 정지시키는 시스템으로, 위험 상태에 대한 방호를 위하여 사용하므로 시스템 그 전체가 신뢰할 수 있는 것이 필요하다.

i) 구성: 검출기(sensor), 스위치 및 차단밸브를 1개씩 포함한 단일 channel
다만, 단일 channel보다 이상의 고도의 신뢰성이 필요한 경우에는 용장성(冗長性)을 이용

ii) 다음의 고장에 대한 신뢰성 부여로 플랜트가 정지하지 않도록 하는 것

ㄱ. 기능상의 고장 — 위험 상태가 생겼을 때, 시스템이 플랜트를 정지시키는 것을 방해하는 고장으로, 비명시(非明示) 고장

ㄴ. 작동상의 고장 — 잠재 위험성이 존재하지 않는 경우에 플랜트를 정지시키는 고장으로, 명시(明示) 고장

② Interlock system

조작자(operator) 및 자동제어시스템이 위험한 제어 행위를 행하는 것을 방지하는 시스템이다.

i) 종류: key interlock, soft ware interlock

ii) 응용: 전기개폐장치, 시험실 안전, 기계류 방호, 하역 설비, 컨베어 시스템, 기계의 시동과 정지, 밸브 시스템, 계장 시스템, 방화 시스템, 플랜트 보전 등

(3) 용역 설비

화학플랜트의 용역(用役)설비로는 전기, 수증기, 냉각수, 공업용수, 계장용 공기, 공정용 공기, 호흡용 공기 및 불활성가스 등이 있고, 이들 설비의 중요한 특성으로는 보안성, 품질, 경제성 및 안정성이다.

1) 전기

대부분의 화학공장의 경우, 전력은 국가적 공급망과 자가발전으로 충당되는데, 공정별에 따라 전력 공급의 불능에 대비하기 위하여 예비 전원 즉, 축전지 및 엔진 구동에 의한 예비장치를 구비하거나 이들을 조합시켜 back up을 행하도록 한다. 그리고 전기설비는 발화원의 주원인이 되므로 전기적 중요도 분류에 따라 각 영역에 적합한 장치를 사용하고, 특히 전력 공급의 일시적인 중단으로 공정상에 중대한 영향을 끼치는 사태에 대비하여 전동기에 대한 적절한 대책을 배려하여야 한다.

2) 수증기

수증기(steam)의 용도는 기계 구동형, 가열용, 공정용, purge용, 불활성용 및 소화용이 있는 바, 이에 의한 피해 영향과 조치의 몇 가지 예를 나타내어 본다.

① 가열 수증기의 차단은 공정에서 냉각이 너무 지나쳐 수증기 응축이 과도하게 일어나거나 장치에 과도한 감압을 초래하므로, 이 경우에는 질소를 주입하여 조작 압력을 유지하도록 한다.

② 수증기 시스템에서의 수격(水擊, water hammer: 주 배관에 고인 응축수가 수증기로 된 힘으로 배관 내에서 내리치는 현상)으로 공정 배관으로서의 기능에 큰 손실을 가져올 수 있으므로, 이의 설계에서는 응축수를 완전히 drain으로 배출될 수 있도록 한다.

③ 수증기의 누설 현상으로 정전기 발생의 염려로 발화원의 위험이 있으므로, 특히 가연성가스가 존재하는 곳에는 미리 대책을 마련하여야 한다.

3) 냉각수

냉각수는 공정에서의 열 제거를 위한 것이므로, 이의 확실한 공급을 위해 전력 공급의 확보 및 예비 펌프장치를 구비하여야 한다. 그리고 냉각수에 의한 공정기기의 부식을 적게 하기 위해서는 가능한 한 냉각수를 최소가 되게 하여 운전하도록 한다.

4) 공업용수

공업용수의 순수도는 공정에서의 요구에 따라 결정되는 바, 경우에 따라서는 특별한 순수 제조장치가 필요하다. 그리고 냉각수 시스템에서 공업용수를 공급하는 것은 바람직한 방법은 아니다.

5) 계장용 공기

공기식 계장시스템의 공기 공급의 확보를 위하여 예비 공기압축기를 구비할 필요가 있다. 그리고 계장용 공기는 양질이고 특히 수분 및 유분이 없어야 하는 바, 습하거나 오염된 공기는 계기의 오조작, 오차의 원인이 된다. 또한, 계장용에는 공정용 공기의 사용은 피하여야 한다.

6) 공정용 공기

일반적으로 대기를 압축하여 만드는 공정용 공기의 공급 정지는 중대 사고로는 되지 않으므로, 이의 공급을 확보하기 위하여 특별한 대책은 실시하지 않는다. 다만, 압축기의 윤활유가 공기라인 속에 축적하여 잠재위험성이 되는 경우가 있다.

7) 불활성가스

공정용 불활성가스는 주로 질소와 탄산가스이다. 특히, 다목적으로 사용되는 질소는 공장 내에서 만드는 것이 아니기에 저장탱크에 저장 및 비축하여 플랜트의 안전성 및 불활성화에 활용될 수 있도록 적절히 보급할 수 있도록 한다.

8) 오염에 의한 사고

앞에서 언급한 용역은 대부분 유체이기에, 공정의 물질에 혼입된 용역의 유체에 잠재위험성이 발생할 가능성이 있고, 오염 사고는 배관 내 및 장치 내의 밸브 및 누설 부위에서도 발생한다.

따라서 원하지 않는 물이나 공기가 배관을 통하여 플랜트 내로의 침입 방지를 위하여 단일의 밸브 대신에 잠금밸브 및 추기(抽氣)밸브를 2중으로 할 필요도 있으며 아울러 오조작 방지를 위한 대책도 구비하여야 한다. 또한, 장치에서의 누설, 특히 수증기 증발장치 및 재비기(再沸器, reboiler) 등은 때때로 핀홀에서 누설이 발생하기 쉬우므로 대체 방법인 전열매체를 사용하는 가열법 등의 대책도 필요하다.

P/A/R/T

04 소방 안전

제04장 소방 안전

4.1 화재 원리

화재(火災, fire)는 "인간의 의도와는 다르게 발생 및 확대되거나 또는 방화(放火, arson)에 의해 발생하여 소화(消火, fire extinguishing)가 필요한 연소(燃燒, combustion)현상으로, 이를 소화하기 위하여 소화 시설 또는 이와 같은 정도의 효과를 갖는 것의 이용이 필요한 것"이라고 말할 수 있는 바, 이를 흔히 소방(消防)이라고 한다.

화재에 의한 손실은 물적인 소손(燒損)과 인명의 사상, 소화 작업에 따른 파손 및 소방 인력과 장비 사용에 따른 제반 손해가 포함된다. 그 손해액은 소화에 요하는 경비, 소화 후의 정리비, 화재 후의 휴업에 따른 손실 등의 간접손비는 보통 포함시키지 않고 화재에 따른 직접손비만을 해당시키고 있다.

일반적으로 화재를 장소별로 분류하여 보면 건물화재, 임야(산림)화재, 선박(해상)화재, 차량화재 및 기타 화재의 5종류로 나타낼 수 있다. 그리고 실제 산업적으로 가장 문제가 되는 것은 건물화재로서, 이는 다음과 같이 서로 대조적으로 차이가 있는 도시화재와 산업화재로 크게 나눌 수 있다.

(1) 건물화재

도시화재는 밀집된 건물이나 상가, 주택 및 수리시설이 좋지 않거나 강풍 등의 지역적인 날씨 등에 의하여 일어나며, 연쇄적인 연소(延燒)로 대형화재를 일으키는 경우가 많다. 한편, 산업화재(공장화재)는 화재 발생건수의 비율에 비하여 직접 및 간접손해액이 크다. 그리고 업종별로 볼 때, 화재 발생빈도가 높은 화학공업에서는 가연성가스, 인화성액체, 폭발성물질 등의 화학물질을 원료 및 제품으로 취급하고 있고 특히, 석유화학공업의 발달로 대량의 위험물의 저장탱크 및 배관 수송에 따른 화재 발생으로 인한 사고·재해 또한 대형화되고 있는 실정이다.

도시화재와 산업화재는 다음과 같이 서로 다른 특징을 가지고 있다.

1) 출화(出火)

- 도시화재 ― 주택이나 상가 및 사무실 등의 연소(延燒)에 의한 화재의 경우가 많다.

따라서 일정한 범위의 지역이 공통의 위험성을 갖는 경우가 많고, 바람 등의 기상 조건에 영향을 받는다.

- 산업화재 — 건물이나 시설 및 장치 등의 용도에 기인하여 자가 출화에 의한 화재가 대부분을 차지하고 있다. 따라서 각 건물이나 시설의 작업방법이나 위험물의 종류 및 양에 따라 큰 영향을 받으므로 출화 원인이 다양하고 복잡한 경우가 많으며, 기상 조건 등은 2차적인 요소이다.

2) 화재 손해

- 도시화재 — 주로 소비재(생활용품 등)의 소손(燒損)으로, 화재건수 당의 손해(직접손비)는 산업화재에 비하여 상대적으로 적은 편이다. 그러나 대형 화재 위험이 잠재되어 있다.
- 산업화재 — 주로 생산재(원재료, 제품 및 장치 등)의 소손으로, 화재건수 당의 손해(직접손비)가 도시화재에 비하여 크다. 또한, 화재로 인한 공장 생산의 정지 및 감소에 의한 손해(간접손비)도 무시할 수 없다.

3) 소방 대책

- 도시화재 — 사람들의 방화(防火)에 대한 주의와 관심이 필요하고, 공설 소방력의 의존도가 크며 일반적으로 주수(注水)에 의한 소화 방법이 효과적이다.
- 산업화재 — 인화성 및 가연성의 물질 및 작업시설 등에 의한 화재가 많아 화학 소화 및 특수한 자위소방 대책이 필요한 경우가 많다.

(2) 화재의 현상

1) 발화 이론

발화(發火, ignition)라는 현상은 기본적으로 미연소(未燃燒)의 상태로부터 연소(燃燒)되는 일종의 정상상태에서 불연속적으로 전이하는 과도적인 현상이다.

따라서 발화는 비정상인 문제로, 이에 의한 전이가 일어나기 위해서는 물질과 에너지에 관한 특정의 조건이 만족되어야 한다. 즉, 발화의 한계조건과 같은 것인데, 물질조건으로서는 가연한계(연소한계 또는 폭발한계), 에너지조건으로서는 발화온도 및 발화에너지가 편리한 지표로 이용된다. 다시 말하면, 다음의 3가지 조건을 모두 만족하여야 발화에 따른 연소가 일어난다(연소의 3조건).

(물질조건) ① 산화되기 쉬운 물질(가연성물질)
(　〃　) ② 산화성물질(공기 중의 산소, 산화제)
(에너지조건) ③ 에너지 공급원(에너지원 또는 발화원)

① **가연성물질** — 이의 종류는 매우 많은데, 일반적으로 산소와 화합하는 성질을 가진 것으로서, 주기율표의 0족 원소 이외의 원소에는 산화물의 존재가 확인되어 있어 가연성물질이라 할 수 있다. 다만, 산소와 결합할 때에 발열을 수반하지 않는 원소(예: 질소, 염소, 불소, 철 등)는 가연성물질이 될 수 없다. 가연성물질을 상태별로는 통상의 상태에서 가연성기체(가연성가스 및 가연성증기), 가연성액체 및 가연성고체로 분류한다. 그런데, 이들 가연성의 액체와 고체는 열에 의하여 기화, 승화 및 건류 등에 의하여 가연성기체(증기 또는 가스)가 되면서 산화제(주로 공기)와 일정한 농도에 이르면 물질조건을 이루는 가연성혼합기가 형성된다. 이때, 가연성혼합기 중의 가연성기체의 최소의 농도를 (연소)하한계(下限界), 최대의 농도를 (연소)상한계(上限界)라고 하며, 이들의 한계 범위를 연소범위(또는 폭발범위)라고 한다. 따라서 이 한계 범위가 넓거나 한계(하한계)가 낮을수록 착화 위험성이 크게 된다.

② **산화제** — 보통, 공기 중의 산소이며 그 외에 산화제로는 분자 중에 산소를 지닌 것으로 그 자체의 분해 작용으로 산소 공급을 행하는 것도 있다. 따라서 산화제가 가연성물질과 일정한 농도의 혼합비로 연소범위 내의 가연성혼합기를 형성하게 되면 연소가 일어날 수 있는 '물질조건'을 갖게 되는 것이다.

③ **발화원** — 에너지 공급원으로 통상 열을 말하는데, 이를 발화원(發火源, 또는 착화원, 점화원, ignition source)이라 하는데, 실제로 화기(火氣, 화염 포함), 고온물, 전기불꽃(정전기불꽃 포함), 마찰, 충격, 단열압축, 열선 및 광선 등이 있다. 이들이 발화를 행하는데 필요한 최소한의 에너지(최소발화에너지)가 공급되어야 '에너지조건'을 갖게 된다.

이와 같이, 발화에 있어서는 이들 조건(물질조건 및 에너지조건)의 만족에 의해 이루어져 연소를 하게 된다. 한편, 가연성의 액체 또는 고체는 온도가 상승하면 그 표면에 가연성기체(증기 또는 가스)의 농도가 상승하면서 먼저 물질조건을 만족시키는 가연성혼합기(可燃性混合氣)를 이루는 '연소하한계'에 도달하고 더욱 온도가 상승하면 '연소상한계'의 농도에 도달하게 된다. 이 경우, 연소하한계가 형성되기까지의 온도를 '하부(下部)인화점', 연소상한계가 형성되기까지의 온도를 '상부(上部)인화점'이라 하여 발화 위험성을 평가하는데 중요한 지표가 되고 있다. 여기에서, 하부인화점은 통상적으로 '인화점'(引火點, flash point)이라고 불러 상부인화점과 구별하고 있다. 그리고 화염 등의 특정 발화원이 없는 상태에서 가연성혼합기를 가열하여 스스로 발화(또는 폭발)를 일으키는 최저온도를 '발화온도(또는 발화점, ignition point)이라고 하는데, 이 온도는 측정 방법 및 조건에 따라 달라지는 값으로 나타내어지므로 특성치는 아니다.

2) 발화 형식

발화의 형식을 크게 나누면, 발화원이 없이 가연성혼합기의 외부 가열에 의한 '자연발화(spontaneous ignition)'와 '발화원에 의한 발화'로 구분되는데, 후자의 발화원에 의한 발화를 '인화(pilot ignition)'라고 하여, 전자의 (자연)'발화'와 구별하는 경우가 많다.

참고로, 발화와 인화의 차이점을 다음과 같이 분류하여 볼 수 있다.

① **형식적** — 발화원의 유무: (발화) 발화원 무, (인화) 발화원 유

② **물리적** — 물질조건과 에너지조건의 만족: (발화) 두 조건, (인화) 물질조건

③ **현상적** — 밀폐계와 개방계의 문제: (발화) 밀폐계, (인화) 개방계

따라서 물질조건의 만족만으로 일어나는 인화의 경우가 발화의 경우보다 일어날 가능성이 많은데, 실제적으로 화재 원인을 보면 인화에 의한 경우가 많다.

3) 연소 형식

가연성물질별로 공기 중에서의 발화에 의한 연소 형식은 다음과 같다.

① 가연성기체

i) 확산연소(diffusive burning) — 기체(수소, 황화수소, 메탄 등)가 공기(산소) 중에 유출되어 확산, 혼합하여 가연성혼합기를 형성하면서 발화원에 의하여 착화·연소하는 것이다. 이 연소는 산소가 반응대에 한 부분으로 반응이 진행되므로 불완전연소에 의한 그을음(soot)이 자주 발생한다.

ii) 혼합연소(premixed burning) — 기체가 미리 산소와 혼합된 상태에서 발화원에 의하여 착화·연소하는 것이다. 따라서 확산연소에 비하여 반응이 빠르고 온도도 높으며 화염의 전파속도도 빨라 통상의 폭발반응은 여기에 속한다.

② 가연성액체

i) 증발연소 — 액체의 액면 상에서 증발된 증기가 서서히 공급되면서 공기(산소) 중에서 가연성혼합기를 형성하면서 발화원에 의해 착화하여 정상 연소하는 것으로, 액면 상에서 일단 착화하여 액면 전체로 확산하여 연소하므로 '액면연소'라고도 한다. 연소반응 자체는 기체연소와 같이 취급하고 있다.

ii) 표면연소 — 불휘발성 액체와 같이 증기압이 매우 낮고 열분해도 일어나기가 쉬운 액체는 그 액체 자체가 연소하는 경우로, 기체연소와 같이 취급한다.

③ 가연성고체

i) 표면연소 — 고체(석탄, 알미늄박, 마그네슘리본 등)의 표면에서 공기(산소)와

반응하여 발화원에 의해 착화·연소하는 것으로, 화염을 형성하면서 그 표면에서 연소가 지속된다. 그 외에, 순수 탄소의 연소와 같은 표면연소는 화염이 발생하지 않는 것이 일반적이다.

ii) 분해연소 — 고체(목재, 석탄, 종이, 파라핀 등)의 표면에서 열분해를 일으켜 가연성기체를 발생하여 공기(산소) 중에서 발화원에 의해 착화하여 화염을 형성하면서 더욱 연소가 지속되는 것으로, 기체연소와 같이 취급되고 있다.

iii) 증발연소 — 고체(유황, 장뇌 등) 중에서 열분해를 일으켜 증발한 증기가 공기(산소) 중에서 가연성혼합기를 형성하여 발화원에 의해 착화·연소하는 것이다. 이와 같이, 연소는 대부분이 기체연소이며, 이들 연소의 형식 중에서 확산연소, 증발연소 및 분해연소에 의한 화염을 통틀어 '확산(화)염'(擴散(火)炎)이라고 한다.

(3) 화재의 분류

화재에는 가연성물질의 상태 및 종류에 따라 다음과 같이 분류되며 이들의 소화 방법도 각각 다르다.

1) 가연성기체(가스) 화재

도시가스, 천연가스, 수소가스, 아세틸렌, LP가스 등의 가연성기체가 배관 및 기타 설비에서 공기(산소) 중에 누설되면서 연소되는 화재이다.

가연성기체의 연소의 특징은, 가연성 액체 및 고체에 비하여 공기(또는 산소)와의 접촉과정에서 비정상 연소(또는 폭발)를 일으키기 쉬운 점이다.

즉, 석유류 등의 가연성액체의 증기 발생에 따른 액면연소의 경우에는 증기와 산소의 공급 속도, 온도 등이 평형을 유지하면서 연소반응이 정상적으로 계속되는 '정상연소'인데 대하여, 가연성기체와 공기(또는 산소)의 혼합기는 이것이 사전에 연소(폭발) 범위 내에 있으면서 산소의 공급속도에 한계를 갖게 되면서 가연성물질이 있는 한 연소온도와 연소속도는 상승을 계속한다. 그 결과, 연소생성가스는 높은 열에 의해 급속한 팽창을 일으키면서 주위에 강력한 압력을 미치게 하여 폭발을 일으키는 '비정상연소'가 된다.

가스화재에서 화염이 작은 경우에는 분말소화제를 화염 가까이에서 가스의 분출 방향에 분사하면 소화된다. 그러나 소화 후에 미연소 가연성기체가 실내에 확산되면서 오히려 혼합가스폭발을 일으킬 위험성이 있다. 따라서 가스화재는 가연성물질의 주위에 주수(注水)하여 이를 냉각시켜 화재의 확대를 방지하면서 배관의 밸브를 닫아 가스의 누출을 막는 것이 효과적인 소화이다.

2) 가연성액체(기름) 화재

원유, 등유, 휘발유, 벤젠, 알코올 등의 가연성액체(기름) 화재로서, 탱크나 용기 등에서 누출되면서 또는 그 내부에서 발생하는 화재이다. 분말, 포말 및 탄산가스, 할로겐화탄화수소 등의 약제에 의해 소화한다. 그리고 상온(常溫) 이상의 인화점을 갖는 가연성액체는 물분무 등으로 인화점 이하까지 냉각시켜 소화시킨다.

3) 가연성고체(이연물) 화재

건물, 가구 등의 목재류와 종이, 섬유 및 고체연료 등의 가연성고체의 이연물(易燃物) 화재로, 다량의 물을 주수하여 소화하는 것이 효과적이다.

4) 전기 화재

전기배선, 전동기, 변압기 등의 전기기기에 사용되는 전기절연물의 화재이다.

통전(通電) 중에는 물이나 포말 소화제의 사용은 감전의 위험이 있으므로 분말, 탄산가스, 하론 등을 사용하여 소화한다. 그러나 하론 중에 사염화탄소는 증기 자체가 유해성이 있고, 고온 금속에 접촉하여 포스겐(phosgene)을 생성함에 따른 가스중독의 위험성도 있기 때문에 소화제로 사용하지 않는 것이 좋다.

5) 금속 화재

마그네슘, 알미늄, 철, 티탄, 지르콘 등의 금속의 분말 또는 가는 선이 공기 중에서 연소성을 갖는다. 예로서, 철이나 스테인리스강재의 배관 및 밸브에 고압의 산소나 염소를 고속으로 통과시킬 때, 관(管)내에 가연물이 존재하면 연소를 일으켜 내용물의 가스를 분출시킨다. 그리고 금속화재를 일으키는 금속은 물과 접촉하면 보통 수소가스를 발생하여 폭발성이 있기 때문에 건조 모래 등을 이용하여 소화시켜야 한다. 특히, 액체나트륨은 고속증식원자로의 열매체로 대량으로 사용됨에 따라 이에 따른 나트륨화재에 대한 대책이 중요시 되고 있다.

6) 과잉산소 화재

공기 중의 산소농도보다 높게 되면, 가연성물질의 연소속도는 급속히 증가하게 된다. 이에 따라 단위시간당에 발생하는 연소열량이 증대하고 불연성의 물질이 연소하기도 하는 바, 다음의 예를 들어본다.

① 면포(綿布)의 수평연소속도는 공기 중의 산소농도가 30%가 되면 평상시의 공기 중에서 보다 2배 가까이가 된다.

② 환기가 잘 안 되는 작업장에서 산소아세틸렌 불꽃을 사용하여 금속의 절단 및 용접 작업을 할 때, 산소의 누출로 인하여 자주 작업복에 착화하여 전신화상을 입는 경우가 있다.

③ 공기액화장치실의 비-트 내에 액체산소에서 발생한 냉각된 산소기체가 유입되어 비-트 내에서 작업 중의 충격에 의한 불꽃으로 작업복에 착화하여 전신 화상을 입는 경우가 있다.

(4) 화재의 영향

1) 화재의 열적인 영향

① 건축물의 화재

건축물에서의 화재는 아래의 과정과 같이 발화원에 의해 가연물이 착화하면서 서서히 진행하다가 입상(立床)의 가연물로 연소가 이루어지면서 천정(天井)으로 옮겨져 본격적인 화재가 된다. 이에 따라 인접한 거실이나 실내로 연소(延燒)하면서 건물 전체의 화재를 일으키면서 인접한 건물을 연소시키는 경우도 있다.

발화원 → 착화물 연소 → 입상재의 착화 및 확대 → 천정면의 착화 및 확대 → 인접 실내의 착화 및 확대 → 건물의 전소 → 인접 건물의 연소

i) 발화원 — 도시에서 발생하는 화재의 발화원은 성냥불, 라이터불, 도시가스, 석유난로, LP가스 등이다.

ii) 입상재(立床材)와 천정재(天井材) — 실내에서 가연물이 착화하여 연소하기 시작하면서 본격적인 화재로 진행되는 것을 볼 수 있는데, 입상재를 통하여 천정으로 착화하는 단계가 되지 않으면 화재는 더 이상 확대되지 않는다. 입상재로는 거실의 가구, 내벽재, 커튼 등이 있고, 천정재로는 불연(不燃), 난연(難燃), 가연(可燃)의 재료가 있는데, 순서에 따라 화재의 효과가 있다. 그러나 화재가 천정으로까지 확대된 상태인 출화(出火)가 되는 경우에는 화재가 본격적이어서 자체 소화는 어렵고 공설소방시설 등에 의존하게 된다.

iii) 화재하중(火災荷重) — 실내에서 화재로 인한 온도의 상승은 가연물의 양과 발열량에 의해 지배된다. 즉, 화재구획에서의 단위 바닥면적에 대한 가연물 양의 비를 화재하중(fire load)이라고 하며 식(4.1)과 같이 나타낸다.

$$q = \sum G_i H_i / H_o A = \sum Q_i / 4{,}500A \tag{4.1}$$

여기에서, q : 화재하중(kg/m^2)

G_i : 각종 가연물의 양(kg)

H_i : 가연물의 단위중량당의 발열량(kcal/kg)

H_o : 목재의 단위중량당의 발열량(4,500kcal/kg)

A : 화재구획의 바닥면적(m^2)

Q_i : 화재구획에 있는 가연물의 총발열량(kcal)

표 4.1과 표 4.2에 가연성물질의 연소발열량과 장소별 화재하중을 나타내었다.

그런데, 식 (4.1)에서 발생한 총발열량 중에서 실내의 화재에 소비되는 것은 대략 60~80%이고 나머지는 실외로 방출되는데, 이 외부로 분출되는 화염 및 열기류가 실제적으로 연소(延燒)에 주요한 역할을 하고 있다.

그리고 실내화재에 의한 열수지는 일반적으로 식(4.2)와 같이 나타낸다.

표 4.1 각종 가연성물질의 연소열(kcal/kg)

물질	연소열	물질	연소열	물질	연소열
목재	4,500	고무	9,000	폴리에스테르	7,500
종이	4,000	가솔린	10,000	나일론	8,000
연질보-드	4,000	석유	10,500	폴리스틸렌	9,500
경질보-드	4,500	프로판	11,000	폴리에틸렌	10,400
견직물	5,000	부탄	10,900	폴리프로필렌	10,500
리노리움	4,000~5,000	폴리염화비닐	4,100	ABS수지	8,400
아스팔트	8,500	페놀수지	6,700		

표 4.2 화재구획의 화재하중

화재구획	화재하중(kg/m²)
(사무실) 일반사무실	10~35
설계실, 연구실	10~85
회의실, 응접실	3~10
(호텔) 객실	4~16
부대실	5~11
(병원) 2병상실	10~12
6병상실	13~14

$$Q_H = Q_W + Q_B + Q_L + Q_R \tag{4.2}$$

여기에서, Q_H : 총발열량(kcal)

Q_w : 벽 및 천정 등에 흡수되는 열량(kcal)

Q_B : 개구부로의 방사열량(kcal)

Q_L : 화염의 분출로 소모되는 열량(kcal)

Q_R : 실온을 상승시키는 열량(kcal)

② 구조재의 온도와 강도

실내화재에서 구조재인 콘크리트와 강재(鋼材)가 온도 상승에 따라 변화되는 현상은 다음과 같다.

i) 온도의 상승은 콘크리트의 강도를 저하시키는데, 강도가 현저히 저하되면 소성화(塑性化)된 콘크리트로 된다.

ii) 콘크리트는 고온에서 열팽창률이 높지만 강재에 비하여 20% 정도 낮다. 따라서 철근과의 협동 작업이 어려워 철근콘크리트의 경우에는 뒤틀리는 현상을 나타낸다.

iii) 콘크리트의 높은 열팽창과 함수율(含水率)로 인하여 급격한 화재온도, 즉 1,000~1,200℃ 에 도달하면 상판(床板) 및 콘크리트 기둥의 표면이 폭열(爆裂)하고 콘크리트도 파열(破裂)하여 파편으로 떨어져 나간다.

③ 건물간의 연소(延燒)

i) 복사열에 의한 연소(延燒) ─ 출화된 건축물에서의 화염이 인접한 건축물의 가연부(可燃部)에 직접 접촉하면서 연소(延燒)가 진행되는데, 이외에도 주로 복사열에 의한 연소(延燒)도 생각할 수 있는데, 이는 바람의 유무 및 착화물의 종류에 따라 다르다. 건조된 시료의 인화와 발화의 한계복사강도(복사열)의 값을 표 4.3에 나타내었다. 인화는 시료 표면 부근에 작은 화염에 의한 착화를 위한 한계복사강도, 발화는 15분간 복사를 한 경우의 한계복사강도이다.

표 4.3 여러 물질의 한계복사강도(kcal/m^2·h)

물질	인화(한계복사강도)	발화(한계복사강도)
흑백 레이온 또는 목면 커튼	18,000	7,200
섬유판	21,600	9,360
흑색 목재	28,800	10,800
합판		14,400
거친 표면의 목재		14,400~16,920
바이드칠을 한 목재		14,400~21,600
하드 보-드		10,800
열경화성 플라스틱	72,000	
직물	28,800	
목면 프린트지	20,880	10,800

ii) 연소곡선(延燒曲線) ─ 목재로 된 출화 건물과 인접 건물과의 거리가 d만큼 떨어져 있는 경우, 출화 건물의 외벽면의 하단을 원점으로 할 때, 식(4.3)과 같은

방물선(放物線)이 등온선이 되며, 그림 4.1과 같이 나타낼 수 있다. 즉, 건물 상호간의 간격(d)이 클수록 연소(延燒)가 어렵고 반대로 2급이 1급보다 연소(延燒)가 쉬운 것을 알 수 있다.

$$h = Pd^2 \tag{4.3}$$

여기에서, h : 건물 높이(m)

P : 인접 벽면재료에 따른 정수(JIS A 1301)

(1급 재료: ∞, 2급: 0.82, 3급: 0.15, 4급: 0.04)

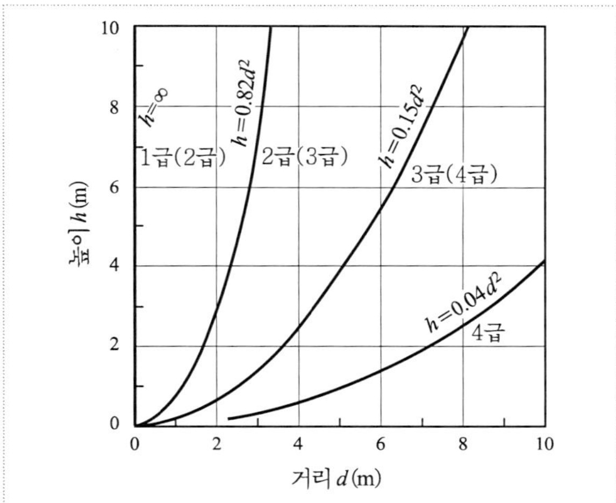

그림 4.1 건물 간격에 따른 등온선(연소범위)

④ 인체에 대한 열적 영향

인체는 고온의 분위기 및 강한 복사열에 의해 신진대사를 촉진시키고 혈액의 순환 및 호흡을 빠르게 하며, 또한 땀이 많이 흐르게 되고 열에 의한 고통 및 화상을 입게 된다.

i) 인체와 온도 환경 — 바람이 없고 습도가 낮은 경우, 고온의 환경에서 인체는 50℃ 에서 몇 시간, 70℃ 에서 1시간, 130℃ 에서 15분, 200℃ ~250℃ 에서 5분을 견딘다고 한다. 그림 4.2에 주위 온도에 따른 내용(耐容)시간과의 관계에 대한 Buethner에 의한 측정값을 나타내었다.

또한, Blockley는 82℃ 에서 49분, 93℃ 에서 33분, 105℃ 에서 26분, 115℃ 에서 23분을 인체가 견딘다고 하였으며, 피부의 온도가 45℃ 에 이르면 고통을 느끼고 54℃ 에 이르면 화상을 입게 된다. 그리고 공기 중에 수분이 많은 경우에는 땀의 생성이 억제되며 포화증기 하에서는 50℃ 에서도 몇 분 정도 밖에 견디지 못한다.

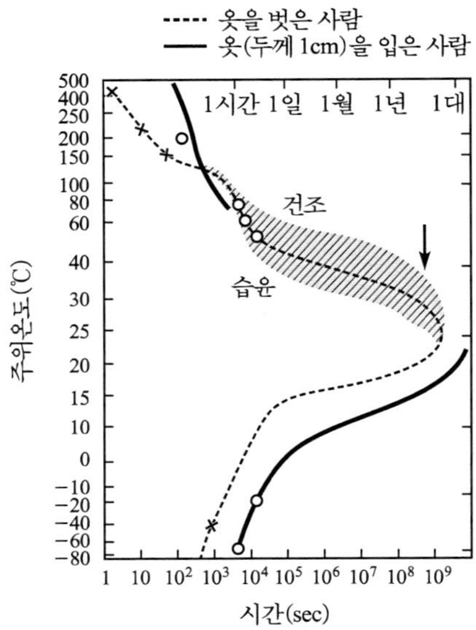

그림 4.2 주위 온도에 따른 인간의 내용(耐容)시간

ii) 복사열의 영향 — 인체가 복사열을 받는 경우의 내용(耐容)시간은 복사열의 제곱에 비례하고 열관성(熱慣性)(k·ρ·C)(k(인체 피부의 열전도율) = 1.5×10^{-3}(cal/cm·s·℃), ρ(인체의 밀도) =1.1(g/cm^3), C(인체의 열용량) = 0.8(cal/g·℃))에 비례하고 온도차의 제곱에 비례한다. Stoll의 실험에 의하여 구한 이들 관계에 대하여 그림 4.3에 나타내었다.

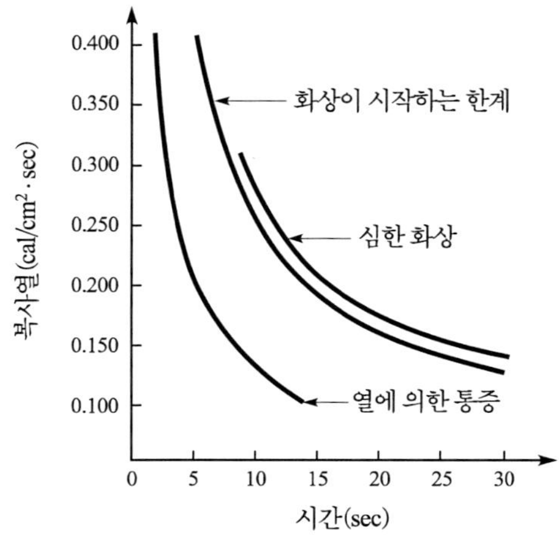

그림 4.3 복사열에 따른 인간의 내용(耐容)시간

iii) 열과 화상(火傷) ― 인체의 피부는 열에 의하여 화상을 입는데, 다음과 같이 4가지 정도로 분류된다.

ㄱ. 1도 화상: 홍반성(紅斑性) 화상으로, 피부의 변화가 피부 표층에 국한되는 것으로 환부(患部)가 붉은 반점(홍반)을 나타내는 가벼운 화상으로 통증이 따른다.

ㄴ. 2도 화상: 수포성(水疱性) 화상으로, 화상 직후 또는 1일 후까지에 물집(수포)이 생기고 2주간 정도로 치유되는 잔재성(殘在性)과 켈로이드를 남기는 심재성(深在性)의 2종류가 있다.

ㄷ. 3도 화상: 괴사성(壞死性) 화상으로, 피부의 전체 층이 괴사하고 궤상하는 화상이다.

ㄹ. 4도 화상: 흑색(黑色) 화상으로, 피부 깊은 피하 지방, 근육 또는 뼈까지 이른 화상이다.

iv) 의복화재 ― 화재로 의복에 착화하면, 대략 신체의 70% 정도가 2도 이상의 화상을 입는 경우가 있다.

2) 화재의 분위기에 의한 영향

① 연기의 발생

화재로 발생하는 연기로 인하여 인체에 미치는 영향은 매우 크다. 즉, 연기는 열기류를 동반하여 인간의 시야를 가리게 하여 그 행동을 방해하고 기류가 지닌 고온, 산소결핍 및 일산화탄소 등의 유독성가스에 의하여 인명의 피해를 준다.

연기는 공기 중에 부유하는 고체 또는 액체의 미립자로, 입경의 크기는 0.01~10 μm이다. 이는 안개(mist)의 입자 크기(10~50μm)에 비하여 매우 작아서 화재 시의 연기 입자는 분리되지 않고 가스 성분을 포함하고 있다.

i) 연기의 농도 ― 연기의 농도는 연기 입자의 집단을 전체로 취하는 방법으로 나타내며, '절대농도'와 '상대농도' 등으로 표현하고 있다.

ㄱ. 절대농도: 연기의 농도를 절대값으로 나타내는 것으로 '갯수농도'와 '중량농도'의 2가지 표현법이 있다. 그러나 이들 농도는 화재 시의 연기의 특성을 나타내는데는 그다지 적절하지 않다.

a. 갯수농도는 단위 체적 중의 입자의 갯수로 정의하는데, 보통 (개/cm^3)로 나타낸다. 이 방법은 농도를 다만 입자의 갯수로 평가하고 그 형상이나 입경의 크기 또는 색과는 무관하다.

b. 중량농도는 단위 체적 중의 입자의 중량으로 정의한데, 보통 (mg/cm^3)로 나타낸다. 이 방법은 입자를 여과지 등으로 채취하여 그 중량을 측정하여

구한다. 따라서 갯수농도와 마찬가지로 그 형상이나 입경의 크기 또는 색과는 무관하다.

ㄴ. 상대농도: 연기의 농도를 빛의 산란이나 감퇴 또는 전리(電離)전류의 감소 등에 의해 나타내는 방법이다.

a. 산란광농도는 빛이 입자에 따라 산란하는 농도로, 산란의 강도는 입자의 갯수와 입경의 크기에 따라 좌우된다.

b. 감퇴광농도는 감광(減光)계수에 의한 농도로, 식(4.4)의 Lambert Beer 법칙을 이용한 것이다.

$$I = I_0 e^{-Cs\,l} \tag{4.4}$$

여기에서, I : 연기층을 통과한 후의 강도
I_0 : 입사광의 강도
Cs : 연기층의 농도에 관계한 감광계수(1/m)
l : 연기층의 두께(m)

ii) 재료에서 발생하는 연기의 양 ─ 재료가 연소(燃燒)시의 연기의 양(발연량)은 목질계 재료보다 플라스틱계 재료가 일반적으로 많은 편이다. 그러나 일정 온도에서의 재료의 양과 발연량과의 사이에는 직선 관계가 성립하고 있다. 이로 부터 재료의 발연계수는 식(4.5)와 같이 정의된다.

$$K = CsV/W \tag{4.5}$$

여기에서, K : 단위중량당의 발연량(발연계수)(m^2/kg 또는 Cs·m^3/kg)
V : 발생한 연기의 체적(m^3)
W : 재료의 분해 또는 연소 중량(kg)

이 값에 따라 재료의 발연성능을 나타낼 수 있으며, 온도와 발연계수와는 식(4.6)과 같이 일반적으로 직선의 관계를 나타낸다. 그러나 발연특성은 재료의 모양, 크기, 산소농도 등에 따라 크게 변하고 있다.

$$K = a - bT \tag{4.6}$$

여기에서, K : 발연계수
T : 온도
a, b : 재료에 따른 상수

② 유해물질의 발생

실내화재에서 목질계(셀루로우즈) 및 플라스틱계 재료가 열분해 또는 연소함에 따른 발생 가능한 유해물질은 표 4.4에 나타내었는데, 이 중에서 주요 물질은 일산화탄소로서 280℃ 이상에서 분해할 때 생기며, 또한 연소 시에도 공기의 부족으로 인하여 많이 생긴다.

표 4.4 각종 가연물의 연소에 따른 발생 유해물질

유해 가스 또는 증기	가연성물질
CO_2(이산화탄소)	• 목재 등의 탄소를 함유한 대부분의 가연물
CO(일산화탄소)	• " "
NO_X(질소산화물)	• 폴리우레탄
HCN(시안화수소)	• 양모, 견직물, 폴리아크릴로니트릴
HCOOH(개미산)	• 셀룰로오즈계 물질(목재, 레이온 등)
CH_3COOH(초산)	• " "
C_2H_3CHO(아크로레인)	• 목재, 종이
SO_X(황산화물)	• 고무
HX(할로겐화수소)	• 폴리염화비닐, 할로겐 이용 난연성 플라스틱
$COCl_2$(포스겐)	• " "
RCHO(알데하이드류)	• 목재, 레이온, 페놀·포름알데하이드수지, 폴리에스테르수지
NH_3(암모니아)	• 메라민, 나이론, 요소알데하이드수지
C_6H_6(벤젠)	• 폴리스틸렌, 폴리염화비닐
C_6H_5OH(페놀)	• 페놀·포름알데하이드수지

즉, 연소하면서 실내의 공기 중의 산소농도는 급속히 낮아지면서 이산화탄소의 농도는 급격히 높아지고 일산화탄소도 약 6%까지 상승한다. 그리고 산소 결핍이 일산화탄소의 축적보다 빨리 나타나는 현상이 일어나는데, 이는 이산화탄소가 산소 결핍을 일으키는 주요 원인으로서 독성은 약하지만 위험성은 크다.

일반적으로 산소농도가 16% 이하이고 일산화탄소가 4~6%가 되면 인체에 치명적인 상태를 주기 때문에 화염의 열에 의한 영향을 제외하더라도 생명의 보존이 어렵게 된다. 참고로, 화재 시에 발생하는 여러 유해 가스 및 증기에 대한 독성 을 표 4.5에 나타내었는데, 이 평가치는 각각의 유해 가스 및 증기가 단독으로 존재하였을 경우의 독성을 나타낸 것이기에, 여러 종류가 혼재되는 화재 시에는 복합 효과 또는 상승 효과를 고려하여야 할 것이다.

표 4.5 화재 시(25℃, 1기압)에 발생하는 유해 가스/증기의 독성 (단위:ppm)

유해 가스/증기	LTV	0.5~1hr (위험)	0.5~1hr (치명)	작 용
CO	50	1,500~2,000 (1 hr)	4,000	• 혈액 중의 헤모글로빈과 결합하여 CO-Hb 생성, 산소의 운반 방해. CO는 화학적 질식제
NO_2	5	100~150	400~800	• 질산염류는 폐부종을 일으킴. 니트릴은 methemoglobin 형성
HCl	5	1,500~2,000 (단시간 위험)	4,350	• 기도의 알칼리성 조직 중화. 후두와 기도의 부종 및 경련
Cl_2	1	50 (단시간)	1,000 (단시간)	• 가수분해하여 기관지, 폐포에서 HCl과 CO 형성. 폐부종, 질식
$COCl_2$	0.1	12.5	50 (0.5 hr)	• 가수분해하여 기관지, 폐포에서 HCl과 CO형성. 폐부종, 질식
HF	3	50~250 (단시간)	–	• 점막의 궤상, 화학적 폐염
COF_2	–	–	–	• 가수분해하여 HF, CO 형성, $COCl_2$와 같다.
H_2S	10	400~700	800~1,000 (고농도 즉사)	• 자극성, 피부의 알칼리와 결합하여 Na_2S 생성, 고농도에서 폐부종, 질식(호흡중추마비)
HCN	10	–	100~200	• 원형질 독, 세포 산화에 관계하는 산소와 결합, 질식 사망
NH_3	25	2,500~6,500 (0.5 hr)	5,000~10,000 (급속히 치사)	• 폐부종

LTV : Lower Threshold Value (8시간에서의 시간가중치를 고려한 평균치 허용한계)

4.2 소방 원리

(1) 소방 대책

소방(消防) 대책으로는 예방대책, 국한대책, 소화대책, 피난대책 등으로 나눈다.

1) 예방 대책

화재가 발생하지 않도록 최초의 발화를 방지하는 대책으로, 가장 근본적인 대책이다. 이는 가연성물질과 발화의 에너지를 주는 발화원을 유효적절하게 관리하는 방법이 가장 효과적인 바, 앞의 (2) 화재의 현상-발화 이론에서 언급한 내용에 대하여 충분한 지식을 가지고 적절히 관리하여 발화조건을 만들지 않도록 하는 것이 화재의 예방대책이 되는 것이다.

2) 국한 대책

화재가 발생하게 되었을 때, 그 화재가 연소(延燒)에 의해 확대되지 않도록 하는 대책으로, 다음과 같은 국한적인 대책을 생각할 수 있다.

① 가연물의 집적 방지

화재가 확대되면 발화점 부근에 다량의 가연물이 집적(集積)되어 있거나 발화 위험이 있는 작업장에 불필요한 원료, 제품, 상품 등이 다량으로 집적하면 이에 연소(延燒)하는 경우가 많아 매우 위험하다. 따라서 안전한 창고 또는 집적장을 설치하여 여기에 저장 또는 보관하도록 한다.

② 건물 및 설비의 불연화(不燃化)

건물은 방화구조가 되어있는 내화(耐火)구조로, 내부의 가구, 기구 등의 설비도 가능한 한 불연성의 재료를 사용한다. 또한, 화재 시에 난연성물질과 같이 다량의 연기 및 유해물질을 발생하는 재료의 사용을 피하도록 한다.

③ 방화벽, 방유제 및 방액제 등의 정비

건물의 중간이나 통로에 방화벽을 설치한다. 그리고 가연성액체 탱크 주위에는 방유제(防油堤), 액화가스 탱크 주위에는 방액제(防液堤)를 설치하고 내용물이 누출하는 경우에는 누출물이 확대되지 않는 대책을 행하여야 한다.

④ 공한지의 확보

위험성물질의 저장소 및 위험한 작업을 행하는 건물 주위에는 일정한 공한지(空閑地)와 거리를 확보하여 화재로 인한 피해가 다른 시설에 미치지 않도록 한다. 또한, 도시계획에 의하여 녹지대를 공장지역과 주거지역간에 설치하여 공장의 사고·재해로부터 주민을 보호하는 대책도 필요하다.

⑤ 위험물 시설 등의 지하 매설

휘발유와 LP가스의 탱크 등은 지하 탱크로 하는 것이 방화상으로 안전하다. 특히 도로변의 휘발유와 LP가스의 탱크는 지하에 매설하여야 하고, 원유 탱크도 반지하식의 대형 탱크로 건설하는 것이 바람직하다.

3) 소화 대책

① 초기 소화

초기 소화는 최조의 발화 직후에 대처하는 응급조치로, 화재가 확대되기 이전의 소형 화재를 진압하는데 효과적으로, 소화약제가 충전된 소화기(消火器)를 사용한다. 소화약제에는 물, 분말, 기포, 이산화탄소, 휘발성액체, 산알칼리 등의 종류가 있는데, 이들은 성질 및 기구의 차이가 있기에 적응 화재 및 가연물의 성질에 따라

이에 적합한 형식의 소화기를 선택하여 사용하여야 한다.

또한, 초기 소화설비로는 스프링클러, 분무, 기포 등의 고정식 소화설비와 트랜샤, 살수(撒水)장치 등이 있는데, 이를 적합한 장소에 설치하도록 한다.

② 본격적 소화

공장 내의 자위소방대 또는 도시의 공설소방대에 의한 소화활동으로, 일정한 규모 이상으로 화재가 확대되면 본격적인 소방력에 의하여야만 한다.

소방용 수리(水利)로는 상하수도, 공업용수도, 하천, 해수 등이 이용되고, 별도의 저수조 등의 설치도 고려하여야만 한다. 다량의 위험성물질을 저장 및 취급하는 공장에서는 직접 주수(注水)는 매우 위험한 경우가 많으므로, 소방펌프에 의한 방수(放水)로 냉각을 시키고 화학소방펌프에 의해 직접 소화를 시키는 것이 필요하다.

4) 피난 대책

화재가 발생하면 위험 구역에서 안전한 장소로 대피하지 않으면 안된다. 평상시에 화재에 대비하여 안전한 피난구역을 지정하여 숙지하고 옥내의 피난계단은 각 층마다 방화셔터를 설치하여 연기 및 화염이 계단실에 들어오지 않도록 하여야 한다. 그리고 옥외의 피난계단은 창문으로부터의 화염이 미치지 않는 위치에 설치하도록 하며, 긴급을 요하는 경우에 대비하여 활강대를 설치하는 것도 효과적이다. 또한, 실내 복도에는 피난통로의 방향을 제시하는 유도표지를, 창이 없는 건물 및 야간용으로 정전 중에도 꺼지지 않는 유도등을 설치할 필요가 있다.

(2) 소화 방법

1) 소화의 원칙

소방을 위한 소화(消火)의 원칙은 '연소의 3요소'인 가연성물질, 산화성물질 및 발화원 중에서 어느 하나를 취하여 제거하거나 불충분하게 하는 것인데, 최근에는 여기에 연소반응을 지속시키는데 필요한 연쇄반응의 조건을 이용한 소화법이 실용화되고 있다. 화재가 발생 시에 신속히 화염을 진압하는 것이 소화의 첫걸음이며, 다음으로 연소반응을 중지시키기 위한 조건을 구비하는 방법을 취하는 것이다. 특히, 화학공장에서의 화재의 경우, 화염을 제압하고 화재를 고립화시키는 것이 우선이고 그 다음으로 현장에 적합한 화원(火源)의 진압 대책을 행하여야 하는데, 일반적인 도시화재와 같이 단지 주수(注水)를 행하여 소화를 할 경우에는 오히려 위험성물질의 확산에 따른 위험을 증가시키는 경우가 많다.

2) 소화법의 분류

소화법을 소화 작용면에서 구분하면 물리적 작용에 의한 것과 화학적 작용에 의한 것으로 나눈다. 물리적 작용에 의한 것은 열, 화재의 흐름 등의 물리량의 변화를 이용하여 연소반응을 중단시켜 소화시키는 것으로 '냉각소화', '희석소화', '화염의 불안정화'에 의한 소화가 있고, 화학적 작용에 의한 것은 화염 중에서의 원자 및 radical반응을 저지시켜 소화시키는 것으로 '연소억제(연쇄중단반응)에 의한 소화'가 있다.

① 냉각소화

연소반응에 의해 화염 발생이 계속 진행하면 반응열이 주위의 가연물에 주게 되는데 이 때, 흡열량이 큰 물질을 가하여 화염 중의 반응열을 제거시켜 연소반응을 완만하게 또는 정지시키는 것이 '냉각소화' 원리로 다음의 방법이 있다.

i) 액체의 증발잠열을 이용하는 방법 ─ (예) 증발열이 크고 염가인 물

ii) 고체의 열용량을 이용하는 방법 ─ (예) 열용량이 큰 모래나 돌가루

② 희석소화

연소반응의 계내(系內)의 가연물 및 산화성물질(주로 공기)의 농도를 저하시켜 이들의 반응을 억제시키는 것이 '희석소화'이다. 실제로, 공기 중의 산소 농도를 감소시키거나 또는 공기를 차단시키는 등의 여러 방법이 있는데, 가장 효과적인 방법으로는, 이들 혼합기에 불활성기체(예: 액화탄산, 탄산가스, 질소 등)를 첨가하여 반응계 전체를 희석시키는 방법으로 소화하는 것이다. 그리고 물에 의한 냉각소화에 있어, 발생하는 수증기에 의한 산소 농도의 저하로 희석소화 효과를 가산시켜 주고 있다. 참고로, 산소 농도를 저하시키는 소화를 '질식소화'라고도 하며 기포(氣泡, foam)에 의한 소화가 그 예이다.

③ 화염의 불안정화에 의한 소화

버너에서 분출되는 가연성혼합기에 점화하면, 버너 주위에 화염면이 형성되는데, 혼합기의 유속과 연소속도* 간에는 다음의 식(4.7)과 같은 근사식이 성립한다.

$$Su = U \sin\theta \qquad (4.7)$$

* 연소속도(burning rate)는 화염면이 미연소의 가연성혼합기의 표면에 대하여 직각으로 이동하는 속도 즉, 이동하고 있는 미연소 가연성혼합기에 대한 화염면의 상대적 속도이다. 이는 화염 중에서 일어나는 화학반응속도로 정해지는 값으로 온도와 압력이 높아질수록 증가하고 가연성혼합기의 조성이 화학양론적인 조성에서 최대값이다. 한편, 가연성혼합기가 연소로 발생한 화염은 이를 중심으로 하여 주위로 확대되는데, 이 때 화염면이 이동하면서 화염이 전파하는 속도를 화염속도(flame rate)라고 한다. 이 경우, 화염면의 앞에 있는 미연소 가연성혼합기는 이미 연소로 발생한 연소가스의 열팽창으로 전방으로 밀려나고 화염은 이동하는 미연소 가연성혼합기 중을 전파하여 가기 때문에, 화염속도 중에는 미연소 가연성혼합기의 이동속도가 가산되어있어, 이 속도를 제외하여야하는 연소속도와 구별하여 사용된다.

여기에서, Su : 혼합기의 연소속도
U : 혼합기의 유속
θ : 화염의 반정각(半頂角)

따라서 혼합기의 유속을 증가시키고 연소속도가 일정하면 화염의 길이는 점점 길어진다. 이러한 관계를 만족시키지 않으면 화염은 꺼지게 되는데, 이 현상을 이용하여 소화하는 방법을 '화염의 불안정화에 의한 소화'라고 한다. 이의 예로, 성냥불을 불어서 꺼지게 하거나, 유정(油井)의 화염을 폭풍으로 꺼지게 시도한 경우도 있다. 또한, 지표면 및 화재 현장의 건물 구조물에 요철이 있는 경우에 음각이 진 곳에 있는 화염이 완전히 꺼지지 않는 경우도 이러한 원리이다.

④ 연소 억제에 의한 소화

화염을 일으키는 연소를 지속시켜 주는 유리기반응(遊離基反應, free radical reaction)하는 계 내에 할로겐화탄화수소 및 알칼리금속을 첨가하면 불활성화 되는 작용을 이용하는 소화법이 '연소 억제에 의한 소화법'으로, 형식적으로는 첨가물이 물리적으로 연소 혼합체의 조성을 변화시켜 주는 희석소화와 유사하지만, 화학반응에 의한 연소 억제가 주체이기 때문에 희석소화와는 근본적 차이가 있다. 실용적인 소화약제로는 할로겐화탄화수소가 주성분인 증발성액체와, 중탄산나트륨($NaHCO_3$) 및 중탄산칼륨($KHCO_3$)을 주성분으로 한 중탄산염의 분말소화제(dry chemicals)가 있는데, 후자의 경우, 화염에서의 열복사 저지의 효과와 고체 입자에 의한 화염의 냉각효과도 있는 장점이 있지만, 중탄산염의 분해로 발생되는 흡열과 탄산가스에 의한 희석효과는 화염 중에서의 중탄산염의 분해 비율이 많아서 그다지 기대되지 않는다.

한편, 할로겐화탄화수소의 억제 작용에 관한 반응기구는 할로겐화탄화수소가 연소에 필요한 OH, O 및 H 등의 활성라디칼 및 원자와 반응하여 연소를 억제하는 것으로 알고 있으며, 그 외에 첨가 물질의 전기적 성질을 고려한 전기적 부착의 경향, 억제제의 첨가에 의한 화염온도의 저하 등으로 억제 작용을 설명하고 있다. 실제의 소화약제로는 메탄, 에탄의 할로겐화물인 하론 1301(CF_3Br), 하론 2402($C_2F_4Br_2$) 등의 브롬(Br)을 함유한 저비점의 것이 사용된다.

또한, 알칼리금속의 억제 작용은 사용하는 분말 원료의 입경, 입도 분포 및 비표면적 등의 영향이 혼재되어 있어 반응기구를 자세히 설명할 수는 없지만, 할로겐화탄화수소의 경우와 같이, 금속원자가 OH, H 및 O 등의 활성라디칼을 불활성화한다거나, 알칼리금속화합물의 고체입자 표면이 연소의 활성라디칼을 흡착하여 억제시킨다는 설이 있다.

⑤ 제거소화

가연성물질을 반응계에서 제거하거나 또는 반응계로의 공급을 정지시키는 방법을 '제거소화'라고 하는데, 소화약제로 소화가 불가능한 기체나 액체의 대형화재에 효과적인 소화법이다.

즉, 분출하는 기체의 화재의 경우, 주 밸브(main valve)를 잠그고 연료의 공급을 중단시켜 반응계로의 유입을 차단하여 소화한다. 또는, 연료탱크를 냉각하여 가연성기체의 발생속도를 줄여 연소를 억제시키거나, 밸브를 절단 및 교체하여 안전한 탱크로 이송하는 등의 방법을 행한다.

3) 소화약제

현재 사용되고 있는 소화약제(消火藥劑)는 실용적인 목적에 따라 다음과 같이 구분되어지는 화재에 사용된다.

- A급 화재 ― 연소 후에 재(灰)를 남기는 종류의 화재로, 목재, 종이, 섬유 등의 '일반화재'가 이에 포함된다. 소화는 다량의 물 또는 물을 다량으로 함유한 용액에 의한 소화제가 효과적이다.
- B급 화재 ― 연소 후에 재가 거의 없는 화재로, 가연성액체, 반(半)고체 유지 등에 의한 '기름화재'로, 소화는 기포를 갖는 소화제가 효과적이다.
- C급 화재 ― 전기기기의 누전, 과부하 등에 의한 '전기화재'로, 소화는 전기절연성을 갖는 소화제가 효과적이다.

① 물

물(H_2O)은 일반(A급)화재에 가장 유효한 소화제로 널리 이용되고 있는데, 물은 비열, 증발잠열이 다른 물질에 비하여 매우 크기 때문에 냉각효과가 좋고 또한 쉽게 활용할 수 있어 경제적이다.

i) 주수 소화

물을 소화를 위하여 사용하는 주수(注水)는 수적(水滴, 물방울)의 크기 순서로 봉상(棒狀)주수, 적상(滴狀)주수, 분무(噴霧)주수의 3종이 있는데, 수적이 작을수록 표면적의 증가로 증발속도도 커져 냉각효과가 크게 된다. 그러나 분무주수는 도달거리가 짧아 화점(火點)에 도달하기 전에 기화하여 소화의 목적을 달성하지 못하는 경우가 있다. 일반적으로, 화염면에서 완전히 증발이 끝난 수적의 입경은 증발속도와 A급 화재의 연소속도로부터 계산하면 대략 5~10㎛이 되는데, 실제로 물의 분사로 화염을 진압하는데는 400~500㎛ 정도의 입경을 갖는 수적이 필요하다. 분무에 의한 냉각은 그 당시의 수온 이하로 저하시키지 못하므로 인화점이 낮은 가솔린, 벤졸 등의 B급화재는 희석소화 또는 질식소화의 작용에 의하여야 한다. 따라서 이러한 경우에는 화점으로의 도달거리를 무시하고 수적의 입경을 작게 하여 평균 200~300㎛의 것을 이용하도록 한다. 다만, B급 화재에는 물을 단독으로 사용하는 경우는 적고 대부분의 경우, 다음에서 설명하는 기포(氣泡, foam)의 약제를 이용한다.

또한, 분무주수는 다른 주수방법에 비하여 전도성이 좋지 않기 때문에 C급 화재에도 유효한 바, 이 경우에는 감전 방지를 위하여 일정한 거리를 유지하는 것이 필요하다. 그러나 사용 후에 전기설비의 절연 불량을 초래하므로 일시적인 응급조치에 한하는 것이 좋다.

ii) 물과 첨가제 혼합에 의한 소화

ㄱ. 알칼리금속염의 첨가 ― 물의 소화력을 강화시키는 방법의 하나로 염류(鹽類)를 가하여 연소의 억제효과를 기하는 방법이다. 강화액(loaded stream)으로는 알칼리금속염의 수용액이 이용되는데, 이 강화액은 봉상 및 분무상으로 물과 함께 A급 화재에 사용하면 용해된 약제에 의한 연소의 억제효과 이외에도 연소면의 피복에 따른 질식효과를 나타내어 재연(再燃)의 위험이 적고 B급 화재에도 사용될 수 있다. 다만, 농후한 수용액(40~50%)이어서 비중이 크고 빙점도 낮아 한랭지에서도 동결하지 않지만 pH가 12 이상이기에 사용 후에 세정을 충분히 하지 않으면 부식을 진행시킨다.

이 알칼리금속염의 약제로는 탄산칼륨 이외에 크롬산칼륨, 인산칼륨 등이 이용되며 최근에는 유기산의 알칼리금속염도 이용되고 있다.

ㄴ. 계면활성제의 첨가 ― 계면활성제의 작용은 발포제, 표면장력 저하제, 유화제로서의 3가지 작용을 갖는다. 발포제로서의 작용은 다음의 기포 항에서 자세히 설명하고자 한다. 다음으로, 표면장력을 저하시키는 작용으로 분무할 때에 미립자화가 쉬워져 침투성을 부여하기에 원면(原綿), 종이, 목재 등의 화재의 소화에 유효하다. 또한 유화작용이 있는 계면활성제의 수용액을 분무시켜 중유 등의 기름의 표면에 유화(乳化, emulsion)를 형성하고 물 분무의 냉각효과로 기름의 증발이 억제되어 소화 효과가 높아진다.

② 기포

기포(氣泡, foam)에 의한 소화의 원리는 기포 중에 함유된 수분에 의한 '냉각효과'와 연소면의 기포층에 의한 산소 차단에 의한 '질식효과'이기에 B급 화재에 가장 효과적이다. 그러나 알코올 및 아세톤 등의 수용액은 기포가 매우 불안정하여 소화 효과가 적어 이 경우, 내(耐)알코올성 기포제가 실용화되고 있다.

i) 기포의 구분

발포(發泡)기구에 따라 화학기포제(foamite, chemical foam)와 공기기포제(air foam or mechanical foam)로 구분한다.

ㄱ. 화학기포제 — 화학기포제의 주성분은 중탄산나트륨($NaHCO_3$)과 황산알미늄[$Al_2(SO_4)_3$]으로, 다음의 반응에 의하여 발생하는 탄산가스에 수산화알미늄의 엷은 막이 씌워져 기포를 형성시킨 것을 화염에 분사하여 소화시킨다.

$$6NaHCO_3 + Al_2(SO_4)_3 \cdot 8H_2O \rightarrow 6CO_2 + 2Al(OH)_3 + 3Na_2SO_4 + 8H_2O$$

ㄴ. 공기기포제 — 공기기포제는 가수분해 단백질을 주성분으로, 이에 사포닌과 합성계면활성제 등을 함유한 수용액인 기포 원액을 공기 및 가압 탄산가스와 혼합하여 기포를 형성시킨 것을 화염에 분사하여 소화시킨다.

ii) 기포의 성능

기포소화제의 성능을 나타내는 기본적인 물리량으로서, 발포 능력과 관계되는 팽창률(expansion ratio)과 기포의 안정성인 수명과 관계되는 환액(還液)시간(drainage time)이 있다. 즉, 팽창률 또는 기포수(foam number)는 식 (4.8)과 같이 구할 수 있다.

$$E = V_2/V_1 \tag{4.8}$$

여기에서, E : 기포수

V_1 : 기포수용액의 부피

V_2 : 완전 발포한 발생 기포의 부피

기포수용액의 비중은 물의 비중과 거의 같으므로 (1/E)은 발생 기포의 비중이 된다. 그리고 이 기포에서 V_3 만큼이 환액된 비율 $(V_3/V_1) \times 100 = 50$ 또는 25인 시간을 '50% 또는 25% 환액시간'이라고 한다. 일반적으로 발포력은 발포방법에 따라 크게 변하므로 기포의 수명과는 관계가 없다.

생성하는 기포는 비중이 작은 점착력과 함께 유동성이 큰 고열에서의 안정성 등의 성질을 가져야 냉각소화와 질식소화를 기대할 수 있는 것이다.

③ 불연성기체

불연성기체의 첨가에 의한 소화 효과는 '희석소화'와 '질식소화'로, 소화제로는 탄산가스(이산화탄소), 질소, 아르곤 등이 이용된다. 질소와 아르곤은 탄산가스에 비하여 액화가 어렵고 고가이기 때문에 특별한 경우에 한하여 사용된다. 그리고 이들 기체들은 봄베에 압축·저장하여 대비하고 사용할 때에는 주위의 산소분압이 낮아져서 인체에 영향을 주게 되는 것을 유의하여야 한다. 참고로, 탄산가스의 허용농도(TLV)는 0.5%, 산소농도가 16% 이하이면 산소결핍증을 갖는다.

원래, 화재는 공기 중의 산소농도를 연소물의 한계산소량(한계산소지수)까지 저하시켜야 소화의 목적을 얻게 된다. 이 한계산소량*을 표 4.6에 탄산가스와 질소를 비교하여 나타내었는데, 탄산가스가 보다 높은 값을 보이고 있다.

그리고 아르곤은 0족 원소이기에 화합물이 되지 않아 소화제로 사용할 희석효과는 충분하지만, 고가이어서 방사성물질이 있는 장소에서 다른 소화제가 방사능을 지닐 가능성이 있는 곳에 이용할 수 있다.

이 외에, 불연성기체로서 수증기가 있는데, 이는 널리 이용되고 있어 충분한 설계하에 소화설비로의 사용도 가능하다. 실제로, 제트엔진의 배기를 이용하여 수증기와 탄산가스 및 질소의 혼합가스에 의한 소화연구도 행하여지고 있다.

표 4.6 가연물의 한계산소량(%)

가연물	탄산가스	질소
벤젠	13.9	11.2
일산화탄소	5.9	5.6
메탄	14.6	11.2
에탄	13.3	11.0
프로판	14.3	11.4
헥산	14.5	11.9
가솔린	14.4	11.6
천연가스	14.4	12.0
수소	5.9	5.0
에테르	13.0	–
에틸렌	11.7	11.0
프로필렌	14.7	11.5

④ 증발성액체

소화제로 이용되는 증발성액체는 할로겐화탄화수소로, 이는 증발잠열에 의한 냉각 효과와 증발 후에는 불활성기체로서의 희석 효과도 다소 있어 A급 화재에 다소

* 한계산소량(minimum safe percentage of oxygen)은 연소속도가 빠른 탄산가스 및 특수한 반응성을 갖는 일산화탄소를 제외하고는 탄산가스의 경우는 14~15%, 질소의 경우는 11~12%의 값으로, 모두 16% 이하의 산소결핍증 중독을 일으킨다. 이 값의 차이는 화염 중의 탄소와 탄산가스에 의한 일산화탄소의 생성반응(흡열)에 의한 것으로 생각된다. 이 한계산소량을 무차원의 한계산소지수(limit oxygen index, LOI)로도 나타내고 있다.

의 소화 효과를 갖지만, 주요 대상 화재는 B급 및 C급 화재이고, 소화 효과는 연소 억제에 의한 것이다.

또한, 금속의 화재에는 할로겐이 금속과 반응하므로 사용하지 못하고, 불순물로의 수분은 금속용기의 부식을 증진시키기에 흡습에 대한 고려가 필요하다.

이 증발성액체인 할로겐화탄화수소는 앞에서 언급한 탄산가스에 비하여 우수한 소화 효과를 갖지만 널리 이용되지 못하는 것은 이의 대부분이 인체에 유독성이 있고, 사용할 때에는 사염화탄소(CCl_4)의 경우와 같이, 열분해에 의하여 포스겐($COCl_2$, 허용농도 0.1ppm)의 독성가스를 일부 발생하는 경우가 있다. 그러나 아민(amine)계의 첨가제를 가하여 유독가스의 발생을 저하시키고 사용할 때에 충분히 숙지하여 사용하면 소화효과를 충분히 발휘할 수 있을 것이다.

소화제로 주로 사용되는 할로겐화탄화수소에는 하론1011(CH_2ClBr), 하론1211(CF_2ClBr), 하론1301(CF_3Br), 하론2402($C_2F_4Br_2$) 등이다. 참고로, 메탄의 연소 화염의 억제 효과는 $CF_2Br_2 > CF_3Br > CF_3Cl > CHFCl_2 > CH_3Cl$의 순이다. 그리고 할로겐원자가 연소물의 C−H 결합에서 수소를 빼앗고 화염 중의 수산기를 감소시키는 억제 효과는 $I > Br > Cl > F$의 순이다.

⑤ 분말소화약제

분말소화약제(dry chemicals)로 사용되는 분말(粉末)은 입자의 크기가 작으며 유동성을 부여하는 것이 필요하며, 이의 소화효과는 주로 연소의 억제작용에 의한 것으로, 분말입자의 크기에 따라 다른데 입자가 너무 미세하면 바람에 휘날리고 공기의 저항으로 소화 효과를 갖지 못하기에 실용적인 입자크기여야 한다. 사용되는 분말소화약제로 나트륨 및 칼륨의 중탄산염으로 고화(固化) 방지를 위한 첨가제로 발수성(撥水性)과 유동성(流動性)을 부여하는 물질이 있는데, 그 조성의 예를 표 4.7에 나타내었다. 이외에 인산 제2수소암모늄($NH_4H_2PO_4$)을 주원료로 한 분말소화약제는 A, B, C 각급의 화재에 효과적으로 사용될 수 있어 'ABC분말'이라고 부르기도 하는데, 표 4.8에 조성의 예를 나타내었다.

참고로, 인산 제2수소암모늄은 화염에 분사하면 열분해하여 m−인산으로 되고 이것이 용융하면서 유리상의 피막을 만들어 연소를 저지하고 인산 자신의 연소억제작용으로 소화효과를 크게 한다. 이 외에, 다른 염류로서 적혈염(赤血鹽), 황혈염(黃血鹽) 등의 분말도 소화에 효과적인 것으로 알려져 있다.

⑥ 특수소화약제

금속화재에 대한 액체소화약제로 미국에서 개발된 TMB(trimethoxyboroxyn)이 있으며, 알칼리금속의 화재에 대하여 영국에서 개발된 나트륨, 칼륨, 바륨의 염화물의 혼합물로 된 분말소화제인 TEC(termary eutetic chloride)가 있다. 그리고 삼림화재에 대하여 물과 슬러리를 혼합한 물슬러리(water slurry)로 이를 'fire brake'라고 부르는데 그 조성의 예를 표 4.9에 나타내었다. 이외에, 가연성액체의 소화용으로 미국에서 개발한 경수(輕水, light water)는 불화탄화수소계의 계면활성제 수용액에 산화에틸렌 중합체 등의 첨가제를 가한 혼합 수용액이다.

표 4.7 분말소화제(중탄산나트륨)의 조성의 예

성 분	화학식	함량(wt.%)
중탄산나트륨(중조)	$NaHCO_3$	97.0
스테아린산마그네슘	$Mg(C_{17}H_{35}CO_2)_2$	1.5
탄산마그네슘	$MgCO_3$	1.0
인산칼슘	$Ca_3(PO_4)_2$	0.5

표 4.8 분말소화제(인산염)의 조성의 예

성 분	화학식	함량(wt.%)
인산 제2수소암모늄	$NH_4H_2PO_4$	63
황산암모늄	$(NH_4)_2SO_4$	22
황산바륨	$BaSO_4$	13
인산칼슘+디메틸시록산	$[Ca_3(PO_4)_2+(CH_3)_2(SiO)]_n$	2

표 4.9 Fire Brake의 조성의 예

성 분	함량(wt.%)	성 분	함량(wt.%)
B_2O_3	32.4	free H_2O	0.3
CaO	17.2	crystallization H_2O	27.4
Na_2O	5.4	colloidal adjutants & inert	17.3

4) 소화설비

소화설비로는 앞의 3)항에서의 소화제에 의한 물분무 소화설비, 기포 소화설비, 불연성기체 소화설비, 증발성액체 소화설비, 분말 소화설비 및 스프링클러설비, 트랜샤설비 등이 있다. 이들의 설비는 대상물별 화재에 따라 유효적절하게 사용되어야 한다. 특히, 화학공장에서는 가연성 기체 및 액체를 대량으로 취급하는 경우가 많은데, 화재는 이들 가연물의 누출과 분출에 의한 것이 대부분으로 누출과 분출을 막는 것이 중요한 소화활동의 하나이고, 기포 소화설비 및 분말 소화설비를 효율적으로 배치 활용함에 따라 피해를 적게 할 수가 있다.

5) 화재의 탐지

화재가 발생하면 이를 지체없이 알 수 있도록 하면 그 피해를 최소로 줄일 수 있는 바, 이를 위한 자동화재탐지 시설은 주로 화원(火源)에서 발생하는 열이나 연기에 따라 작동하는 탐지기*와 이에 따라 주어지는 신호를 수신기로 송출하는 발신기 및 그 신호에서 화재의 발생을 알리는 수신기가 주요한 구성 요소이다.

감지기(感知器)에는 기능상으로 정온식(定溫式), 차동식(差動式), 보상식(補償式)의 3종류가 있고 이외에, 같은 형태의 기능을 갖는 검지기(檢知器)로 복사검지기, 연기검지기가 있다.

① 정온식 감지기

정온식 감지기는 그 주위의 온도가 일정한 온도에 도달하면 작동하는 것으로, 그 작동온도는 실내온도 상한선이 60~150℃의 범위를 갖는다. 감지기의 센서는 보통 열팽창이나 전도율의 변화가 이용된다. 감지의 능력은 여름에는 민감하고 겨울에는 둔감하며, 다른 감지기에 비하여 화재 규모가 커지고 나서야 작동하는 경우가 많지만, 지붕 안, 보일러실 등의 고온으로 되기 쉬운 장소 및 훈소(燻燒)하기 쉬운 창고의 화재 경계 및 소화설비 등의 작동에 적합하다.

② 차동식 감지기

차동식 감지기는 외계와의 변위차가 일정한 값을 가질 때 즉, 그 주위의 온도가 정하여진 비율(약 10~15°K/min) 이상의 높은 온도 상승이 있을 때 작동하게 되므로 4계절을 통하여 일정한 감도를 갖지만, 온도의 상승이 완만한 훈소화염에는 효과가 적다. 따라서 실온이 너무 높지 않고 그 변화가 크지 않은 일반 건물의 감지에 많이 이용된다.

③ 보상식 감지기

보상식 감지기는 차동식 감지기의 결점인 온도의 완만한 상승에 의한 작동불능을 보완하여 주기 위하여 정온식과 차동식을 조합한 형식의 감지기이다. 따라서 완만하거나 급속한 온도의 상승에도 작동하고 외부 온도의 영향도 그다지 받지 않는다.

이들 3종의 감지기의 작동시간과 직선적인 온도 상승(t, S)에서의 작동 특성에 대하여 그림 4.4에 비교하여 나타내었다.

---

* 탐지기는 화재가 발생하였을 때, 자동적으로 화재 발생을 전기배선으로 수신기에 알리는 것으로, 화재에 의한 열(주로 상승기류)을 이용하는 것이다. 따라서 전기접점을 작동하여 내장 음향기기로 경보(빛이나 소리)를 알리게 하는 것이며, 화재가 발생하였을 때의 복사열, 연소생성물 등으로 작동하는 것으로는 감지기와 검지기가 있다.

④ 복사 검지기

복사 검지기는 일정량의 복사열을 받았을 때 또는 화염의 불꽃을 포착하였을 때에 작동하는 것이다. 이 경우에 일정량의 열복사량으로 작동하는 것은 착오 작동을 방지하는 입장에서 적외선이 복사를 검지하는 것이며, 이외에 화염에서의 자외선을 포착하는 형식의 것도 있다. 이 검지기는 턴넬화재 및 항공기의 엔진 감시용으로 사용되고 있으며, 훈소화재의 검지는 적합하지 않다.

⑤ 연기 검지기

연기 검지기에는 화재로 발생한 연기의 입자가 빛의 흡수로 산란을 일으키는 것을 이용하여 검출하는 광전식(光電式)과 α선에 의하여 이온화된 공기 중에 연기가 들어가면 이온 전류가 감소하는 성질을 이용한 이온화식(ion化式)이 있는데, 그 방사선원으로 라듐(Ra), 아메리시움(Am) 등이 사용되고 있다. 이들의 검지기는 고가이기에 선창, 기록보관소 및 컴퓨터실 등의 화재 검지에 이용되고 있다.

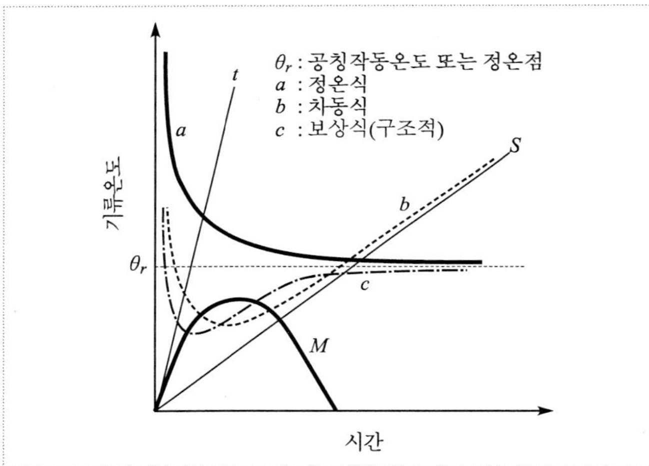

그림 4.4 직선적 온도 상승에서의 각종 감지기의 작동 특성

P/A/R/T

05 방폭 안전

제05장 방폭 안전

5.1 폭발 원리

폭발(爆發, explosion)은 "정지 상태에 있는 물질계 중에 주로 기체가 압력의 급격한 발생 또는 감소의 결과로 격렬한 팽창을 나타내는 현상"으로 해석되고 있으나 과학적으로 명확히 정의하기는 곤란하다.

폭발에는 화학적 변화와 물리적 변화를 하는 것이 있는데, 주로 일어나는 화학적 변화에 의한 화학적 폭발로는 즉, 연소(燃燒, combustion)반응의 결과로 일어나는 폭발과 산화에틸렌의 분해폭발과 같이 산소의 존재를 필요로 하지 않는 폭발이 있다. 또한 물리적 변화에 의한 물리적 폭발로는 보일러에서의 압력용기의 기계적 파열 및 저온액화가스의 급격한 기화에 의한 폭발 등이 있다.

그리고 폭발 물질이 폭발하기 전의 물리적 상태에 따라 기상(氣相)폭발과 의상(擬相)폭발로 대별되며, 의상에는 액상 및 고상이 있는데, 기상에 비하여 밀도가 매우 커서 기상폭발과 의상폭발과는 폭발의 양상이 다르다.

1) **기상(氣相) 폭발** ― 가연성가스와 지연성(支燃性)가스인 산화제(주로 공기)와의 혼합기체의 폭발인 '(고압)가스폭발'과 물질의 열분해에 의한 '분해폭발', 가연성 분진에 의한 '분진폭발' 및 가연성액체의 mist에 의한 'mist폭발' 등이 있다.
2) **액상(液相) 폭발** ― '중합폭발', '증기폭발' 및 '액체의 혼합에 의한 폭발'이 있다.
3) **고상(固相) 폭발** ― '폭발성물질의 폭발', '혼합 및 혼융에 의한 폭발' 및 '과대 전류에 의한 전선(電線)폭발' 등이 있다.

또한, 액상 및 고상에 의한 폭발은 산화제의 존재를 필요로 하지 않는 경우가 많다. 또한, 이상의 각종 폭발에 있어서, 기상에서의 분해폭발을 제외하고는 이들 반응은 산화반응으로 폭발을 이용하는 면(예를 들면, 폭파작업, 지진탐광, 폭발가공, 폭발성형, 내연기관 등)에서 매우 중요하다.

(1) 가연성기체의 폭발

가연성기체(가스 및 액체의 증기)가 산화제(주로 공기)와 연소를 위한 물질조건을 만족시키는 혼합기(混合氣)를 형성하여 발화원에 의한 착화로 연소(폭발)를 일으킬 수 있는 혼합기 중의 가연성기체의 농도 한계를 연소(폭발)한계로 정의한다. 즉, 혼합기 중의 연소(폭발)가 일어날 수 있는 가연성기체의 최저농도를 '연소(폭발)하한계', 최고농도를 '연소(폭발)상한계'라하고, 이 하한계와 상한계 간의 범위를 '연소(폭발)범위'라고 하며, 단위로는 균일계의 경우는 vol.%, 불균일계의 경우는 mg/l(또는 g/m^3)로 나타낸다.

각종 기체의 연소(폭발)한계 값을 표 5.1에 나타내었는데, 일종의 물리정수이다.

이와 같이, 연소(폭발)농도 범위 내의 가연성기체와 산화제(공기 및 산소)가 폭발적으로 연소할 수 있는 혼합기를 '폭발성가스'라고 한다. 또한 이 혼합기가 발화원에 의해 착화(着火, ignition) 점화(點火), 기폭(起爆), 점폭(點爆)으로 생기는 발생열에 의하여 연소는 인접한 미반응의 부분으로 이동하고 진행하면서, 화염면의 진행속도가 100m/s 정도가 되면 점폭에 의한 발생열에 의하여 연소(폭발)는 인접한 미반응의 부분으로 이동하면서 혼합기 특유의 성질을 갖는 안정연소 또는 정상연소를 한다.

표 5.1 각종 기체의 연소(폭발)한계

물 질	연소(폭연)한계(vol. %)				연소(폭굉)한계(vol. %)			
	공기 중		산소 중		공기 중		산소 중	
	하한계	상한계	하한계	상한계	하한계	상한계	하한계	상한계
수소(H_2)	4.0	75	3.9	96	18.3	59	15	90
아세틸렌(C_2H_2)	2.5	100	2.3	95	4.2	50	3.5	92
메탄(CH_4)	5.0	15	5.1	61	6.5	12	6.3	53
프로판(C_3H_8)	2.1	9.5	2.3	52	–	–	3.2	37
에틸렌(C_2H_4)	2.7	36	2.9	–	–	–	–	–
일산화탄소(CO)	12.6	74	15.5	94	15	70	38	90
에틸에테르($C_4H_{10}O$)	1.9	36	2.1	82	2.8	4.5	2.6	>40
암모니아(NH_3)	15.0	28	13.5	79	–	–	25.4	75

또한, 화염면이 그 전방을 진행하는 압축파에서 생성된 충격파와 융착(融着)하여 파(波)의 속도가 음속 이상으로 안정할 때의 현상을 폭굉*(爆轟, detonation)이라 하며, 화염면(연소파)과 충격파가 합쳐진 파를 폭굉파(爆轟波, detonation wave)라고 한다. 이 폭굉파는 음파와는 달리, 폭굉파가 통과한 곳은 화학조성이 변하므로 가역적인 탄성파로 취급되지 않으며, 물질에 충돌하면 매우 짧은 시간에 강렬한 충격 압력이 가해져 기계적 파괴 작

* 폭굉(detonation)의 de는 'off' 또는 'out'의 뜻이고, tonate는 '울리다'의 뜻이다.
따라서, 폭굉은 '정지하고 있는 미반응 부분을 음파가 전하는 속도보다 연소의 파면(波面)이 전하는 속도가 큰 경우의 폭발'로 정의되고 있다.

용을 준다. 참고로, 이 폭굉에 대하여 음속 이하의 파를 형성하는 통상적인 연소를 폭연(爆燃, deflagration)이라고 부른다.

그리고 압력에 의한 연소(폭발)한계의 영향은, 소수의 예외를 제외하고는 대기압 이상에서 압력이 증가하면 하한계는 직선적으로 약간씩 증가하고 상한계는 지수적으로 증가하며, 압력이 낮아질수록 연소(폭발)범위는 좁아지면서 양쪽의 한계값이 일치하게 되는 '압력한계'의 값을 가져, 탄화수소-공기 혼합물의 경우는 약 30mgHg 정도가 된다. 한편, 온도에 의한 영향으로는 메탄-공기 혼합기체의 대기압에서의 실측 결과에서와 같이, 온도의 상승에 따라 연소(폭발)범위는 거의 직선적으로 넓어지는 경향을 가지며 다음의 식(5.1)과 식(5.2)와 같이 하한계와 상한계의 값을 나타내고 있다.

또한, 산소 중에서는 공기 중에서 보다 연소(폭발)범위가 넓어지게 되고 극단적인 경우, 공기 중에서 연소하지 않는 것이 산소 중에서는 연소하는 경우도 있다. 연소(폭발)한계측정법에는 Coward-Jones법(미국 광산국법) 등이 있고, 실측에 의한 포화탄화수소의 탄소수(n)와 하한계와 상한계는 식(5.3)과 식(5.4)의 관계가 성립한다.

$$C_{lt} = C_l \cdot [\,1 - \{\,721\,(t-25)\,/\,10^6\,\}\,] \tag{5.1}$$

$$C_{ut} = C_u \cdot [\,1 + \{\,721\,(t-25)\,/\,10^6\,\}\,] \tag{5.2}$$

여기에서, C_{lt} , C_{ut} : 공기 중 t(℃)에서의 하한계 및 상한계(vol.%)
C_l , C_u : 공기 중 25(℃)에서의 하한계 및 상한계(vol.%)

$$1/C_l = 0.1347n + 0.04343 \tag{5.3}$$

$$1/C_u = 0.01347n + 0.05151 \tag{5.4}$$

연소(폭발)하한계는 화염이 전파하여지는 최저농도이기에, 화염의 온도도 이때에는 최저값을 취한다. 이 최저의 화염온도는 기체의 연소열과 관계가 있어, 서로가 비슷한 탄화수소계의 기체에서는 연소(폭발)하한계의 농도(vol.%) C_l과 그 연소열(kcal/mol) Q의 곱은 거의 일정한 값으로 그림 5.1의 측정값에 따라 식(5.5)와 같이 나타내어지는데, 이것이 'Burgess-Wheeler의 법칙'이라고 한다.

$$C_l\,(\text{vol.\%}) \cdot Q(\text{kcal/mol}) \fallingdotseq 1{,}059 \tag{5.5}$$

이와 같이, 포화탄화수소에 대하여 연소열의 값을 알게 되면 연소(폭발)하한계를 계산에 의해 추정할 수 있다. 그리고 하한계와 연소열의 곱의 값이 일정하다는 것은 하한계 조성에서의 발열량이 탄화수소의 종류에 관계없이 일정함을 의미하기에 '하한계에서의 화염의 온도는 거의 일정'하다는 것인데, 이를 평면염법(平面炎法)으로 측정한 화염온도가 약 1,200℃ 전후를 나타내고 있다. 그 외에, 탄화수소의 연소열과 분자량 및 기체의 비중과는 서로 비례적인 관계가 있어, 일정량의 공기 중에 함유되어 있는 파라핀계 탄화수소의 연소(폭발)하한계에서의 중량은 표 5.2 에 나타낸 바와 같이 40~50(mg/l)로 거의 일정하지만 상한계는 탄소수가 많아질수록 보다 큰 값을 나타낸다.

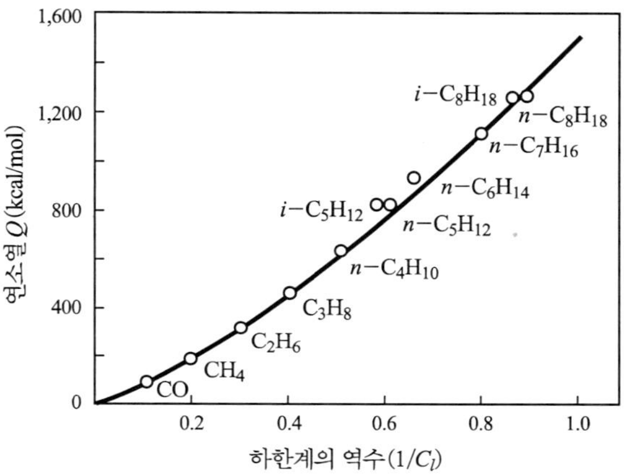

그림 5.1 Burgess−Wheeler의 법칙(하한계−연소열)

그리고 화학공업을 비롯하여 산업현장에서 일반적으로 취급되고 있는 가연성기체는 각종의 기체가 혼합되어 있는 경우가 많은데, 이 경우에 혼합기체의 연소(폭발)한계의 추정은 다음의 식(5.6)의 Le Chatelier식이 이용된다.

$$L = 100 / \{ V_1 / L_1) + (V_2 / L_2) + --- (V_n / L_n) \} \tag{5.6}$$

여기에서, L : 혼합기체의 연소(폭발)한계(vol.%)

L_1, L_2,---, L_n : 각 성분의 폭발한계(vol.%)

V_1, V_2,---, V_n : 각 성분의 혼합비(vol.%)

(단, V_1+V_2, + --- $V_n = 100$(vol.%))

이 식은 경험적으로 얻은 실험식으로, 적용범위는 한계가 있어 보통 서로 반응을 일으키지 않는 4성분계 혼합기체까지의 하한계에는 적용이 될 수 있지만 상한계에는 별로 맞지 않아 적용하기 곤란하다. 따라서 Burgess−Wheeler 법칙에 따르는 물질은 Le Chatelier 식에도 적용할 수 있게 된다.

표 5.2 포화탄화수소의 발열량과 연소(폭발)한계

물 질	연소열 발열량 (kcal/mol)	폭발한계(25°C, 1atm) 하한계(C_l)		상한계(C_u)		완전연소 조성(C_{st}) (vol.%)	$\frac{C_l}{C_{st}}$ (-)	$\frac{C_u}{C_{st}}$ (-)
		vol.%	mg/l	vol.%	mg/l			
메탄(CH_4)	191.8	5.0	38	15.0	126	9.48	0.53	1.6
에탄(C_2H_6)	341.3	3.0	41	12.4	190	5.65	0.53	2.2
프로판(C_3H_8)	488.5	2.1	42	9.5	210	4.02	0.52	2.4
n-부탄(C_4H_{10})	635.4	1.8	48	8.4	240	3.12	0.58	2.7
n-펜탄(C_5H_{12})	782.0	1.4	46	7.8	270	2.55	0.55	3.1
n-헥산(C_6H_{14})	928.9	1.2	47	7.4	310	2.16	0.56	3.4
n-헵탄(C_7H_{16})	1,075.8	1.05	47	6.7	320	1.87	0.56	3.6
n-옥탄(C_8H_{18})	1,222.8	0.95	49	6.0	329	1.65	0.58	3.6
n-노난(C_9H_{20})	1,369.7	0.85	49	5.6	340	1.47	0.58	3.8
n-데칸($C_{10}H_{22}$)	1,516.5	0.75	48	5.6	380	1.33	0.56	4.1

다음으로, 가연성혼합기체에 불활성기체를 첨가한 경우, 하한계는 그다지 변화가 없으나 상한계는 현저히 저하하여 첨가량이 어느 정도에 이르면 상한계는 하한계에 접근하면서 일치하게 되는데, 이 점을 peak치(inflammability peak)라고 하며, 이 값을 낮게 하는 불활성기체일수록 첨가효과가 크다. 그림 5.2에는 가솔린-공기 혼합계에서의 첨가기체에 따른 연소(폭발)한계의 측정 결과인데, 일반적으로 질소, 탄산가스, 수증기 등에 비하여 할로겐화탄화수소는 연소억제작용에 의해 peak치가 보다 낮은 값을 보이고 있어, 이러한 작용을 가연성혼합기체의 폭발 방지 및 화재의 소화에 이용하고 있다. 또한, 가연성혼합기체에 불활성기체를 보다 많이 첨가하여 연소(폭발)한계를 벗어난 3성분계의 혼합기체를 안전혼합기체(limiting safe mixture)라고 하여, 가스홀더를 비롯하여 폭발성 혼합기체를 취급하는 공업에서는 자주 사용된다.

(2) 폭발성물질

폭발성물질이란 '열역학적으로 불안정한 평형상태에 있는 하나 또는 그 이상의 균일계 또는 불균일계의 물질에 경미한 착란작용에 의해 물리적 및 화학적 변화를 일으켜 주위에 급격한 압력의 상승을 일으키는 것'으로 정의하고 있다.

그리고 이의 반응에 따른 폭발현상은 특정 조건하에서 매우 짧은 시간에 반응이 끝나고 폭발로 방산되는 다량의 에너지양은 열과 화염과 폭풍으로 변하고, 경우에 따라서는 충격파를 갖는 폭굉을 초래하여 그 영향 범위가 입체적으로 큰 피해를 가져온다.

1) 폭발성물질의 분류

폭발성물질은 가연성의 유기물인 경우가 많은데, 이들 물질은 화학공업을 비롯해 각종 산업에 있어 어느 경우에는 원료로, 때로는 에너지원(주로 열에너지원)으로 사용되고 있는데 화학결합의 양식에 따라 다음과 같이 분류하여 폭발의 난(難, D), 이(易, E)와 폭발의 위력의 강(强, S), 약(弱, W)을 나타내었고, 이들 작용이 현저한 경우에는 (V)를 첨부하였다.

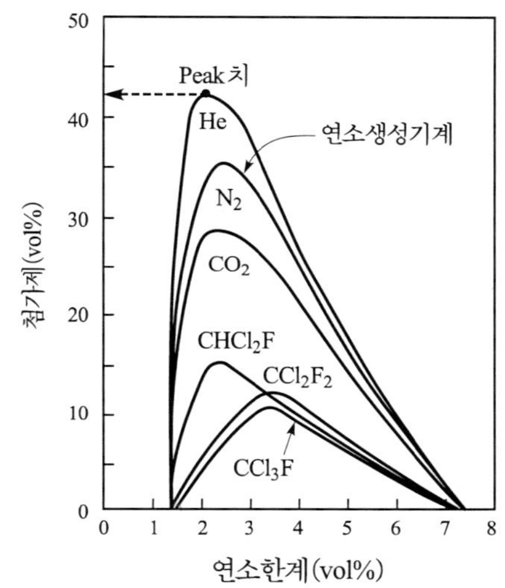

그림 5.2 가솔린-공기 혼합계의 불활성기체 첨가에 따른 연소한계

① N−O 결합을 갖는 것

질산ester(VEVS), nitro화합물(EVS), nitramine(EVS), amine질산염(ES), 아(亞)질산ester(VDVW), nitroso화합물(DVW), nitrosoamine(EW), amine아(亞)질산염(EVW), 뇌산염(雷酸鹽)(VES)

② N−N 결합을 갖는 것

i) azia화합물: diazonium염(VES), diazooxide(VEW), diazoimine(EW), diazo무수물(VEW), diazocyanide(VEW), diazosulfide(VEW), diazothioether(VEW), 지방족diazo화합물(EV)

ii) hydrazine유도체(DW)

iii) azi화수소산유도체: azi화수소산(VES), halogen 기타의 무기azide(VES), 금속azia화물(VES), 유기azide(VES), 유기산azide(EW)

iv) isotetrasene유도체(VEW)

③ N–X 결합을 갖는 것

halogen화질소(VEW), 황화질소(VEW), nitride(VEW)

④ N–C 결합을 갖는 것

cyan화물(VDW)

⑤ O–O 결합을 갖는 것

i) 유기과산화물: hydroperoxide(VES), dialkylperoxide(VEW), peroxine산(VEW), peroxineester(VEW), diacylperoxide(VEW), aldehyde, ketone의 과산화물(VES)

ii) ozonide(VES)

⑥ O–X 결합을 갖는 것

halogen산화물(VEW), amine과염소산염(VES), 과염소산ester(VES), perchloryl 화합물(VES), 중금속염소산염(DW), amine염소산염(ES), 염소산ester(ES), 아염소산염(EW), 차아염소산ester(DW), amine의 불소산, 요오드산, 과망간산, 중크롬산염(DW)

⑦ 기타

i) acetylene과 그 유도체: acetylene과 polyacetylene(EW), acetylene과 polyacetylene의 금속염(acetylide)(VEW), acetylene과 polyacetylene의 halogen유도체(VEW)

ii) 수산중금속염(DW)

iii) ethylene oxide 등

2) 폭발성

폭발성의 내용으로 폭발의 난이(難易) 또는 감도(感度, sensitivity) 즉, 가연성 물질의 폭발에 필요한 에너지(최소발화에너지)와 폭발의 강약(强弱) 또는 위력(威力, severity) 즉, 폭발할 때 발생하는 에너지양의 두 가지가 있다. 그리고 이 위력은 다시 정적(靜的)위력과 동적(動的)위력으로 나누어지는데, 전자는 폭발할 때에 발생하는 열량으로 표현되어지고, 후자는 그 열의 방출속도가 문제가 되어 반응속도론적 및 유체역학적인 고찰이 필요하여 주로 화약학에서 전문으로 취급되어진다. 안전공학에서는 폭발을 방지하는 입장에서 볼 때, 정적위력이 중요시 되는데, 이 정적위력은 폭발반응에 의해 외부로 방출되는 최대 열에너지량(연소열)으로 나타낸다. 실제로 이 에너지의 모두가 방출되지는 않지만 연소열은 위력을 판정하는 중요한 수치이다.

그리고 폭발의 난이와 강약의 관계에 있어, 일반적으로 폭발하기 쉬운 것은 그 위력이 작고, 폭발하기 어려운 것은 그 위력이 크다. 따라서 폭발하기 쉬운 것은 기폭약(起爆藥)으로, 폭발하기 어려운 것은 뇌관(雷管)으로 사용되고 있다. 참고로, 대표적인 폭약인 dynamite는 그 위력이 큰 대신에 쉽게 폭발하지 않는 물질이다.

또한, 폭발성물질의 화학구조와 위력의 상관관계를 나타내는 것으로, '산소수지' 또는 '산소균형'(oxygen balance, O.B)으로, 이 O.B는 $C_mH_nN_pO_qX_rS_t$ 인 분자식을 갖는 화합물 100g이 연소(폭발)하여 C는 CO로, N는 N_2로, halogen은 HX로, S는 SO_2로 분해할 때의 산소의 과부족량을 g으로 나타낸 것으로, 다음의 식(5.7)과 같이 나타낸다.

$$C_mH_nN_pO_qX_rS_t \rightarrow mCO_2 + (1/2)(n-r)\,H_2O + (p/2)\,N_2 + r\,HX + t\,SO_2$$
$$- \{(m+t) + (1/4)(n-r) - (q/2)\}\,O_2$$

$$\therefore\ O.B = (-1,600/\text{분자량}) \times \{2\,(m+t) + (1/2)\,(n-r) - q\} \quad (5.7)$$

따라서 O.B의 값이 0에 가까운 질산 ester, nitro화합물, nitramine의 화합물은 폭발의 위력이 크고 위험성도 높은 것으로 측정된다. 그러나 과산화벤조일 [benzoyl peroxide, $(C_6H_5COO)_2$]은 O.B가 −192의 값을 나타내어도 폭발하기가 매우 쉬운 물질(폭발위력은 그다지 크지 않음)인 것이다. 따라서 이 O.B의 값이 실제의 위험성을 정량적으로 나타내고 있는 것은 아니지만 근사성은 나타내고 있다. 또한, 이 O.B와 밀접한 관계가 있는 것으로 '산화제의 농도'인데, 예로서, 과산화수소(H_2O_2)는 가연성물질과 혼합하면 폭발성을 나타내는데, 의료용의 3% 전후의 수용액은 그 작용이 거의 없지만, 산화제로의 공업용에 이용되는 30% 정도의 농도의 것은 과산화물을 생성하여 폭발의 위험성을 갖는다.

그러므로 어느 화합물의 폭발의 위험성을 추정하는데 있어서는 화학구조상의 폭발특유기를 갖고 있는가의 여부와 산소수지(O.B)의 값의 정도, 그리고 산화 분해하여 안정 상태인 때의 발열량의 크기 등을 고려하여야 할 것이다.

3) 발화원

앞의 '화재의 현상'의 발화 이론에서도 언급한 바와 같이, 연소(폭발)범위 내에 있는 혼합기체에 국부적으로 에너지를 주면 연소(폭발)하게 되는데, 이 에너지원인 발화원(發火源, 또는 착화원, 점화원)으로는, 전기불꽃(정전기 포함), 고온물, 화기(火氣), 단열압축에 의한 고온 생성, 충격 및 마찰, 자연발열 등이 있고, 그 외에도 빛, 방사선, 촉매 등이 발화원이 되는 경우도 있다.

① 전기불꽃(electric spark)

폭발범위 내에 있는 가연성혼합기체에 '전기불꽃'을 주었을 때, 이를 발화시키는데 필요한 최소의 에너지를 최소발화에너지(minimum ignition energy)라고 하며, 전기불꽃에 의한 인화의 발생 용이도의 하나의 기준이 된다. 보통, 상온상압에서 가연성 탄화수소의 공기 중에서의 최소발화에너지는 대략 10^{-1}mJ의 값으로, 이는 가솔린 엔진의 점화플러그로 사용되고 있는 불꽃에너지의 약 10^{-3} 정도이다.

그러나 이 값은 가연성물질의 종류에 따라 다르며 혼합기의 압력, 온도, 조성 등의 조건에 따라 변화한다. 즉, 압력(p)과 최소발화에너지(h)와는 $h \approx (1/p^2)$의 관계인데, 압력이 낮아지면 발화에너지는 커지게 되지만 압력이 너무 낮아지면 이 관계가 무너져 마침내 큰 에너지를 주어도 발화하지 않게 되어, 이때의 압력을 최소발화압력이라 하여 가연성 탄화수소혼합기의 경우, 대략 20~30mmHg의 값을 갖는다. 그리고 온도와의 관계에서 온도가 상승하면 최소발화에너지는 비례적으로 낮아진다.

그리고 전극간의 방전(放電)으로 최소발화에너지를 측정할 때, 전극간의 거리가 짧아질수록 보다 낮아지는 에너지 값을 갖지만, 어느 정도의 간격에 이르게 되면 아무리 큰 방전에너지를 가하여도 가연성혼합기체를 인화시킬 수가 없는데, 그림 5.3에서와 같이 발화에너지는 무한대가 된다. 그 이유는 전극 간격이 좁아지면 전극을 통하여 방열이 증대하기 때문이다. 이 최소의 간격 거리를 소염거리(消炎距離, quenching distance)라고 한다. 이 소염거리가 생기는 것은 전기불꽃과 같은 단시간 가열에 있어서도 방열이 보다 발화에 중요한 역할을 하고 있음을 나타내는 것으로 가연성혼합기의 하나의 특성치가 된다. 이 특성치도 압력, 온도, 조성 등에 따라 변화하며 최소발화에너지의 경우와 같이 거의 같은 경향을 나타낸다. 소염거리는 가는 관(管)내에서 화염의 전파를 저지하는데 필요한 소염직경(消炎直徑, quenching diameter)과의 상관에서 비교할 때, 보다 적은 값을 나타낸다. 이들 양자의 값은 화염방지기(flame arrester) 및 방폭전기기기의 안전간격(safety gap) 등의 설계에서 자주 이용된다.

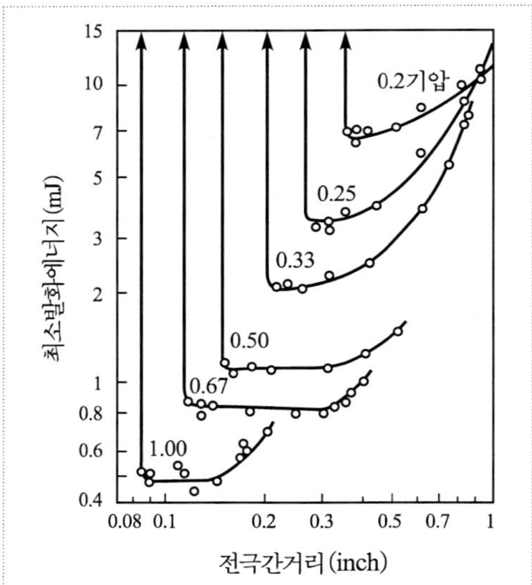

그림 5.3 최소발화에너지-전극간격의 관계 (메탄-공기의 가연성혼합기)

② 고온물(hot surface)

가연성혼합기체의 발화를 일으킬 수 있는 고온고체의 발화원을 '고온물(高溫物)' 또는 '열면(熱面)'이라고 부르며, 발화가 일어나는 열면의 최저온도는 '발화온도(發

火溫度)'로 볼 수 있다. 고온물로는 가열저항선, 용광로의 내벽, 전기용접기 및 그라인더의 불꽃 등이 있으며, 많이 이용하는 것으로는 전기를 통하여 가열시킨 저항선으로, 이를 가연성혼합기체나 가연성고체에 발화시킨다. 발화구조는 고온물의 접촉면을 통해 열이 혼합기체에 전달되어 온도가 상승하고 그 근처에서 자연발화가 일어난다고 할 수 있다. 따라서 이 경우에도 혼합기체 내부에서 방열과 발열의 균형(balance)이 문제가 되어 표면온도가 어느 한계치 이상이 되지 않으면 발화는 일어나지 않는다.

그리고 고온물에 의한 발화는 부분 가열에 의한 발화현상 중에서도 복잡한 부류에 속하여 있는 바, 이의 발화온도는 전면 가열과 같은 자연발화온도보다도 높고, 다음에 설명하는 고온가스에 의한 발화온도보다 다소 낮지만 비슷한 경향의 값을 나타내고 있다.

이 고온물에 의한 발화에 속하는 것으로, '마찰' 및 '충격'에 의한 발화현상이 있다. 폭발성물질이 마찰에 의해 폭발하는 이유는, 마찰면에 있는 미세한 접촉점에 마찰에너지가 집중하고 이것이 열에너지로 변환되면서 부분적으로 매우 높은 온도를 나타내는 '고온점'(hot spot)에 의하여 폭발이 일어나는 것이다. 고온점의 크기는 직경이 10^{-2}~10^{-5}cm 정도이고, 지속시간은 10^{-3}~10^{-6}sec인데, 강철판의 마찰의 경우, 짧은 지속시간(10^{-6}sec)에 1,000℃ 에 이른다.

고온점의 온도는 마찰물의 융점(融點, fusion point) 이상으로는 상승하지 않으므로, 마찰에 의한 폭발 방지를 위해서는 마찰물의 표면을 저(低)융점물로 피복시키는 것이 필요하다. 그리고 마찰물의 경도(硬度)는 원래 고온점과는 상관이 없지만, 물체의 경도가 낮을 때에는 접촉점은 쉽게 변형하여 에너지의 국부적인 축적이 없지만 경도가 높은 물체의 경우가 온도는 올라가기 쉽기에 유의하여야 할 것이다.

실제, 화학공업에서의 발화원인으로 공구류의 사용에 따른 충격과 근로자 신발의 쇠붙이에 기인한 충격 등이 있기에, 철제공구의 사용에 있어서는 불꽃의 발생을 예상하고 사전에 안전성을 확보하고 신발을 안전화로 하는 대책이 필요하다.

③ 고온가스(hot gas)

고온으로 가열한 불활성기체를 가연성혼합기체 중에 분출하면, 이에 의한 발화는 분출속도에 의한 영향이 적으며, 이의 온도는 보통의 발화온도보다 높아야만 가연성혼합기체의 발화가 일어나는데, 이를 고온가스 발화온도(hot gas ignition temperature)라 한다. 실험 측정으로 탄화수소 및 수소의 공기 중에서 전면가열, 고온고체, 가열저항선, 고온가스에 의한 발화온도를 표 5.3에 비교하여 나타내었는데, 이 중에 고온가스(또는 화기(火氣))에 의한 발화온도가 보다 높은 약 750℃

이상인데(수소는 제외), 일반적으로 가연물의 연소에 의한 화염의 온도는 1,100℃ 이상임을 감안할 때, 어떠한 작은 화염에서도 고온의 가연성혼합기체를 발화시킬 수 있는 것을 알 수 있다.

표 5.3 열원별 가연물의 발화온도의 비교

가연물	전면가열(℃)	고온고체(℃)	가열저항선(℃)	고온가스(℃)
n-decane($C_{10}H_{22}$)	208	585	650	750
n-octane(C_8H_{18})	220	585	660	755
n-hexane(C_6H_{14})	234	605	670	765
n-butane(C_4H_{10})	405	630	–	910
ethane(C_2H_6)	515	589	–	840
methane(CH_4)	537	745	–	1,040
benzene(C_6H_6)	562	685	–	1,020
hydrogen(H_2)	554	635	–	640

또한, 가연물을 발화시키는 방법으로 '열복사'에 의한 경우가 있다. 물론, 가연물이 기체인 경우에는 열복사에 대하여 투명하여, 고체 또는 분체와 공기의 혼합물의 경우에만 열복사에 의한 발화가 문제가 된다. 따라서 발화에 필요한 에너지의 척도로서는 복사강도(輻射强度)가 이용되는 바, 한계에너지양은 섬유물질 및 플라스틱에서는 2~3cal/cm^2·sec 정도이고 질화물(窒化物)과 같이 폭발성이 강한 것은 0.05~0.5cal/cm^2·sec 정도이다.

④ 단열압축(adiabatic compression)

기체를 압축시키면 이에 소비된 일이 열로 변하고, 이 열이 기체 내에 축적되어 기체의 온도가 상승함에 따라 가연성물질을 발화시킨다. 충격에 의한 발화 현상은 이 단열압축(斷熱壓縮)에 기인하는 경우가 많다.

일반적으로, nitroglycerine과 같은 상온에서 액상인 폭발성물질이나 용융상태의 T.N.T(trinitrotoluene) 및 유연한 교상(膠狀)의 물질 등에 작은 공기기포가 포함되어 있는 경우에는 충격으로 압축하게 되면 폭발위험성이 매우 크다. 또한, 고압가스를 이보다 압력이 낮은 장소로 도입하는 경우에는, 단열압축에 기인한 사고가 발생하기도 한다. 이는 고압가스 측에 부속하여 있는 송기(送氣)밸브를 급속히 열면 고압가스가 피스톤흐름이 되어, 저압측에 있는 가스를 충격적으로 압축하기 위해 부분적으로 고온부가 되고, 이로 인하여 packing류가 열변화를 받아 고압가스가 누설되는 경우가 있다. 따라서 고압가스의 취급에 있어서는 이러한 단열압축을 고려하지 않으면 안된다.

⑤ 정전기(static electricity)

2종의 물질이 접촉한 후에 분리시키면 정전기(靜電氣)가 발생하는데, 일상생활에서도 이러한 정전현상*(靜電現象)을 자주 볼 수 있다. 이때의 대전(帶電)발생의 mechanism에 대하여 많은 연구가 행하여지고 있으나, 대상 물질의 종류, 재질, 물리적 성질과 온도, 분위기, 전계(電界)조건 등의 주위 조건과 접촉, 분리 형식과 시간 등의 역학적 인자에 따라 복합적인 양상을 나타내고 있어 대전량을 정확히 아는 것은 쉽지 않다.

i) 가연성 탄화수소

벤젠 및 가솔린 등과 같은 각종 가연성 탄화수소의 비저항(比抵抗)이 10^{13} ~ 10^{15} Ω·cm 정도로, 이 값은 절연성이 높은 고분자화합물에 필적한다. 이들의 액체가 관 속을 유동할 때는, 앞의 3.1절의 '화학공정의 위험과 안전(유동의 위험)'에서 언급한 바와 같이, 전기2중층의 이론으로 설명되는 기구에 따라 대전 현상이 나타나며, 이때의 대전량은 관 속에서의 유동속도와 관의 길이에 따라 크게 변한다.

일반적으로, 비저항이 10^{10} Ω·cm 이상의 인화성액체는 관 속의 유속을 1 m/s 이상으로 하는 것은 피하여야 하는데, ester, ketone, alcohol의 경우에는 10 m/s가 안전한 유속이 된다.

ii) 건조 분체

ㄱ. 건조한 분체(粉體)를 파이프, 호-스 등을 사용하여 공기와 함께 압송 및 흡인하여 수송하는 경우에도 분체와 관 벽간에 또는 다른 종류의 분체의 혼합물의 경우에는 분체 간에서의 마찰에 의해 정전기가 발생하고, 이것이 원인이 되어 분진폭발이 일어날 가능성이 있다.

ㄴ. 금속 자체는 전도성이 매우 양호하여 대전하기는 어려우나, 미세한 분말로 된 금속 표면상의 산화물에 가스, 유분(油分) 등의 불순물의 부착이나 흡착이 일어나기 쉬워 고유 저항값이 높아져서 대전하는 경우가 있다. 이와 같이, 분체의 대전 원인은 입자의 접촉면에 있는 전자 및 이온의 이동에 의한 것으로, 0.5~30μm 정도의 입경의 분체가 대전하기 쉽다.

ㄷ. 인간(정전기 용량: 약 200$\mu\mu F$)이 리노륨 및 양탄자 바닥 위를 걸을 때 10^3~10^4 V 정도로 대전하게 되어, 접지된 금속에 접촉하면 0.1mJ 정도 이상의 에너지를 방출하여 가연성혼합기체에 쉽게 착화할 수 있다.

* 정전현상은 전하(電荷)의 분포가 시간적으로 변화하지 않거나 또는 변화하여도 그 때의 전류에 의한 Joule 에너지 및 자기(磁氣)작용이 문제가 되지 않을 정도로 변화가 완만한 현상을 말한다.

ㄹ. 석탄의 합성수지 벨트로 수송시의 착화와 천연 및 합성섬유와 플라스틱이 대전에 의한 가연성혼합기체의 착화로 화재 및 폭발이 발생하는 경우가 있다.

ㅁ. 기체 자신은 고속으로 흘러도 대전하지는 않지만, 보일러의 안전밸브에서 증기가 분출하는 경우의 보일러 본체의 대전, 탄산가스 소화기와 고압가스 등이 분출하는 경우와 같이 오리피스를 통과할 때에 용기에 대전이 발생하는 바, 예로서, 고압가스 봄베의 전기용량은 약 50~100μμF 정도로, 3,000V로 대전압이 발생하면 그 에너지양이 0.5mJ 정도가 되어 대부분의 가연성혼합기체가 착화될 수 있으므로 충분한 주의가 필요하다.

(3) 폭발의 종류

앞의 폭발의 정의에서 언급한 바와 같이, 기상, 액상 및 고상의 상태별로 분류한 (고압) 가스폭발을 비롯한 각종의 폭발에 대하여 설명하여 보고자 한다.

1) 가스폭발

기체를 압축하여 고압을 이용하는 제조공정이 여러 방면에서 사용되고 있다. 그러나 고압기체를 취급하는 경우에는 그 성질상, 용기 및 수송관에서의 누출과 분출이 일어나기 쉬워, 취급하는 기체가 가연성인 경우에는 정전기에 의한 착화로 대형 화재·폭발사고가 일어나고, 화학반응은 상압(常壓)에 비하여 많은 위험성을 갖고 있다. 고압가스는 다음과 같이 3종으로 분류한다.

① **압축가스** — 상온보다 낮은 임계온도를 갖는 가스를 고압으로 압축시킨 것
(예: 수소, 산소, 질소 등)

② **액화가스** — 상온보다 높은 임계온도를 갖는 가스를 고압으로 압축하여 고압 용기 내에 액화하고, 그 온도에 상당한 증기압을 갖는 것
(예: 염소, 프로판, 탄산가스 등)

③ **용해가스** — 고압용기 내에 다공질(多孔質)의 고체를 충전하고 용제를 주입하여 여기에 가스를 고압 하에서 용해시킨 것
(예: 아세틸렌은 압축하면 폭발할 위험성이 높아 아세톤을 용제로 하여 용해시킨다)

참고로, 압축가스인 산소, 질소 등은 고압 하에서 심냉(深冷) 액화시켜 상압 하에서 액체로 이용되는 경우가 많고, LNG(liquified natural gas)는 메탄을 주성분으로 한 액화천연가스이다.

고압가스의 폭발한계(공기 중)는 일부의 예외(수소, 일산화탄소)를 제외하고는 그

림 5.4와 같이 상압 하에서의 경우보다 넓어 위험성이 증가하게 되며, 수소의 경우는 그림 5.5와 같이 압력이 증가하면 폭발범위가 좁아지다가 오히려 보다 넓어지는 경향을 나타내고 있다.

고압가스의 사고·재해는 고압장치의 내부에서의 가스폭발에 의한 것 이외에 고압 하에서 부식에 의한 반응탑 및 수송용기 등의 파열에 의한 경우도 많다.

가연성기체의 고압설비가 파열하면 다량의 가스가 단시간 내에 분출하고 이로 인하여 주위 지역이 급속히 가연영역이 되고 분출된 에너지에 의한 공기 중의 부유물의 대전과 방전에 따라 쉽게 착화한다. 또한, 산소 제조장치 및 산소를 고압 하에서 사용하는 설비에서는 산소분압이 높기 때문에 공기 중에서는 일어나지 않는 산화반응이 진행되어 큰 사고를 일으키기도 한다.

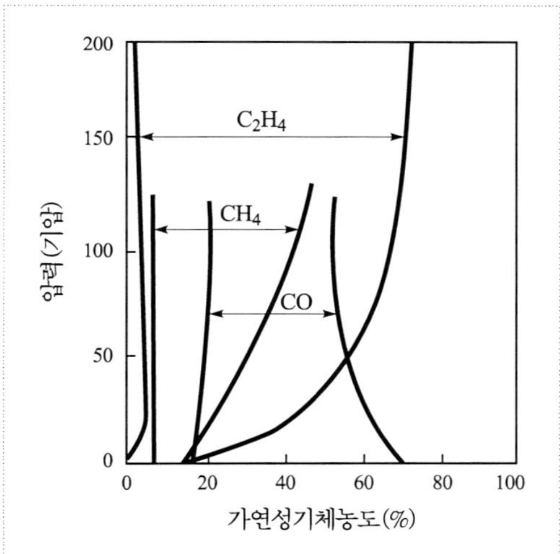

그림 5.4 고압에서의 가스의 폭발한계

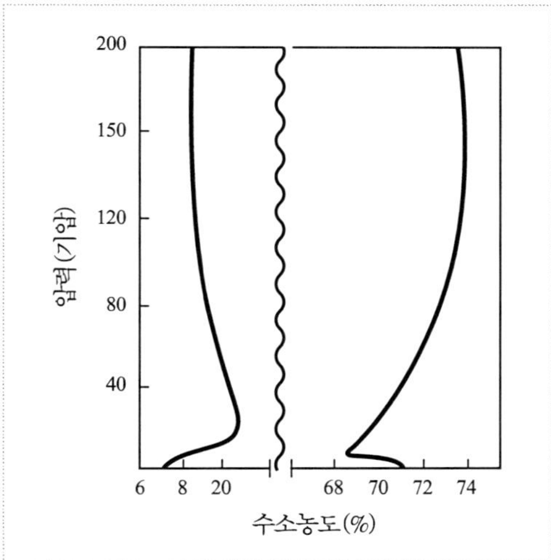

그림 5.5 고압에서의 수소의 폭발한계

그러므로, 고압설비는 만일의 경우를 대비하여 설비를 가능한 한 옥외에 설치하는 것이 필요하며, 부득이 건물 옥상에 설치할 경우에는 옥상의 세 방향의 벽을 0.5~1.0m 정도의 철근콘크리트 구조물로 하고 한쪽 방향의 벽과 바닥은 슬레이트판 또는 얇은 철판 등의 가벼운 구조물로 장치하여 파열에 따른 압력의 방산(放散)과 분출가스의 배출이 되도록 한다. 또한, 고압장치의 안전밸브를 작동할 때에는 여기에서 배출되는 가스에 의한 2차적인 폭발 및 중독의 위험이 있어, 안전밸브에서 배출되는 가스도 실외로 보내는 배관의 설치 및 배관의 배출구의 위치 선정 등을 행하는 2차 사고·재해 방지에 대한 세심한 대책이 필요하다.

2) 분해폭발

일반적으로 흡열화합물은 분해하면서 발열하며 지연성(支燃性)의 산소 및 공기의 존재를 필요로 하지 않으며, 경우에 따라서는 폭굉과 같은 폭발을 하기도 하는데, 이를 분해(分解)폭발이라고 한다. 이 폭발은 고압 하에서 발생하는 경우가 매우 많으며, 계(界)내의 압력을 내리면 분해반응이 정지되는데, 이때의 압력을 '한계압력'이라고 한다. 이 한계압력의 값은 대기압 이하에서도 존재할 수 있다.

화학공업에서 다루는 화합물인 아세틸렌, 산화에틸렌, 에틸렌, 하이드라진, 오존, 이산화염소, 청산 등은 분해폭발을 일으킬 위험성이 있다.

① **아세틸렌**(acetylene)

아세틸렌(C_2H_2)은 한계압력 이상에서 또는 에너지가 주어지면 분해폭발을 하는데, 이 한계압력은 용기의 크기(관경)가 커질수록 감소하다가 크기가 어느 정도 이상에서는 일정하게(약 1,000mmHg)되며, 최소발화에너지는 압력이 증가할수록 낮아져 $25kg/cm^2$에서 0.2mJ의 값을 갖는다고 한다.

그리고 아세틸렌은 고압 하에서 중합반응을 일으키기 쉬워, 이때의 중합열로 온도가 급상승하여 분해폭발을 일으키기 쉽다. 또한, 금속과의 반응에 있어, 철, 니켈, 코발트 등의 환원성 금속분말과 접촉하면 상온에서도 분해하고, 구리, 은, 수은 등과는 폭발성의 화합물을 만든다.

참고로, 아세틸렌이 분해할 때의 주반응은 다음의 식(5.8)로 나타낸다.

$$C_2H_2 \rightarrow 2C(s) + H_2(g) + 54.2kcal/mol \tag{5.8}$$

따라서 아세틸렌을 고압 하에서 취급할 때에는 질소 및 분해폭발성이 없는 가스로 희석하여 계 내의 아세틸렌 농도를 저하시켜야 분해폭발을 방지할 수 있는데, 이들의 희석용 가스에 의하여 화염 전파를 저지하는 한계의 조성을 분해폭발성가스의 폭발한계라 하여 희석가스의 vol.%로 나타낸다.

② **산화에틸렌**(ethylene oxide)

산화에틸렌(C_2H_4O)도 분해폭발을 하는데, 식(5.9) 및 식(5.10)의 2개의 반응이 동시에 진행되며 이의 반응비율은 온도에 따라 변한다. 산화에틸렌의 한계압력은 300mmHg로 대기압에서도 분해폭발을 일으킬 가능성이 있기에, 이를 억제하기 위한 희석제로 질소, 탄산가스, 수증기 등을 첨가하면 폭발압력이 낮아져 안전대책으로 효과가 있다.

$$C_2H_4O \rightarrow CH_4 + CO + 32.1kcal/mol \tag{5.9}$$

$$2C_2H_4O \rightarrow C_2H_4 + 2CO + 2H_2 + 7.9kcal/mol \quad (5.10)$$

③ 에틸렌(ethylene)

에틸렌(C_2H_4)의 한계압력은 온도에 따라 변하고, 분해반응식은 식(5.11)과 식(5.12)와 같다.

$$C_2H_4 \rightarrow C(s) + CH_4(g) + 30.4kcal/mol \quad (5.11)$$

$$C_2H_4 \rightarrow 2C(s) + 2H_2(g) + 12.5kcal/mol \quad (5.12)$$

④ 질소산화물

질소산화물은 아산화질소(N_2O), 산화질소(NO)와 이산화질소(NO_2) 등이 있는데, 한계압력은 N_2O에서는 2.5kg/cm^2, NO는 15kg/cm^{2}이며, 분해반응은 식(5.13) ~ 식(5.15)와 같다.

$$N_2O \rightarrow N_2 + (1/2)O_2 + 19.5kcal/mol \quad (5.13)$$

$$NO \rightarrow (1/2)N_2 + (1/2)O_2 + 21.6kcal/mol \quad (5.14)$$

$$NO_2 \rightarrow (1/2)N_2 + O_2 + 8.0kcal/mol \quad (5.15)$$

3) 분진폭발

분진(粉塵, dust)은 고체의 붕괴(분쇄, 가공)에 의해 생기며 그 외에 상(相)변환(증발, 비등, 응축 등)에 의해 생성된 미립자로, 기계적 교반 및 공기의 유동 등에 따라 발생하기도 한다. 분진의 입경은 약 1~150μm 정도로, 특정의 크기와 형상이 정해져 있지 않은 넓은 의미의 자유낙하속도를 갖는 입자의 집단이다.

분진폭발은 가연성고체의 미세한 입자들이 공기 중에 부유한 경우에, 화염이나 방전불꽃 등이 접촉하여 폭발하는 현상이다. 오늘날에는 여러 산업분야에서 분체 취급의 확대 및 취급량의 증가로 분진폭발의 잠재위험성이 증가하고 있다.

대표적인 분진폭발로 탄진(炭塵)폭발이 있는데, 현상론적인 연구는 많이 행하고 있으나 이론적인 연구는 적다. 이는 분진폭발에 관한 인자가 매우 많고 실험조건을 일정하게 하는데 많은 어려움이 따르기 때문이다.

① 분진폭발의 위험성

분진폭발은 입자 표면에서 일어나는 산화반응으로, 먼저 발화원에 의하여 입자의 표면이 가열되면서 분해, 증발 및 기타작용에 따라 가연성기체가 발생하여 주위의 공기와 폭발성 혼합물을 형성하여 연소(폭발)반응을 일으키고 그 반응열로 화염을 전파시킨다. 따라서 본질적으로는 가스폭발이지만, 통상의 가스폭발과 화약폭발과의 중간적 상태이다. 그리고 열전도에 의한 화염전파 이외에도 복사 전열도 고려되기 때문에 가스폭발에 비하여 그 양상이 복잡하고 폭발 특성도 정량적인 고찰이 어려워 상대적인 비교 값으로 위험성을 논하는 경우가 많다.

그리고 부유(浮遊)분진이 있는 곳에는 반드시 퇴적(堆積)분진이 있으므로 부유폭발할 때에는 필연적으로 퇴적분진에 의한 2차폭발이 일반적으로 일어나는데, 탄갱(炭坑)폭발이 그 좋은 예이다. 이 탄갱에서의 탄진(炭塵)폭발의 특징은 단위 체적당의 유기물의 양이 많아서 폭발 후의 잔류가스 중에 일산화탄소의 농도가 높아져 피해자의 대부분이 일산화탄소 중독 또는 산소결핍증에 걸린다.

폭발성이 있는 분진으로 알려져 있는 것은 다음과 같다.

i) 탄소제품 — 석탄, 목탄, 코오크스, 활성탄 등
ii) 비료 — 생선가루, 혈분(血粉) 등
iii) 식품류 — 전분(澱粉), 설탕, 밀가루, 분유, 곡분(穀粉), 건조효모 등
iv) 금속류 — Al, Mg, Zn, Mn, Si, Ti, V, Zr 등
v) 목질류 — 목분(木粉), 콜크분(粉), 리그닌분(粉), 지분(紙粉) 등
vi) 합성약품류 — 염료중간체, 각종 플라스틱, 합성세제, 고무류 등
vii) 농산가공품류 — 담배, 제충분(除虫粉), 후추가루 등

② 분진폭발의 영향인자

i) 화학조성

이미 산화되어있는 물질은 반응성이 적으나 유기과산화물 및 니트로화합물과 같이 분자 내에 활성화산소가 함유되어 있는 것은 격렬한 폭발을 일으킨다. 그리고 연소열이 클수록 저농도에서 폭발하고 폭발위력도 커진다. 또한, 회분(灰分)이나 수분을 함유하면 폭발하기 어려워진다. 특히, 수분은 부유성을 억제하고 불활성화로 크게 작용하여 수분이 어느 정도 이상이면 폭발하지 않거나 폭발하여도 그 위력은 크지 않게 된다. 이는 고체입자에 함유되어 있는 수분의 증발잠열과 수증기 발생에 의한 희석효과에 기인한 것이다.

ii) 입도

비표면적(比表面的, 표면적/질량)이 크면 표면에너지가 커서 반응하기 쉽다. 따라서 입경이 작으면 발화하기 쉬워(그림 5.6), 작은 입도(粒度)가 많이 포함된 분진이 폭발성이 높아진다.

iii) 폭발한계

분진폭발은 가연성기체의 경우와 같은 균일한 농도 분포를 얻기가 곤란하기에 통계적인 처리를 행하여 산출하는 경우가 많은데, 폭발하한계와 폭발확률과

의 관계에 있어서는 입자 크기에 따라 하한계가 변하고 있다. 플라스틱 분진의 경우, 평균 입자직경이 작을수록 하한계가 낮아지면서 폭발확률은 보다 높아진다. 그리고 상한계의 경우는 가연성기체의 경우보다 명확하지는 않지만 대략 2~6 g/l 의 범위를 갖는다.

iv) 산소농도

산소 중에서는 공기 중에서보다 폭발하기 쉽고 입도가 큰 분진도 폭발성이 있다. 그리고 산소농도를 감소시키면 하한계 농도도 높아진다(그림 5.7).

v) 가연성기체의 공존

가연성기체가 공기 중에 공존하여 있으면 폭발하한계는 낮아진다. 예를 들면, 메탄이 혼재되어 있는 탄진의 폭발하한계는 메탄의 함유량에 비례하여 낮아진다(그림 5.8).

vi) 발화온도

분진은 공기 중에서 장시간 부유하지 않으므로, 일정시간 내에 부유한 분진이 발화하는 최저온도를 발화온도로 정하는데, 보통 300~700℃ 의 범위를 갖는다. 그리고 부유분진의 농도가 높으면 입도의 영향도 고려되지만 보통 발화온도가 낮아진다. 그리고 퇴적분진의 경우에는 퇴적층 두께가 두꺼워질수록 부유분진에 비하여 발화온도가 낮아진다. 이는 입자간의 거리가 좁아져서 산화반응 과정에서 단위체적당의 열손실이 적어지기 때문이다.

vii) 최소발화에너지

분진폭발의 경우도 가연성기체의 경우와 같이 최소발화에너지가 존재하는데, 이 값도 불꽃방전에너지에서 구하며, 대략 10~100mJ로 가연성기체의 경우보다 10^2~10^3배 정도 크다.

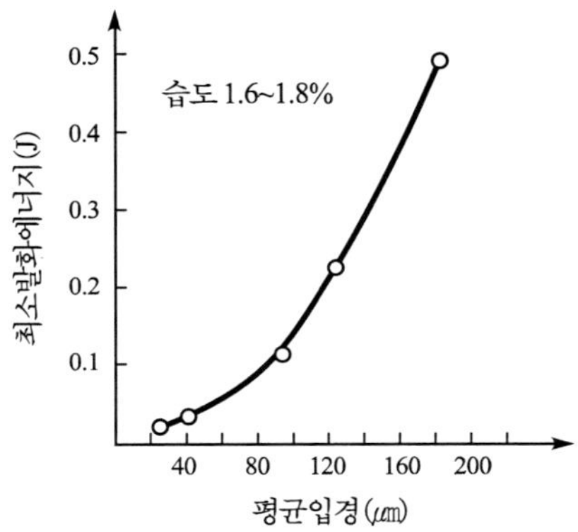

그림 5.6 분진(옥수수 전분)의 입도와 최소발화에너지

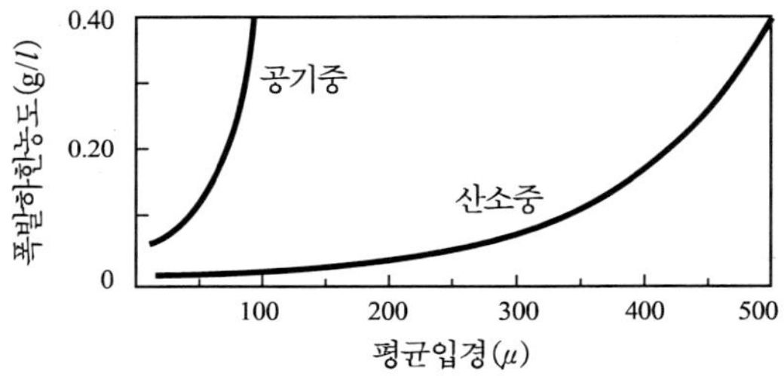

그림 5.7 분진(피츠버그탄)의 입도와 공기 및 산소 중의 폭발하한계

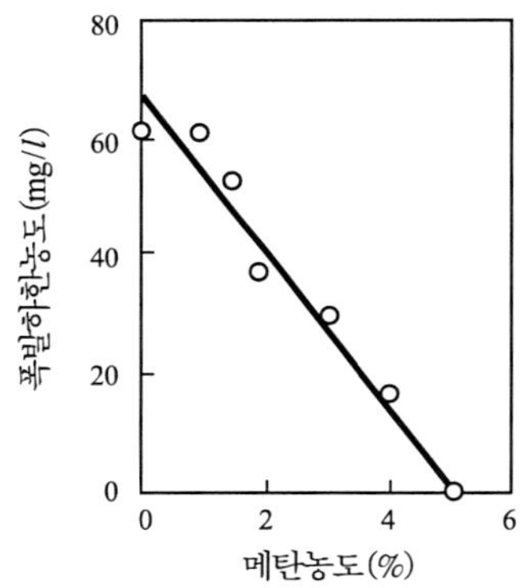

그림 5.8 메탄-공기 혼합기체 중의 탄진의 폭발하한계

최소발화에너지의 경우, 앞의 그림 5.6 및 그림 5.7에서와 같이 입도가 작을수록 공기 중보다 산소 중에서 최소발화에너지가 적다. 그리고 수분의 영향에 있어 이의 함량이 커질수록 최소발화에너지는 보다 큰 값을 나타낸다(그림 5.9).

viii) 온도 및 압력

분진의 폭발한계는 당연히 그 계의 온도와 압력의 영향을 받는다. 대부분의 경우, 온도와 압력의 상승은 폭발한계를 넓히고 최소발화에너지의 값을 적게 하는 등의 위험성을 증가시키게 한다. 참고로, 석탄의 경우, 온도가 일정 값으로 높아지면 휘발성 성분이 분리되어 분진 자신은 착화하기가 어려워지지만 그 대신 휘발성 성분에 의한 가스폭발의 위험성이 나타나는 경우가 있다.

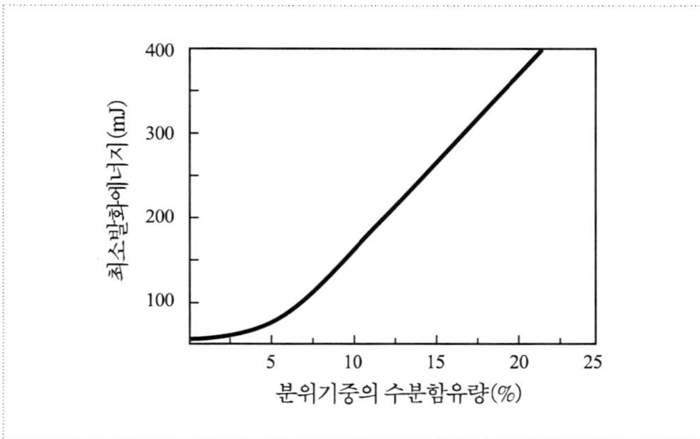

그림 5.9 탄진의 수분 함유량과 최소발화에너지

③ 분진의 폭발성 난이

분진의 폭발성의 난이를 상대적으로 아는 방법에 다음의 불활성기체 첨가법과 불활성고체 첨가법의 2가지 방법이 있다.

i) 불활성기체 첨가법

분진이 있는 공기 중에 불활성기체(탄산가스, 질소 등)를 가하여 산소농도를 감소시켜 연소(폭발)가 일어나지 않는 산소의 한계농도를 구하는 방법이다. 산소농도가 감소하면 최소발화에너지 및 발화온도는 보다 상승하고 폭발압력과 압력상승속도는 감소하게 되어 결국 폭발이 어렵게 된다.(그림 5.10 및 그림 5.11)

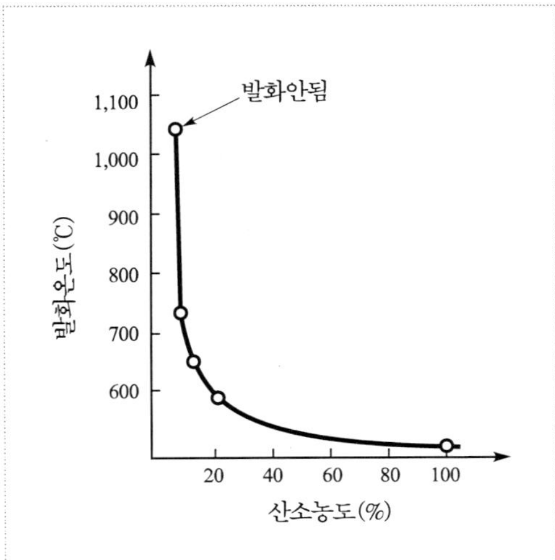

그림 5.10 산소농도와 발화온도

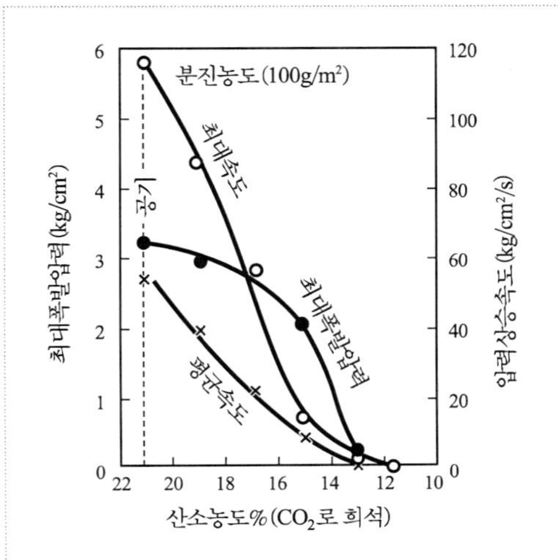

그림 5.11 분위기 중의 산소농도와 최대폭발 압력 및 압력상승속도

ii) 불활성고체 첨가법

시료 분진에 다른 불활성분진(주로 태운 백토를 사용)을 혼합하여 연소가 일어나지 않게 되는 불활성분진의 비율을 구하는 방법이다. 탄갱에서의 탄진폭발을 억제하기 위하여 암석가루와 같은 불활성고체를 살포하면 첨가효과가 있다. 이와 같이, 탄산석회, 규조토, 실리카겔 등의 연소에 대하여 불활성인 분체를 분진 중에 혼입하면 폭발을 막을 수가 있다. 이는 첨가하는 분체의 비열에 의한 냉각효과와 부유성을 억제하는 효과와 (−)의 촉매작용도 있다고 생각된다. 이 첨가법은 탄진폭발의 예방 이외에는 일반 제조공업에서 거의 사용되지 않는다.

이들 방법은 분진폭발의 발생을 사전에 방지하는 방법에 관한 것이지만, 분진의 위험성을 이로부터 평가하여 안전대책을 세우는데 시도되고 있다.

iii) 폭발지수

분진의 위험성에 대한 수량적 표시와 급별이 각국에서 행하여지고 있다.

ㄱ. 미국 ― 폭발지수(index of explosibility)에 따라 표 5.4에서와 같이 4단계로 분류하는데, 이 경우는 피츠버그탄(炭)이 기준이 되고 있다.

• 폭발지수 = 발화감도(ignition sensitivity) × 폭발강도(explosion severity)

• $$\text{발화감도} = \frac{\text{탄진의(최소발화에너지)}\times\text{(폭발하한농도)}\times\text{(발화온도)}}{\text{시료 분진의(최소발화에너지)}\times\text{(폭발하한농도)}\times\text{(발화온도)}}$$

• $$\text{폭발강도} = \frac{\text{시료 분진의(최대압력)}\times\text{(최대압력상승속도)}}{\text{탄진의(최대압력)}\times\text{(최대압력상승속도)}}$$

표 5.4 폭발의 정도와 폭발지수의 관계

폭발의 정도	발화감도	폭발강도	폭발지수
약한 폭발	<0.2	<0.5	<0.1
중간 폭발	0.2~1.0	0.5~1.0	0.1~1.0
강한 폭발	1.0~5.0	1.0~2.0	1.0~10
매우 강한 폭발	>5.0	>2.0	>10

이와 같이, 분진의 폭발위험성을 숫자로 비교하는데, 표 5.5에 대표적인 분진에 대하여 폭발지수를 나타내었는데, 피츠버그탄을 표준으로 하였기에 국제간의 비교는 어렵다.

표 5.5 분진의 폭발지수

분진	폭발지수	분진	폭발지수	분진	폭발지수
나일론	4.0~>10	리그린	0.8~>10	셀루로오즈	1.2~>10
초산셀루로오즈	3.2~>10	고무	0.3~>10	콜크	2.0~9.7
폴리에틸렌	2.4~>10	레이온	0.1~0.2	목분	5.0~>10
폴리프로필렌	<0.1~>10	합성고무	7.4~>10	피츠버그탄	1.0

ㄴ. 영국 ― 수치적인 분류는 없고, 분진의 위험성을 3등급으로 나누고 있다.

- 1급: 발화에 필요한 열원은 적고, 즉시 발화하고, 화염이 전파하는 분진
- 2급: 쉽게 발화하지만 보다 큰 발화원을 필요로 하는 분진
- 3급: 실험으로는 발화하기가 어려운 분진

ㄷ. 일본 ― 분진을 다음의 4종으로 분류하고 있다.

- 가연성분진: 공기 중에 부유한 상태에서 발화하면서 폭발하는 것으로, 다음의 폭연성분진 또는 전도성분진에 속하지 않는 것. (예: 밀가루, 전분, 설탕, 합성수지가루 등)
- 폭연성분진: 집적한 상태에서 여기에 발화하여 폭발적 연소를 일으킬 염려가 있는 분진.(예: 마그네슘, 알미늄, 과산화벤조일 등)
- 전도성분진: 전도성(傳導性)의 분진으로 폭연성분진에 속하지 않은 것. (예: 카본블랙, 석탄, 코오크스, 철, 구리 등)
- 이연성분진: 연소하기 쉬운 이연성(易燃性) 섬유의 미분으로 폭발을 일으키는 염려가 있는 것.(예: 면(綿), 마(麻), 견(絹), 인견(人絹), 모(毛) 등)

iv) 분진폭발의 전파속도와 폭발압력

분진폭발에 의한 화염전파속도는 처음에는 3~8m/s 정도의 느린 속도이지만, 조건에 따라서는 점차 가속되어 50~60m/s로 되는 경우가 있다. 또한 이상적인 분진폭발이 일어난다고 가정하면 이론적으로는 연소파 중의 압력은 $20kg/cm^2$에 이르지만 실제로는 통상 $3\sim8kg/cm^2$을 나타낸다.

④ 분진폭발의 대책

분진폭발의 방재(防災)대책은 원칙적으로 다른 방폭대책과 같이 위험성물질과 발화원의 제거 및 피해의 최소화이다. 그러나 실제적으로 부유분진의 생성방지는 분체를 취급하는 공정 및 장치 내에서는 어려운 경우가 많고, 발화원의 제거 또한 분체 자신의 대전성(帶電性) 등으로 인하여 완전히 행하여지기가 불가능한 경우가 많다. 따라서 장치 내에 질소, 탄산가스 등의 불연성기체를 송입하여 산소분압을 낮게 하든가 또는 분진폭발의 발생을 긍정적으로 받아들여 다음과 같이 피해를 국

한화하는 것에 주안점을 두는 것이 폭발대책의 현실이다.

i) 폭발 vent의 설치*

분진폭발은 급격한 압력 상승이 될 때까지의 유도기간이 길어서 장치나 배관 등의 공장설비에 항상 분진이 존재하는 경우, 적절한 개구(開口)면적의 vent를 공정의 적절한 위치에 배치하여 폭발 초기 내에 압력, 화염, 분진 등을 외부로 방출하고 폭발압력을 방산(放散)시켜 피해를 줄이도록 하여야 한다. 그리고 vent에 방산관(放散管, duct)을 설치하여 폭발압력을 다른 곳으로 옮겨 방산시키는 방법을 행할 때에는, duct 길이는 될 수 있는 한 짧게 하고 단면적은 넓게 하는 것이 필요하다. 또한, 장치의 분진 공급구에 rotary valve와 conveyor에 choke 등의 폭발파급 방지기를 설치하거나, 폭발압력 억제장치(suppressor)를 설치하여 폭발 초기의 미소한 압력 상승을 검지하여 단시간(10^{-2}~10^{-3}sec) 내에 자동적으로 소화약제를 방출시켜 폭발을 억제시킨다.

ii) 건물 및 사업장에 대한 대책

분진을 취급하는 건물 및 사업장은 통풍이 잘 되도록 가능한 한 격벽(隔壁)이 없는 구조가 요망되며, 벽을 설치할 때에는 불연(不燃)방폭성 재료를 사용하고 다른 건물 및 플랜트와의 사이는 안전거리를 확보하여야 한다. 또한, 화기관리의 철저, 환기설비의 설치 등의 대책과 아울러 분진의 성질과 위험성을 과학적으로 정확히 파악하고, 대상이 되는 분진의 위험성을 평가하여 적절한 대책을 강구하여야 할 것이다.

4) 증기폭발

증기폭발(vapor explosion)은 액체가 기체로 매우 빠르게 상(相)변화를 하면서 에너지 방출이 매우 짧은 시간에 행하여지는 폭발 현상을 말한다. 공업적으로 이 현상을 응용한 것에 카독스(cardox)가 있는데, 이는 석탄을 채굴하는데 이용하는 것으로, 액화탄산을 철관에 넣고 이를 크롬선으로 전기 가열시키고 흑색화약으로 급속히 가열시켜 생기는 700atm 정도의 고압가스 분출에 의한 충격으로 단시간에 탄층에 가하여 파괴시키는 것이다.

예전부터 알려져 온 보일러 파열사고도 증기폭발의 일종이며, 또한 원유를 비롯하여 중질유의 탱크화재시의 boil over 현상, 소화용수(消火用水)에 의한 수증기 폭발도 증기폭발의 일종인데, 이 증기폭발 자신은 화염을 수반하지는 않지만 2차적 현상으로

* 폭발의 피해를 국한화하기 위하여 장치, 배관 등의 일부의 재질 강도를 전체보다 약하게 하여, 폭발압력이 약 0.1kg/cm^2 정도에서 파괴되도록 한 것을 폭발 vent(폭압방산공(爆壓放散孔))이라 한다.

서 화재를 발생하는 것도 있다.

① 보일러 파열

일반적으로 보일러는 2~15kg/cm^{2}정도로 운전되고 내부의 수온은 120~200℃ 전후가 되는데, 급수 중에 탄산가스, 산소 및 염류 등의 영향으로 점식(点蝕, pitting)이 고온에 의해 발생하며, 또한 가열과 냉각의 반복으로 인한 응력으로 구상식(構狀蝕, grooving)이 일어나는 원인이 되어, 관체(罐体)가 파열되고 관내(罐內)의 압력이 급속히 떨어져 대기압으로 되면 관내의 물이 급격히 증발하여 1,700배 이상의 증기로 변한다. 이 급격한 체적 증가로 관체의 파열과 분출한 수증기의 추진 작용으로 관체가 공중으로 비산하는 보일러 파열 사고가 발생한다. 또한 관리계기의 고장 등으로 인한 보일러의 과열로 관내의 수온이 설계치 이상으로 상승하면서 수관(水罐)재료의 내압(耐壓)한계를 넘어 본체가 파열되면서 과열수의 급격한 비등으로 대량의 에너지가 방출되기도 한다. 이들 폭발 현상은 폭약의 폭발에 의한 위력보다는 약하지만, 과열액체의 양이 많아 많은 피해를 준다. 참고로, 100℃ 이상으로 가열된 압력하의 물을 폭발수(explosive water)라 한다.

② 수증기폭발

고온의 용융물이 물과 접촉하여 수증기의 급격한 발생으로 압력의 상승과 체적 팽창을 일으키는 폭발 현상을 수증기폭발이라고 한다. 이 경우에, 용융금속이 세분화되면서 폭풍과 함께 비산하여 큰 피해를 주며, 때로는 주위의 가연물에 접촉하여 불이 나기도 한다. 따라서 수증기폭발을 방지하는 대책으로는, 다량의 고열 물을 취급할 때에는 로체(爐体)를 비롯한 취급물질의 성질을 숙지하고 바닥면을 항상 건조한 상태로 유지하고 건물의 누수 및 천정에서의 응축수의 낙하에 주의하고 물과의 접촉을 피하는 것이 가장 중요하다.

최근에는 LNG 및 LPG 등의 액화가스가 물과 접촉하여 급격한 비등으로 증기폭발을 일으키는 경우도 있는데, 이는 저온액화가스와 물과의 계면에서의 빠른 열이동이 무언가의 원인으로 촉진된 급속한 증발을 일으키는 일종의 증기폭발이라고 여겨진다.

③ 증기운폭발

지표면에 가연성가스 및 기화하기 쉬운 가연성액체가 용기로부터 유출되었을 때에 발생하는 가스폭발의 경우로, 이를 개방계 증기운(蒸氣雲)폭발(unconfined vapor cloud explosion, UVCE) 등으로 불린다. 이 경우에는 공간이 밀폐되어있지 않아 가연성의 가스 및 증기는 대기 중에 확산되고 화염은 그 공간 속으로 전파하여 간다. 따라서 용기 등의 파괴는 없지만 미연소 가스 및 증기의 확산과 규모의 증대로 화염이 가속되면서 폭굉으로 전이할 위험이 있으며, 또한 화염 복사에 의한 열적인 위험도 있게 된다. 이와 같은 또 하나의 현상으로는, 액체를 내장한 압력용기가 가열되어 압력이 상승하면서 용기의 금속체가 강도를 잃으면서 파괴되며 일어나는 물리적인 폭발현상인 비등액(沸騰液)팽창 증기폭발(boiling liquid expanding vapor explosion, BLEVE)이 있는데, 이로 인하여 내용물이 가연성액체인 경우에는 외부로 분출하면서 증기운에 착화하여 화염을 형성하면서 폭발적 연소를 일으킨다. 아울러, 이들 증기운에 의한 폭발로 구상의 불꽃화염인 화구(火球, fire ball)가 지표면 부근에서 발생하면서 점차 공기 중에서 거대한 크기로까지 성장하여 막대한 피해를 입히기도 한다.

5) 혼합위험에 의한 폭발

혼합위험(또는 혼융위험)은 주로 2종 이상의 액체인 물질이 혼합된 경우에 서로 간의 확산, 상호 용해 등의 물질이동으로 혼합열이 발생하고 때로는 화학반응을 수반하여 발화 폭발과 같은 위험성이 일어나 원래의 물질보다 위험성이 증대하는 현상이다.

① 혼합위험의 분류

i) 혼합하면 즉시 반응이 일어나거나 또는 일정시간 지나서 반응이 진행하는 것

ㄱ. 분해, 발열하여 연소 또는 폭발하는 것

ㄴ. 폭발성 화합물을 생성하는 것

ㄷ. 공기 또는 산소와 혼합하여 분해 또는 폭발하는 혼합물을 생성하는 것

ii) 분해 발화까지는 하지 않으나 혼합되면 원래의 물질보다 발화하기 쉬운 것

이상의 분류는 편의상 나눈 것인데, 위험성의 관점에서는 i)의 ㄱ에 속하는 것이 가장 중요한 것으로, 각 성분 단독에서는 위험성이 매우 적다고 생각되어지는 것이 혼합에 의해 위험을 갖는 경우이다. 참고로, 혼합위험을 나타내는 분류의 하나로, 소방법상의 위험물에 대하여 표 5.6과 같이 나타내었다.

② 혼합위험의 영향인자

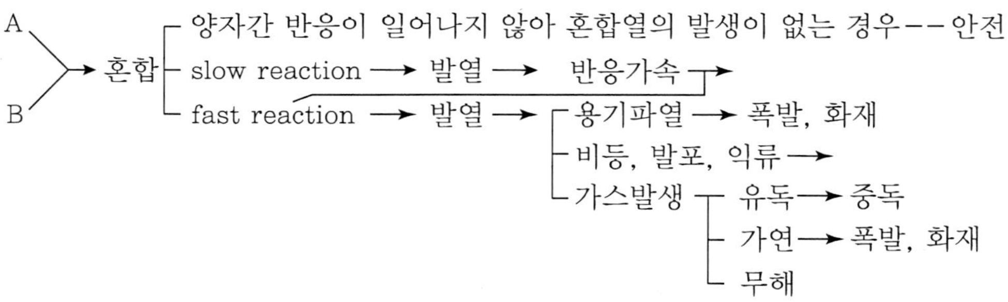

혼합위험은 화학반응에 의한 경우가 많은 바, 온도, 압력, 혼합비, 혼합정도, 농도 등의 영향을 받는다.

표 5.6 혼합위험의 분류(소방법상 위험물)

위험물	I	II	III	IV	V	VI
제1류 위험물(I 산화성고체)		×	×	×	×	×
제2류 위험물(II 가연성고체)	×		×	○	○[a]	×
제3류 위험물(III 자연발화성물질/금수성물질)	×	×		○[b]	×	×
제4류 위험물(IV 인화성액체)	×	○	○[b]		○[b]	○[a]
제5류 위험물(V 자기반응성물질)	×	○[a]	×	○[b]		×
제6류 위험물(VI 산화성액체)	×	×	×	○[a]	×	

(註) × : 혼합위험(혼재 금지), ○ : 혼합위험 없음. (a : 혼합위험 가능, b : 혼합위험이 경우에 따라 가능)

i) 온도

혼합에 의한 발화위험은 발화온도와 발화지연시간과 밀접하게 관계하여, 어느 조건하에서 발화지연이 매우 짧은 경우에는 혼합하는 즉시 발화하는 현상이 나타나는데, 이는 그때의 온도보다 발화온도가 낮기 때문이다. 발화온도와 발화지연시간은 그림 5.12에서와 같이 지수함수적으로 상반관계이고, 온도가 낮아지면 가열온도에 관계없이 발화하지 않는 한계온도를 나타내는데, 이 발화한계의 온도가 실온 부근의 것이 혼합에 의해 생성하는 경우에는 매우 위험하다.

ii) 압력

일반적으로 가압하면 발화지연시간이 짧아지는데, 이는 그 온도에서 기체의 발생속도가 열의 방열속도보다 크게 되어, 이것이 촉진 효과를 주기 때문이다. 압력 하의 발화지연시간과의 관계의 예를 그림 5.13에 나타내었는데, 온도의 경우와 같이 발화하지 않는 한계압력을 나타낸다.

iii) 혼합비

어느 한쪽이 단일화합물이 아니고 혼합물일 때에는, 단독의 것의 혼합의 경우보다 발화지연시간이 짧은 혼합비가 존재하는 경우가 있다. 이것은 제3성분의 혼입에 따라 위험성이 증가하는 경우를 의미하고 있다.

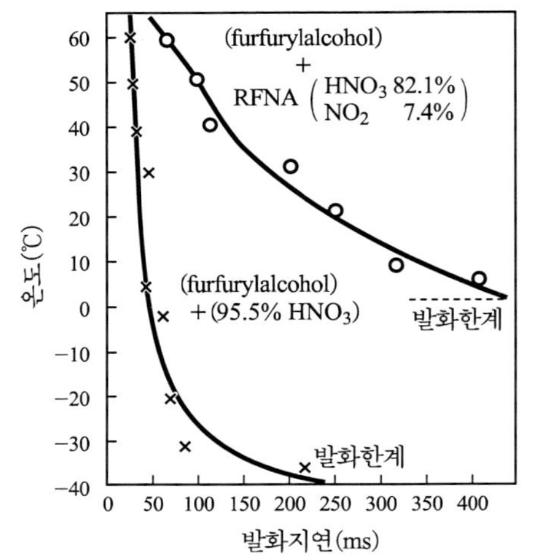

그림 5.12 온도와 발화지연시간의 관계

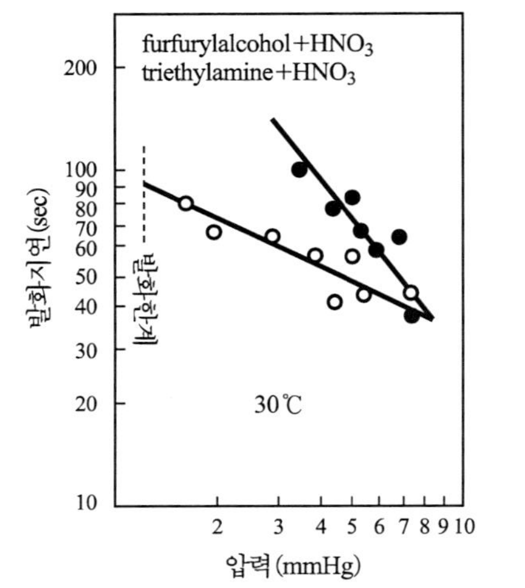

그림 5.13 압력과 발화지연시간의 관계

iv) 기타

혼합위험에 영향을 주는 인자로서, 용기의 형상, 크기, 재질, 용량과 시료의 양과의 관계 등이 있어 혼합위험의 현상을 복잡하게 한다. 그리고 광분해반응을 수반할 때에는 햇빛의 영향 및 촉매의 유무, 혼합된 물질의 화학구조도 영향을 주고 있다.

이와 같이, 혼합위험은 단독으로 폭발성, 발화성, 인화성, 가연성, 금수성, 강산화성 등의 일정한 성질을 갖는 약품들이 대부분을 차지하고 있기에, 이들 성질을 갖는 물질의 취급에 신중을 기하여야 할 것이며, 신규 화합물을 합성, 제조하여 공업적으로 이용할 때에는 그 화합물이 다른 여러 물질과 혼합하는 경우에는 어떤 반응을 일으키는지에 대한 완전한 실험과 검토를 행하여 안전성을 확보하도록 하여야 할 것이다.

5.2 방폭 원리

폭발의 방지대책 즉, 방폭(防爆) 대책에 있어서는, 1) 폭발의 위험상태를 형성하는 위험성물질의 측면에서 위험성을 억제하는 대책, 2) 발화원을 위험장소에서 완전히 배제시키는 대책 또는 발화원의 안전화 대책, 3) 폭발재해의 만일의 발생에 대비하여 그 피해를 최소한으로 줄이는 국한화 또는 경감 대책이 있다.

(1) 위험성물질 대책

물질의 위험성은 앞에서도 설명한 바와 같이, 그 종류에 따라 큰 차이가 있고, 주어진 상태에 따라 큰 변화를 나타내는 경우도 있으므로, 위험물의 물성을 파악하여 폭발 방지대책을 세우고, 가능한 한 위험성이 적은 물질을 사용하는 것이 바람직하다.

산업체에서의 위험물의 폭발사고는 1) 공정상에 그 원인이 있는 경우, 2) 장치와 배관 및 기타 설비에서 위험물이 누설 및 분출하는 경우인데, 전자의 경우는 안전공학적인 지식의 부족으로, 후자의 경우에는 인적인 불안전행동과 물적인 불안전상태의 각종각양의 원인에 의하여 발생한다. 따라서 이들 원인을 경우별로 파악하여 이에 대응하는 대책을 행하여야 할 것이다. 예를 들어, 제어 장치의 이해와 보전을 기하고, 위험성이 큰 가스나 증기의 누설에 대응한 가스경보기 및 검지기 등의 설치에 따른 점검과 측정 및 활용을 기하거나, 위험한 공정을 옥외나 통풍이 잘되는 구조로 하거나, 위험물을 취급하는 장치 및 설비의 폭발 방지를 위한 관리에 철저를 기하거나 하는 등이다.

(2) 발화원 대책

폭발사고를 일으키는 발화원으로는 화기(火氣), 고열물, 충격 및 마찰, 단열압축, 자연발화, 전기불꽃 및 정전기 등이 있는데, 이들에 대하여는 앞에서 그 개요에 대하여 설명하였기에, 여기에서는 설비 및 장치의 설계에 있어 고려되어야 하는 발화원에 대응하는 전기기기의 방폭과 정전기대책의 개요에 대하여 설명하고자 한다.

1) 전기기기의 방폭

① **내압(耐壓)방폭구조** — 전기기기가 밀폐 구조의 용기 내에 들어가, 가연성가스 및 인화성액체의 증기가 용기 내부에 침입하여 전기적 요소가 발화원이 되어 폭발에 의한 화염이 용기 외부의 가연성 가스 및 증기에 착화하지 않도록 하는 구조이다.

② **내압(內壓)방폭구조** — 전기기기가 밀폐 구조 또는 외피(外皮) 내에 들어가 용기 내부에 보호가스로 청정한 공기 또는 질소, 탄산가스 등의 불활성가스를 송입 또는 봉입하고, 그 용기 내의 압력을 대기압보다 약간 높게 유지하여, 가연성가스 또는 인화성액체의 증기의 침입을 방지하는 구조이다.

③ **유입(油入)방폭구조** — 고온이나 불꽃 및 arc로 발화원이 될 가능성이 있는 전기기기를 절연유 중에 넣어, 가연성기체 또는 인화성액체의 증기와 발화원과를 격리시키는 구조로, 이들의 가스나 증기가 용기 내에 침입하여도 발화의 위험은 없다.

④ **안전증(安全增)방폭구조** — 정상인 상태에서는 발화원이 없는 전기기기에 대하여, 이물질이나 접촉 및 절연 불량 등에 의한 이상한 발화원이 형성되기 어렵게 기계적, 전기적 또는 열적으로 안전성을 증가한 구조이다.

⑤ **특수(特殊)방폭구조** — 위의 4종류의 방폭구조 이외에, 구체적인 구조를 규정한 것은 없지만, 발화원의 에너지가 폭발 발생에 필요한 에너지 이하로 한정시킨 회로를 구성하여 방폭성을 갖게 한 본질적 방폭구조가 여기에 포함된다.

2) 정전기 대책

정전(靜電)현상은 두 물체의 접촉 또는 분리에 의해 생기는 이온의 이동 현상으로, 두 물체의 표면 상태에 따라 그 발현이 여러 가지이다. 따라서 정전기의 본질을 파악하여 실제 문제에 대처하여야 하는 바, 화학물질의 운반과 수송에서 자주 정전기의 발생으로 설비 전체가 대전(帶電)하기 쉬워 발화원이 될 가능성이 있어, 이에 대한 대책이 필요하다.

① 기계 설비에 접지하여 대전 전하를 대지에 누설시켜 전위의 상승을 방지한다. 또한, 전위가 서로 달리 대전한 기계 설비간의 접근으로 상호간에 방전 현상으로 인한 불꽃 발생을 방지하기 위하여 기계 설비를 서로 도선으로 접속하여 전위차를 없게 하면서 접지를 행하는데, 이를 bonding 또는 bond라 한다.

② 일반적으로 $10^6\Omega\cdot$cm이상의 비저항(比抵抗)을 갖는 것은 정전기 대전에 있어 불량도체로 간주되므로, 제전유제(除電油劑)를 바르거나 습도의 증가 및 제전기(除電器)를 사용하는 등의 정전기 대책을 검토할 필요가 있다.

③ 탄소 이외에도 금속가루를 고무에 혼합하여 전기저항을 감소시켜 대전 방지를 행하며, 유기반도체를 도료접착제에 이용하기도 한다.

④ Corona 방전식의 제전기, 적열한 가열기에서의 열이온을 이용한 방법 및 방사선 동위원소를 이용한 공기의 이온화로 제전(除電)하는 등의 방법도 있다.

(3) 폭발피해 국한화 대책

1) 방폭벽

일반적으로 폭발할 때의 폭풍은 폭원(爆源)으로부터 구면파(球面波)로 직진하며 장애물이 있으면 이에 충돌하여 그 일부 에너지는 흡수되고, 일부는 반사하여 방산하거나 회절한다. 방폭벽(防爆壁)은 이러한 폭발을 차단하여 인간과 장치, 설비 등의 구축물을 폭풍 피해로부터 보호하여 준다. 따라서 폭풍의 흡수, 반사, 회절 등을 고려하여, 폭발물의 양, 거리 및 피보호물의 조건 등으로부터 정하여지는 방폭벽의 높이, 폭, 두께 등을 전도(轉倒)가 되지 않도록 설정하도록 한다.

이외에, 전도 방지의 관점에서는 방폭벽보다 토제(土堤, 흙제방)가 유리하여 화약공장이나 화약고 등과 같이 다량의 폭발물을 취급하는데 설치하면 좋으며, 설치할 경우, 45°이하의 경사, 높이는 건물높이 이상, 상단의 두께는 1m 이상이 필요하다.

2) 보안거리

폭발의 피해를 다른 일반 건축물에 주지 않도록, 폭발성물질을 수납 또는 취급하는 건물과 다른 일반 건축물 간에 설정된 거리를 보안거리(保安距離)라 한다.

이 보안거리는 각국별로 그 규정이 다르지만, 실제적으로, 방폭벽, 토제의 유무 및 그 구조, 대상건물의 구조를 비롯하여, 그 장소의 지형, 기타 입지조건 등을 고려하여 설정하여 폭발 피해를 최소한으로 하도록 하여야 한다.

3) 방폭구조물

폭발물을 취급하는 건물은 철근콘크리트 구조로 하는 것이 요망되는데, 주위벽(3면 또는 4면)을 철근콘크리트의 내폭벽(耐爆壁)으로 하고, 천정 또는 폭풍압의 지장이 없는 부분은 불연성의 경량 재료를 사용하여, 만일의 폭풍이 일어났을 때에 발생하는 폭풍압이 이곳으로 빠져나가게 하는 대책 등이 필요하다. 이를 방폭식(防爆式) 구조라고 하여 화학공업에서 자주 이용되고 있다.

참고로, 철근콘크리트 구조가 폭발할 때에 비산(飛散)하는 파편의 비산속도는 목재의 경우의 (1/40)~(1/50)정도로, 폭원에 가까이 있는 경우에는 콘크리트는 목재보다도 세분화되어 비산하기 때문에 피해가 보다 적기에, 폭발물을 취급하는 공장 건물은 철근콘크리트 구조가 바람직하다.

4) 안전장치

폭발이 발생하였을 때의 안전장치로는, 폭발압력을 대기 중의 안전한 방향으로 방출시키는 안전밸브(safety valve), 파열판(rupture disk), 폭발 vent 등이 있는데, 이들은 폭발이 일어났을 때의 효과를 기대하는 것 보다는 각종 반응장치 내의 압력이 예기치 않은 이상반응 및 기타 원인으로 설정조건 이상으로 되었을 때, 계(系)내의 압력을 저하시키는 목적에 이용된다.

5) 폭발저지장치

폭발저지장치는 장치 내의 어느 개소에서 가스폭발이 일어나도 다른 부분으로의 전파를 저지하거나 또는 특정 용기로의 전파를 저지하여 피해를 최소화하는 장치이다. 화염방지기(flame arrester)는 보통의 상태에서는 가스의 유통저항이 적지만 폭발이 일어났을 때에는 화염의 전파를 완전히 저지하여 주는 장치인데, 이는 얇은 판에 규칙적인 동일 구경의 구멍이 있는 다공판(多孔板), 동일 구경의 세관(細管)을 묶은 것, 금속리본을 절곡(折曲)한 것, 소결(燒結)금속, 금속망 등을 설치한 것이다.

화염방지기의 설치개소는 원칙적으로는 폭발이 일어날 때에 화염의 전파속도가 느린 개소, 즉, 발화원이 발생하기 쉬운 개소 가까이에 하도록 하는 것이 좋으며, 그리고 고온가스의 통로에 설치하는 경우에는, 화염방지기로 화염이 소멸하여도 화염방지기 통과 후에 발화할 위험성이 있으므로 주의하여야 한다. 또한, 장치가 밀폐용기에서는 생성가스의 팽창으로 화염이 가속되므로 이를 방지하기 위해서도 파열판, 폭발 vent 등의 압력방출장치를 병용하는 것이 바람직하다.

P/A/R/T

06 기계와 재료 안전

제06장 기계와 재료 안전

기계공업에서 발생할 수 있는 잠재위험은 다음과 같이 나누어 볼 수 있다. 즉, 위험성에 대한 대책을 행하는 관점에서, 편의적으로 기계적 위험은 열, 압력, 충격과 같은 물리변화에 기인한 위험 중에 재료의 강도, 구조, 파괴 등을 중심으로 한 '물리적 위험'과, 중독, 약상 및 외상과 같은 내외로부터의 충격으로 생체 기능에 악영향을 주는 위험 중에 외상에 관한 '생리적 위험'이 있다.

따라서 이를 토대로 정리하면 기계적 위험은 기계 설비의 이상과 장치의 고장 및 파손 그리고 재료의 변형과 파괴 및 일부의 물리적 위험 등이 있다고 할 수 있다.

이를 기계공업의 산업 현장에서의 기계 설비와 장치 및 재료의 사용이나 취급 등에 따른 위험성과 이들의 안전 원리에 대하여 설명하여 보고자 한다.

6.1 기계 고장 및 파손

일반적으로 '고장(failure)'은 다음과 같은 종류로 구분하여 정의하고 있다.

a. 기본적으로 '고장은 계(系), 기기, 부품 등이 규정의 기능을 잃은 것'으로 정의
b. 초기 고장(initial failure, early failure): 사용 개시 후의 비교적 이른 시기에 설계, 제조상의 결함 또는 사용 환경 등의 부적합에 의한 고장
c. 우발 고장(random failure, chance failure): 초기 고장을 지나, 마모 고장 시기에 이르기 이전의 시기에 우발적으로 발생한 고장
d. 마모 고장(wet out failure): 피로, 마모, 노화 현상 등에 의해 시간의 경과와 함께 고장이 높게 되는 시기의 고장
e. 파국 고장(catastrophic failure): 돌연히 일어남과 동시에, 그 기능이 완전히 잃어버린 고장
f. 열화(劣化) 고장(degradation failure): 특성이 점점 열화하여 생긴 고장
g. 파급(波及) 고장, 2차 고장(secondary failure): 다른 부분의 고장이 원인이 되어 생긴 고장

h. 간흠(間欠) 고장(intermittent failure): 어느 시간 고장 상태를 나타내었지만, 자연히 원래의 기능을 회복하고, 이를 되풀이하는 고장

(1) 기계적인 고장

기계적인 고장은, 장치의 기능상의 불완전에 의한 것으로, 장치의 파괴가 기구(mechanism)상의 결함에 의한 것과는 비교되므로, 제반 사고의 경우에 대하여 다루어져야 한다.

즉, 펌프의 고장으로 냉각수의 공급 정지, 제어계의 조절 부조로 압력의 급상승 등과 같은 기계적인 고장은, 장치의 파괴에 비하여 이의 파악이 보다 가능한데, 이는 각 부품의 고장 형태가 많아도 그 부품의 고장을 가져오는 장치나 기계 등의 기능상의 불완전 형태의 종류가 그다지 많지 않기 때문이다.

예로서, 펌프의 경우에 모터가 타버려도, 휴-즈가 끊어져도, 커플링이 벗겨져도, 펌프는 정지하는 고장으로 귀결되어, 다른 기계 및 장치에의 파급 영향은 펌프의 정지라는 한 종류의 형태로만 알려지게 되는 경우가 많다.

1) 기기의 고장 빈도

공정플랜트를 구성하고 있는 기기의 고장빈도는 과거 실적으로부터 어느 정도의 추정이 가능하다. 물론 사용 조건이나 장치의 특성에 따라 고장의 빈도가 다르겠지만 각 기기에서의 나타내는 고장률로 보면, 기기의 수가 많아지면 항상 어딘가에 고장이 일어나고 시스템 전체로는 가동률이 매우 떨어진다. 그러나 실제로 그 정도로 자주 플랜트가 정지하는 것은 아니고, 고장이 날 때마다 사고로 이어지는 것은 아니다. 즉, 설계단계에서 미리 고장의 발생을 예상하여 그의 대책(예: 고장빈도가 높은 펌프는 예비펌프를 준비하여 2계열로 운전) 소위, back up 체제가 충분하면 하나의 부품의 고장을 더 이상 확대시키지 않는 것이다.

2) 계장기기의 고장

① 계장기기의 고장 형태

계장기기(計裝機器)의 고장 형태는 대략적으로 기능 저하, 오동작, 기능 상실로 나누어 볼 수 있다.

i) 기능 저하(技能 低下)

초기의 기능이 시간의 경과에 따라 저하하는 현상으로, 극단적인 경우는 기능 상실로 간주할 수 있다. 이의 예로서, 오차의 증대 및 감도의 저하 등이다. 또한, 일부 기기에 기능 저하가 생겨도 시스템 전체의 안전성에 영향을 주는 것은 적다. 만약, 영향이 있을 경우에는 다중화(多重化)계장이 필요하게 된다. 일반적으로, 저하한 기능은 내용(耐用)년수 내에 있으면, 정기 점검할 때에 재조정

이나 부품 교환 등으로 기능을 회복할 수가 있다.

ii) 오동작(誤動作)

오동작은 매우 단시간의 좋지 않은 상태로, 곧 원래의 상태로 복원되는 것으로 relay 접점 등에서 자주 생긴다. 그리고 일시적으로 일어나기에 이의 현상 재현이 어려워 원인의 규명에 시간이 걸리는 경우가 많다. 또한, 안전관련 계통의 오동작은 때로는 중대한 문제를 야기하는 바, 예를 들면, 오경보(誤警報)에 의해 긴급차단을 행하여 플랜트에 큰 손실을 초래하는 경우 등이다.

iii) 기능 상실(技能 喪失)

기능 상실의 징조로 기능 저하 및 오동작이 나타나지만 운전에 지장이 없는 한 지나쳐버리기 쉽다. 그러나 이에 의하여 중대한 고장으로 플랜트가 위험에 처하는 원인도 되기도 한다.

② 계장기기의 고장 영향

계장기기의 고장으로 플랜트의 안전성에 미치는 영향을 검토하기 위하여 그림 6.1과 같이, 간단한 계장시스템(가열로의 계장)을 예를 들어 설명하기로 한다.

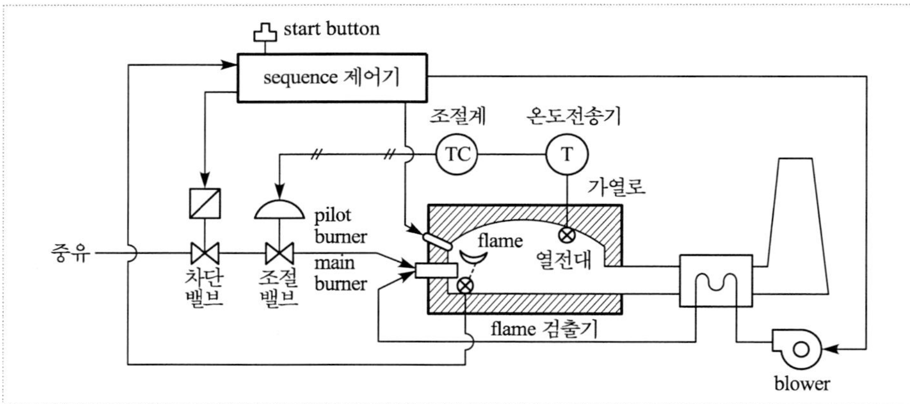

그림 6.1 가열로 계장 예

i) 화염검출기의 고장으로 화염의 발생 유무에 관계없이 항상 '있음'의 신호를 보내는 경우 — 대부분 pilot burner는 점화하고 있어 보통은 화염검출기의 고장을 못보고 넘기는데, 가끔은 점화에 실패해도 sequence는 진행되어 main burner로부터 중유가 공급되어, 로(爐)의 내부의 충만한 가연성가스에 의한 폭발사고로 이어질 가능성이 있다.

ii) 열전대(熱電對)의 열화(劣化)로 인한 단선(斷線)으로 온도 신호를 할 수 없는 경우 — 온도조절계는 로의 내부온도가 급격히 내려간다고 판단하여 조절밸브를 열어, 로의 내부온도를 상승시켜 결과적으로 폭발에 이르게 할 가능성이 있다.

③ 계측기기의 고장 형식

i) 상태 : 유량계 중의 bellows의 결함, 제어밸브 중의 diaphragm 파손 등

ii) 성능 : 유량계 영점 흔들림, 제어밸브 잠금에도 유체 흐름

iii) 안전 : fail safe, fail danger(고장 나면 위험)

iv) 검출 : 명시(明示) 고장과 비명시(非明示) 고장

참고로, i)과 ii)는 본래의 고장 형식이고, iii)과 iv)는 본래의 고장 형식과 계측기기의 복합시스템에 의한 것이다.

3) Human Error에 의한 위험

Human error의 개입함에 따라 기계 장치가 고장을 일으키거나 부조(不調)가 되기도 하는 바, 이의 예를 개괄적으로 들면 다음과 같다.

① 설계 및 강도 계산의 기술적 error

② 사용 현장의 인식 부족에 따른 설계 error

③ 설계·계획서의 이해 부족에 따른 fabricator의 공사 error

④ 설계·계획서의 이해 부족 및 용도 변경에 따른 운전 miss

⑤ 공작(工作) 및 검사의 불량

⑥ 보전(保全) 불량

⑦ 경년 열화(經年 劣化) 등의 수명 예측을 잘못한 운전 miss

⑧ 착오에 의한 운전 miss

이와 같은 human error로부터 사고·재해로의 경과를 그림 6.2에 나타내었다.

즉, human error는 설계, 공작(제작), 보전, 운전의 어느 단계에서든 개입하여 계기적인 고장을 일으키는데, 이에 의해 무재해 사고로 되거나, 재해의 사고로 발전되어지는 것은 그간의 조작에 관계하는 인간 그 다음의 경우인 것이다. 이와 같이, 계기적인 고장을 일으킬 가능성이 있는 것이 잠재적 위험성이다.

따라서 설계, 공작, 보전의 단계에서 human error는 검출될 기회가 있고, 특히 운전의 단계에서 설비의 이상 및 고장의 진단 기술이 확립되어 있으면 그림 6.2 에서와 같이 사고·재해는 발생하지 않는다.

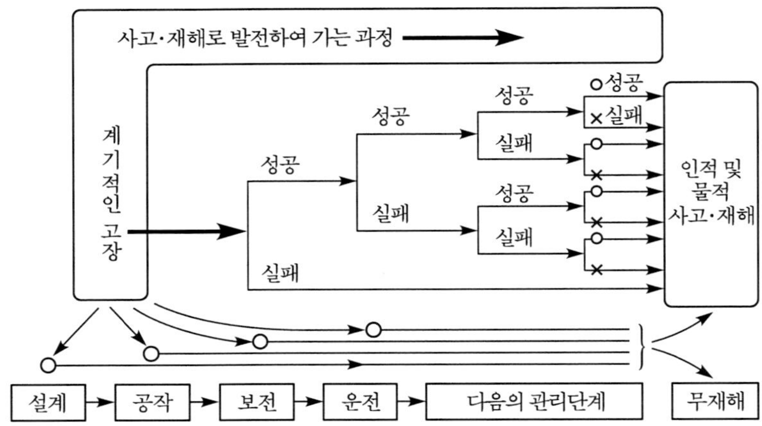

그림 6.2 계기적인 고장에서 사고·재해로의 경과

(2) 기계요소의 고장

기계요소의 대표적인 것으로 축수와 치차를 들 수 있는데, 이들의 고장과 손상에 대하여 다루어 보고자 한다.

1) 축수의 고장

축수(軸受, bearing)는 회전운동을 하는 부품을 안내 및 지지하는 역할을 하는 대표적인 기계요소로, 기계장치가 예정대로 작동하기 위해서는 사용되는 축수가 충분히 기능을 발휘하는 것이 필요하다.

여기에서는 현장에서 자주 발생하는 고장의 예와 이의 발생원인 및 그 대책을 설명하고자 한다.

① **조기 박리**(早期 剝離, flaking) — 조기 박리는 윤활제의 열화에 의하여 유막(油膜)이 없어지거나, 이물질 혼입에 의한 미소 압공(壓孔) 및 수분의 침입 등에 의한 chemical attack으로 표면 손상이 기점이 되는 경우가 많다. 이의 표면 피로에 의한 축수의 손상은 내부 피로에 의한 flaking에 앞서 발생하는 것으로, 축수의 고장 대책에서는 가장 중요한 손상이다. 따라서 이의 대책으로는, 축상(軸箱) 둘레의 밀봉 성능을 개량하고, 윤활 조건의 개선(급유간격의 적정화)으로 유막이 형성되기 쉽도록 하는 등이 있다.

② **소부**(燒付, **늘어붙음**) — 소부는 부분적인 소부 현상인 smearing 등이 전면적으로 진전하고, 발열을 위해 용착(溶着)을 일으켜 회전이 불원활하거나 불능이 되는 손상을 말하는데, 현저한 발열 때문에 축수의 각 부품이 변형 및 파손을 일으

켜 1차적인 손상 개소와 그 요인을 알 수 없게 되는 경우가 많고, 결국에 최종적 손상으로서 기계설비의 돌발적 고장으로 이어지게 된다. 이의 원인은 대부분 앞에서의 경우와 같이 윤활의 불량이고 그 외에 예압(豫壓)의 과대 및 간격의 과소에 의한 발열인 경우도 많다.

③ 마모(磨耗) — 마모는 축수의 장기 사용으로 윤활제의 열화 및 축수와 동일 윤활계 내에 있는 치차 및 기타의 기계부품의 마모가루의 혼입으로, smearing 및 소부와 같은 급격한 손상은 없어도 점진적인 손상으로 생긴다. 마모는 축의 진동과 소음 등으로 발견되기도 하고, 분해 점검할 때에 이상 마모를 느끼기도 한다. 이 마모를 초기 단계에서 분해하지 않고 검출하는 방법으로서는, 정기적인 오일(oil)분석 진단이 유효하다. 궤도면에서 발생하는 마모현상도 있어, 이는 grease유로 윤활을 하거나 극압(極壓)첨가제를 사용하면 유효하고 또한 축수로서는 간격을 작게 하거나 예압을 주는 것도 효과적이다.

④ 파손(破損) — 파손의 원인으로는 국부 타격 및 과대 하중 등의 하중 요인의 경우와, 윤활 불량에서의 thermal crack 및 부식흠 등이 재료 강도의 저하를 유발시킨 2차적 파손의 경우가 있다. 궤도륜(軌道輪)의 표면 손상은 특히, thermal crack 등을 기점으로 할손(割損)하는 것으로 2차적 손상의 경우가 많은데, 관계 치수의 관리가 충분하면 방지할 수 있다. 그리고 전동체(轉動體)의 갈라짐은 축수·축상의 취부(取付) 관계의 설계 miss에 의한 편하중(偏荷重), 기계손상에 의한 2차적 이상 하중에 의한 압쇄(壓碎), 부식 등의 chemical crack에 의한 표면 손상 등이 있는데, 이상 하중에 의한 할손은 별도로 하고, 표층이 압축잔류응력이 된 침탄강(浸炭鋼)의 사용이 바람직하다. 또한, 보지기(保持器)의 파손은 구조물로서의 피로 파손으로, 이는 외부요인(사용조건)의 변경이 곤란하므로 판 두께를 증가시켜 강도를 향상시키도록 한다.

⑤ 전식(電蝕) — 전식은 궤도륜과 전동체의 회전면 간의 통전에 의한 스파크로 발생하는 국지적 용융 손상을 말한다. 이의 원인은 전동기(電動機) 축(軸)전압이 높거나 귀로(歸路)전류 접지가 불량하거나 전기회로에 흐르는 과대한 신호 전류 등이다. 전식의 방지법으로는 축수 내를 전류가 통과하지 않도록 적정한 용량의 접지 장치를 하거나 또는, 축수의 우부(羽部)와 축상의 외주부(外周部)에 절연재를 사용한다.

2) 치차의 손상

① 치차(齒車, gear) 장치의 고장

i) 치(齒, 톱니)의 손상(톱니의 절손, 톱니면의 손상),

ii) 치차 본체의 파손,

iii) 축(軸)과 키 및 축계수(軸繼手)의 파손,

iv) 축수의 파손, 소음 및 진동 증대,

v) 치차상(齒車箱)의 기름 누설 및 발열 등

그리고 치차의 손상은 손상의 성질, 정도 및 장치의 사용목적 등에 따라 다음의 두 단계로 나누어 생각할 수 있다.

i) 최종적 손상: 치차에 손상이 일어나 사용불능이 되든가, 또는 위험의 증대, 성능 저하로 인하여 사용정지 상태가 된 것.

ii) 경과적 손상: 치차에 무언가의 손상이 일어난 경우, 조건에 따라서는 어느 기간 동안 사용할 수 있는 것.

그런데 톱니(齒)의 손상은 톱니의 절손과 톱니면의 손상으로 대별되는데, 톱니의 절손은 대체로 최종적 손상이 되지만, 톱니면의 손상은 경우에 따라 최종적 또는 경과적 손상이 되어, 특히 pitting에서는 진행하는 것의 여부를 판단하기 어려운 경우가 많다.

② **손상의 종류** — 톱니(齒)의 손상 원인에는 여러 가지가 있고, 손상의 종류도, 외관도 여러 갈래에 걸쳐 있다. 따라서 각각의 손상의 명칭도 나라별로 정하고 있어 불리는 것에 차이가 있는 것도 있다.

i) 톱니의 절손(折損, breakage)

ㄱ. 피로(疲勞)절손(fatigue breakage): 재료의 피로한도 이상의 휨응력(曲應力)이 반복적으로 가해지는 경우에 일어난다.

ㄴ. 과부하(過負荷)절손(overload breakage): 큰 하중이 가해짐에 따라 하중의 사소한 반복횟수로 일어나는 톱니의 절손으로, 균열의 완만한 진행에 의한 것은 아니며, 파면은 주철과 비슷한 모양의 결정체를 나타낸다.

ㄷ. 균열(龜裂, crack): 열처리에서의 잔류응력 및 부적당한 조건에서 연삭할 때에 갈라지기도 한다.

ii) 톱니면의 손상

ㄱ. 마모(磨耗, wear): 고체표면 부분이 마찰에 의하거나 또는 이물질 등에 의하여 점차적으로 감량하는 현상 — 연마(硏磨)마모(abrasive wear), 긁힘마모(scratching wear).

ㄴ. 소성변형(塑性 變形, plastic deformation): 과대 하중 및 충격적인 하중으로 재료가 항복하여, 톱니의 표면층에 소성변형을 일으켜서 일어나는 손상 — 소성흐름(plastic flow), rippling, ridging

ㄷ. 톱니면(齒面) 피로(surface fatigue): 피로한도 이상이 반복된 응력에 의해, 톱니 표면 및 표면 하의 재료가 피로로 일어나는 톱니면(齒面)의 손상 ─ pitting, spalling

ㄹ. 열적 손상(熱的 損傷): 톱니면의 마찰열, 윤활의 불량 등에 기인한 손상의 총칭 ─ scoring, burning

ㅁ. 기타: 톱니면 얼룩(frosting), 간섭에 의한 손상(failure by interference), 부식(corrosion, corrosion wear) 등이 있다.

(3) 기계장치의 고장

여기에서는 기계의 예로서, '원심펌프'를 들어 구체적인 고장의 예를 설명하고자 한다.

1) 기계적 이상 현상

원심펌프는 회전에 의해 유체에 에너지를 주는 소위, 에너지변환 기계이기에, 유체로부터 반작용으로서의 힘을 받는다. 특히, 펌프는 취급 유체가 액체이기에 유체밀도가 높고 기계가 받는 반작용도 비교적 크다. 그러므로 기계적 이상 현상에 있어서도 그 원인은 유체력에 있는 것이 많아서 펌프 내에서 일어나고 있는 유체 현상을 깊게 이해하지 않으면 안 된다.

① 진동 및 소음

원심펌프의 진동 및 소음의 발생은 회전체의 역학적인 원인에 의한 것 이외에, 앞에서 언급한 유체력에 의한 것이 에너지로서는 큰데, 이의 많은 것이 저주파의 자동 진동으로 다음과 같은 원인이 거론되고 있다.

i) 원동기와의 연결 불량

ii) 회전체의 부조화

iii) 압력 맥동에 관련한 진동·소음

iv) 고체 마찰에 의한 진동

v) oil whip

vi) cavitation

vii) surging

viii) 축방향 진동

② 축수(bearing)에서의 고장

i) 회전 축수: 축수 과열, 이음(異音), 이상 마모

ii) 활강 축수: 회전 축수와 마찬가지로 발열 및 마모의 문제가 있지만 회전 축수의 경우와 달리 현저한 이음(異音)은 나타나기 어렵고, 오히려 발열, 기름의

오염 또는 축 진동의 증대로 나타나는 것이 많다.

③ 축봉(軸封)장치

i) ground packing: 발열, 누설 과다, slip 마모

ii) mechanical seal: 누설 과다, 접동면(摺動面)의 이상 마모

④ 긁힘 현상

펌프(특히, 다단 펌프) 내부의 좁은 간격에서 접촉 접동으로 액 중에 이물질이 들어가 간격부 표면이 흠집이 나면서 긁힘이 일어난다.

⑤ 마모 및 침식

펌프(주로, 액 중에 고형물이 함유되어 있는 slurry pump)에서 고속 유동부에 마모가 일어나거나, 고속펌프에서 청정액이 있어도 침식(侵蝕, erosion)이 형성

⑥ 축, 볼트 등의 절손

⑦ casing 갈라짐

⑧ 부식

2) 유체적 이상 현상

① cavitation

② 수격(水擊)작용(water hammer)

③ surging

④ 압력 맥동(脈動)

⑤ karman 소용돌이(渦)에 의한 진동

⑥ 시동할 때의 이상(異常)압력 상승

3) 부품·기기의 고장

부품 및 기기 등의 설치 사용 후의 고장 원인은 다음과 같이 분류할 수 있다.

① 부품의 소모에 의한 것: 부식·침식, 마모, 잘라짐, 갈라짐, 변형 등

② 조립의 불량에 의한 것: 레벨 불일치, 체부(締付)토크의 불균등, 조립할 때의 이물질 들어감·남음, 정적 및 동적 balance의 불량 등

③ 운전관리의 불량에 의한 것: 윤활유, 냉각수, 유체류 품질, 온도, 압력, 기기의 온도(기벽, 축수 등), 기기의 부하(유체의 양, 온도, 압력, 모터의 전류·전압 등), 진동(유체의 압력 변동, 맥동 등) 등의 관리 불량

④ 보전관리의 불량에 의한 것: 기기의 건전성 진단의 부적절, 열화 예지, 교체·갱신의 판정의 잘못 등

(4) 동기계와 정기기의 고장

일반적으로 기계·전기제조업계에서는 동기계(動機械)가 주된 생산수단으로 이용되고 있으며, 화학공업 등의 장치를 생산수단으로 하는 공정산업에서는 압축기, 펌프 등의 동기계 이외에도 반응기, 열교환기, 배관류 등과 같이 전혀 움직이지 않는 정기기(靜機器)를 많이 사용하고 있다.

이와 같은 입장에서, 고장의 실태 및 그 예방을 보면, 공정산업에서는 동기계 및 정기기의 고장 방지대책이 매우 중요한 것이다. 예를 들면, 기계제조업에서는 공작기계 등의 동기계가 가공의 주체가 되고, conveyor, forklift 등은 가공없이 원료, 중간제품, 제품 등을 운반 가공하는 종적 역할을 하는 것에 지나지 않는다. 그러나 공정산업에서는 이와는 반대로, 주가공은 반응기, 분해기, 정류기 등의 정기기로 행하여지고, 압축기, 펌프 등의 동기계는 원료, 중간제품, 제품 등을 옮기는 운반수단에 지나지 않는 것이다.

또한, 고장의 관점에서 볼 때, 주가공을 행하는 반응기 등은 온도, 압력, 산화, 환원 등의 고장에 대한 환경조건도 동기계 이상으로 엄하고, 더구나 고장이 경우로 재해로의 발전성도 높고 경제적 손실도 크다. 따라서 고장을 다루는 경우에, 앞에서 정의한 계(系), 기기, 부품 등이 규정의 기능을 잃는 형태의 고장 이외에도 기능의 규정 내에서의 저하가 실제적인 대상이 되어 대책을 행하고 있는 것이다.

특히, 계(系)의 대부분을 차지하고 있는 정기기의 고장의 내용, 원인과 그 대책은 동기계의 고장의 내용, 원인, 대책과 전혀 다르다고 생각되어, 이를 감안한 동기계와 정기기 쌍방의 빠짐없는 고장의 예방관리와 사전의 대책이 매우 중요하고 유익한 수단인 것이다.

(5) 기기와 플랜트의 고장 차이

공정플랜트에서는 여러 기기·부품 및 배관용품 등을 많이 사용하고 있는데, 이들 기기의 고장 또는 고장 원인은 전혀 다른 현상이 일어난다.

일반적으로 부조(不調) 또는 이상(異常)이라고 불리는 것이다. 예로서, 플랜트는 온도, 압력, 유량, 레벨 등의 운전 제원에 대하여 상한, 하한을 설정하여(운전표준) 그 범위 내에서 조작, 제어하고 있으면서 그 범위 내에 있으면 '정상', 그 범위를 벗어나면 '이상(비정상)'이라고 한다. 그리고 부조 또는 이상이 일어나는 원인은, 앞에서 설명한 기기의 고장에 의한 것도 있지만, 이와는 전혀 다른 원인의 것도 있다. 또한, 그 현상 및 대책도 단체의 기기의 고장과 플랜트의 부조 또는 이상과는 전혀 다른 분야가 있다. 결국 '기기 고장'은 물리적·기계적 고장이지만, '플랜트 고장'은 주체가 화학적·화학공학적 고장이고 종적으로 물리적·기계적 고장도 가해짐에 따라 광범하고 다양한 것이다. 예를 들면, 기기의 고장과 전혀 관계가 없는 플랜트의 부조 또는 이상의 원인들은 다음과 같다.

① 원료의 조성의 변화에 의한 반응, 분해, 흡수 등의 부조를 일으키는 것
② 촉매의 성능 저하 및 건조제, 냉각제 등의 기능 저하에 의한 것
③ 부생성물의 축적 농축에 의한 것
④ 불순물의 발출로 불량에 의한 액면의 변동과 부생에 의한 포립(泡立)
⑤ 물질수지(material balance)와 열수지(heat balance)의 무너짐
⑥ 전력, 증기, 물, 공정용 공기, 계장용 공기, 불활성기체 등의 용역관계의 중단

따라서, 이와 같은 것을 이해하고 고장의 현상과 원인을 정리하고 체계화하여, 그 대책을 정리하여 두는 것이 고장 예방대책의 원점이 된다.

(6) 플랜트설비의 파손

플랜트설비에 있어 온전한 보전과 유지 및 내용물의 손실 방지가 기본적인 바, 따라서, 압력시스템 내에서 일어나는 파괴 등과 같은 장치의 파손은 기구상의 결함으로 발생하며, 이의 대다수는 압력용기 이외에도 배관, 밸브, 연결부 및 열교환기, 펌프 등의 장치시스템에서도 일어나고 있다.

그리고 장치가 파손되는 원인은 장치 재료의 부식, 피로 및 공작(工作) 불량 등으로, 기기의 일부가 시간이 경과함에 따라 열화(劣化)되면서 진동이나 압력파와 같은 충격으로 장치의 파손이 일어나는 것이 일반적이다. 또한, 압력시스템에서의 파괴는 크게 '기계적인 파괴'와 '부식 파괴'로 나누어 볼 수 있는데, 이들 파괴를 일으키는 원인 및 형태로는 다음과 같다.

1) 기계적인 파괴

공정플랜트에서 기계적인 파괴를 일으키는 원인은 다음과 같은 요인들이 있다.

① 과대한 응력

장치에서의 과대한 응력(應力, stress)은 응력 집중(stress raiser) 등의 요인이거나, 또는 후렌지(flange)의 불균형한 연결과 같은 부적절한 작업에 의해서 발생한다.

② 외적 부하

장치에서의 외적인 부하(負荷, load)는 각주(脚柱), 지주(支柱) 및 bracket와 같은 부속물에 가해지는 하중에 의해 외부로부터의 부하를 받는데, 발판 및 계단이나 의자에서 공통적으로 발생한다. 외적인 하중의 원인으로는 기초의 변위(콘크리트 벽을 관통하고 있는 배관의 열팽창을 구속)와 바람, 얼음 등이 있다.

③ 과압

장치에서의 과압(過压, over pressure)은 압력방출밸브(pressure release valve)가 제 기능을 하지 못하는 경우에 발생하는데, 이의 원인은 불충분한 설계, 오 조작

또는 방출밸브의 파손이나 액체의 동결(특히, 배관 내에서의 동결) 등에 의한다.

④ 과열

장치에서의 과열(過熱, over heat)은 creep의 원인이 될 수도 있으며, 재료의 허용온도를 초과하거나 화염이 직접 접촉하는 경우의 온도에서는 급속한 파괴를 일으킨다.

⑤ 기계적인 피로와 충격

i) 기계적인 피로(疲勞, tatigue)를 일으키는 상태:

ㄱ. 압력 변동, ㄴ. 유량 변동, ㄷ. 팽창 영향, ㄹ. 가해진 진동

ii) 기계적인 충격(衝擊, shock)

액체의 맥동 또는 hammering에 의한다. 충격 하중은 커서 1회~몇 회의 반복으로 파괴를 일으키고 있어 기계적 피로와는 다르다

⑥ 열 충격과 열 피로

장치에서의 열 충격은 열 피로에 비하여 가해진 온도차 및 온도 변화율이 보다 큰 경우에 일어난다. 재료에 따라서는 일정한 온도의 반복에서도 열 충격이나 열 피로가 일어나고 또한, 연성(延性)재료는 열 피로, 취성(脆性)재료는 열 충격을 생기게 하는 경우도 있다.

참고로, 일정한 온도의 반복열 즉, 열의 반복은 간헐적 운전(회분 조작, 원료 공급량의 변화, 강제적 운전 정지 등) 및 특정 장치의 상태가 그 원인이 된다.

⑦ 취성 파괴

장치에서의 취성(脆性, brittle) 파괴는, 저온 유체를 취급하는 플랜트의 재료가 정상 운전온도 및 이상상태의 것에서 발생이 예상되는 최저온도보다 낮은 연성 및 취성 천이온도를 갖지 못할 경우에, 차가운 유체가 천이온도 이하의 금속에 접촉할 때 일어나며 음속에 가까운 파국적인 파괴속도를 갖는다.

⑧ 크립(creep)

장치에서의 creep은 정상적인 운전조건에서는 통상 일어나지 않고, 일반적으로 오조작 및 화재 등의 이상상태에 의해 일어나는데, 연강(軟鋼)의 경우에, 온도의 상승과 함께 creep율이 급속히 증가하여 소성(塑性) 변화와 함께 파단(破斷)을 일으키기도 한다.

참고로, creep은 강(鋼)을 포함한 금속이 일정 하중에서 일정기간 동안 고온 속에 있을 때 늘어나는 현상을 말한다.

⑨ 수소 침식

장치에서의 수소 침식(侵蝕)은, 연강의 경우에 수소 부풀림, 수소 취화와 손상과

같은 형태로 나타난다. 정제보일러 및 접촉개질로와 같은 고온에서 수소를 처리하는 장치에서 수소 침식이 일반적으로 일어나는데, 보통 300~550℃ 온도 범위에서 파괴를 일으킨다.

i) 수소 부풀림 — 원자 상태의 수소가 강(鋼) 내부에 확산하여 공간(void)에서 분자 상태의 수소를 형성하여 수백 bar의 압력이 생겨 강의 내부에 표면 균열을 일으키며, 오염되고 다수의 void나 lamination 및 개재물(介在物)을 함유한 강(鋼)은 수소 부풀림을 형성하기 쉽다.

ii) 수소 취화(脆化)와 수소 손상 — 높은 온도와 수소 분압의 것에서 강(鋼)은 수소에 의한 탈탄(脫炭)작용으로 연성의 감소와, 결정 입계(結晶 粒界)에서의 미소한 균열의 형성으로 강도를 저하시킨다.

2) 부식 파괴

공정플랜트에서 부식 파괴를 일으키는 형태는 다음의 경우들이 있다.

① **전면 부식**(全面 腐蝕, general corrosion)

전체 폭로면에 걸쳐 부식성의 화학물질이나 또는 불순물에 의한 침식(侵蝕)의 결과로 발생하며 균일 부식(uniform corrosion)이라고도 한다.

② **스케일링**(scaling)

고온에서 가스상(狀) 환경 중의 산화에 의하여 금속표면에 두껍게 생성되는 산화피막(皮膜, scale)을 말하며, 특히 증기보일러 내에서 발생한다. 수용액 중에서는 금속면에 불용성물질이 침석(沈析)한 것이다.

③ **층상 부식**(層狀 腐蝕),

증기 환경 중에서 산화에 의해 생긴 스케일링의 또 하나의 형태로, 증기가열 보일러 급수기에서 발생한다.

④ **입계 부식**(粒界 腐蝕, intergranular corrosion)

결정 입계에 따라서 진행하는 부식으로 스테인레스강(stainless steel)의 경우, 500~800℃ 온도에 가열된 후, 부식상태로 노출된 형태에서 발생한다.

크롬(Cr)의 경우, 탄화크롬의 형성으로 결정 입계의 크롬 함량이 감소하면서 이들의 입계에서 부식이 발생한다.

⑤ **전식**(電蝕, stray current corrosion)

전지를 구성하는 2개의 서로 다른 금속 사이를 흐르는 누설 전류에 의하여 부식이 발생한다. 2개의 서로 다른 금속이 용접에 의해 접합되어 있는 경우에도 발생하기 쉬우며, 도금(塗金)표면과 같은 별도의 금속을 사용한 결과로 발생하기도 한다. 전식(電蝕)을 만드는 이종(異種) 금속의 조합으로 Fe-Cu가 있다.

⑥ 공식(孔蝕, pitting)

금속재료의 일부에 깊은 구멍(穴)이 있는 국부 부식으로, 구멍의 내측과 외측과의 산소 농도의 차이에 의한 전기화학적 전위(電位)의 결과로 생성하여, 이를 농담전지(濃淡電池) 부식이라고도 부른다. 급수 중에 산소 함량이 많은 경우, 정지 중의 보일러의 급수 가열기, 표면 결함 등이 pitting을 조장한다.

⑦ **나이프선상 부식**(knife線上 腐蝕)

모재(母材)와 용접 금속간의 사이에서 발생하며 주로 오스테나이트스테인레스강(austenite stainless steel)에서 생긴다.

⑧ **극간 부식**(隙間 腐蝕, crevice corrosion)

금속과 비금속 재료와의 극히 좁은 극간에서 국부적으로 생기는 접촉 부식으로 나사 연결부에서 일반적으로 발생한다.

⑨ 마모 부식(摩耗 腐蝕, erosion)

유체 중에 연마성 있는 고체입자가 있어, 유체에 따라 금속재료 표면을 마모할 때에 일어나는 격한 부식이다. 부식의 일반적인 형식으로 많은 형태가 있는데, 특히, 흐름의 제한 또는 방향 변화가 있는 장소(노즐, 밸브, 엘보우, T자관 등)에서 발생한다.

⑩ **외면 부식**(外面 腐蝕, subsurface corrosion)

단열재 중의 성분(예: 적하 물방울에 의해 침출된 염화물)에 의한 부식, 지하의 배관이 토양에 의한 부식도 있다. 전기화학적으로 인한 부식이기에 이의 방지에 음극 방식(陰極 防蝕)이 이용된다.

⑪ **응력**(應力) **관련 부식**

파괴는 흔히 부식과 응력이 조합된 결과로 생기는데, 이러한 형태의 부식으로 응력부식균열, 부식피로 및 응력부식으로 구분한다.

i) 응력부식균열(應力腐蝕龜裂, stress corrosion cracking)

부식과 정적 인장응력(靜的 引張應力)과의 결과로 발생하며, 연강(軟鋼) 및 austenite stainless steel 등의 많은 형태의 강(鋼)에서 발생하기가 쉽다. 이러한 부식균열이 일어나는 장치 부위는 주로 용기와 파이프의 모재(母材) 용접부, 노즐의 결합부 및 지지물(支持物)의 설치부이다. 또한, 부식균열을 일으키는 물질의 대표적인 것은 염화물이고, 이의 보온재로부터의 침출이 원인으로 일어난다.

ii) 부식피로(腐蝕疲勞, corrosion fatigue)

부식 환경 하에 놓여있는 금속재료에 반복적으로 응력이 가해져 피로균열이 일어나는 것으로, 기계적 피로에 비하여 현저히 손상되는 현상을 나타낸다.

iii) 응력부식(應力腐蝕, stress corrosion)

응력에 의해 가속된 부식이다. 응력부식에 의해 재료가 균열이 생기면 응력부식균열이라고 한다. 이러한 부식은 용접부, 노즐 및 설치부와 같이, 높은 잔류응력이 존재하는 장소에 서 발생한다.

참고로, 금속재료의 손상 비율을 사례 조사한 결과, 기계적 파괴가 43%, 부식파괴가 57%(국부부식: 전면부식≈2:1)의 비율을 나타내고 있다.(by Du Pont)

3) 압력용기의 파손

① 파국적 위험 — 대형 수리 또는 폐기를 필요로 하는 용기의 파열

② 잠재적 위험 — 작업 상태의 것에서 악화가 가능한 결함 및 수리를 필요로 하는 결함

참고로, 압력용기에서의 파손율과 사용 중의 파손의 원인과 발견 방법에 대하여 조사하여 본 결과, 파손의 원인은 대부분 균열이고, 이는 피로 및 부식 등에 의하여 발생하고 있는데, 이들은 주로 목측검사 및 누설이나 비파괴검사로 발견되고 있다.

6.2 재료 변형 및 파괴

공업재료로서 가장 많이 사용되고 있는 금속재료는 구성 원자의 배열이 규칙성이 있는 결정질 고체(crystalline solids)인데, 이를 구성하고 있는 재료의 응력과 강도에 대한 이해와 이의 사용에 따른 결함과 변형 및 파괴에 대한 제반 특성과 역학적 요인 및 시험방법 등을 설명하고, 이를 통하여 설비구조물에서의 결함과 파괴 방지를 위한 기본적인 방안을 검토하여 보고자 한다.

(1) 재료의 변형

1) 항복 강도

외력에 의해 금속 결정이 변형(變形, strain)할 때, 응력이 어느 한계 값을 넘게 되면 거시적인 영구 변형이 관측되어진다. 이 경우의 응력을 항복응력(降伏應力, yield strain) 또는 항복강도(降伏强度, yield strength)라고 한다. 즉, 단결정(單結晶)에 대해서는 임계전단응력(臨界剪斷應力)이다.

2) 변형 경화

결정에는 소성(塑性)변형(plasticity strain)의 진행에 따라 변형에 필요한 응력 즉, 유동응력(flow stress)이 증가하는 성질이 있다. 이를 변형경화(變化)(strain hardening) 또는 가공(加工)경화라고 부른다.

3) 크립 변형

일정 응력의 외력을 부가시킨 결정이 시간의 경과에 따라 소성변형을 일으켜, 최종적으로 파단(破斷)하는 현상을 크립(creep)이라고 하는데, 기본적으로는 부가 응력이 항복응력 이하에 있어서도 이러한 현상이 생긴다.

(2) 재료의 파괴

재료가 외부로부터의 힘에 의해 2가지 이상의 부분으로 분리되는 거시적 현상을 파괴(破壞, fracture)라고 부른다. 파괴의 발생 및 전파에는 대체적으로, 소성변형을 수반하게 된다. 그러나 진정한 소성변형 현상과는 달리, 파괴는 국부적으로 발생하고 이것이 진행하는 것으로, 파괴의 발생점 및 균열(crack)의 시점 등의 미시적 영역에서의 국소적인 재료의 특성이 거시적인 파괴라고 하는 현상을 지배한다. 파괴의 형식은 경험적 입장에서 다음과 같이 분류할 수 있다.

① **취성(脆性)파괴**(brittle fracture)

거시적인 소성변형이 일어나지 않고 재료가 파괴되는 현상으로, 주로 균열이 빠르게 전파하는 것을 특징으로 한다.

② **연성(延性)파괴**(ductile fracture)

커다란 소성변형이 일어나는 가운데 파괴하는 현상을 뜻한다.

참고로, 파괴까지에 재료의 흡수되는 에너지의 대소로부터, 파괴를 2가지로 대별하는 것이 보통이다. 즉, 미시적 기구의 입장에서는 결정성재료의 파괴를 결정입내(粒內)파괴(intergranular fracture)와 결정입계(粒界)파괴(transgranular fracture)로 나눈다.

③ **피로(疲勞)파괴**(fatigue fracture)

응력 및 변형의 반복에 의해 일어나는 재료의 갈라짐에 따라 파괴되는 현상으로, 반복되는 하중에 의해 촉진되는 파손 및 파괴 현상 중에서 가장 전형적인 현상이다.

④ **크립(creep)파괴**(creep fracture)

소성변형이 일정 응력의 외력이 가해지며 시간의 경과와 함께 증가하면서 파괴되는 현상이다.

1) 부식에 의한 파괴

부식(腐蝕, corrosion)에 의한 재료의 강도와 수명이 저하하는 즉, '환경파괴와 환경강도'의 문제가 제시되고 있는 바, 에너지문제에 관련된 예로서, 고속증식로에 이용되는 재료는 고온의 나트륨환경에서 소정의 기능을 발휘하여야만 하고, 지열(地熱)발전용 재료는 염소이온 및 황산이온 등의 유해부식성인자를 포함한 지열증기에 견뎌야 하는 것도 있다. 또한, 자주 이용되고 있는 고강도의 재료일수록 환경의 영향을 보다 강하게 받기에 통상의 대기에서도 재료의 강도 저하를 초래하는 것이 있다. 따라서 재료 강도의 저하 현상을 일으키는 각종 부식의 종류와 이의 방지 방법에 대하여 다음과 같이 정리하여 보고자 하였다.

① 전면부식

전면(全面)부식(또는 균일부식, uniform corrosion)에 의하여 부식재의 두께 또는 단면적이 감소하기 때문에, 일정한 하중에 대하여 부식재에 생기는 실제의 응력은 일반적으로 증가한다. 그러나 실제로 전체 표면에 걸쳐서 균일한 부식이 일어나는 것은 아니고, 표면의 각 위치에서 부식의 양과 형식에 차이가 생기고, 불규칙한 요철의 어느 표면이 된다. 이 요철면은 불규칙하게 분포한 응력집중과 국부부식을 일으키기 때문에, 실제로 부식을 입는다고 생각되는 것보다 큰 강도 저하를 일으킨다고 생각된다. 전면부식을 방지하는 방법으로는 다음의 사항들이 고려되고 있다.

i) 적정 재료의 선택
ii) 금속, 유기, 무기 등의 각종 재료에 의한 표면의 피복
iii) 환경에의 부식억제제의 첨가
iv) 설계두께에 대한 부식 벽의 부가

② 공식

응력 집중으로서 특히 문제가 되는 것으로 국부부식이 현저한 경우인데, 이의 하나로 공식에 의한 재료의 강도 저하이다. 공식(孔蝕, pitting)은 재료 표면상의(일반적으로 복수의 개소의) 미소한 국부에 집중적으로 부식이 발생하고 진행한 결과, 「부식 pit」라고 불리는 작은 둥근 구멍 또는 오목한 구멍의 국부부식의 전형적인 형태이다. 예를 들면, 배관, pipeline 등에서 관내의 액체의 부식 작용에 의해 내벽에 부식 pit가 발생·성장하면서 장시간동안 관벽을 관통하여 내용물이 누설하기도 한다. 이와 같이, 부식 pit에 의해 생긴 응력집중으로 균열의 발생이 촉진되는 것이다. 따라서 공식의 방지에는 다음과 같은 방법이 있다.

i) 내공식성(耐孔蝕性)을 높인 합금원소(예: 스테인레스강에서는 Cr, Ni, Mo, Ti, Si)를 첨가한 재료 및 공식 전위(電位)가 높은 재료, 또는 주어진 환경 하에

서 공식을 일으키기 어려운 재료를 선택한다.

ii) 환경을 변화시키게 되면, 환경에 적정한 처리를 행하여 공식 전위의 이동 등에 따라 공식을 일으키기 어렵게 한다. 용액의 유속 및 온도를 낮추는 것도 이와 마찬가지 이유로 공식 방지법의 하나가 된다.

iii) 재료에 외부 음극전류를 가하여 재료의 전극 전위를 강제적으로 공식 전위보다 낮은 상태로 유지함에 따라 공식의 발생을 방지한다.

iv) 공식은 재료의 표면 상태에도 큰 영향을 받는데 보통, 표면을 매끄럽게 하면 국부부식을 억제할 수 있지만, 기계연마는 전해(電解)연마보다 공식을 일으키기 쉬워 연마 및 기타 재료의 표면 처리방법에 주의를 요한다. 또한, 내공식성(耐孔蝕性)이 양호한 금속재료, 유기재료 및 무기재료에 의하여 재료 표면을 피복하는 것도 공식 방지법의 하나이다.

③ 극간부식

Gasket 및 packing의 닿는 면, bolt 및 rivet 연결부, 금속간의 틈새나 scale 및 sludge 등의 각종 퇴적물이 덮인 금속표면에는 자주 부식에 의하여 파헤쳐 진 것과 같은 깊은 구멍이 생긴다. 이러한 종류의 부식은 거시적인 국부부식의 하나로, 극간과 같이 용액이 체류하는 부분에 발생하기 때문에 극간(隙間)부식(crevice corrosion) 또는 '틈새부식'이라 부르고 있다. 극간부식에 의해 생긴 구멍은 응력부식균열 및 피로균열의 기점도 되어 재료의 강도저하를 초래한다. 그러므로 극간 부식의 방지를 위해서는 공식의 방지법과 마찬가지로 i) 적정 재료의 선택, ii) 액성(液性)환경의 pH값을 높이고, 부식억제제를 첨가하는 등에 의해 환경 처리를 행하고, iii) 음극방식을 시행하고, iv) 극간을 적은 구조로 하는 것이다.

④ Galvanic부식

Galvanic전지부식(또는 galvanic corrosion)은 접촉부식이라고도 부르는데, 전해질 용액 중에 또는 고온 환경 중의 이종(異種)금속 간이나 금속과 비금속 전도체와의 간에 무언가의 형태로 전기적 접촉이 생길 때 일어나는 부식이다. 강관과 접속한 철관, 강재의 선체에 딸린 청동제의 프로펠러, 알미늄제의 지붕에 딸린 스테인리스강재 터빈 나사 등에 이러한 종류의 부식이 일어난다.

Galvanic전지부식을 방지하는데는 우선, 이종금속을 조합하여 이용하지 않는 것이다. 그러나 부득이 이종금속을 조합시켜야만 하는 경우에는 i) gasket 등을 이용하여 양자를 전기적으로 절연하거나, ii) 양극으로 된 금속의 면적보다도 음극으로 된 금속의 면적을 작게 하는 것이다.

⑤ 탈성분부식

탈성분(脫成分)부식(또는 탈원소부식, parting corrosion)은 Zn, Ni, Cr, Mo, Sn, Co, Al, C 등의 합금을 구성하는 화학성분 중에 어느 특정 성분만이 선택적으로 이탈하는 현상인 것을 말한다.

탈(脫)성분부식을 입는 재료에는 치수, 형상 등의 변화는 거의 나타나지 않지만, 연성(延性)은 일반적으로 저하한다. 탈성분부식으로 오래 전부터 가장 많이 알려져 있는 것은 탈아연부식인데, 이는 구리-아연계 합금 중의 아연이 이탈하여 합금이 다공질의 구리가 많은 성분의 조성으로 변화함과 더불어 현저히 취화(脆化)하는 현상이다. 이의 사례로, 바닷물에 접촉한 구리합금제 열교환기관(管)에서 많이 볼 수 있다. 이러한 탈아연부식을 방지하는 방법으로는 i) 합금 중의 아연(Zn) 양을 15% 이하로 억제하고, ii) 첨가원소를 가하고(예로서, 단일 α상(相) 황동에 비소(As), 안티몬(Sb), 인(P)을 미량 첨가한다), iii) 연강(軟鋼)을 희생 양극으로 하여 음극방식을 행하고, iv) 열처리에 의해 조직을 균일히 하는 것이다.

⑥ 박리부식

박리(剝離)부식(spalling corrosion)은 Al-Mg 합금 또는 Al-Cu-Mg 합금의 압출재(押出材) 등의 표면층 아래에 생기는 층상(層狀)부식이다. Al-Mg 합금 및 Al-Cu-Mg 합금이 강하게 압연(壓延)되면 결정입자가 압연 방향으로 편평(偏平)한 결정조직이 되는데, 이러한 조직을 갖는 합금이 부식을 받으면 표면은 침식되지 않고 부식이 내부로 진행되어, 그 결과로 생긴 부식생성물에 의하여 합금의 표면층이 드러나면서 합금 표면에는 물집과 같은 돌기물이 일어나고, 이의 계속적 진행에 의한 압력으로 입계(粒界)가 견디지 못하여 표면층의 박리가 촉진되어, 결과적으로 국소적인 응력의 증가로 재료의 강도를 저하시킨다. 박리부식은 표면피복에 대한 적절한 열처리에 의하여 경감시킬 수가 있다.

⑦ 마모부식

마모(磨耗)부식(erosion corrosion)은 유체가 재료표면에 미치는 기계적 작용(예를 들면, 분류(噴流)에 의한 충격력 등)에 의하여 재료의 손모(損耗)가 표면에서 진행하는 현상을 말한다. 부식의 매체가 유체인 경우, 그 유동에 의하여 마모(erosion)와 부식(corrosion)이 협동하여 작용하기 때문에 재료의 손모가 가속적으로 증대하는 현상을 말한다. 바닷물의 분류와 같은 유속이 큰 부식성 유체가 고체표면에 닿으면, 그 충격작용에 의해 재료표면을 덮고 있던 부동태 피막이 파괴되고 부식성물질이 원재료에 접촉하기에 부식이 현저히 촉진되는 현상도 마모부식의 일종이다. 따라서 이의 손상을 경감하는 방법으로 i) 부동태 피막의 내충격성을 높이고, ii) 유속을 느리게 하고, iii) 유체 중의 할로겐이온 농도를 저하시키고, iv) 유체의 pH값을 높게 하는 등이 요구된다.

그리고 cavitation에 의하여 기포가 붕괴될 때 발생하는 강력한 충격압력이 재료 표면에 반복, 작용하여 재료가 손모 또는 손괴를 입는 cavitation 손상도 마모 또는 마모부식 현상으로, 이의 발생을 방지하는 방법으로는 유속을 어느 한도 이하로 제어하는 것이다. 수차(水車) 런너 및 터빈 날개 등의 형상을 개선하는 등이 있다.

⑧ 입계부식

입계(粒界)부식(intergranular corrosion)은 금속 및 합금의 입계 및 그 근처가 선택적으로 부식되는 현상이다. 이러한 부식을 입으면, 입계를 경계로 하여 결정입자 간의 분리가 생기고, 입계를 따라 균열이 생기기 쉽게 되고, 금속 및 합금의 연성 및 강도 또는 수명이 현저히 저하하게 된다.

⑨ 응력부식균열

응력(應力)부식균열(stress corrosion cracking)은 금속이 어느 특정 환경 하에서 일정한 인장(引張)응력을 받으면 균열이 생기고 파괴하는 현상으로, 외부로부터 가해진 인장응력 뿐만 아니라 냉간가공 및 열처리에 의해 발생한 인장잔류응력에 의해서도 응력부식균열이 일어난다.

응력부식균열을 방지하는 방법으로 i) 부하(負荷)응력을 경감시키든가 또는 인장잔류응력을 제거하기 위하여 뒤틀림 제거 소둔(燒鈍)을 행하고, ii) 사용된 환경에 대하여 응력부식균열 감수성을 보이지 않는 재료를 선택하고, iii) 응력부식균열을 방지하는 억제제를 환경 측에 첨가하고, iv) 음극방식(防蝕)을 행하고, v) 응력부식균열 감수성을 만들지 않는 열처리를 행하고, vi) 재료의 접액(接液)표면에 압축응력을 만들게 하는 표면처리를 행하고, vii) 응력부식균열이 생기기 어려운 구조로 하는 등이다.

⑩ 수소균열 또는 수소취성

수소균열(龜裂)(hydrogen cracking)은 고강도의 강(鋼)의 경우, 수소가 침입, 확산하여 내부에 흡장(吸臟)되어 균열에 대한 저항이 낮아져 눈에 보이는 취화(脆化)를 일으키기 쉬운 현상이며, 수소취성(脆性)(hydrogen embrittlement)은 고온·고압에서 수소취화를 입은 강(鋼)이 인장강도 이하의 큰 응력에서도 균열이 생겨 파괴를 일으키는 현상이다. 수소균열을 경감 또는 방지하는 방법으로는 i) 허용응력을 적게 취하고, 수소균열을 일으키는 임계값 이하의 응력으로 억제하고, ii) 수소균열 감수성이 낮은 재료를 선정하고, iii) 열처리에 의하여 탄소강 중의 탄화물을 구상화(球狀化)하여 수소균열에 대한 저항성을 높이고, iv) 수소균열 감수성이 보다 낮은 재료로 피복하는 등의 방법이 거론된다.

⑪ 부식피로

부식피로(疲勞)(corrosion fatigue)는 부식의 환경 하에 놓여있는 금속재료에 반복적인 응력이 걸려 기계적 피로에 비하여 현저히 손상되는 현상이다. 부식 피로의 가장 특징적인 것은, 대기 중의 피로에서는 피로한계를 갖는 재료로 있어도, 부식 피로에서는 그 대기 중의 피로한계 이하의 충분히 낮은 응력수준에서도 파괴가 일어나 피로한계가 나타나지 않게 되는 것이다. 따라서 부식피로에 의한 재료강도의 저하를 경감시키거나 방지하는 방법으로는 다음과 같다.

다만, 이들의 방법이 모든 재료-환경의 조합에 유효한 것은 아니기에 각각의 경우에 적합한 방법을 취하는 것이 필요하다.

i) 내식성(耐蝕性)이 좋은 재료의 사용 또는 내식성 원소의 첨가
ii) 도금, metallikon 등의 금속 피복
iii) 합성수지도료, 방청페인트, 연단(鉛丹), enamel 등에 의한 도장(塗裝)
iv) 질화(窒化), 고주파 소입(燒入) 등에 의해 재료표면에 적당한 압축잔류응력이 생기도록 표면 처리
v) Alumide, 인산염 등에 의해 양극(陽極)산화 처리 및 화성(化成) 처리
vi) 억제제 등을 첨가하여 환경 처리. 예로서, 0.35% C강(鋼)의 수중 부식피로에는 200ppm의 $Na_2Cr_2O_7$이 부식피로에 의한 강도 저하 방지에 유효
vii) Cathod 방식(防蝕)의 시행
viii) 절결부(切缺部)에서의 응력집중을 완화시키거나 절결부를 제거, 또는 설계 응력을 저하하는 등의 부하 응력을 작게 하는 구조 변경

2) 고온파괴 및 creep파괴

① 고온에서의 파괴·파손

보일러, 터빈, 원자로 압력용기, 화학플랜트 등의 고온기기는 그 사용조건이 가혹한 것이 많아 고온 하의 파괴·파손의 형상이 다양할 뿐더러 상호 영향을 미치는 복잡한 양상을 띄우고 있어, 시험 및 정량적 평가에서 곤란을 겪는 경우가 많다. 표 6.1에 고온에서의 파괴·파손을 분류하여 보았다. 이와 같은 다양한 파괴 현상 중에 고온에 특징적인 것으로서, creep에 의해 대표되는 시간 의존의 파괴 현상이 있다. 고온에서는 creep 파괴, relaxation은 물론이고, 인장시험 및 피로시험에서도 실온에서는 보이지 않는 시간 의존 현상이 생긴다. 특히, 피로에서의 시간 의존 현상은 'creep·피로 상호작용'이라 부른다. 또한, 고온에서는 활성화한 산화성 분위기의 영향 및 장시간 고온에 놓여있음에 따른 재질 변화 및 열화가 일어난다.

표 6.1 고온에서의 파괴·파손의 분류

일정한 하중 없이 변형	취성·연성 파괴, relaxation, creep, 좌굴(座屈) 등
반복적인 응력 없이 뒤틀림	동(動)creep, 동(動)relaxation, 저(低)cycle피로, 고(高)cycle피로, creep·피로 상호작용, rachet 등
열응력	변동 온도 하의 creep, 열rachet, 열피로, 열충격 등
환경 · 분위기	피로분위기 상호작용, 수소취화, 고온산화·고온부식, 침탄(侵炭)·탈탄(脫炭) 등

이와 같은 다양한 파괴 및 파손을 방지하기 위하여 고온구조 설계code가 정하여져 있고, 많은 경우, ASME Boiler and Pressure Vessel Code, Code Case N-47가 적용되고 있다.

따라서 이상의 파손을 방지하기 위한 대상 기기, 사용시간·조건에 따른 허용응력 체계와 뒤틀림 및 변형의 제한이 규정되고, 더욱이 creep·피로 상호작용 하의 수명 평가법도 도입되고 있다.

그리고 고온기기의 설계에 있어, 먼저 사용온도에서의 재료의 강도 특성을 알 필요가 있다.

② Creep파괴

일정한 응력 하에서 시간과 함께 변형이 진행하는 현상을 creep이라고 한다.

그림 6.2에 그 대표적인 creep곡선을 나타내었는데, 온도와 응력이 일정 하에서 creep 뒤틀림과 시간의 관계에서 통상 3영역으로 나누어지는데, 각각 제Ⅰ기 (primary) creep 또는 천이(遷移) creep, 제Ⅱ기 (secondary) creep 또는 정상 creep, 제Ⅲ기 (tertiary)creep 또는 가속 creep으로 불린다. 이 곡선은 온도 (T)와 응력(σ)에 강하게 의존하고 어느 온도와 응력 이하에서는 creep이 생기지 않는 한계가 있다.

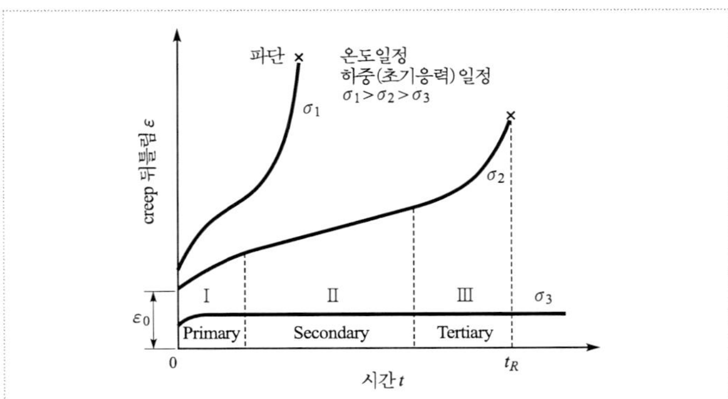

그림 6.2 시간에 따른 creep곡선

3) 반복하중에 의한 파괴

① 피로파괴

응력 및 뒤틀림의 반복에 의해 일어나는 재료의 균열 또는 이에 의한 파괴를 피로(fatigue)라고 하는데, 반복되는 하중에 따라 촉진되는 파손·파괴 현상 중에서 가장 전형적인 현상이다. 피로파괴에는 다음과 같은 특성이 있다.

i) 건조 상태에서, 철강에는 피로파단을 일으키는데 필요한 최저의 응력 또는 여러 회의 반복에 견디는 응력으로서의 피로한계(fatigue limit)가 있다.

ii) 피로과정은 ① 활강대의 형성, ② 미시적 균열의 발생·성장, ③ 거시적 균열의 발생·성장의 전부 또는 일부로 구성된다.

iii) 피로균열의 성장속도는 Young계수(Young's modulus)가 같으면 응력확대계수의 함수이다.

iv) 균열재에서도 균열이 성장하지 않는 한계의 응력확대계수($\triangle K_{TH}$)가 있다.

크랭크, 프로펠러축, 차축, 기어 등의 기계요소의 파괴는 대부분이 여러 회의 응력 반복에 의한 피로(고(高)cycle피로)에 의한 것이다. 그러나 압력용기 등과 같이 반복횟수는 적지만 높은 응력 또는 뒤틀림을 받았을 때의 파괴도 저(低)cycle피로라고 부르며, 역시 일종의 피로로서 취급한다.

② 피로균열과 파괴역학

균열 또는 균열상 결함을 갖는 재료, 부재 및 구조물이 역학적 원인으로 파괴하거나 기존의 균열 및 균열상 결함의 첨예단(尖銳端)에서 새로운 균열이 발생하는 형으로 성장·전파하여 파괴하는 경우가 파괴역학(fracture mechanics)의 적용 대상이 된다. 그리고 평활평탄 표면으로부터의 또는 기존 균열의 선단(先端)이외로 부터의 균열의 발생은 오히려 Griffith의 제2법칙 등의 판정방법의 적용 대상이 된다.

6.3 장치 및 재료 안전

(1) 기계장치 안전

기계에 의한 사고·재해는 인명에 치명적일 가능성이 높은 바, 이에 대한 기술적인 대책을 세워 대처하면 대부분 이를 방지할 수 있게 된다. 특히, 기계설비를 취급하는 작업자에 대한 안전대책으로는 인간공학적인 측면과 작업환경의 조건에 따라 적절한 조치를 취하여야 하는데, 일반적으로 다음과 같은 방법이 있다.

① 보호커버, 덮개, 안전표지 등을 설치하여 작업자 및 제3자가 위험부분에 접촉이나 접근을 하지 못하도록 한다.

② 작업자는 기계장치를 조작 중에 위험부분에 있지 않도록 한다.

③ 공급장치의 자동화 등으로 작업자가 위험부분 가까이 있을 필요가 없게 한다.

④ 위험부분에 접근하려면 사전에 일정한 과정을 거치게 하고, 이를 끝나면 위험부분의 위험성이 제거되도록 한다.

⑤ 위험상태의 발생을 작업자에게 사전에 경고하고, 때로는 기계적인 방법으로 그 위험성이 자동적으로 배제되도록 한다.

다만, 위의 방법들 중에 하나의 방법만으로는 대부분의 위험을 방지하거나 억제하지는 못하므로 이들의 여러 방법을 병행하여야 할 것이다.

그리고 기계의 조작 실수에 의한 사고·재해는 어느 정도 이들 방법으로 해결할 수 있지만 인간공학적인 견지에서 표시, 조직계통 및 작업환경 등에 대하여 적절한 조치를 취하는 것이 요망된다. 여기에서는 기계장치의 종류별로 이의 안전대책에 대하여 간단히 설명하고자 한다.

1) 원동기계

① 원동기

원동기(原動機)의 후라이휠은 작업자가 접근하지 않도록 울타리 및 덮개 등을 씌워 방호하여야 한다. 그리고 후라이휠은 손으로 돌릴 필요가 있는 경우에는 방호덮개의 바깥에서 덮개의 열린 틈을 통하여 행하도록 한다. 또한, 작업 중에 조작핸들에 작업복이 말려들거나 갑작스런 동력에 이끌려 들어가지 않도록 그 배치를 고려하는 것도 필요하다.

종합운전방식의 경우, 개개의 기계에 동력차단장치를 하여서는 안되고, 기계를 가동할 때에는 적당한 경보를 울리게 하는 것도 필요하다. 또한, 돌발적인 사고가 발생하였을 경우에는 기계를 급정지시키는 장치를 설치하여 각 작업장에서 조작되도록 하는 것이 이상적이다.

② 동력전달장치

동력전달장치(動力傳達裝置)는 대부분의 기계에 많이 사용되는데, 이에 의한 사고·재해 위험성도 크다. 그러므로 작업 중에 이 장치에 접촉하거나 다칠 염려가 있는 부분(높이 1.8m 이내의 범위에 있는 기어와 피니언, 프리와 벨트 등에 있어서는 어떠한 경우라도)에는 상단 부분에 망이나 덮개를 씌워야 한다.

이들 망이나 덮개의 위치, 사이의 간격 및 망의 눈금 및 구멍의 크기는 작업자의 손이나 신체의 행동 범위를 고려하여 과학적으로 결정하여야 할 것이다.

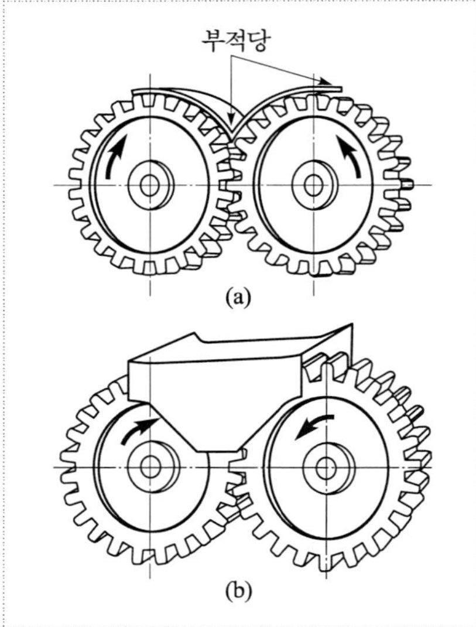

그림 6.3 기어의 접합부의 방호

참고로, 그림 6.3에 이에 대한 예를 나타내었는데, 기어용 덮개를 상단 부분에 설치하는 경우로, (b)와 같이 씌우는 것이 적당하다.

2) 공작기계

공작기계(工作機械)로는 연삭반(硏削盤), 선반(旋盤), 볼반(盤), 후라이스반(盤) 등이 있는데, 이들의 조작 및 가동에 있어 사고·재해를 방지하기 위한 방호덮개의 설치 및 작업상의 주의사항 등을 숙지하여야 할 것이다.

① 연삭반

연삭반(硏削盤, grinder)에 의한 연삭가공은 여러 형상의 연삭숫돌을 고속도로 회전시켜 가공하는 것이고, 연삭숫돌은 입자들을 결합체로 결합한 것으로 입자들은 작은 바이트와 같이 절삭을 한다. 연삭숫돌은 취약하여서 중심축에서 직접 지지하는 것이 위험하며, 숫돌지름의 1/2 ~ 1/3의 플랜지(flange)의 튀어나온 부분으로 숫돌의 측면을 고정하여야 한다. 그리고 숫돌이 회전하는 중에 파괴되는 경우의 안전을 위하여 그림 6.4에서와 같이 연삭기의 종류, 형상 및 치수에 따라 이에 적합한 덮개를 씌워야 한다.

② 선반

선반(旋盤, lathe) 작업에서 칩이 끊어지지 않고 연속하여 나오게 되면 가공물 표면이 손상되고 작업자에게도 위험하다. 방호장치로는 칩이 짧게 끊어지도록 바이트에 '칩 브레이커(chip breaker)'를 만드는데, 홈(오목)형과 돌기(볼록)형이 있다.

또한, 선반 작업에서는 다음과 같은 안전수칙이 요구된다.

i) 칩이 튀는 것으로부터의 눈의 보호를 위하여 보안경을 착용하고 작업한다.

ii) 회전부에 옷이나 소매, 장갑 등이 말려들어가지 않도록 조치하고 면장갑은 사용하지 않는다.

iii) 돌출하여 회전하는 부분에는 덮개를 설치한다.

iv) 칩이 연속하여 나오지 않도록 칩 브레이커를 사용하고 가능하면 칩이 자동으로 제거되는 구조로 한다.

v) 가공재의 길이가 직경의 12배 이상이 되면 불안전한 절삭상태가 되므로 방진구를 사용한다.

vi) 치수를 측정할 때에는 반드시 기계를 정지시키고 측정한다.

vii) 주유 및 청소할 때에는 기계의 운전을 정지시킨다.

viii) 가공물은 견고히 주축대에 고정시키고, 주축대에 이상진동이 생기면 즉시 정지시키고 점검한다.

ix) 구멍이 있는 가공물을 가공할 때에는 심봉을 사용한다.

x) 센터로 지지한 공작물을 절단 작업하면 바이트가 파손되므로, 이 경우에는 절단 작업을 하지 않는 것이 원칙이다.

xi) 공구는 작업순서대로 정리하여 두고, 베드 위에 공구를 놓지 않는다.

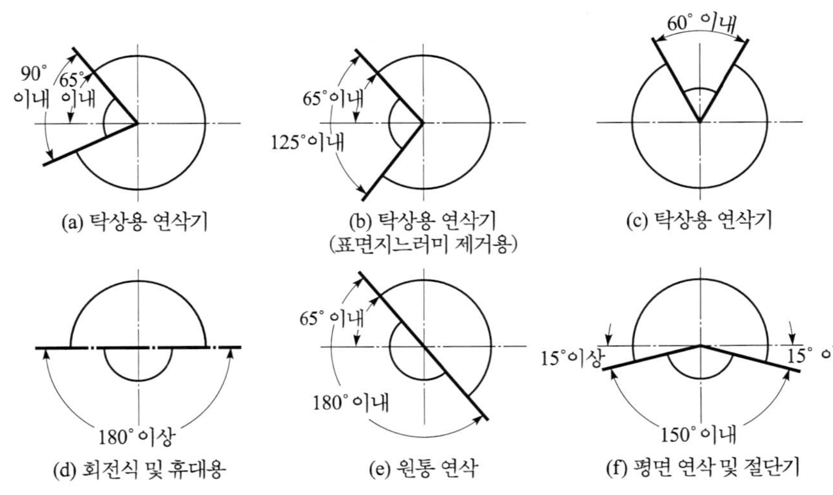

그림 6.4 숫돌의 덮개

3) 제조기계

① 프레스

프레스(press)는 회전운동을 직선운동으로 전환하는 기구를 이용하여 금형의 상부인 펀치(punch)와 하부인 다이(die)사이에 박판의 소재를 가압하여 성형 가공하는 기계로서, 소재를 송급하거나 올바르게 위치하려 할 때, 슬라이드의 하강으로 금형 사이에 손 및 손가락을 집어넣게 됨에 따른 절단 또는 골절되는 위험이 발생하게 된다. 따라서 프레스에는 다음과 같이 여러 안전 부속장치를 사용하고 있다.

i) 클러치(clutch)

클러치의 종류에는 확동식(positive)과 마찰식(friction)의 것이 있는데, 확동식은 슬라이드가 하강할 때 중간에서 급정지시킬 수가 없어서 제조, 사용을 금지하고 있으며, 현재에 사용되는 마찰식은 공기압 및 유압브레이크와 결합하여 슬라이드가 하강할 때 급정지할 수가 있는 방법이다.

ii) 기타 부속장치

ㄱ. 1행정 1정지 기구: 작동 버튼을 계속하여 누르고 있어도 1행정(슬라이드가 한 번 하강하였다가 다시 상승하는 것)을 한 뒤에 반드시 정지하는 기구

ㄴ. 급정지 기구: 비상시에 급정지하는 기구

ㄷ. 안전 블록: 금형을 교환할 때에 안전을 위하여 슬라이드와 테이블 사이에 삽입하는 블록

ㄹ. 촌동운동기구: 작동버튼을 누르고 있을 경우에만 작동하고 손을 떼면 즉시 정지하는 기구

ㅁ. Over-run 감시장치: 크랭크의 정지 각도를 매번 행정마다 감시하여 설정한 각도를 넘으면 정지시키는 기구

ㅂ. 과부하 방지장치: 과부하에 의한 프레스의 파손을 방지하기 위하여 유압식, 전단판식이 있다.

② 전단기

전단기(剪斷機, cutter)도 프레스와 같이 절단 날의 하강으로 소재를 절단 가공하는 위험한 기계이다.

참고로, 프레스 및 전단기에 이용하는 안전장치에 대하여 설명하고자 한다.

i) 가드(guard)식 안전장치: Limit switch 등을 사용하여 가드를 닫지 않으면 작동할 수가 없고, 작동 중에는 열릴 수 없는 구조이다. 작동방식에 따라 하강식, 상승식, 횡(橫)슬라이드식, 도립식(倒立式) 등이 있다.

ii) 양수조작(兩手操作)식 안전장치: 반드시 두 손으로 누름버튼을 눌러야 작동

되는 구조이고, 누름버튼 간의 간격은 최소 300mm 이상을 두도록 한다. 또한, 버튼은 작동 후에 손이 위험구역에 들어가지 못하도록 위험구역으로 부터 안전거리 이상 떨어진 곳에 설치하도록 한다.

iii) 광선식(光線式) 안전장치: 급정지 기구가 있는 프레스 앞에 투광기(投光器) 및 수광기(受光器)를 설치하여, 슬라이드가 하강 중에 손이나 인체의 일부를 감지하면 급정지기구가 작동되어 슬라이드를 정지시키는 것이다.

iv) 수인식(手引式) 안전장치: 슬라이드의 하강을 이용하여 끈을 당겨 손목밴드를 착용한 작업자의 손을 금형 안에서 밖으로 끌어내는 장치이다. 수인끈은 금형을 설치하는 테이블 폭의 1/2 이상의 길이로, 직경이 4mm 이상의 합성섬유 재질로, 절단하중은 설치한 상태에서 150kg 이상이어야 한다.

v) 손쳐내기식 안전장치: 슬라이드에 레버를 사용하여 연결한 봉이 슬라이드의 하강에 의해 위험영역에 있는 손을 밖으로 쳐내는 장치이다.

③ 롤러기

롤러(roller)기는 고무나 합성수지 등을 2개 이상의 원통형 roll을 반대방향으로 회전하면서 가공재료를 roll 사이로 통과시키고 roll의 압력으로 소성변형시키는 기계이므로, 롤러기의 안전을 기하는데 있어 기본적으로 가드(guard)와 급정지장치가 설치되고 있다.

i) 가드(guard): 송급대가 있는 경우의 일반적인 가드의 최소가드선은 설치할 가드의 안쪽과 위험선과의 최소거리로서 1.5인치(38.1mm)로 하며 이때의 허용개구부는 0.375인치(9.5mm)이고 최소 허용개구부는 0.25인치(6.4mm)이다. 그리고 송급대가 없는 경우로, 중앙에서 소재가 공급되는 롤러에서 상하로 설치하고, 거리에 따른 허용개구부는 송급대가 있는 경우의 가드와 같으나 개구부를 상하 가드의 틈새로 한다.

ii) 급정지장치: 롤러기의 최대작동속도로 무부하 상태에서 공회전 시킬 때의 급정지거리는, 롤러의 원주속도가 30m/mm 미만에서는 roll 원주의 1/3, 30m/mm 이상에서는 roll 원주의 2/5 이내이어야 한다. 또한, 급정지장치로는 막대나 로프로 정지시키는 손조작식, 신체의 복부 압력으로 작동되는 복부조작식, 신체의 무릎으로 눌러 작동하는 무릎조작식이 있다.

④ 목공기계

목공(木工)기계는 매우 위험성이 높은 기계로, 목공소에서의 사고·재해의 40% 이상을 차지하고 있다. 목공기계로는 회전톱, 대패 등이 있는데, 이들 기계에는 손이 톱날에 닿지 않도록 자동식이나 고정식의 덮개를 사용하도록 한다.

⑤ 방적(紡績), 방직(紡織) 및 봉제(縫製) 기계

방적기계의 기어, 샤프트, 프리 및 벨트 등에는 완전한 덮개를 씌우고, 덮개와 위험한 회전부분과는 로올 등이 완전히 정지하지 않으면 덮개가 열리지 않도록 하는 것이 좋다. 그리고 방직기, 공업용 미싱, 교반기, 혼합기 등에 대해서도 이들의 동력전달장치 부분에 적합한 덮개를 씌우거나 안전장치를 하여야 한다.

⑥ 공구(工具)

i) 수공구

수공구(手工具)로는 해머(hammer), 스패너(spanner), 드라이버(driver), 핀처(pincher), 브라이어 등이 있는데, 이들에 의한 사고·재해는 그 자체에는 있지 않지만 2차적으로 크게 입기가 쉽다. 따라서 수공구에 의한 사고·재해를 방지하기 위해서는 작업에 적합하고 결함이 없는 공구를 선택하여 정확한 사용방법을 알고 사용하도록 한다. 특히, 폭발성 가스 및 증기를 취급하는 곳에서 작업할 때에는 불꽃이 일어나지 않는 공구(無火花工具)를 사용하여야 하는데, 이는 베릴리움(Be) 등의 비철(非鐵)금속으로 만들어지고 있다.

ii) 전동공구

전동공구(電動工具)로는 전기드릴(drill), 전기회전톱, 전기그라인더(grinder) 등이 있는데, 이들 문제점으로 누전에 의한 감전사고이다. 따라서 사전에 기계부속의 어-스그립(earth grip)을 어-스선에 연결하거나 접지(接地)시켜서 사용한다. 전기드릴의 경우, 작업할 때에는 가공물이 움직이지 않도록 하고 손 장갑의 사용을 피하도록 한다. 그리고 전기회전톱은 자유로이 움직여 사용하므로 작업상 필요한 톱날만을 노출시키는 가동형(可動型) 덮개를 씌워 사용한다. 또한, 전기그라인더는 급격한 회전속도로 가동되므로 그라인더용 고정 받침대를 설치하는 것이 좋으며, 그라인더의 덮개는 그라인더의 노출이 180°이내로 하되 작업자 측에 노출이 되지 않도록 한다.

iii) 공기공구

공기공구(空氣工具)는 압축공기를 사용하는 기계공구로, 공기그라인더, 공기끌 및 공기리벳터(reveter) 등이 있다. 이들 공구는 운반 중에 작동 밸브가 급히 작동하지 않는 구조와 손을 떼면 밸브가 자동적으로 닫히는 것이 좋다. 그리고 호-스 및 연결부분은 사용하는 공기압에 대하여 충분히 강하고 견딜 수 있는 것이어야 한다.

⑦ 용접기 및 가스절단기

i) 용접기

용접기(鎔接機)에 의해 금속을 용융시켜 접합하는 융접(融接)으로 아크용접, 특수용접 및 가스용접이 있다. 그리고 용접체에 전류를 통하여 접촉부에 발생하는 전기저항열로 모재를 용융 상태로 한 후에 외력으로 접합하는 압접(壓接) 또는 전기저항 용접, 납을 용융시켜 금속을 접합하는 납접(鉛接) 등이 있다. 이들 중에서 많이 사용되는 아크(arc)용접기를 예를 들고, 이에 따른 용접 중의 사고의 위험과 이의 방지대책을 정리하여 보았다.

ㄱ. 감전 — 아크용접기는 낮은 전압으로도 큰 전류가 흐르는 수하(垂下)특성(drop characteristics)을 갖고 있어 특히, 교류 아크용접기는 아크를 발생하지 않아도 용접봉 홀더와 어스에 60~95V의 높은 무부하 전압이 걸려 있어 감전의 위험이 크다. 따라서 이를 위한 감전 방지를 위해서는 무부하 전압이 낮은 용접기나 자동전격방지기(아크 발생이 중단된 후에 1초 이내에 전압을 25V 이하로 강하시키는 장치)를 사용하도록 한다.

ㄴ. 눈 손상 — 아크용접 중의 아크는 고온의 강렬한 광선을 발산하는데, 광선 중에는 가시광선 이외에 눈에 보이지 않는 자외선과 적외선이 있는데, 이들 모두 눈에 매우 해롭다. 따라서 유해 광선을 차단하는 차광 보호구로 보호 안경과 보안면을 사용하도록 한다.

ㄷ. 연기와 가스 중독 — 아크용접 중에 용접봉의 연소에 의한 이산화탄소 발생에 대하여 작업장의 환기시설의 설치, 방진마스크나 방독면 및 외부에서의 공기를 공급하는 송기마스크의 착용이 요구된다.

ㄹ. 피부 손상 — 아크광선이 피부에 접촉하거나 슬래그(slag) 등이 튀어서 화상을 입는 경우가 있으므로, 보호장갑, 앞치마를 착용하여 피부의 노출을 막고 안전모 및 안전화 등의 개인보호구를 반드시 착용하여야 한다. 특히, 안전화는 다리의 화상뿐만 아니라 공구, 재료 등의 낙하에 의한 충격위험 및 감전의 방지에도 효과적이다.

ㅁ. 화재 및 폭발 — 용접 중에 주위에 가연성물질이 있으면 아크불꽃 등에 의하여 화재 및 폭발을 일으킬 수 있다. 그러므로 작업하기 전에 가연성물질을 격리하고, 탱크나 배관 등의 용접수리 작업할 경우에는 내용물을 충분히 청소하고 위험성물질을 완전 제거하도록 한다.

ii) 가스안전장치

가스절단이나 가스용접장치의 작업에 따른 화재 및 폭발과 중독이나 화상 등의 발생 위험의 방지를 위하여 이들 장치에는 가스의 역류 및 역화(back fire)를 방지할 수 있는 다음과 같은 안전기를 설치하여야 한다.

ㄱ. 수봉식(水封式) 안전기 ― 저압용(사용압력이 0.07kg/cm^2 미만)과 중압용(사용압력이 0.07~1.3kg/cm^2)이 있고, 가스가 역류하면 물로 가스의 통로를 밀봉하여 역류를 방지한다.

ㄴ. 건식(乾式) 안전기 ― 스프링식 안전장치 등을 사용하여 역류를 방지한다.

4) 운반기계

① 연속운반기계

대표적인 연속운반기계로 컨베어(conveyor)가 있으며, 종류로는 벨트(belt)형과 스크류(screw)형 및 버킷(bucket)형, 공기(air)형이 있다. 이들은 대부분 전동기에 의하여 구동되고 있다. 따라서 일반적인 작업 중에 있는 전기에 관한 안전지식을 갖고 있어야 하며 특히, 접지 및 시동정지의 방법, 컨베어의 최대경사각 등에 관한 공학적 고찰을 행하여 설비하도록 하여야 한다. 참고로, 벨트 컨베어의 안전장치로는 역전방지장치, 급정지장치, 물림방지블럭, 벨트크리너가 있다.

② 유체운반

유체를 운반하는 과정에서 가장 위험한 발생원은 정전기의 발생이다. 따라서 이에 대한 대책은 장치상의 대책으로 해결하여야 하는 바, 정전기 발생의 억제, 접지, 전도성(傳導性)의 부여, 습기에 따른 확산 등에 대하여 고려하여야 한다.

이외의 운반기계로는 운반차량, 탱크화차 및 선박 등이 있는데, 운반차량 및 탱크화차는 안전운전을 위한 여러 조치의 시행 및 운전 중의 주의사항 등을 지켜야 할 것이며, 선박에 있어서는 특히, 하역작업 중의 사고·재해 방지를 위한 기술적인 대책을 세워야 할 것이다.

5) 양중기계

양중(揚重)기계는 동력을 이용하여 인간과 물체를 인상 또는 인하하는 기계로서, 크레인(crane), 리프트(lift), 곤돌라(gondola) 및 승강기(elevator, 최대적재하중이 0.25ton 이상인 것) 등이 있다. 주요 기계요소로서, 와이어로프(wire rope)는 높은 안전성을 요구하는 바, 다음과 같이 이의 구성과 사용할 경우에는 안전율을 고려한 용도에 적합한 구조와 선정, 적정한 취급 및 유지와 관리가 필요하다.

- 와이어로프의 구성과 안전율: 소선(素線)의 재질은 양질의 탄소강으로 인장강도는 135kg/mm^2 이상이어야 한다. 또한, 허용하중과 절단하중의 비율인 안전율은 보통 5 이상, 엘리베이터에서는 10 이상으로 하여야 한다.

① 크레인

크레인에 의한 사고·재해는 크레인 자신이 고장 및 파손에 의한 것과 크레인작업에 의한 인위적인 동작에 의한 것으로 나눌 수 있는데, 전자는 설계, 제작 또는 재료의 결함, 보수 및 취급에서의 불완전에 기인한 것이며, 후자는 작업 중의 사고 또는 기계 자체와의 접촉 및 통전(通電) 부분에서의 접촉에 의한 것으로, 작업자 부주의에 기인하여 직접적인 인적재해를 가져온다. 따라서 크레인을 다루는데 있어 안전 운전을 위한 주의사항 및 안전수칙의 이행을 위한 인적인 대책과 아울러 크레인의 강철구조부분, 기계부분, 전기부분, 마찰부분의 안전도 및 내용도(耐容度) 등을 점검, 보수 및 관리하는 기술적 대책도 행하도록 한다.

그리고 안전장치로, 설정된 정격하중보다 큰 하중이 작용하면 경보를 울리게 하는 과부하(過負荷)방지기, 훅크(hook)로 하중을 일정한 높이의 이상으로 권상(卷上)하지 못하도록 지정된 곳에서 limit switch를 사용하여 권상을 정지시키는 권과(卷過)방지장치가 있다.

② 리프트

리프트는 세워진 철탑에 안내 레일(rail)을 고정시키고, 승강용 카(car)를 윈치(wintch) 등의 양중기로 권상하는 설비로, 주로 건설현장에서 콘크리트나 건축자재 운반 등에 사용된다. 안전장치로는 라쳇트(rachet)식과 쐐기식의 낙하방지장치와 수평유지장치 및 과부하방지장치가 있다.

③ 승강기

i) 안전장치

ㄱ. 조속기: 속도가 규정 속도의 130% 이상이면 전자브레이크로 승강기를 정지

ㄴ. 비상정지장치: 긴급한 경우에 정지시키는 장치

ㄷ. 완충기: 비상정지장치 및 브레이크가 작동하지 않아 추락할 경우, 바닥의 충격을 완화하는 장치로, 스프링식(60m/min)과 유압식이 있다.

ㄹ. 도어인터록장치: 승강스위치와 동시에 가동하여 밖에서 문이 열리지 않는다.

ㅁ. 구출구: 승강기가 중간에 정지하였을 때, 승객을 천정으로부터 탈출시킨다. 단, 구출구를 열면 엘리베이터가 정지하는 인터록장치가 필요하다.

ㅂ. 수동핸들: 전동기의 축 끝에 들어있으며, 브레이크를 늦추어 인력으로 케이지를 바닥까지 움직인다.

ii) 와이어로프의 안전율

권상용 와이어로프는 승객용은 안전율을 10 이상으로, 화물용 와이어로프는 6 이상으로 하며, 조속기용 와이어로프는 4 이상으로 한다.

6) 부대시설

부대시설(附帶施設)에서 물품을 취급하거나 운반할 때 일어나는 사고·재해는 그 형태가 많고 다양하며 그 원인도 여러가지이다.

① 바닥

작업동작을 안전하게 행하기 위하여서는 작업에 적합한 공간이 있어야 한다.

그림 6.5에서와 같이 각각에 필요한 동작을 예측하고 여기에 필요량의 가공물 및 용구를 놓을 장소의 면적을 가산하여 결정한다. 바닥은 여기에 놓는 기계, 재료 및 차량 등에 대하여 충분히 강해야 하며 특히, 강도를 고려하여 사전에 강도를 검토하고 제한하중을 정하고 표시하여야 한다. 그리고 바닥의 재료는 접촉하는 물질에 대하여 적절한 것을 사용하는데, 아스팔트몰탈, 수지계(주로 에폭시수지), 고무액 혼합몰탈 등이 쓰인다.

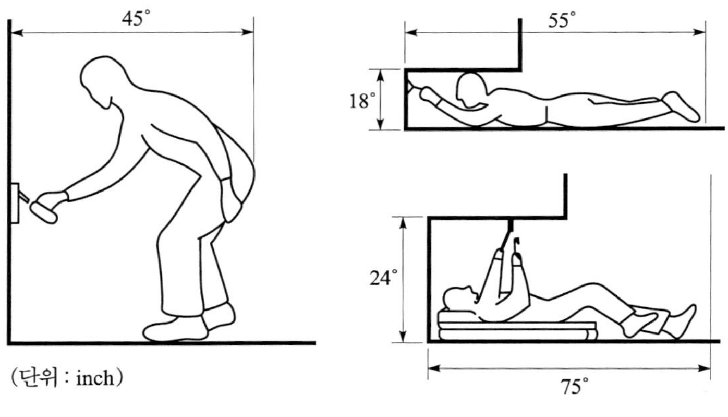

그림 6.5 동작구역

② 통로

통로는 흰색 선 등으로 바닥 위에 표시하고, 다음과 같은 폭을 갖도록 한다.

i) 보행자의 일방통행(물건을 지니지 않음): 80cm

ii) 보행자의 일방통행(물건을 지니고 있음): 105cm

iii) 차도(일방통행): (차폭+60)cm

iv) 차도(교차통행): (차폭×2+90)cm

③ 계단 및 사다리

점검 및 조정 등으로 매일 위 아래로 빈번히 드나드는 장소에서는 이에 필요한 계단 및 사다리에 대하여 경사도, 단(段)의 높이 및 폭, 재질 등에 대한 설비에 있어 안전을 위주로 한 인간공학적인 입장에서 고려되어야 할 것이다.

경사로는 20°이하의 경사를 이룰 때 이용하는데, 표면이 거칠고 견고한 구조로 된 것이 필요하며, 양쪽 난간에 설치하는 것이 바람직하다. 계단은 경사가 20~30°일 때도 사용되지만 보통 30~45°일 때에 설치하는 것이 필요하다. 그림 6.6에서와 같이 단(段) 사이의 높이는 18~19cm, 각 단의 이동거리는 24~28cm, 돌출부는 2~4cm 정도가 표준이고, 난간의 손잡이는 한쪽에 벽면이 있든 없든 간에 양쪽을 설치하는 것이 바람직하다. 그리고 사다리는 경사각이 50° 이상인 경우에 이용하는데, 50~75°일 때는 평탄히 밟는 면이 필요한데, 그림 6.7에서와 같이 밟는 면간의 수직거리는 18~40cm가 보통이며 30cm가 이상적이다. 또한, 사다리에는 양쪽 난간의 손잡이가 필요하며 높은 사다리에서는 공포감을 감소시켜 줄 수 있는 배려도 필요하다.

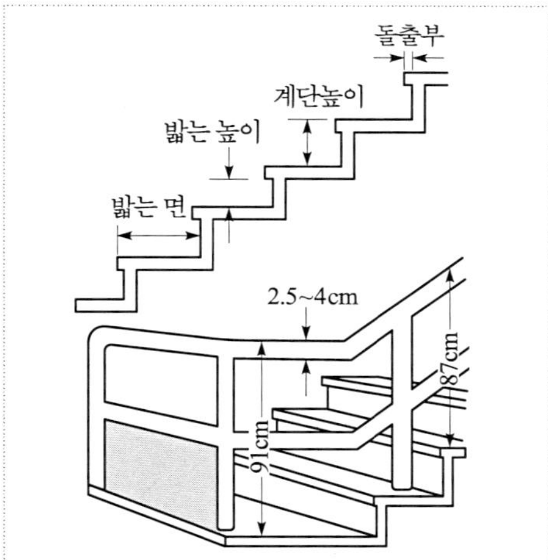

그림 6.6 계단의 표준

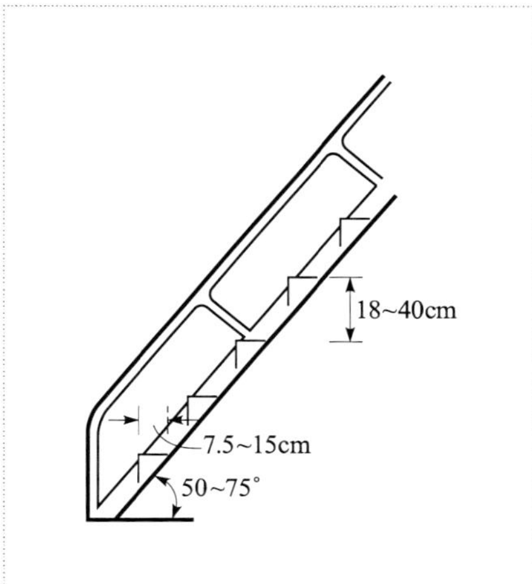

그림 6.7 사다리의 표준

(2) 설비재료 안전

기계설비의 안전성을 다루는데 있어서 그 대상 분야는 매우 넓은데, 여기에서는 기계설비 및 구조물의 파손으로 인한 사고·재해를 방지하는데 필요한 사항들을 간단히 살펴보기로 한다. 즉, 재료의 기계적 특성을 파악하기 위한 시험 및 비파괴검사 방법 등과 재료의 파괴 특성을 이해함으로서, 설비에 작용되는 응력이 설비를 구성하는 재료의 항복강도 및 극한강도에 도달하지 않도록 설계하여 설비가 파손되지 않도록 하여야 한다.

1) 재료의 기계적 특성

① 단순인장시험

재료의 기계적 성질을 파악하는데 있어 기본적 시험이 단순인장시험으로, 이로부터 재료의 항복강도(yield strength), 극한강도(ultimate strength), 탄성계수(elastic modulus) 등의 값을 구할 수 있다. 그림 6.8에서와 같이, 단순인장시험은 시험편에 인장하중을 시험편이 절단될 때까지 가하여 응력(σ) – 변형률(ε) 곡선을 얻는 시험으로 식 (6.1)과 같으며, 그림 6.9와 같은 관계를 나타낸다.

$$\sigma = \mathrm{P}/\mathrm{A}_0 \text{ 또는, } \varepsilon = (\mathrm{L} - \mathrm{L}_0/\mathrm{L}_0) \tag{6.1}$$

여기에서, σ : 공칭 응력(stress, Pa), ε : 공칭 변형률(strain)
A_0 : 초기 단면적, L_0 : 초기 표점거리
P : 인장하중, L : 표점거리

즉, 그림 6.9에서와 같이, 응력이 작은 영역에서는 응력과 변형율과는 직선의 관계를 갖고 있어 Hook의 법칙을 만족시키고 있는데, 이와 같이 응력과 변형률이 직선을 이루는 변형을 탄성변형(彈性變形, elastic deformation)이라 한다. 그림에서의 직선의 기울기를 탄성계수(E)라고 하며 $\sigma = \mathrm{E}\varepsilon$의 관계를 가진다.

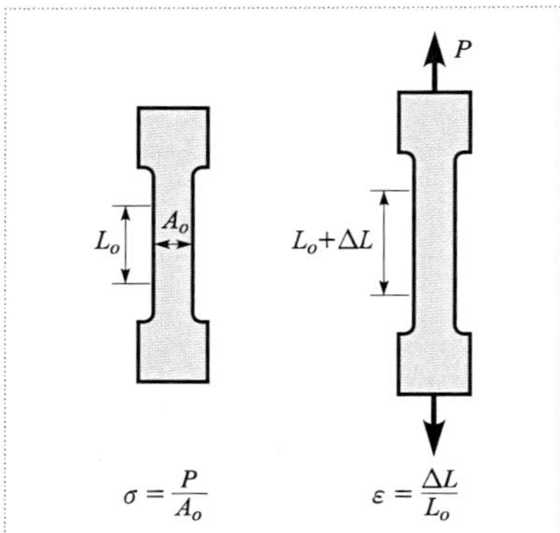

그림 6.8 단순인장시험

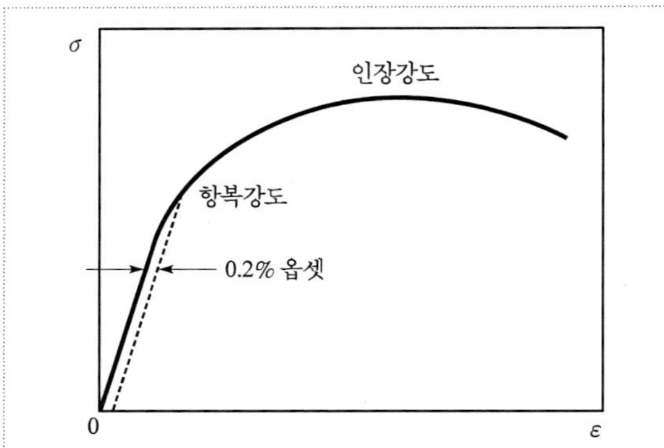

그림 6.9 응력–변형률 관계

그리고 응력이 커짐에 따라 응력–변형율의 관계가 직선에서 벗어나 곡선으로 변하는데, 이는 소성변형(塑性變形, plastic deformation)이 시작되는 것이다. 이와 같이, 소성변형이 시작되는 응력을 재료의 항복점(yield point) 또는 항복강도(yield strength)라고 한다. 재료가 소성변형이 되면 가해지던 하중이 제거된 후에도 원상으로 회복되지 못하고 영구변형을 남기게 된다. 그림 6.9에서 가로축인 변형률의 축 상에 변형률이 0.2%(0.002)가 되는 점에서 응력–변형률 관계에서의 직선부와 평행한 선을 그려 이 선이 곡선과 만나는 점의 응력 값이 항복강도가 된다.

또한, 응력−변형률 관계에서 최대 응력 값이 재료의 인장강도(tensile strength) 또는 극한강도(ultimate strength)가 된다. 재료의 강도는 항복강도 또는 극한강도로 나타낼 수가 있으며, 강도를 기준으로 한 설계를 할 경우에 허용응력(accepted strain)의 기준이 된다. 허용응력은 식 (6.2)에서와 같이 항복강도 또는 경우에 따라 극한강도를 안전계수(safety factor)로 나눈 값이기에 재료에 가해지는 응력이 이 허용응력 이하가 되도록 설정되는데, 이는 응력 계산의 부정확성, 작용하중이 설계하중보다 커질 가능성 및 설비 제작시의 결함 등을 고려하기 때문이다.

$$\sigma w = \sigma ys \ / \ \kappa \quad \text{또는} \quad \sigma w = \sigma u / \kappa' \qquad (6.2)$$

여기에서, σw : 허용응력, σys : 재료의 항복강도
σu : 재료의 극한강도, κ : 항복강도에 대한 안전계수
κ' : 극한강도(인장강도)에 대한 안전계수

이 때, 항복강도는 극한강도보다 작아 항복강도를 기준으로 할 때의 안전계수는 극한강도를 기준으로 할 때의 안전계수보다 작아서 $\kappa' > \kappa$가 된다.

또한, 응력 계산을 정확히 계산할 수 있는 단순한 구조의 설비이고 작용하중의 변화가 크지 않은 경우의 안전계수는 2보다 작지만 정확한 응력 계산을 하기가 어려운 구조이거나 작용하중의 변화가 큰 경우 및 파손될 경우, 안전에 큰 영향을 미치는 요소인 경우에는 10 이상의 안전계수를 사용하기도 한다. 다만, 각 설비를 설계할 때에 사용되는 안전계수는 설계지침이나 설계코드 등에 주어져 있으므로 이들 규정을 이용하여 안전계수가 결정된다.

② 연성 및 인성

재료를 강도를 기준으로 한 설계를 할 경우에는 항복강도 또는 극한강도가 큰 재료를 사용하여야 할 것이다. 그러나 재료의 선택에 있어 보다 고려하여야 할 것은 재료의 연성(延性, ductility) 또는 인성(靭性, toughness)이다. 재료의 강도가 높아도 재료가 취약하여 충격에 약하거나 균열 성장에 대한 저항이 작으면 구조용 재료로 적합하지 않은 것이다. 재료의 충격이나 균열 성장에 대한 저항의 정도는 재료의 연성 또는 인성으로 나타낼 수 있다.

재료의 연성은 재료를 파괴시키는데 필요한 변형의 정도를 나타내는 양으로, 단면(斷面)감소율(area reduction) 및 연신율(延伸率, elongation percentage)로 나타낼 수 있는데, 식 (6.3) 및 식 (6.4)와 같이 정의된다.

$$\text{단면감소율}(\%) = 100(A_0 - A_f)/A_0 \qquad (6.3)$$

$$연신율(\%) = 100(L_f - L_0)/A_0 \tag{6.4}$$

여기에서, A_0 : 시편의 단면적, A_f : 시편의 절단 후의 최소단면적
L_0 : 표점거리, L_f : 시편의 절단 후의 표점거리

그리고 재료의 인성은 재료의 파괴에 필요한 에너지인데, 이를 비교할 수 있는 한 가지 양은 단순인장시험에서 얻어진 그림 6.9의 응력-변형률 관계에서 곡선의 아래쪽의 면적이다. 이 면적이 크면 인성이 크고 면적이 작으면 인성이 작은 재료라고 할 수 있다. 따라서 비록 강도가 커도 파괴가 될 때의 변형률이 적으면 응력-변형률 관계의 아래쪽 면적이 작기에 인성이 작은 재료인 것이다.

또한, 연성이 큰 재료는 일반적으로 인성도 큰 경향을 보이고 있어서, 이상적인 구조용 재료는 강도도 크고 연성 및 인성도 큰 재료인 것이다. 그러나 강도가 커지면 인성이 낮아지고 강도가 낮으면 인성은 커지는 성질을 나타내므로, 재료를 선정할 때에는 재료의 강도와 인성 모두를 고려하여야 한다.

③ **경도**

재료의 경도(硬度, hardness)는 압입(壓入, indentation)에 대한 재료의 저항을 나타낸 것이며, 재료의 경도와 강도는 비례하므로 재료의 경도를 측정하면 강도를 추정할 수 있다. 경도의 측정은 압입자(壓入子, indenter) 사용에 따라 다음과 같은 방법이 있다.

i) Brinell 경도: 압입자(직경 10mm의 강철 또는 텅스텐 카바이드구)로 압흔의 크기로 경도를 측정하는데, 작용하중을 압입부의 표면적으로 나눈 값이다.
ii) Vickers 경도: 압입자(정사각형 단면의 피라미드 형태의 다이아몬드)로 넓은 범위의 하중(1~120kg)을 사용하여 경도를 측정할 수 있는데, 이 경도도 작용하중을 압입부의 표면적으로 나눈 값으로 정의한다.
iii) Rockwell 경도: 압입자(원뿔 형태의 다이아몬드 및 강철구)로 부(副)하중과 주(主)하중을 가하여 형성된 압입부의 깊이의 차이($\varDelta H$)를 측정하여 경도를 구한다.

④ **잔류강도**

설비에서 실제로 파손이 발생하는 하중 즉, 설비의 강도를 잔류강도(殘溜强度, residual strength)라고 한다.

설계의 기준이 되는 허용응력이 설비 재료의 항복강도보다 작은 값이므로 설비를 처음 제작할 때의 설비의 강도는 작용하중보다 큰 값을 갖지만, 설비를 사용하면서 시간의 경과에 따라서 부식, 균열의 발생과 성장, 재료의 열화 등으로 설비의 강도

가 점점 낮아지게 되어 작용하중보다 작은 값으로 되면 설비가 파손되는 사고·재해가 발생하게 된다. 따라서 설비의 사용시간에 따른 강도의 저하정도를 알 수 있어야 한다. 그림 6.10은 시간에 따른 구조물의 잔류강도를 나타낸 것이다. 즉, 구조물이 제작된 시기인 A점에서는 구조물의 잔류강도가 최대 작용하중보다 크지만, 시간의 경과에 따라 점차 감소하면서 B점이 되었을 때에는 최대 작용하중 하에서 파괴가 발생하고 C점이 되었을 경우에는 일반적인 작용 하중에서도 파괴가 발생한다. 이와 같은 설비 강도의 저하를 평가하기 위하여 첫 번째 단계로 행하는 것이 비파괴(非破壞)검사인데, 이를 통하여 부식에 설비의 두께의 감소 정도를 평가하거나 설비 내의 균열 및 결함의 존재 여부를 탐지하게 된다.

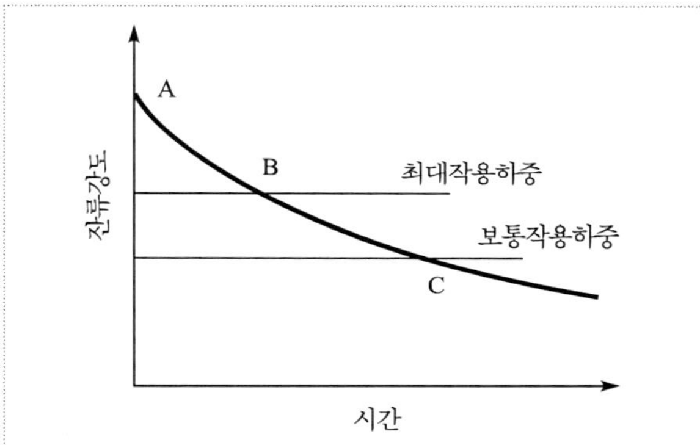

그림 6.10 구조물의 잔류강도

⑤ 비파괴검사

기계 설비의 구조물 내에 존재하는 결함을 구조물을 파괴하지 않고 찾아내는 방법인 비(非)파괴검사(non-destructive inspection)의 종류로는 다음과 같은 방법들이 있다.

i) 육안(肉眼)검사: 육안검사(visual inspection testing)는 특별한 장비를 사용하지 않고 육안으로 행하는 검사법으로, 적용이 쉽고 신속하며 경험이 풍부한 작업자에 의하여 검사가 행하여지면 매우 좋은 검사법이지만, 작업자의 경험 및 신체의 상태에 따라 많은 영향을 받고 육안으로 볼 수 있는 부분만을 검사하는 단점이 있다.

ii) 초음파(超音波)탐상(探傷): 초음파탐상(ultrasonic test)은 초음파(20,000 Hz 이상의 음파)를 이용하여 결함을 탐상하는 방법으로, 펄스반사법 및 투과법이 있으며, 경우에 따라서 초음파의 종파, 횡파(얇은 판) 및 표면파(표면 및 표면 아래)에 의해 탐상한다.

iii) 방사선(放射線)탐상: 방사선탐상(radiography test)은 재료의 두께나 밀도 및 구성성분의 차이로 인한 투과 방사선의 흡수정도의 차이를 이용하는 방법으로, 방사선의 진행 방향으로 어느 정도의 두께를 가진 결함만 검지가 가능한데, 보통 주위와 2% 정도의 방사선 흡수의 차이가 있으면 검지할 수 있다. 방사선으로는 X선이나 γ선이 이용된다.

iv) 자분(磁粉)탐상: 자분탐상(magnetic particle test)은 재료 내에 존재하는 균열 및 개재물 등의 결함을 누설 자속(磁束)을 검출하기 위하여 자성(磁性)을 띠는 분말을 이용하여 찌그러진 유도된 자장(磁場)의 형태로 검지하여 탐상하는 방법이다.

v) 침투(浸透)탐상: 침투탐상(dye-penetrant test)은 침투액(염색물 및 형광물)으로 재료의 표면에 갈라진 균열 및 결함을 검사하는 방법으로, 철이나 비철 금속의 단조 및 주조물의 검사에 많이 이용된다. 다른 방법에 비하여 비교적 간단하고 염가이며, 자분탐상으로 검사가 되지 않는 비(非)자성 재료에 적용할 수 있는 장점이 있으나, 표면에 갈라진 균열의 검출에만 가능하고 거친 표면이나 다공질(多孔質) 재료의 검사는 곤란한 단점이 있다.

vi) 와류(渦流)탐상: 와(전)류탐상(eddy current test)은 교류가 흐르는 코일이 근처에 있는 재료에 유도된 와전류(渦電流)로 원래의 자기장과는 반대 방향의 자기장이 형성되는데, 재료 내부에 결함이 있으면 와전류에 의해 유도된 자기장이 변화하여 코일의 임피던스 값이 변하는 것을 이용하여 결함을 찾는 방법이다.

따라서 이들 비파괴검사를 통하여 결함이 탐지된 경우, 결함이 존재하는 설비에 대하여 구조역학 및 파괴역학 등을 이용하여 설비의 잔류강도를 평가하고 이를 근거로 설비의 안전성 여부를 평가한다. 즉, 설비의 잔류강도가 작용하중보다 매우 크면 결함이 존재하는 설비를 보수할 필요가 없이 계속 사용이 가능하지만, 작용하중과 비슷한 잔류강도가 얻어졌다면 설비를 즉시 보수하여 설비의 강도를 다시 높여야 한다. 또한, 설비 내에서 발견되는 결함의 경우에, 설비를 구성하는 재료가 만들어질 때부터 존재하였던 결함도 있고, 주조, 용접, 가공 등의 설비가 제작되는 단계에서 생긴 결함 및 설비를 사용 중에 반복하중에 의한 피로나 부식 및 과대한 하중이나 높은 온도 등에 의하여 결함이 발생 또는 성장하는 경우도 있다. 피로나 부식에 의한 결함은 초기에는 아주 작은 크기의 결함이지만 시간의 경과에 따라 점차 성장하면서 큰 균열로 된다. 이때에, 시간에 따른 균열의 성장 정도를 알 수 있다면 시간에 따른 구조물의 잔류강도도 평가할 수 있어, 이를 통하여 잔류강도가 작용하중보다 작아지는 시기를 추정할 수 있고 이들 자료로 설비를 검사할 때에 검사 간격의 결정에도 이용할 수가 있다.

2) 재료의 파괴 특성

구조물이 파괴가 된다는 것은 구조물 내에 존재하는 균열이 성장하여 구성 요소들을 파단 시킬 때에 발생하게 된다. 편의상 재료의 파괴 형태는 3가지 mode로 나누고 있다. 즉, 그림 6.11에서와 같이, (a)의 mode Ⅰ은 균열면에 대하여 수직인 하중이 가해지는 경우로 열림모드(opening mode)라 하며, (b)의 mode Ⅱ는 면내전단(面內剪斷)의 하중이 작용되는 경우로 미끄럼모드(sliding mode)이고, (c)의 mode Ⅲ은 면외전단(面外剪斷)의 하중이 작용되는 경우인 것으로 찢음모드(tearing mode)이라 한다. 이들 3가지 mode 중에 가장 중요한 것은 mode Ⅰ이다.

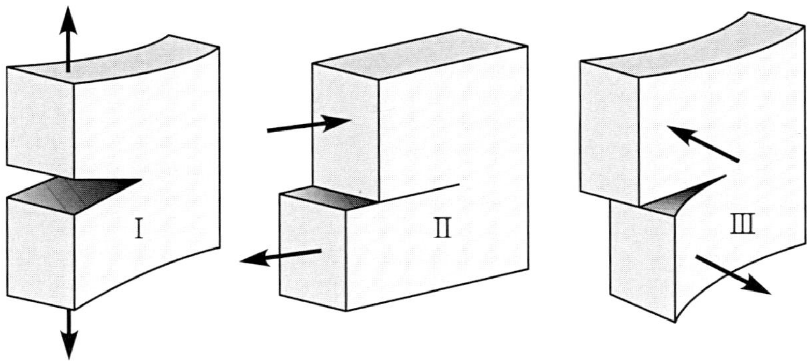

(a) mode Ⅰ (b) mode Ⅱ (c) mode Ⅲ

그림 6.11 재료의 파괴형태의 3가지 모드

MEMO

P/A/R/T

07 전기 안전

제07장 전기 안전

전기는 보이지 않고 냄새도 없고 소리도 없기에 존재에 대한 인식을 하기 어려운 상태로 존재하기 때문에 평상시에는 그다지 위험을 느끼지 못한다. 즉, 전기에너지를 공급하는 전선이 충전상태인지 정전상태인지에 대하여 외관상으로 변화가 없는 것이다. 그러나 전기는 사소한 실수나 잘못 등으로 인하여 사고가 발생하게 되면 대량의 에너지를 방출한다. 외관적으로는 나타나있지는 않지만 전선은 매우 많은 에너지로 충전되어 있기에, 일단 회로만 형성되면 이들 에너지를 열과 빛으로 발산하게 되어 전기적인 사고·재해를 일으킬 수 있는 큰 위험성을 갖고 있는 것이다.

이와 같이, 전기는 올바르게 사용하면 매우 편리하고 유용한 에너지원이지만 다른 에너지보다도 위험성이 큰 것이다. 불량한 설비를 사용하거나 보수를 철저히 행하지 않거나 외관적으로 위험해 보이지 않는다고 무단으로 가공하거나 임의로 취급하면 사고가 일어날 수밖에 없다. 그리고 전기에너지는 전기(electrodynamics), 정전기(static electricity), 낙뢰(lightning), 전자파(electromagnetic wave) 등과 같이 여러 형태로 존재하는 바, 이들 형태의 에너지가 위험원으로 작용하여 제반 사고가 발생하고 이로 인하여 인명 손실과 물적 손해가 일어나는 것이다. 따라서 사전에 안전에 대한 관심과 주의를 가지고 이의 위험성을 충분히 인식하고 철저한 조치를 취하는 것이 전기사고의 방지를 위한 최선의 방책인 것이다.

전기에너지에 의한 사고·재해로는 전기 화재 및 폭발, 전격(감전)재해 및 전자파 장해 등이 있는데, 이들에 대한 개요와 방지 대책에 대하여 설명하고자 한다.

7.1 전기 화재 및 폭발

전기에너지가 발화원으로 작용하여 가연성물질이나 건축물, 시설물 등에 화재 및 폭발이 발생하는 것으로, 전기불꽃이나 전기설비의 단락(短絡), 누전(漏電), 소손(燒損) 및 정전기(靜電氣)의 방전(放電)이나 낙뢰(落雷) 등에 의해 화재가 발생하고, 폭발성물질이 폭발하거나 전기설비 자체가 폭발하는 것이다. 폭발성물질의 폭발은 일반적으로 전기화재의 경우와 같이 화재를 동반하는 경우가 많지만, 화재의 발생없이 폭발에만 그치는 경우도 있다. 그리고 전기설비에서의 폭발은 차단용량 부족에 의한 차단기의 폭발, 금속 도선(導線)에 대전류(帶電流)가 흘러서 금속의 급속한 기화로 인한 도선 폭발 및 전기설비의 절연불량으로 인한 자체 폭발 등이 있다. 따라서 가연성물질에 의한 전기화재 및 전기설비가 원인이 되어 가연성의 가스나 증기 및 분진에 의한 전기폭발이 실제적으로 많은 빈도로 일어나고 있어, 이들의 원인을 체계적으로 파악하여 이의 발생 방지를 위한 안전 방안과 대책을 강구하는 것이 필요하다.

(1) 발생 원인

전기화재(폭발)의 발생 원인은 단락(또는 합선)이 대부분을 차지하고 있으며, 그 외에 과부하, 누전, 스파크 등이 있다. 이는 전기시설을 신설할 때의 용량 및 설비와 비교하여 근래에 각종 기기가 대형화와 대용량화가 이루어지고 있으면서 노후 설비의 적절한 교체가 이루어지지 않았기 때문이다. 또한, 전기화재(폭발)는 발생 부분의 전기시설이 파손됨에 따라 화재(폭발)의 원인을 정확히 규명하기 어려운 문제점을 갖고 있다. 따라서 여기에서는 발화에 이르게 된 경과를 기준으로 이의 원인을 발생 요인별로 분류하여 다루어 보고자 한다. 다만, 전기화재(폭발)는 어떤 단일한 발생 요인으로 일어나기도 하지만 많은 경우, 여러 원인이 복합되어 발생하기도 한다.

1) 단락

'단락(短絡)(또는 합선(合線))'은 전기회로 및 전기기기의 절연체가 전기적 또는 기계적 원인으로 노화 및 파손되어 두 전선이 무언가의 원인으로 서로 접촉되는 현상이다. 이 경우에, 대부분의 전압이 그 접촉부에 흘러서 접촉부의 낮은 저항값에 의하여 매우 큰 전류가 흐르는데, 저압의 실내 배선의 경우에도 약 1,000A 이상이 된다. 이에 따라 많은 열이 발생하게 되고 보통은 단락하는 순간에 폭음과 함께 단락점이 떨어지게 된다.

그리고 단락 사고가 일어나는 실례로는 다음의 경우 등이 있다.

① 작업장이나 창고 등에 가설된 전선이 노후하여 단락되는 경우
② 단자박스 내의 나사가 진동 및 충격으로 조임이 풀려 단락되는 경우
③ 스테플로 실내 배선을 고정시켰을 때, 절연피복이 손상되어 단락되는 경우
④ 전열기의 불량 또는 고장으로 과열되어 피복이 녹아 단락되는 경우

이들의 단락 사고는 순간적으로 발생하기에 퓨우즈나 차단기가 작동하지 않는 경우도 있고, 전기설비를 사용하지 않는 경우에도 전선에 전압이 흐르고 있으면 발생할 수 있다. 또한, 단락회로가 구성된 상태에서 전원이 공급되면 일반적으로 회로 중의 약한 부분에 용단(溶斷)이 발생하게 된다.

한편, 단락 사고는 전선 간의 단락 이외에도 전동기 등의 권선(捲線)이 층간단락을 일으키는 경우도 있는데, 이 경우에는 전동기가 과열되어 발화하거나 단락에 의한 과전류로 회로의 다른 부분에서 발화하기도 한다.

이와 같이, 단락 사고에 의하여 발화되어 화재가 발생하는 경우는 다음과 같다.

① 단락점에서 발생한 스파크로 주위의 인화성물질이 발화하는 경우

② 단락 순간, 적열된 전선이 주위의 인화성, 가연성물질에 접촉, 발화하는 경우

③ 단락점 이외의 전선피복이 연소하여 발화하는 경우

2) 과부하

'과부하(過負荷)(또는 과전류)'는 전선에 전류가 흘러 발생되는 발열이 평소에는 방열(放熱)과 균형(balance)을 이루고 있지만, 보다 전류가 많이 흐르면 발열이 보다 증가하여 과열(過熱)이 되는 현상이다. 여기에서 과열이란, "전기기기, 배선 등이 설계된 정상 작동 상태의 온도 이상으로 상승하는 경우와, 피(被)가열체를 위험온도 이상으로 가열하는 경우"를 말한다. 전자의 예로는, 전동기나 전선의 과부하에 의하여 그 자체의 온도 상승이 있어나는 경우가 있고, 후자의 예로는, 전열기를 작동시킨 대로 방치하여 두어 발생하는 관벽의 탄화 연소가 되는 경우 등이 있다. 이와 같이, 과열 현상이 일어나면 절연피복의 변질, 변형, 발화 또는 전선의 적열과 용단에 이르게 된다. 그러므로 전선은 그 종류에 따라 안전기준에 의해 허용전류가 정하여지는데, 이 허용전류를 초과한 전류를 '과전류'라 한다.

이러한 과전류가 흐르게 되는 것에는, 규격 미달의 전선을 사용하였거나 과부하가 걸리게 되는 경우가 가장 많으며 그 외에, 전기회로 일부에 단락, 혼촉, 지락, 누전 등의 전기사고 원인이 된 경우도 있다.

이와 같이, 과전류의 발생으로 발화하여 화재가 발생하는 경우는 다음과 같다.

① 냉장고, 모터 등 전기소모량이 많은 부하를 동시 사용하여 과전류 발생, 발화

② 코드의 스태플 부분에 혼촉 및 단락이 일어나 과전류 발생으로 코드가 발화

③ 모터 베어링의 마찰저항 증가로 과전류 상태가 되어 권선에서 발화

3) 누전

'누전(漏電)'은 전류의 통로로 설계된 이외의 곳으로 전류가 흐르는 현상이기에, 누전에 의한 화재는 전류가 통로로 설계된 이외의 건물이나 부대설비 및 공작물의 일부로 흘러가 이를 발열시켜 발생하게 된다. 참고로, 여기에서 말하는 부대설비는 물받이, 굴뚝, 간판, 가스 및 수도관 등과 같이 원칙적으로 건물에 고정된 설치물이고, 공작물은 담장, 굴뚝, 간판탑 등이다.

누전의 양상은 각양각색이지만, 기본적으로, 누전점(漏電点, 전류가 주위의 물질로 누설되기 시작한 곳), 접지점(接地点, 누설전류가 대지로 유출된 곳), 발화부(發火部, 발열하여 발화의 원인이 된 곳)의 3요소가 있게 된다. 실제 예로 볼 때, 누전점인 곳은 지붕의 철판, 물받이통, 동력선의 파이프 입구, 접속함, 전선피복이 손상된 곳 등이고, 접지점은 수도관, 전선관, 가옥의 기초, 전기나 통신설비를 위한 접지선 등이고, 발화부는 철망라이스, 함석이나 철판의 이음새, 벽에 박힌 못, 파이프 접속부 등을 들 수 있다.

누전 사고에서의 누설전류의 크기는 누전점과 누전경로 및 접지점의 저항에 의해 정하여지는데, 실제로 화재가 발생하였을 때의 누설전류는 대략 수 ~ 수십A 정도이다. 때로는 1A 미만의 적은 전류에도 화재가 발생할 수 있으며, 발화가 가능한 누설전류의 최소값은 300~500mA이다. 그러므로 누전에 있어서는 퓨우즈나 차단기는 안전성이 있다고 말할 수는 없다. 더구나, 누전경로가 실내의 인입개폐기(引入開閉器)를 거치지 않는 경우에는 퓨우즈와 차단기와는 아무런 관련이 없는 것이기에, 실내의 인입개폐기나 기타의 스위치를 개방하였더라도 누전 회로의 요건만 갖추어지면 화재가 발생할 수 있게 되는 것이다.

4) 절연열화

'절연열화(絶緣劣化)(또는 절연파괴)'는 전기적으로 절연된 물질의 상호간에 전기저항이 감소하여 많은 전류가 흐르게 되는 현상이다. 실내 배선 및 배선기구의 절연체는 대부분이 유기질로 되어 있는데, 이는 시간이 많이 지나면서 절연성이 점점 떨어지게 된다. 이러한 절연열화 현상은 여러 원인에 의해 가속화되는데, 탄화 현상에 대한 경우, 처음에는 일부분에서 시작하다가 이 부분에서 절연저항이 감소되면 미소전류가 흘러 국부 가열현상이 일어나면서 발생된 열이 주위로의 방열보다 많으면 열이 축적되어 온도가 상승하면서 탄화의 영역이 다른 곳으로 확대된다. 또한, 미소전류의 증가와 함께 스파크에 의한 고온가열이 빈발하면서 단계적으로 절연파괴 현상이 일어나면서 절연체의 연소 또는 전선의 단락 현상에 이른다. 이러한 탄화 현상은 단락, 혼촉, 접속부 과열, 스파크 등의 현상이 발생하는 과정에서 병행하여 일어나기도 한다. 절연열화의 다른 원인으로는 기계적 성질의 저하, 취급 불량에 의한 절연물의 파괴 손상 및 이상전압, 과전류에 의한 절연파괴 등이 있다.

절연열화에 의해 화재가 발생하는 경우, 출화부는 밀폐 또는 공기 순환이 불량한 장소가 대부분이어서, 부하를 사용하고 있지 않은 경우에도 전압이 걸려 있으면 발화할 수가 있다. 그리고 전선이 현저하게 굽혀져 있는 지점이나, 스위치 등의 개폐에 의해 발생하는 스파크의 영향을 받는 곳 등이 절연불량이 되어 화재를 일으키기도 한다.

5) 지락

'지락(地絡)'은 전류가 정상적인 전기회로에서 벗어나 대지로 흐르는 현상이다.

이와 같이, 전류가 대지를 통하기 때문에 지락 사고에서의 전류의 크기는 지락 지점의 접지저항 값에 의해 좌우되는데, 이 접지저항 값은 전선의 저항 값에 비하여 매우 크기 때문에 단락의 경우와 같은 큰 전류는 거의 흐르지 않는다.

지락에 의한 화재는 다음의 경우와 같이 발열, 발화하여 발생하고 있다.

① 지락전류가 금속체 등을 흘러서 발열하는 경우

② 지락지점에서 발생한 스파크가 발화원이 되어 발열하는 경우

③ 지락전류가 과전류 또는 접속부 과열 등으로 발열하는 경우

그리고 실제의 발생의 예로서, 창고 내의 화물용 리프트와 동력배선이 리프트의 철기둥에 지락하여 스파크를 발생하면서 옆에 있던 쓰레기통에 인화하거나, 전주(電柱) 상의 고압애자가 파손되어 전주 본체로 전류가 흘러 발화하는 경우 등이 있다.

6) 전기불꽃

'전기불꽃(spark, 스파크)'은 스위치를 개폐할 경우, 콘센트에 플러그를 꽂거나 뽑을 경우, 전기회로가 단락되는 경우, 전기기구의 접속부분이 접촉 불량한 경우 등의 여러 경우에 발생하는 현상으로, 스파크가 발생하는 주위에 인화성의 가스, 증기 및 분체에 발화원으로서의 작용으로 발화되어 화재(폭발)를 일으키게 된다.

그러므로 전기설비에서 발생하는 스파크는 모두 발화원이 될 수 있고, 스파크는 아니지만 전등도 유리가 파손되면 필라멘트가 노출되어 전기불꽃과 같은 위험이 있다.

그리고 실제의 예로서, 분진이 많이 발생하는 제선(製銑)공장 및 방직공장에서 스위치 내부에 분진이 쌓여 스위치를 개폐할 때 발생되는 스파크, 전동기 스위치를 끄거나 세탁기, 냉장고 등의 스타트 작동할 때 발생되는 스파크, 그리고 단자 박스, 소켓, 삽입나사의 이음새 부분의 접촉 불량으로 발생하는 스파크 등이 주위의 가연성물질에 착화하는 경우로, 이와 같이, 스파크에 의한 화재(폭발)는 의외로 발생빈도가 높다.

7) 정전기

'정전기(靜電氣)'는 물질간의 접촉이나 마찰에 의해 전기2중층이 형성되었다가 이들이 분리되거나 유선(流線)의 확대로 2중층간의 거리가 떨어지거나 멀어질 때, 물질의 한쪽 또는 양쪽의 전기전도도가 나빠서 전하가 머무르는 현상으로, 대략 1~1,000 V의 정전(靜電)전압이 형성되면서 스파크를 발생하여 주위의 가연성의 가스 및 증기를 착화시키게 된다. 이와 같이, 정전기는 방전하여 착화력이 있는 스파크를 발생하는 경우도 있지만, 착화의 위험성이 적은 코로나 방전인 경우도 있고, 대지로 전하가 빠

져나가는 경우도 있다.

그리고 실제의 예로서, 고무피막기 및 롤러의 정전기 발생에 따른 스파크에 의한 화재(폭발) 등이 있다.

8) 낙뢰

'낙뢰(落雷)'는 정전기를 띤 구름과 대지 간의 방전 현상인데, 낙뢰가 발생하면, 이에 따라 흐르는 대전류(帶電流)가 화재의 직접원인이 되기도 하고, 전기회로에 침입하거나 이상전압이 유기되면서 절연을 파손시켜 2차적인 화재(폭발)를 발생시킨다.

이외에도, 다음과 같은 상태가 되어서 전기화재(폭발)가 일어나는 경우도 있다.

① **접촉 불량** — 전선과 전선, 전선과 단자 또는 접촉편 등의 접속부에 있어 도체의 접촉 불량으로 특별한 접촉저항을 나타내어 발열하여 결국에는 적열(赤熱)상태가 되어 발화원이 되는 바, 이의 실제 예로서, 코드를 도중에 접속하였을 때에 그 접촉상태가 불량하여 발열, 유기질 전기접속기의 접속부 등에서 조임이 느슨해져서 접촉저항의 증가로 발열, 전선과 철선(또는 철편)과의 접속부분에서 과열 등으로 발화하는 경우가 빈번하게 일어난다.

② **열적 경과** — 발열체(전등, 전열기 등)가 방열(放熱)이 불량한 곳에서 사용하면 열이 축적되어 주위의 가연성물질을 발화시키기도 한다. 또한, 전기다리미 및 전기담요를 플러그를 꽂아 둔 채로 오래 동안 방치하여 과열이 발생하여 발화하는 경우 등과 같이, 열적(熱的)인 경과가 장시간으로 인하여 열이 축적되면서 발화되는 것이다.

(2) 주요 발화 부위

1) 스위치 및 릴레이

스위치(switch)의 on-off 과정을 반복하게 되면 코드 부분인 특히, 플러그와 붙은 부분에 손상이 생길 수 있으며, 릴레이(relay)는 전기화재에서 가장 많은 원인 요소가 되고 있다. 그리고 스위치와 릴레이는 접촉하면 전기를 통하고 접촉을 끊으면 전기를 차단하게 되는데, 차단이 되면 접촉 단자 사이에 절연이 이루어지게 되는데, 이 과정에서 다음과 같은 고장모드(failure mode)가 있다.

① **고저항 접촉** — 스위치의 접촉 단자에서 접촉이 나쁘면 접점이 닫힐 때에 그 사이에서 고저항에 의한 열이 단자에서 발생하여, 주위의 플라스틱과 같은 가연물을 착화시켜 화재로 발전하게 된다. 또한, 스프링이 오래되어 탄성을 잃게 되어 접촉을 강하게 하지 못하게 되면 고저항 접촉으로 의한 단자의 열로 스프링의 탄성을 보다 저하시켜 상태가 더욱 나빠지게 된다.

② 용융 접촉 ― 스위치나 릴레이에서 접촉 단자의 접촉이 나쁘면 열의 발생뿐만 아니라 접촉 단자 사이에서 작은 규모의 아크가 발생하여 국부적으로 고온 발생하면서 접촉 단자가 용융하게 되어, 릴레이를 off하여도 계속 연결된 상태로 있어 화재 발생 가능성이 높게 된다.

③ 절연 파괴 ― 스위치에서 발생하는 절연 파괴는 아크에 의해 일어나는 경우가 많은데, 이로 인하여 전기화재(폭발)가 발생할 수 있기도 한다.

2) 서머스텟

서머스텟(자동온도조절기, thermostat)은 온도를 감지하여 회로를 on-off하여 온도를 일정히 유지시키는 장치인데, 이로 인한 화재는 대부분 서머스텟이 물리적으로 손상을 입은 경우이다. 즉, 열감지 센서부가 파손되거나 압력라인의 구멍(穴)으로 내부 압력이 유출되면 서머스텟은 이를 저온으로 감지하여 가열을 하도록 하게 되어 계속적으로 히터가 작동하여 가열이 지속되면서 화재(폭발)를 일으키게 된다.

3) 차단기

① 패널 차단기 ― 배선을 보호하기 위한 회로 차단기로 패널(panel)이나 박스에 설치되는 차단기는 절연이 나쁘면 아크가 발생하여 박스에 손상을 입게 된다.

② 장치·기기 차단기 ― 장치나 기기를 보호하기 위하여 장치와 기기에 직접 설치되는 차단기는 열에 의해서만 작동되고 있으며, 이 중에서 열이 많이 발생하면 트립(trip)되었다가 식어지면 리셋(reset)이 되는 차단기가 화재 발생 가능성이 매우 높다. 이러한 차단기는 주로 전열기에 사용되고 있는데, 추운 지역에서 이 전열기를 사용할 경우에, 전열기는 계속 동작하여도 추위로 주위 온도가 상승하지 않는 경우가 있게 되는데, 이때 서머스텟이 고장이 났다면 이 차단기가 on-off를 반복하는 서머스텟의 역할을 하게 되어 쉽게 가열되고 파괴를 일으키게 된다.

4) 커넥터

회로를 구성하게 하는 연결부분인 커넥터(connectors)는 전도성이 좋은 주석을 사용한 암수 형태의 것이 일반적이다. 이 커넥터에서 암수 금속부의 두께가 맞지 않거나 헐겁게 접촉하였거나 하여 고온의 형성으로 주위의 플라스틱재의 손상을 입게 된다.

5) 전열기

열을 발생하는 장치가 있는 모든 전열기(heating elements), 예를 들면, 히터, 스토오브, 납땜기구 등은 사용자 부주의와 제어 회로의 불량 등으로 화재(폭발)를 일으킬 수가 있다.

(3) 전기 화재 및 폭발의 검출

전기 화재 및 폭발의 발생 요인을 발화 과정으로 고찰하여 볼 때, 이의 방지를 위해 다음과 같은 조기 검출 기능이 요구되고 있다.

1) 용량 초과의 검출

부하 용량에 맞는 전기기기 또는 전기제품의 사용 여부를 파악하고, 그 용량 초과(과부하)인 경우에는 즉시 경보가 발생되어야 한다. 이러한 용량 초과 여부를 감시하기 위하여, 전류의 실효값(RMS value)을 주어진 시간 간격마다 계산하여 정격 용량과 비교하여 본다.

2) 접촉 불량 및 절연 파괴의 검출

접촉 불량이나 절연에 문제가 있어서 접촉면에서 발생하는 스파크나 아크는 전기 신호적으로 고주파(1~10kHz)를 만드는 고주파원이 되어 고장이나 과열을 일으킨다. 따라서 부하 전류의 고주파 성분을 여과하여 감시하도록 한다.

3) 급격한 온도 상승의 검출

용량 초과와 접촉 불량 이외에도 다른 원인에 의하여 분전반이나 패널 내부의 온도가 급격히 상승하는 경우도 있어, 이를 측정, 검출하여 조기 경보를 하여 주도록 한다.

(4) 전기설비의 방화 및 방폭

전기설비에서 발생되는 착화 능력이 있는 발화원으로 전기스파이크, 고열 표면 등이 있으며, 발화원이 되는 경우는 다음과 같다.

a. 정상적인 운전 중에 불꽃 발생 염려가 있는 것: (예) 개폐기, 제어기, 정류자

b. 과전류가 흐를 경우에만 불꽃 및 아크의 발생 염려가 있는 것: (예) 퓨즈, 차단기, 과부하 계전기

c. 평상시에 불꽃 발생 염려가 없지만 고장(파손)인 경우에 고열 및 불꽃 발생 염려가 있는 것: (예) 전동기나 변압기의 권선, 마그네트코일, 전등

d. 평상시에 고온이 되어 이에 접촉하는 가스 및 증기가 발화온도에 도달할 염려가 있는 것: (예) 저항기, 일부의 전등

따라서 전기설비로 인한 화재 및 폭발을 방지하기 위해서는 가연성 가스와 증기 및 분진의 발생 위험 분위기의 생성 확률과 전기설비가 발화원으로 되는 확률과의 곱이 실제로 0에 가까운 작은 값을 가져야 한다. 이의 구체적인 방법으로는 위험 분위기의 생성 방지, 그리고 전기설비의 방폭화를 하는 것이 바람직하다.

1) 위험 분위기의 생성 방지

① 폭발성 가스, 증기의 누출 방지

② 폭발성 가스, 증기의 체류 방지

③ 폭발성 분진의 생성 방지

2) 전기기기 방폭화

가연성 가스, 증기 및 분진 등의 폭발 위험 분위기가 존재하고 있는 장소에 전기설비를 설치하여도 이것이 발화원이 되어 폭발 등의 사고가 발생하지 않도록 방폭 성능을 갖기 위한 일반적인 방법은 다음과 같다.

① 발화원의 방폭적 격리

i) 전기기기의 발화원 부분을 격리 ― 압력(내압(内壓)) 방폭구조(1), 유입(油入) 방폭구조(2), 충전(充塡)용 방폭구조, 캡슐(capsule)형 방폭구조의 전기기기

ii) 전기기기 내부에서 발생한 폭발이 발화원이 되지 않도록 격리 ― 내압(耐壓) 방폭구조(3)의 전기기기

② 전기기기의 안전성 증가

정상상태에서 발화원이 되는 전기불꽃 발생 및 고온부가 존재할 가능성이 있는 전기기기의 안전성 증가 ― 안전증(安全增) 방폭구조(4)의 전기기기

③ 발화에너지 발생 능력의 본질적 억제

---

(1) 정상 및 이상 상태가 발생한 경우, 폭발성의 가스나 증기에 대하여 발화원이 되는 전기불꽃 및 고온부를 밀폐 용기에 수납하고 용기 내에 청정한 공기나 질소가스 등의 불활성가스를 주입하여 용기의 내부 압력을 외부의 압력보다 높게 유지토록 하여 주위에 형성된 폭발성가스가 용기 내로 유입을 방지하는 구조이다. 내부 압력의 유지 방식으로는 통풍식, 봉입식, 밀폐식이 있다.

(2) 발화원이 되는 전기불꽃 및 고온부를 유중(油中)에 넣어 주위의 폭발성의 가스 및 증기로부터 격리하여 인화를 방지하는 구조이다. 이는 폭발성 가스나 증기의 폭발등급에 관계없이 사용할 수 있어 적용범위는 넓지만, 기름의 열화 및 누설에 따른 보수 및 유지상의 난점, 경사지거나 액면이 동요될 수 있는 경우에는 적용할 수가 없다.

(3) 전기기기의 용기 내에 폭발성의 가스 및 증기가 들어가기 어렵게 밀폐구조로 되어 있지만, 만약 용기 내에 들어와 내부에서 착화 및 폭발에 의한 폭발압력에도 견딜 수 있도록 하고, 용기 외부를 둘러싼 폭발성 가스를 유폭(誘爆)하지 않도록 용기와 덮개와의 접합면 틈새에 소염효과를 갖게 한 구조이다. 이러한 내압형(耐壓型) 용기는 내부에서 발생된 폭압에 견딜 수 있는 충분한 강도를 갖추는 것이 필요하다.

(4) 정상상태에서 용기 내부에서 발화원이 될 수 있는 전기불꽃 발생부나 고온부에 대하여 절연 성능을 강화하고 표면의 온도 상승을 억제토록 고온고체 표면이 피복되어 발화원이 되지 않도록 안전성을 증가시킨 구조이다. 다만, 용기는 원칙적으로 밀폐구조로 하고, 기기 내부에 먼지나 비산물이 유입되거나 충전부가 외부로부터 유입되는 물질에 접촉되지 않도록 피복하여야 한다. 또한, 피복의 경우, 피복이 벗겨져 방폭성능이 없어지는 것에 대비하여 적절한 다른 방호장치와 조합할 필요가 있다.

(5) 정상 및 이상(단선, 단락, 지락 등) 상태에서 발생되는 전기불꽃 및 고온부에 의하여 폭발성의 가스나 증기가 착화되지 않는 것이 시험이나 기타에 의하여 확인된 구조이다. 즉, 전기회로상에서 발생하는 전기불꽃 및 고온부가 발화에 필요한 최소에너지가 발생하지 않도록 설계하는 것이다.

약(弱)전류 회로의 전기기기와 같이 정상상태뿐만 아니라 사고에 의하여 발생하는 전기불꽃 또는 고온부가 본질적으로 발화에너지의 발생 능력이 억제되어 폭발성 기체에 발화할 위험이 없는 것 ― 본질안전(本質安全) 방폭구조[(5)]의 전기기기

7.2 전격 및 낙뢰

전기에 의한 사고 중에 가장 발생률이 높은 것은 전격(電擊, electric shock)에 의한 감전(感電)이다. 즉, 전기에너지(전기, 정전기 및 낙뢰)가 인체에 접촉하는 전격에 의한 감전으로 인체의 일부 또는 전체에 전류가 흘러들어가 근육의 수축, 호흡 곤란, 심실세동(心室細動) 등으로 인하여 사망이나 실신 및 화상, 열상 등의 상해를 입거나, 충격으로 인하여 2차적으로 발생하는 추락, 전도 등에 의한 인명피해도 이에 포함된다. 특히, 낙뢰의 직격에 의한 인명의 사상과 전기설비의 피해도 실제적으로 많이 발생하고 있다.

(1) 전격의 영향인자

전격은 인체에 전류가 흐르기에 일어나는 것이기에, 전원에 접촉하여서 전압이 가해져도 전류가 흐르지 않으면 전격 현상은 발생하지 않는다. 고압 전선에 앉아 있는 새가 전격을 받지 않는 것은, 전선이 양질의 도체이어서 접촉점간의 전위차가 매우 적어서 새의 체내로 전류가 흐르지 않기 때문이다. 인체에 전압을 가하면 인체에 흐르는 전류의 크기(I)는 옴(ohm)의 법칙에 따라서 인가전압의 크기(V)와 인체 통전 경로의 전기저항의 크기(R)에 의하여 정해진다. 따라서 저항이 같으면 전압의 크기에 따라 통전 전류가 비례하므로 고전압을 사용하는 경우에는 특별한 주의가 필요하며, 또한, 접촉 전압이 같은 경우에 통전 경로의 인체 저항의 크기에 따라 전류가 반비례하여 인체에 미치는 영향이 달라진다.

전격의 정도에 영향을 미치는 주요 인자로는, 통전하는 전류와 전압의 크기와 통전 경로 및 시간, 인체 저항, 전원의 종별, 전원의 주파수 및 파형, 전격시에 심장 맥동의 위상, 전압의 크기 등이다. 결국, 통전 전류 및 전압이 크고 통전 경로가 신체 주요부분이고 통전 시간이 길수록 위험한 것이다.

1) 인체의 전기저항

전격의 강도는 인체에 흐르는 전류에 의하여 좌우되는데, 산업체나 가정에서와 같이 상용주파수의 교류전력을 사용하는 경우, 전압의 크기는 일정하게 정하여져 있다. 따라서 통전 전류는 통전 경로상의 저항(impedance)에 의해 제한되므로, 전격의 강도는 경로 저항에 의해 달라진다.

일반적으로, 감전사고가 발생하는 경우에 통전 전류의 저항은 주로 인체 저항 및 절연용 보호구(의복, 장갑, 모자, 신발 등)의 저항, 방호구(전선류와 전기설비의 절연물, 활선 작업이나 근접 작업에 사용 등)의 저항으로 구분할 수 있다.

이 중에, 인체 저항은 다른 저항과는 달리 임의로 변화시킬 수 없으며, 보호구나 방호구를 사용하지 않은 경우의 전격은 인체 저항만이 통전 경로의 전체 저항이 되기 때문에 심각한 피해를 입게 된다.

그리고 인체 저항은 피부접촉 저항과 인체체적 저항으로 구성되어 있다.

① **피부접촉 저항** — 피부 자체 저항과 피부와 전극 사이의 접촉 저항으로 구분되는데, 전압의 크기, 주파수, 전격시간, 접촉면의 상태, 접촉압력, 피부상태, 습기 등에 의하여 영향을 받는다. 특히 건조하거나 접촉 면적이 적은 경우에는 수 천 Ω에서부터 상처나 전류의 열작용이 있는 경우의 무시할 정도의 크기까지 변하므로 주의를 요한다. 그리고 건조한 경우의 저항에 비하여 습기가 많은 경우는 1/10, 땀이 나 있는 경우는 1/22, 물에 젖어있는 경우는 1/25의 저항 값으로 줄어든다. 또한, 접촉 면적이 클수록 피부접촉 저항이 줄어들며, 전압이 높을수록 피부 저항이 줄어들어서 1,000V 부근에서는 피부의 절연성이 파괴되어 인체 저항은 피부가 없는 경우와 같은 500Ω이 된다. 피부의 저항은 전격이 가해지는 시간의 경과와 함께 감소한다.

② **인체체적 저항** — 통전 경로상의 인체 구성성분인 혈액, 림프액, 뼈, 내부조직 등의 저항으로, 이 저항도 넓은 범위에 걸쳐 변화가 심하다. 참고로, 사지 중에 수족간(손–발, 손–손 등)의 최소저항은 약 500Ω로 생각된다. 그러므로 통전 경로가 수족 간인 경우에, 전압이 120V일 때의 전격 전류는 240mA, 240V 일 때 480mA가 되지만 피부접촉 저항 때문에 실제의 전류의 크기는 이보다 매우 적다. 따라서 임의의 두 수족 간의 전격에서 최악의 경우를 감안한 안전대책상의 인체저항을 500Ω으로 간주하는 것이 타당하다. 또한, 조직의 저항은 직류와 교류에 관계없이 거의 일정하고, 통전시간이 긴 경우에는 온도 상승에 따라 저항 값이 약간 감소한다.

2) 인체의 통전 전류

전격에 의한 인체의 생리적 반응은 개인차에 따라서 달라지지만, 여러 실험을 통하여 얻어진 평균 측정값을 표 7.1과 같이 통전 전류 값에 대한 인체의 생리적 반응에 대하여 나타내었다.

① **최소감지전류**

인체에 전압을 가하여 통전 전류의 값을 서서히 증가시켜서 일정한 값에 도달하면 고통은 느끼지 않으면서 짜릿한 전기의 흐름을 감지하게 되는데, 이때의 전류값 즉, 전류의 흐름을 느낄 수 있는 최소 전류를 최소감지전류(perception current)라고 한다. 이 값은 직류와 교류에 따라, 남녀, 건강, 연령에 따라서도 다르다. 일반적으로, 교류에서 상용주파수 60Hz에서 건강한 성인 남자의 경우는 약 1mA 정도이다. 참고로, 인체에서 가장 민감한 부분인 안구(眼球)는 20μA, 혀끝은 45(μA)의 매우 작은 전류에도 반응을 나타내지만 이들 부분을 제외하면 상용주파수 정도의 정현파 교류의 경우, 약 1mA 정도가 되어야 전격을 감지할 수 있는 것이다. 그리고 직류에서는 평균 실험값으로 약 5.2mA로 교류에 비하여 약 5배의 값을 갖는다.

표 7.1 통전 전류의 인체에 대한 영향

전격의 영향	직류(mA)		교류(실효치)(mA)			
			60 Hz		10,000 Hz	
	남	여	남	여	남	여
최소감지전류	5.2	3.5	1.1	0.7	12	8
고통을 받지 않는 전격	9	6	1.8	1.2	17	11
고통을 받는 전격	62	41	9	6	55	37
고통을 받는 전격, 전원에서 자력으로 이탈할 수 있는 한계	76	51	16	10.5	75	50
근육강직, 호흡곤란	90	60	23	15	94	63
심실세동의 가능성(전격시간 0.03초)	1,300	1,300	1,000	1,000	1,100	1,100
심실세동의 가능성(전격시간 3초)	500	500	100	100	500	500
심실세동(확실한 사망)	위의 값을 2.75배 한 것					

② 고통한계전류

고통한계전류는 최소감지전류보다 통전 전류가 높게 흐르면 어느 정도부터는 고통을 느끼게 되면서 더 이상 참을 수 없는 한계에 이른 전류 값으로, 실험적으로 교류(상용주파수 60Hz)에서 성인 남자의 경우에 약 7~8mA 정도가 된다.

③ 가수전류 및 불수전류

통전전류가 최소감지전류보다 더욱 증가하면 쇼크와 함께 고통이 따르게 되고 이때, 인체가 고통을 참을 수 있어 자력으로 충전부에서 이탈할 수 있는 한계 전류를 가수(可隋)전류(let-go current), 근육마비로 신체 운동이 부자유스러워 자력으로 이탈할 수 없는 한계 전류를 불수(不隋)전류(freezing current)라고 한다. 또한, 가수전류에서 전원이 교류인 경우에는 이탈(離脫)전류(secession current)라고도 하며, 직류인 경우는 교류와 구별하기 위하여 해방(解放)전류(release current)라고도 한다. 한편, 불수전류는 인체가 충전부와 붙어있다는 의미에서 교착(膠着)전류(agglutination current)라고도 한다.

한편, 안전상의 측면에서 볼 때에 인체가 자력으로 충전부에서 이탈이 가능한가의 여부가 중요한 문제이기 때문에 가수전류의 값이 주요한 연구대상이 되고 있다. 따라서 표 7.1에 나타낸 바와 같이, 60Hz 정현파 교류에 의한 가수전류의 최저값은 남자 9mA, 여자 6mA 정도가 된다. 그러나 직류에서 가수전류의 평균값은 대략 남자 70mA, 여자 45mA 정도인바, 직류의 경우에는 교류와는 달리 이탈한계전류 근처에서 심한 불쾌감을 느끼기에 교류의 경우와 구별하여 해방전류라고 부르는 것이다.

④ 심실세동전류

심실세동(心室細動)전류(ventricular fibrillating current)는 인체의 전류 크기를 보다 증가시켜 전류의 일부가 심장 부분을 흐르면서 심장이 정상적인 맥동을 하지 못하고 심장의 제어계가 파괴 및 교란되면서 불규칙적인 세동을 일으키며 혈액의 순환이 곤란하여 심장을 마비시킬 수 있는 한계전류이다.

따라서 통전 전류를 차단하여도 자연적으로 회복이 안되고 그대로 방치하면 수분 이내에 사망하게 된다.

3) 접촉전압과 보폭전압

인체가 전원에 접촉되는 형태는 직접접촉과 간접접촉으로 나누어 볼 수 있다.

직접접촉은 평상시 충전되어 있는 충전부에 인체의 일부가 직접 접촉하여 전압이 인가되는 형태로, 활선(活線)작업(live line work) 중의 부주의나 정전(停電)작업 중에 타인이 전원을 공급하는 경우에 자주 발생한다. 그리고 간접접촉은 평상시 비(非)충전되어 있는 기기의 금속제 외함 등에 전선의 피복 절연의 손상 또는 아크 발생에 의한 누전으로 외함이 충전된 상태에서 인체의 일부가 외함에 접촉되어 전압이 인가되는 형태이다. 따라서 직접접촉과는 달리 누전으로 인한 충전 여부의 구별이 불가능하기 때문에 특별한 주의없이 위험부위에 접촉할 수 있기에 충분한 대책이 필요하여, 각국별로 전기안전기준의 많은 부분이 이 간접접촉의 위험을 방지하기 위하여 마련되고 있다.

이와 같이, 전원과의 직접접촉 및 간접접촉을 통하여 지면과 접하고 있는 인체에 인가되는 전압은 보통 접촉(接觸)전압(touch voltage)과 보폭(步幅)전압(step voltage)으로 분류할 수 있는데, 접촉전압은 지면에 있는 발과 충전부에 접촉된 다른 신체부위와의 사이에 인가되는 전압이고, 보폭전압은 인체의 양쪽 발 사이에 인가되는 전압이다. 이는, 물체의 접지점을 통하여 대지로 전류가 흐를 때, 접지점 주위의 지표면에 형성되는 전위경도로 인하여 발생되는 전위차를 뜻하는데 특히, 접지되어있는 전신주나 변전소에서 접지 극을 통해 고장전류가 흐르고 있는 경우에는 매우 위험한 상황이 일어날 수 있다.

4) 안전전압

전기의 위험성은 전압 그 자체만으로는 크게 문제되지 않고 통전 전류의 크기에 의하여 달라진다. 그러나 같은 저항인 경우라면 인체에 흐르는 전류의 크기는 전압의 크기에 비례하므로, 전압을 제한할 수 있는 경우라면 전압의 크기를 제한하는 것이 전격 사고를 방지하는 중요한 방법이 될 수가 있다. 또한, 실험적으로 전압이 높아지면 전기저항이 감소가 되어 통전경로의 전체 저항이 감소되는 결과를 가져오기 때문에 감전의 위험성이 보다 높아짐을 알 수 있다.

참고로, 인체가 수중에 있는 경우(수영장이나 목욕탕 등)에는 2.5V의 전압도 위험하고, 물에 많이 젖어있는 상태 및 금속체에 인체의 일부가 항상 젖어있는 상태에서는 25V를 넘으면 위험하게 된다. 따라서 안전전압(safety voltage)은 어느 정도 안전하다는 의미이지 절대적으로 안전하다는 의미는 아닌 것이다.

국내의 경우, 안전전압에 대한 규정은 없지만 각국이 실용적으로 채택하고 있는 안전전압이 대략 30V 전후임을 감안할 때 30V 이하로 간주할 수 있으며 ILO 에서는 24V 이하로 보고 있다.

(2) 전격에 의한 감전과 대책

인체가 전격을 받는 경우는 크게 두 가지로 구분하여 보는데, 먼저, 부주의로 인체가 직접 전기의 통로에 접촉되어 인체 내에서 단락(短絡) 또는 단락 회로의 일부를 구성하여 전류가 흘러 전격을 받는 경우와, 다음으로는, 기기나 전선 등의 고장이나 손상으로 누전이 발생하면서 누전 상태의 기기에 접촉되어 인체를 통해 지락(地絡)전류가 흘러 전격을 받는 경우인 것이다.

1) 감전사고의 유형

전격에 의하여 인체에 감전 사고를 일으키는 유형은 다음의 ①~⑥으로 나누어 볼 수 있으며, 각 경우를 그림 7.1의 ①~⑤에 나타내어 보았다.

① 전기통로(전선 등)에 인체 등이 접촉되어 인체를 통해서 지락 전류가 흘러서 감전 ―(예) 전기 작업이나 일반 작업 중에 발생하는 대부분의 감전

② 누전(또는 절연 불량)된 전기기기에 인체 등이 접촉되어 인체를 통해서 지락 전류가 흘러서 감전

③ 전기통로에 인체 등이 접촉되어 인체가 단락 또는 단락 회로의 일부를 구성하여 감전―(예) 전압이 걸린 두 전선 사이에 인체가 직접적 또는 전도성이 있는 물체를 통하여 접촉한 경우로, 교류 아크용접기에 의한 작업 중에 발생하는 감전 등

④ 고전압 전선로에 인체 등이 매우 근접하는 경우, 공기의 절연 파괴 현상이 일어나 아크가 발생하여 감전

⑤ 초고압 전선로에 인체 등이 근접하는 경우, 인체에 유도 대전된 전하가 접지된 물체로 흘러서 감전

⑥ 인체 내의 조직에 직접 전류가 흘러서 체외로 흘러나가는 경우로, 의학용의 전기기기에 의해 전격(micro shock)을 받는 것으로 매우 적은 전류(수십 μA)에 의하여 심장 정지 또는 심실세동(心室細動)을 일으킬 수 있다.(참고적으로, micro shock을 예방하기 위한 안전전류의 크기를 10μA로 정하고 있다)

2) 감전사고의 방지

① 감전사고의 예방

i) 전기기기 및 설비의 점검 철저와 정비
ii) 전기기기 및 설비의 위험부에 의한 위험 표시
iii) 전기설비의 필요부분에 보호접지의 실시
iv) 충전부가 노출된 부분에 절연 방호구 사용
v) 고압선로 및 충전부에 근접 작업하는 작업자의 보호구 착용
vi) 전기기계 및 기구에는 유자격자 이외에는 전기적인 접촉 금지
vii) 관리감독자에 의한 작업에 대한 안전교육 시행
viii) 사고 발생할 경우의 처리 순서를 사전에 작성 비치할 것

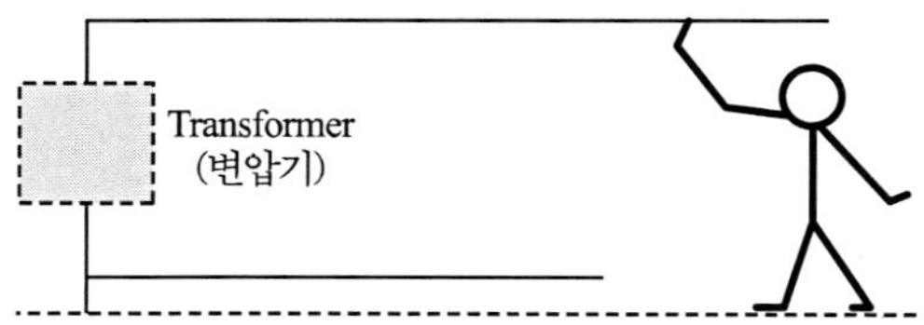

① 전기통로(전선 등)에 인체 등이 직접 접촉되는 경우

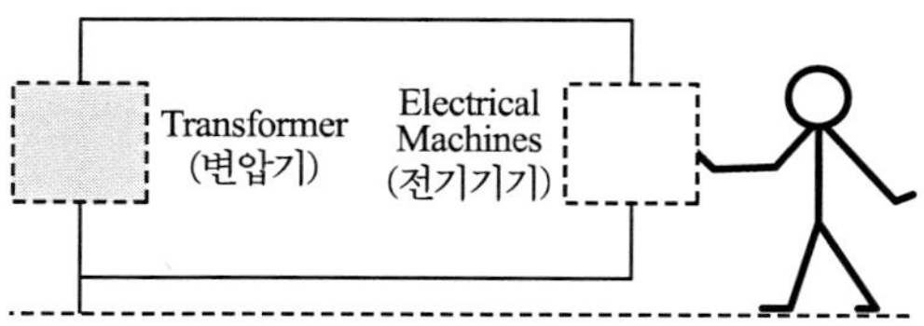

② 누전(또는 절연 불량)된 전기기기에 인체 등이 접촉되는 경우

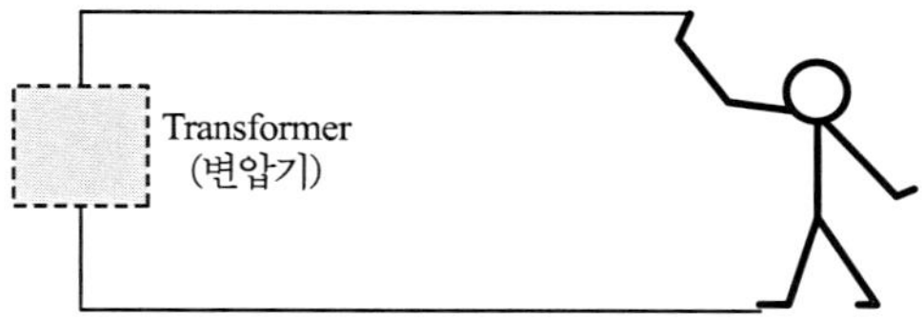

③ 인체가 전기통로에 접촉하여 단락 회로의 일부를 구성하는 경우

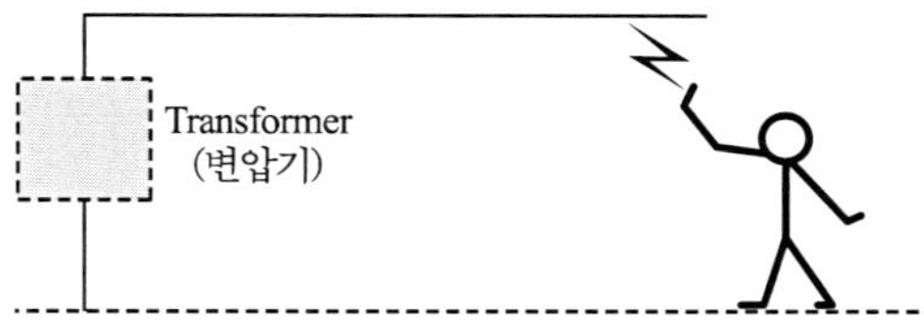

④ 고전압 전선로에 인체 등이 매우 근접하는 경우

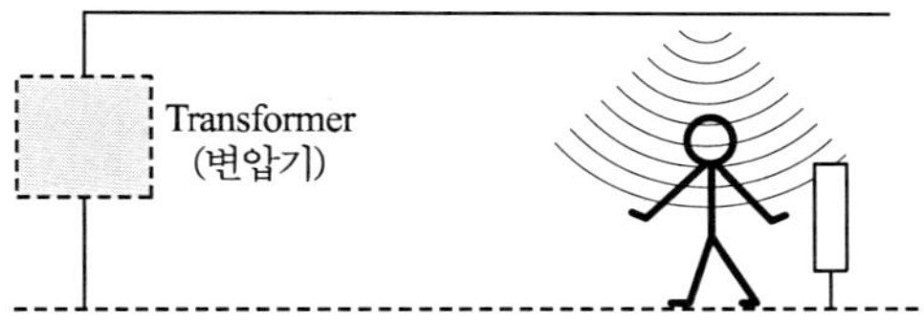

⑤ 초고압 전선로에 인체 등이 근접하는 경우,
인체에 유도 대전된 전하가 접지된 물체로 흐르는 경우

그림 7.1 인체에 감전을 일으키는 유형

② 감전사고시의 조치

i) 감전 피해자의 구출

감전 피해자를 위험지역에서 구출할 때에는 먼저 피해자가 접촉된 충전부나 누전된 기기의 전원을 차단하고 피해자를 위험지역으로부터 신속히 이탈시켜야 한다. 그리고 감전의 신체에 있는 금속체가 충전부(전선, 스위치, 전동기, 단자 등) 또는 금속 제외함(스위치, 전동기, 용접기 등)에 접촉되어 있는가의 여부를 파악하여, 접촉되어 있음에 따른 구출자의 감전에 의한 2차적 재해를 방지토록 하여야 한다. 만약, 피해자가 전기설비에 접촉되어 있으면 그 설비의 공급 전원을 신속히 차단하여야 하며, 이를 위해서는 평소에 각 설비의 전원 스위치의 위치를 작업자 모두가 숙지하고 있어야 하며, 또한 각 스위치에는 회로명 및 기기명을 표시하여 긴급할 때에 쉽게 식별할 수 있도록 함이 좋다. 그러나 전원을 차단할 수 없는 경우에는 구출자는 반드시 절연보호구(장갑, 신

발 등)를 착용하여야 하며, 피해자를 위험지역으로부터 구출한 다음에 피해 증상을 확인하고 최소한의 간격을 두고 격리시키도록 한다.

ii) 응급조치

감전 피해자가 발생하였을 경우, 다음과 같이 피해자 신체에 대한 응급조치를 신속히 하여 구조할 수 있는 방법을 강구하여야 한다.

ㄱ. 기도의 확보: 피해자의 기도가 열려있지 않으면 손으로 열어 혀를 꺼내고, 입속에 이물질이 있으면 제거하고, 호흡이 쉽도록 아래턱을 들어서 올리고 머리를 뒤로 젖혀 기도를 확보하여 주도록 한다.

ㄴ. 인공호흡: 인공호흡은 그 시기가 빠를수록 소생률이 높다. 호흡이 정지하고 인공호흡을 1분 이내에 행하면 소생률이 95% 정도이나, 시간이 경과할수록 떨어진다(3분 이내: 75%, 4분 이내: 50%, 5분 이내: 25%, 6분 이내: 10%). 그러므로 신속히 인공호흡으로 생명을 소생시키도록 하며, 지체없이 병원에 운반되어 의사 진료를 받게 한다. 인공호흡은 12~15회/min인 4초 간격의 속도로 30분 이상 반복 실시하는 것이 바람직하며, 인체의 호흡이 멎고 심장 작동이 정지되었어도 계속하여 인공호흡을 행하는 것이 좋다.

ㄷ. 심장마사지: 외부의 강한 충격으로 심실세동을 일으켜 심장 작동이 정지한 경우에, 외부에서 심장을 자극시켜 다시 작동하도록 하는 방법을 시행한다. 즉, 피해자를 가급적 평지 위에는 딱딱하고 평평한 것을 넣어 위로 향하여 눕히고, 구조자는 피해자와 직각의 위치에서 양손의 손바닥을 겹쳐 손끝은 위쪽으로 쳐들고 늑골에 닿지 않도록 하며, 팔은 똑바로 뻗어서 상반신의 체중을 거는 자세로 아래로 강하게 가압한다. 가압 위치는 흉부의 한가운데 보다 아래쪽 약 1/3의 부분과 흉골 사이이며, 가압의 횟수는 성인의 경우에 1회/sec 정도로 가압을 반복한다. 보통, 맥박이 정지되어 있으면 호흡도 정지되어 있기 때문에, 인공호흡과 인공마사지를 동시에 행하는 심폐소생법(cardiopulmonary resuscitation)이 효과적이며 경우에 따라 다음과 같은 방법으로 시행한다.

a. 구조자가 한 사람인 경우, 심장마사지 15회에 인공호흡 2회의 비율로 반복하여 행한다.

b. 구조자가 두 사람인 경우, 심장마사지와 인공호흡을 분담하여 5:1의 비율로 연속하여 행한다.

(3) 낙뢰의 방전과 대책

1) 낙뢰의 방전

뇌(雷)는 (+)전하와 (−)전하가 분리 축적된 뇌운(雷雲)과 뇌운, 뇌운과 대지 간에서 일어나는 방전 현상이다. 즉, 대기의 절연이 파괴되면서 일어나는 정전기에 의한 방전 현상이다. 뇌운은 지상 1~3km 상공에 존재하는 뇌 방전로의 길이를 수 km 정도로 하면 뇌운의 전위는 수억~수십억 V 정도이고 뇌의 방전으로 인한 전류는 수십만 A 정도이기에, 방전시간이 10^{-6}sec와 같이 극히 짧은 시간이라고 하여도 매우 큰 방전에너지가 발생되어진다. 그리고 낙뢰직전의 지면 가까이의 전위경도는 30kV/m 정도이고, 항공기나 기구가 뇌운 속에서는 상부가 정(+), 하부가 부(−) 전위인 경우가 많고, 전위경도는 뇌 방전 직전에서 2~4kV/cm인 실측의 예가 있다. 이 값은 상압에서의 침단간극의 5kV/cm의 반값 정도이지만, 수적(水滴)에 의한 대기의 전도성의 증가, 저기압에 의한 파괴 전압의 저하 등이 있을 것으로 생각된다. 이와 같이, 엄청난 에너지를 갖는 낙뢰에 의한 인명의 사상과 전기설비의 피해 및 화재·폭발의 재해를 발생시키고 있다.

2) 낙뢰 방전 대책

실제로, 장마기간이나 갑작스런 소나기가 내리거나 또는, 야외 들판이나 골프장 등에서 작업하던 사람이 낙뢰의 직격에 의한 피해가 많이 발생하고 있는데, 이들 낙뢰에 의한 인명의 피해 사례를 살펴보면 다음과 같은 경우들이 있다.

① 인체에 금속성의 단추나 헤어핀 등이 부착된 경우에 통전하게 된다.

② 비가 내려 나무에 낙뢰하면 나무 밑에 있는 사람에게 또는 실내의 기둥 근처 가까이 있는 사람에게 통전한다. 즉, 역섬락의 일종이라고 생각하는데, 규정에 피뢰설비로부터 2m이상 떨어져 있어야 안전하다고 할 수 있다.

③ 들판과 같은 넓은 장소에 있는 사람은 돌기물의 역할로 하여 통전한다.

④ 먼 곳의 뇌성이 들릴 정도에도 돌연히 낙뢰하여 피해를 입기도 한다.

따라서 낙뢰의 직격으로 인한 인명의 피해는 거의 치명적으로 만일, 옥외에서 뇌성을 듣게 되는 경우에는 다음과 같이 조치하도록 하는 것이 필요하다.

① 인체에 부착된 금속성의 물체를 신속하게 제거하도록 한다.

② 낮은 장소로 이동하여 몸을 낮추도록 한다.

③ 나무 밑이나 금속성 기둥이 있는 곳에 대피할 때는, 이들의 1.5m 이상 떨어져 있도록 한다.

④ 뇌성이 울리거나 들판이나 야외에 있으면, 가능한 한 신속하게 건물 안으로 피신하도록 한다.

7.3 전자파 및 정전기

산업 현장에서 전기, 전자기기의 사용 증가에 따라 전자파(電磁波, electromagnetic wave)는 여러 가지의 형태로 그 영향을 끼치고 있는 바, 전류가 흐르는 장소에서는 전자파가 발생하여 인체와 환경에 영향을 주고 있다.

또한, 정전기(靜電氣, static electricity)는 '공간의 모든 장소에서 정지되어 있는 전하(電荷)에 의한 전기'라고 할 수 있다. 일반적으로, 정전기의 현상은 인간에게 충격(shock)을 주거나 머리카락을 흐트러지게 하거나 또는 몸에 옷이 달라붙어서 불쾌감을 주어 작업을 방해하는 요인이 되기도 하며, 산업안전 분야에서는 산업기기의 오동작으로 인하여 작업의 방해 및 정전기 방전 불꽃에 의한 화재 및 폭발, 작업자의 감전 등의 사고를 발생시키는 위험요소가 되고 있다.

(1) 전자파

1) 전자파의 인체 장해

① 전자파의 인체 유해성

전자파는 파장에 따라서 60Hz 이하의 극저주파, radio파, 단파, micro파, 적외선, 가시광선, 자외선, X선, γ선 등으로 구분하며, 이 중에서 micro파 이상의 강도가 높은 전자파에 노출되면 인체에 큰 피해를 입는 것으로 알려져 있다. 전자파 재해는 컴퓨터, 헤어드라이어, 전기면도기 등에서 발생되는 '극저주파'와 무선전화기, 워키토키, 핸드폰 등의 '단파' 및 TV파, 전자레인지, 스피드건 등에서 발생되는 'micro파' 등과 같이 일상적 생활용품에서 발생되고 있다. 특히, 인체의 뇌세포막이 자성을 가진 액체의 결정체로 쌓여 있다는 연구결과에 따라 산업화에 의한 인체에 전자파의 유해성은 심각한 실정이다.

그 중에 컴퓨터는 사용 중에 자외선, 가시광선, X선, radio파, 극저주파 등의 다양한 전자파가 발생되고 있으나 대부분이 노출 허용치에 미치지 않은 것으로 알려져 있지만, 장기간 노출이 진행됨에 따라 여러 증후를 일으키고 있는 바, 소위, VDT (video display terminal) 증후군으로서 눈의 피로, 목이나 어깨의 통증, 근육무력증, 두통, 이명, 호흡 및 혈압 장해, 집중력 저하, 불면증, 온몸이 피로해지는 만성피로증후군 등이 나타난다는 것이다. 실제로, 컴퓨터 사용자를 대상으로 한 조사의 결과에 의하면, 조사대상자의 상당한 비율이 컴퓨터로 인한 각종의 건강 장해를 겪고 있다고 하는데, 무선호출기를 장시간 신체에 부착하여 사용함에 따라 발생되는 전자파로 신체에 이상이 생길 수 있다는 보고도 있다. 또한, 고압선 아래에 노출되면서 백혈병의 환자 발생이 다른 곳에서 보다 2배 이상이라는 연구 보고도 있는 실정이다.

② 전자파의 인체 안전기준

생체(인체)가 전자파에 노출되었을 경우에, 생체 내의 전자계 성분이 일으키는 생물학적 반응을 생체(生體) 효과(bioeffect)라고 하며, 전자파를 생체 효과의 측면에서, 에너지 수준이 높고 입자성이 강하게 작용하는 '방사선'과 입자성과 파동성의 양면이 작용하는 '전파'로 크게 분류하고 있다.

한편, 전자파가 생체 내에서 생체 효과를 지배하는 작용자로는 전리(電離), 광(光), 전류(電流)가 있는 바, 일반적으로 각국의 안전기준은 전류에 바탕을 두고 있다. 이 전류는 생체 내에 존재하는 전자계에 의한 유도 작용을 말하며, 주파수에 따라 발열과 자극작용으로 나누어진다. 일반적으로, 주파수 100kHz 이상에서 Joule열에 의한 발열작용이 있고 그 이하의 주파수에서는 전류의 직접적인 자극작용이 우세하게 작용한다고 한다. 체온의 상승과 신경세포 감각기의 흥분 등은 발열작용의 결과로서 생긴다. 따라서 생체 효과를 일으키는 발열량의 역치(閾値, threshold value)를 알면 이 값을 넘지 않는 전파의 parameter를 역으로 결정할 수 있다. 동물(토끼 등)을 이용한 전파의 노출실험에 의하면, 전(全)흡수에너지의 시간율(전흡수전력)을 전신에 걸쳐 평균한 값이 체중 1kg당 4~8W의 좁은 범위에서 가역적인 행동 분열을 일으키고 있다. 이 발열량의 역치가 인체에 대해서도 적용할 수 있다는 관점에서 이 값을 중요시하고 있다. 즉, 체중 1kg당 전파의 흡수전력인 비흡수율(specific absorption rate, SAR)이 발열작용에 의한 생체 효과의 척도로서 이용되고 있는데, 인체에 대한 생체 효과의 역치로는 전신 평균 SAR이 ANSI에서는 4~8W/kg, 미국 환경보호청(EPA)은 1~2W/kg으로, 이 역치의 10배 또는 2.5배의 안전율을 고려한 0.4W/kg이 세계 각국에서의 안전기준치로 확립되어 있다. 다만, 이 값을 넘지 않는 전자파 세기가 안전기준이 되겠지만, SAR에서는 전파원, 주파수, 인체의 크기 등에 따라 크게 변한다. 그러므로 평면파(plane wave)를 전신에 흐르게 하였을 때를 최악의 경우로 하고 이 경우의 SAR 안전기준치를 초과하지 않는 전파의 세기를 기준레벨로 정하고 있다.

2) 전자파의 기기 장해

전자기기 및 장치로부터 나오는 광범위한 전자파들은 기기 상호간에 간섭 현상을 일으켜서 기기의 오동작뿐만 아니라 radio, TV 등의 전파수신기기의 장해 전파원으로써 전자파 환경을 오염시키고 있다. 또한, 산업체 현장에서는 주위의 전자파 응용장치 등에서 발생하는 *불요(不要)전자파(electromagnetic noise)에 의하여 산업기기 및 시스템이 오동작을 일으켜 용접용 로봇의 오작동, 정전기 및 뇌방전(雷放電) 등이 발생하는 재해 및 생산 장해를 유발하기도 한다.

따라서 불요전자파의 침입을 적극적으로 배제하는 방법을 하거나 그렇지 않으면 불요전자파가 없는 곳에서 산업 활동을 하여야 한다. 그러나 후자와 같은 환경이 실현되어도 공장 내의 전기설비에서의 각종 스위치가 설치되는 등으로 잡음 전원을 완전히 배제할 수는 없기에, 산업용 기기 자신의 잡음 배제능력(immunity)을 갖추도록 하여야 할 것이다.

산업안전의 측면에서는 절대적으로 목적 이외의 동작이 발생하지 않도록 하고, 이를 위해서는 실제로 오동작이 어떻게 일어나는가를 사례연구(case study)를 통하여 주위에 설치되어 있는 각종 산업기기들을 주의깊게 고찰하면서 현상을 파악, 처리하고 안전수칙 등을 제정하는 것이 필요하다.

3) 생활상의 전자파 방지

현실적으로 전자기기 및 장치에서의 전자파가 생활 주변에 있고 그것이 안전하다는 보장이 없는 한, 있을지도 모르는 위험을 막을 수 있도록 하여야 한다. 따라서 일상생활에서 쉽게 노출되는 전자파 위험에 대처하는 방안들은 다음과 같이 정리하여 볼 수 있다.

① 컴퓨터 작업을 할 경우에는 일정한 시간마다 휴식을 취한다.(예: 1시간 작업한 후에 15분 정도 휴식).

② TV는 가능한 한 오랜 시간 시청하지 않도록 하고 TV 화면에서 1.5m이상 떨어진 곳에서 시청한다.

③ 휴대폰은 사용하지 않을 때 일정 거리를 두고 놓아둔다. 통화 중에는 큰 전파는 아니라도 눈과 머리의 신체 주위에 복사되기에 장시간 사용하지 않도록 한다.

④ 전자레인지 및 전자오븐 등의 가전제품은 작동 중에 인체에 해로운 micro파의 전자파 노출이 있으므로 가까이 있지 않도록 한다. 특히, 임산부나 어린이들은 사용하지 않도록 하는 것이 좋다.

⑤ 전기장판 및 전기담요 등은 가열하여 발생되는 전파는 개인에 따라 수용력이 다르므로 강하게 장시간 사용하지 않도록 한다.

⑥ 불필요한 전기 및 전자기기는 사용하지 않을 때, 전원에서 차단하여 전자파의 발생을 줄인다.

---

* 공장 내 각종 전기접점 즉, 마그네트 스위치, 릴레이, 전동기의 정류자 등에서 발생하는 개폐 잡음, 그리고 고주파 이용 장치나 도시 주변에 산재한 네온사인, 전철의 전기공급선 등에서 발생하는 방전 현상 등의 잡음 등은 디지털 회로 및 각종 메모리 소자가 내장되어 있는 전자기기에는 불요전자파가 된다.

⑦ 할로겐램프와는 가까이 있지 않도록 하고, VDT와는 일정한 거리를 두면서 사용하거나 전자파 방사량이 적은 액정화면(LCD)을 선택한다.

⑧ 침대 주변에서 전자시계 및 에어컨은 약 1m이상 거리에 있도록 한다.

⑨ 전기면도기 및 헤어드라이어는 가능한 한 사용하지 말고, 부득이 사용할 때는 휀과 송풍구가 일정한 거리를 둔 제품을 사용하도록 한다.

(2) 정전기

1) 정전기의 발생

일반적으로 서로 다른 두 종류의 물체를 마찰하면 정전기가 이들의 표면에 발생하기 때문에 마찰전기(tribo-electricity)라고 불린다. 이와 같이 서로 다른 종류의 물질이 접촉하였다가 분리되면서 정전기가 발생하는 원리는 다음과 같다. 즉, 물질 내부에 그 물질을 구성하는 입자 간을 자유로이 이동하는 '자유전자'가 있고, 그 입자(원자) 간에 전기적인 힘에 의해 속박되어 있는 '구속전자'가 있다. 그런데, 실제 정전기 발생에 기여하는 것은 '자유전자'로, 물체에 빛을 비추거나 가열하는 등의 외부로부터의 물리적인 힘을 가하면 입자 외부로 방출되는데, 이 때 필요한 최소에너지인 일함수(work function)는 물체의 종류에 따라 서로 다른 고유값 V(volt)의 값을 갖고 있어, 두 종류의 물체를 접촉시키면 상대적으로 낮은 일함수를 갖는 물체(+)(donator)에서 나온 전자가 높은 일함수를 갖는 물체(−)(acceptor)로 전하가 이동하면서 대전(帶電, electrification)하여 접촉면에서 두 물체의 일함수의 차이에 해당하는 전위차(電位差)로 전기적인 2중층(二重層)의 형성, 이의 분리에 의한 전위 상승, 분리된 전하 소멸의 3단계 과정이 반복하여 일어난다. 참고로, 각종 금속의 일함수는 표 7.2에서와 같은 고유 값을 갖고 있으며, 두 물체의 접촉으로 인한 정전기의 발생 과정을 그림 7.2에 나타내었다. 또한, 표 7.3에는 물질별로 대전계열(tribo electric series)을 나열하였는데, 정전 현상에 따른 대전의 (+), (−)를 파악하게 되면 접촉, 분리하는 상대 물질의 종류에 따라 (+)전하 및 (−)전하가 발생하게 된다. 이상과 같이 1회로 끝나는 정전기 현상에서 전하량의 관점에서 보면, 전기 2중층의 성립, 전기 2중층의 분리 및 전압 상승, 전하 소멸의 3단계로 나누어진다. 그러나 발생 전하의 종류, 주위 환경 및 물체의 가공조건 등을 고려하여야 하며, 실제로 정전기로 인한 사고·재해 발생의 경우에는 여건에 따라 달라지는 여러 조건을 고려하지 않으면 안된다.

2) 방전에너지에 의한 발화

정전기가 방전(放電)될 때의 방전에너지는 다음의 식 (7.1)과 같이 나타내어진다.

$$E = (1/2)CV^2 = (1/2)QV \tag{7.1}$$

여기에서, C : 정전용량, V : 대전전압, Q : 전하량

표 7.2 각종 금속의 일함수(V)

금속	일함수	금속	일함수
Mg	3.65~3.78	W	4.67
Zn	4.24	Au	4.90
Cu	4.26	Ni	4.96
Hg	4.53	Pd	4.97
Ag	4.47~4.79	Pt	5.42
C	4.60		

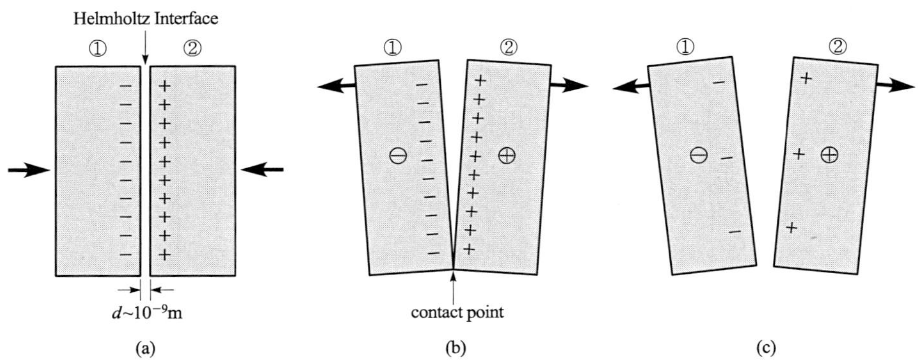

그림 7.2 두 물체 간의 대전 현상

표 7.3 물질의 대전 계열

(+) ↓ … ↓ (−)	예 1	예 2	예 3	예 4	예 5
	석면 인모 유리 운모 양모 견 아연 종이 에보나이트 구리 유황 고무	유리 나일론 양모 견 레이온 면 마 구리 합성고무 폴리에틸	양모 나일론 면 아세테이트 루위사이트 폴리스틸렌 폴리에틸렌 테플론	셀로판 젤라틴 유리 초산셀룰로오즈 폴리메틸 – 메타크릴레이트 폴리카보네이트 폴리스틸렌 은박지 폴리에틸렌 염화비닐 테플론 사탄	Cd Zn Al Fe Cu Au Pt

즉, 정전용량 C와 전압 V와의 사이에는 Q = CV의 관계이므로, 물체간의 접촉면의 거리가 매우 짧을 때는 그 정전용량은 매우 크지만, 이를 분리하여 멀게 하면 정전용량이 감소하고 전압이 높아져, 공기 중의 방전에는 적어도 350~400V 이상의 전압이 필요하게 되며 그보다 낮은 전압의 대전에서는 위험하지가 않다. 따라서 방전에너지가 물질의 최소발화에너지보다 크게 되면 발화하는 것이다. 일반적으로, 정전기에 의한 방전에너지의 값은 약 0.2~0.3mJ로 이는 가연성고체를 발화시킬 만큼의 큰 값은 아니지만, 폭발범위의 가연성가스 및 인화성증기의 최소발화에너지보다는 큰 경우가 되어 화재 및 폭발 사고·재해의 위험성이 높게 된다.

3) 정전기 발생의 방지

정전기의 계속적인 발생으로 많은 전하가 축적됨에 따라 여러 형태의 사고·재해를 일으킬 수 있는 바, 다음과 같이 분류하여 볼 수 있다.

① 정전기가 발화원으로 발생되는 화재 및 폭발로 인한 인명 사상과 물적 피해
② 전격에 의한 인명의 사상
③ 분체의 부착, 필름의 이탈 등의 생산 장해
④ 정전기 충격으로 컴퓨터의 오작동 및 전자부품의 파손

따라서, 이와 같은 정전기 발생에 의한 재해를 방지하기 위해서는 이의 발생에 영향을 주는 요인을 가능한 한 제거하거나 적게 하여야 한다. 또한, 정전기의 발생 메카니즘의 원리를 근거로, 물체 간의 접촉과 분리를 일으키는 기계적 작용으로 인한 정전기 발생을 적게 하기 위해서는 다음의 조건들을 갖추는 것이 요망된다.

① 물체 간의 접촉면적이 작고, 압력 및 온도가 낮도록 한다.
② 물체 간의 접촉횟수가 적도록 한다.
③ 물체 간의 분리속도가 느리도록 한다.
④ 물체 간의 접촉상태가 서서히 변화하도록 한다.

7.4 전기설비 안전

전기설비에는 발전, 송전, 변전, 배전 또는 전기사용을 위하여 설치하는 각종 설비(기계·기구, 댐, 수로, 저수지, 전선로, 통신선로, 운송수단의 설비 등)를 말하므로, 매우 방대한 것인바, 여기에서는 안전 분야에 관련성을 갖고 모든 전기설비에 있어 공통점이 많고 기본적인 사항(예: 전선의 접속, 전로의 절연 및 보호, 접지, 기타 위험 기구 등)에 대하여 다루어 보고자 하였다.

(1) 전선의 접속

전선 및 케이블은 그 종류가 매우 많고 종류에 따라 특성에 차이가 있으므로, 설계에서나 사용 과정에서는 이의 사용 목적에 적합한 것을 선정하여야 한다.

그리고 전선을 접속할 경우에는 전선의 허용전류로 인한 접속개소의 온도 상승 값이 접속부 이외의 곳에서의 온도 상승 값을 초과하지 않도록 하고, 또한 전선의 종별에 따라 다음의 사항들에 주의하여야 한다.

1) 상호의 절연전선, 절연전선과 코드캡타이어 케이블 또는 케이블을 접속할 경우, 전선의 전기저항을 증가시키지 않고, 전선의 세기(인장하중으로 표시함)를 20% 이상 감소시키지 않고, 접속부분은 그 부분의 절연전선의 절연물과 동등 이상의 절연 효력이 있는 것으로 충분히 피복시키도록 한다.
2) 알미늄(알미늄 합금 포함)이나 구리(구리 합금 포함)의 도체를 사용하는 전선을 접속할 때에는 접속 부분에서 부식이 일어나지 않도록 하고, 알미늄 도체의 절연 전선 또는 케이블을 옥내, 옥측, 옥외 배선에 사용할 때에, 이 전선을 접속하는 경우에는 원칙적으로 전선커넥터를 사용한다.
3) 전선과 케이블의 허용전류는 이의 종류, 도체의 굵기, 사용조건 등을 고려하여 결정하고, 각종 절연물의 도체 허용최고온도, 주위온도, 사용장소에서의 기저온도 등을 충분히 고려하여 산출한다.

(2) 전로의 절연과 보호

전로(電路)가 대지(大地)로부터 충분히 절연되어 있지 않으면 누설전류로 인하여 화재 및 감전 사고의 발생과 전력 손실이 증가하게 된다. 따라서 전력을 안전한 부하에 전력을 공급하려면 사용전압에 따라 모든 전로가 대지와 절연되어야 한다.

그리고 전로는 연결된 기기의 고장이나 전로 자신의 단락(短絡) 및 지락(地絡) 등으로 이상(고장)전류가 흐를 때를 예상할 수 있는데, 이의 이상전류를 방치하게 되면 전로의 파손 및 다른 기기 또는 계통 전체가 마비되는 경우도 발생한다. 특히, 전등이나 전열기 및 전동기 등에 전기를 공급할 때에는 생체에 대한 감전, 기계·기구에 대한 손상이 발생하지 않도록 전로보호용으로 개폐기, 과전류차단기, 누전차단기 등을 설치하여야한다. 예를 들면, 저압전로의 전원 측에는 퓨즈와 같은 과전류차단기 또는 누전차단기를, 고압전로의 전원 측에는 전력용차단기 등을 설치하여야 한다.

이 중에서, '누전(漏電)차단기(earth leakage breaker)'는 누전이 일어났을 경우, 그 이상을 감지하여 전원의 공급을 차단하여 누전사고를 예방하기 위해 설치하는 '지락(地絡)차단기'의 일종이다. 누전사고는 누설전류의 증가로 일어나는 바, 이의 누설전류는 전원을 공급하는 도체를 보호 또는 포장한 절연재료가 열적 및 기계적 요인의 복합요인으로 작용되어져 전기적성질의 변화를 가져와 절연열화(絶緣劣化, insulation degradation)가 진행되어 일어나는 것이다.

대표적인 전류동작형의 누전차단기는 그림 7.3에 나타낸 바와 같이, 누전검출부, 영상변류기, 차단기구로 구성되어 있다. 즉, 그림 7.4 (a)에서와 같이, 영상변류기를 통과하는 주로전류와 귀로전류가 동일한 값이면 이에 의해 철심에 발생되는 자속은 서로 상쇄되어 영상변류기의 2차측에 출력이 발생하지는 않는다. 그러나 누전검출부에 의하여 검출된 누설전류는 대지를 통하여 전원으로 되돌아가 그림 7.4 (b)에서와 같이 주로전류와 귀로전류 간에 생기고 철심 중에 이에 상당하는 자속이 발생하고 영상변류기의 2차측에 누설전류에 비례하여 나타나는 출력에 의하여 차단기구가 작동하면서 주접점이 개로(開路)되는 것이다.

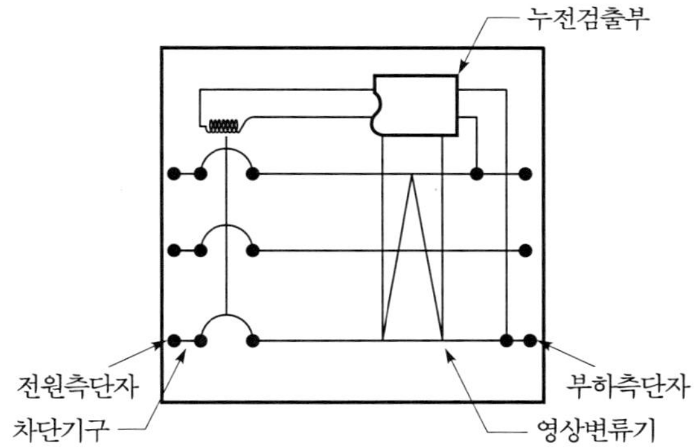

그림 7.3 누전차단기(전류동작형)

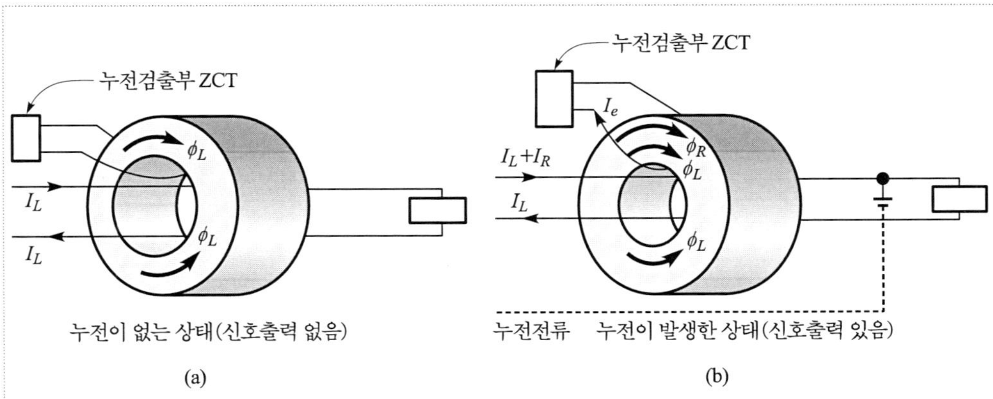

그림 7.4 영상변류기의 원리

(3) 접지

접지(接地, earth or grounding)는 대전되어 전위가 높아져 있는 물체를 도선으로 대지에 연결하여서 그 물체의 전위가 대지의 전위(통상 0(V))와 같게 되도록 하는 것으로, 이는 전기기기의 외함이나 철대를 대지에 연결하여 사용함으로써 전격으로부터 작업자를 보호하고 화재의 예방 및 전기장비의 손상을 방지할 수가 있다. 다만, 대지의 저항값은 수분의 함유 정도 및 토질의 성분 등에 따라 크게 달라지지만, 접지점에서 무수한 전류통로를 형성하였기에 다수의 저항을 병렬로 연결한 형태와 같이 병렬회로로 되었기에 매우 낮아져서, 대지가 무한한 전류용량을 지닌 도체로 생각할 수 있다. 접지 방법에는 계통접지와 기기접지로 대별된다.

계통접지(electrical system grounding)는 그 계통을 이루고 있는 회로에의 한 도체를 의도적으로 지면에 연결시키는 것인데, 이는 뇌격(雷擊)이나 다른 고전압의 접촉으로 인한 surge로부터 회로를 보호하기 위하여 행하여지며, 정상적인 조건하에서는 적정 수준의 전압이 유지되도록 그 계통을 안정시키는 역할을 한다. 기기접지(electrical equipment grounding)는 기기의 철골구조인 외함을 영구적으로 지면에 연결시키는 것인데, 이는 누전 및 절연파괴 등과 같은 고장으로 인한 위험이 발생하는 경우에 계통접지 도선과 지면을 통한 폐로를 구성하여 고장전류를 전원 측으로 보낼 수 있는 경로를 제공함으로써, 감전의 위험성 제거와 아울러 차단기와 퓨즈와 같은 보호기기들이 확실하게 작동하게 하여 사고의 파급 방지와 신속한 복구를 가능하게 한다. 그림 7.5에 이들 접지 방법의 예를 나타내었다.

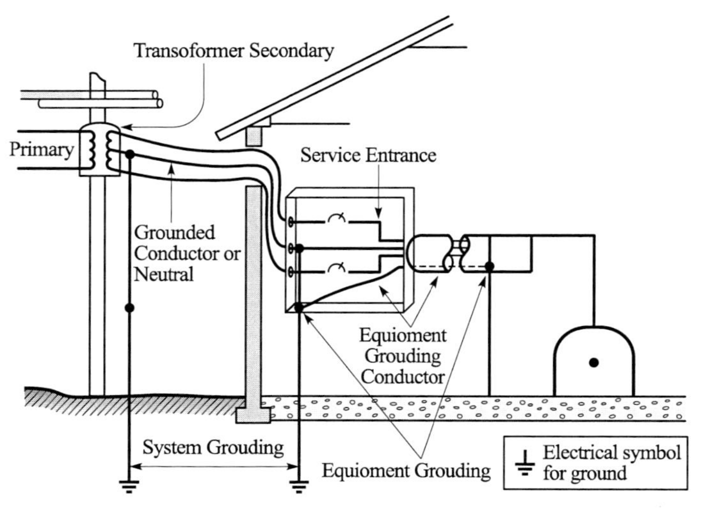

그림 7.5 접지 방법(계통접지와 기기접지)의 예

P/A/R/T

08 건설 안전

제08장 건설 안전

건설 산업에 있어서의 위험 요소는 크게 건설 장비·기계와 건설공사 및 건설작업에서의 위험으로 나누어 볼 수 있다. 이와 같은 건설 현장에서 작업자에 의해 작업이 행하여지면서 수반되는 사고·재해의 발생 위험은 다른 산업에 비하여 높은 것이 특징으로, 이는 건설공사 주요 공정의 대부분이 옥외공사로 기후 및 지질 등의 환경적 영향과 함께 작업자의 근로적 여건이 취약한 것이 큰 요인이라고 생각된다.

그리고 작업환경의 수시적 변화는 사고·재해 발생에 대한 위험 예측이 다른 산업에 비하여 상대적으로 어렵게 하고 있다. 즉, 대부분이 중량물인 장비·기계의 취급과 운영을 작업자가 고정 위치가 아니고 이동하면서 작업하게 되고, 수행하는 작업의 변화가 다양한 것과 같은 작업의 이동성 및 가변성이 사고·재해의 발생 방지를 보다 어렵게 하고 있는 원인 중의 하나인 것이다.

또한, 제한된 공간의 작업장 내에서 다수의 전문업체가 다양한 공정을 진행함에 따른 상호간의 원활한 협조의 어려움과 작업자의 대부분이 한시적 계약직으로 근무함에 따른 사업장에 대한 소속감 및 책임감의 부족과 외국인 고용의 증가 등으로 안전에 대한 자발적인 의식 결여로 위험성이 많이 증가하고 있는 현실이다.

실제로, 건설업에서의 사고·재해의 발생 현황을 보면, 전체의 과반수가 추락, 전도 및 충돌에 의한 것으로, 대부분의 경우에 이들 사고·재해 원인은 명확히 밝혀지고 있는 것이 반복적으로 발생하고 있는 것이 특징으로, 기술적 부족보다 작업의 방법과 순서 및 안전규칙 등을 준수하지 않아 발생되는 인적인 경우가 대부분이다.

따라서 기존의 건설공사상의 안전이 현장의 시공관리자 위주로 중심이었던 것이 최근에는 계획과 설계 단계에서부터 중요시하고 시공자 이외에도 발주자 및 사업주도 안전의식이 제고되고 있는 경향이기에, 이를 위한 전반적인 사고·재해 예방책을 기하는 제반 법적 및 자사적 계획을 사전에 수립하고 이를 차질없이 실행하도록 하여야 할 것이다. 여기에서는 건설 산업 현장에서의 위험 요소와 이의 방지를 위한 주요 사항들을 구분하여 다루어 보고자 하였다.

8.1 건설작업 안전

(1) 추락

추락(墜落)은 건설현장에서 가장 많이 발생하는 사고의 형태로, 사람 및 물체가 중간 단계의 접촉이 없이 낙하(떨어짐)하는 것이다.

그리고 이와 유사한 사고의 형태인 전락(轉落)은 계단이나 경사면에서 넘어져서 아래로 굴러 낙하(떨어짐)하는 것을 말한다.

추락 사고의 형태는 고소(高所)에서의 추락, 개구부 및 작업대 난간에서의 추락, 비계(飛階)에서의 추락, 사다리 및 작업대에서의 추락, 철골 등의 조립작업에서의 추락, 해체작업에서의 추락 등으로 구분할 수 있는데, 이들 추락은 다른 사고·재해의 발생 위험보다 높고 인명 피해 또한 치명적이어서 이들 인적 및 물적 안전대책이 절대적으로 필요한 것으로, 이들 사고의 위험 및 발생에 대응하는 대책은 다음과 같이 인적 및 물적으로 나누어 다루어 볼 수 있다.

1) 추락 방지 기본 대책

① 인적 대책

i) 작업자에게 작업 방법 및 순서를 분명히 하여 주지시킨다.

ii) 작업자의 능력과 체력을 고려하여 적절히 작업배치를 한다.

iii) 작업자에게 교육과 훈련을 통하여 추락의 위험을 인식시킨다.

iv) 작업책임자를 지명하여 집단적 작업을 통제하도록 한다.

② 물적 대책

i) 발판 및 작업대 등은 파손 및 흔들림이 없도록 견고하고 안정된 구조로 한다.

ii) 작업대와 작업통로는 미끄러지거나 발에 걸려 넘어지지 않도록 미끄럼 방지 성능이 좋고 평탄한 것으로 한다.

iii) 작업대와 작업통로 주변에는 난간 및 보호대를 설치하고 수평 개구부에는 발판 등의 보호물을 설치한다.

iv) 작업자가 만일의 추락 및 작업 사정상 부득이 추락 방지가 어려운 경우에는 안전대의 착용 및 방망 등의 방호 설비를 설치하도록 한다.

2) 추락 방지 시설

① 방망 및 선반

작업 중에 추락 및 낙하물의 낙하 방지를 위해 설치하는 방망(防網, safety net)은 그물코가 가로×세로=10×10cm 이하로 하고, 낙하 높이에 의한 충격에 견딜 수 있는 것으로 하며, 주요 설치기준은 다음과 같다.

i) 방망(또는 선반)의 설치는 지상에서 10m 이내 높이에 첫 방망을 설치하고, 매 10m마다 수평으로 하여, 20°~30°정도의 설치 각도로 하며, 작업면에서 방망의 설치 지점까지의 수직거리가 10m 이내가 되도록 한다.

ii) 방망의 돌출 길이는 벽면에서 2m 이상이 되도록 하고 방망에 낙하물이 도달할 때, 방망의 처짐으로 인하여 방망의 하단부가 기계설비 및 바닥 등에 닿지 않도록 한다.

② 개구부 보호대

i) 작업자가 우발적으로 추락의 위험이 있는 건물의 바닥 및 지붕 위의 개구부에는 이에 얹힐 무게를 견딜 수 있고 밀리지 않는 보호대로 견고한 난간이나 덮개 및 디딤판 등을 설치하도록 한다.

ii) 평면 개구부는 주위에 방호책이나 울과 갖은 보호대를 설치하고 작업자가 작업할 때에는 필히 안전대를 착용하도록 한다.

③ 안전대

안전대(安全臺)는 1종~4종의 것이 있는 바, 작업의 용도에 따라 적합한 것을 선정하여 착용하도록 한다.

i) 1종 — 전주(電柱)에서의 작업과 같이, 발판이 불완전하여 신체의 일부를 U자 걸이로 하여 안전대에 지지하여 작업하는 것으로, 1개 걸이의 상태로는 사용하지 않는 경우에 선정하도록 한다.

ii) 2종 — 1개 걸이 전용으로, 정상작업에서 안전대에 지지 없이 작업할 수 있는 족장이 확보된 경우에 사용한다.

iii) 3종 — 1개 걸이 또는 U자 걸이로 사용한다. 특히, U자 걸이 작업할 경우에 후크를 걸고 벗길 때 추락 위험을 위하여 보조 로프를 사용한다.

iv) 4종 — 1개 걸이와 U자 걸이 겸용으로, 보조 후크가 부착되어서 U자 걸이 작업할 경우에 후크를 D링에 걸고 벗길 때 추락 위험이 있을 때 적합하다.

(2) 낙하 및 비래

건설 작업에서 자재 등의 물체가 낙하(落下) 또는 비래(飛來)에 따른 사고·재해의 방지를 위해서는 우선적으로 작업 공간과 자재를 쌓아둘 장소와 공간을 충분히 확보하고, 낙하물에 대한 방호 시설로는 앞에서 언급한 추락 방지시설인 방망 및 선반의 설치를 행하고, 출입금지 구역의 설정, 보호구의 착용 등을 기하여야 한다. 그리고 물체의 낙하 및 비래에 의한 충돌 피해를 방지하기 위하여 작업자에게 안전한 작업방법과 자재의 취급 및 적정 취급 방법 등에 대한 교육을 실시하여 이에 대한 숙지와 실천을 하여야 할 것이다.

(3) 붕괴 및 도괴

건설 현장에서 지반이 붕괴(崩壞)되거나 또는 도괴(倒壞)가 되는 원인은 비탈면의 경사도 증가, 흙깍기와 흙쌓기 높이의 증가, 공사 중에 발생하는 진동이나 반복된 하중, 지표수 및 지하수의 침투에 의한 토사 중량의 증가 등과 같이 다양하다.

이와 같이, 지반이 무너지거나 토석이 굴러서 떨어지는 등의 사고 위험의 예방을 위하여, 작업 현장에서는 전체 지표면의 답사, 경사면의 지층 변화부 확인, 부석의 상황 변화의 확인, 용수의 발생 및 용수량 변화의 확인, 결빙과 해빙 상황의 확인, 각종 경사면 보호공의 변위 및 탈락의 유무 등에 대한 점검을 작업 전, 작업 중, 작업 후, 비가 온 후, 인근 작업장에서의 발파가 행하여진 경우 등에 실시한다.

이러한 사전의 실행과 함께, 지반의 경사를 완만하게 안전한 각도로 하고, 낙하 위험이 있는 토석이나 지표수 및 지하수를 제거하고, 옹벽이나 흙막이 지보공 등을 설치하도록 한다. 특히, 터널 갱내에서의 낙반이나 측벽의 도괴 위험이 있는 경우에는 지보공의 설치 및 부석을 제거하는 등의 사전 예방 조치를 취하게 한다. 또한, 굴착 작업 중에 지반의 무너짐이나 토석의 떨어짐 위험이 있는 경우에는, 사전에 흙막이 지보공의 설치, 방호망의 설치, 작업자의 출입 금지 및 안전모의 착용 등의 조치를 취한 후에 공사 작업을 시행하여야 한다.

(4) 기타의 위험

1) 협착

건설 장비 및 기계 등에 작업자가 끼이는 협착(狹窄) 사고는 치명적이어서, 이의 방지를 위해서는 반드시 선임된 작업 책임자에 의해 작업 절차를 준수하여 작업을 실시하여야 하고, 건설 장비 및 기계를 작업할 경우에는, 작업반경 내에 외부 작업자의 출입을 금지시키고, 중량물을 취급하는 경우에는 작업계획서를 작성해야 하고 주 용도 이외에는 사용하지 않도록 한다.

2) 감전

건설작업 현장에서의 감전(感電) 사고의 주원인은 절연 보호구의 미착용, 전로(電路)차단 조치와 확인의 미흡, 작업순서의 오류, 감독자의 미배치 등으로, 이를 시정하는 것이 감전을 방지하게 되는 것이다. 그리고 작업자가 작업 및 통행 등으로 전기 기계 및 기구 또는 전로 등의 충전부에 접촉하거나 접근하여 감전의 위험이 발생될 수 있기 때문에 다음과 같은 시설로 설치되도록 한다.

① 충전부분이 노출되지 않도록 폐쇄형 외함(外函)이 있는 구조로 한다.
② 충전부분에 충분한 절연 효과가 있는 방호망이나 절연덮개를 한다.
③ 충전부분은 내구성이 있는 절연체로 완전히 피복한다.
④ 충전부분의 설치는 관계자가 아닌 사람의 출입이 금지되거나 접근이 어려운 장소에 하도록 하고, 위험 표시 등의 방법으로 방호를 한다.

또한, 누전차단기 설치가 필요한 전기 기계 및 기구에는 누전에 의한 감전 방지를 위하여 누전차단기를 설치하고 반드시 접지하도록 한다.

8.2 건설기계 안전

(1) 굴착 기계

굴착(掘鑿)기계는 작업의 용도에 따른 부속장치로 그림 8.1에서와 같이 나누어 볼 수 있는데, 이들의 안전장치 및 주의사항에 대하여 간단히 언급하고자 하였다.

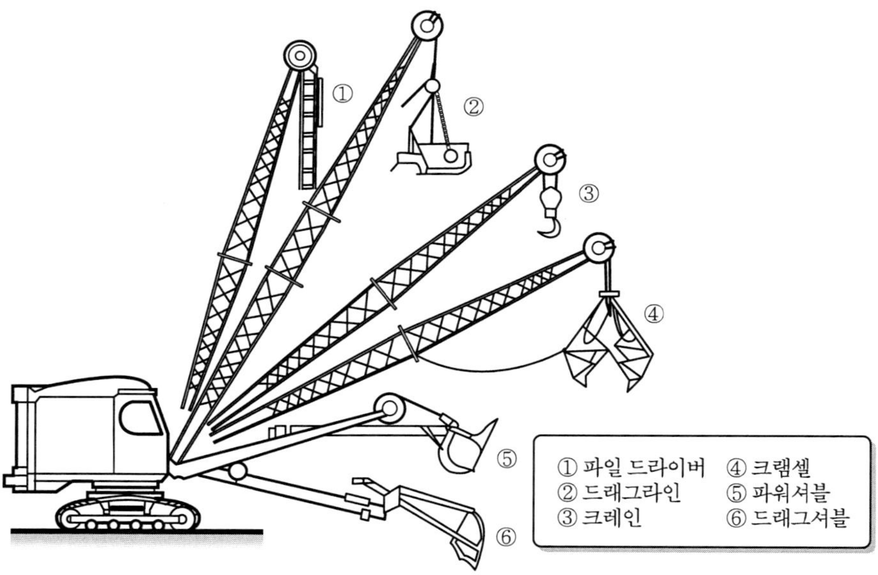

그림 8.1 굴착기계의 부속장치

1) 작업 용도별 종류

① **항타기**(pile driver)

항타기(杭打機)는 붐(boom)에 항타용 부속장치를 부착하여 낙하해머 및 디젤해머에 의하여 파일 기초를 설치하는 기계이다. 그리고 항발기(杭拔機, pile extractor)는 항타기의 반대 기능으로, 널말뚝 및 파일을 뽑는데 사용하는 것이기에 통상의 항타기에 부속장치를 부착하여 사용한다. 이외에도, 지중(地中)에 규모가 큰 구멍을 내는 기초공사에 사용되는 것으로, 붐에 부착하는 어스드릴(earth drill)이 있다.

항타기 및 항발기에 있어서의 도괴 방지와 권상기 및 와이어로프에 대한 안전상의 제반 대책을 강구하여 조치를 취하여야 할 것이다.

② **드레그라인**(drag line)

굴착기가 위치한 지반보다 낮은 부분의 굴착에 적합한 것으로, 굴착 반경이 크고 수중 및 연약 지반의 굴착에 적합하다.

③ **크램셀**(clam shell)

상하로 작동하는 그랩(grap)의 낙하 하중으로 굴착기가 위치한 지반보다 낮은 부분의 흙이나 모래 및 자갈 등을 굴착하는데 적합하며, 연약 지반이나 수중 굴착에도 사용된다.

④ **파워셔블**(power shovel)

굴착기(掘鑿機)가 위치한 지반보다 높은 부분의 흙을 버킷(bucket)으로 퍼 올리는데 적합한 것으로, 굴착 능력이 크고 굳은 지반의 굴착도 가능하다.

⑤ **백호**(back hoe)

드래그셔블(drag shovel)이라고도 하는 가장 많이 사용되고 있는 굴착기로, 굴착기가 위치한 지반보다 낮은 부분이나 지하층 및 수중의 굴착에 사용되며 파워셔블과 같이 굳은 지반의 굴착이 가능하다.

2) 안전장치 및 주의사항

① 드레그라인 및 크램셀 등을 사용할 때에는 굴착기를 지지하여주는 붐(boom) 전도 및 기복 방지장치를 설치하여야 한다. 그리고 붐 권상(boom hoist)드럼의 기어에 후크를 걸고 드럼의 하중으로 인해 와이어로프의 권하(卷下) 방향으로 회전하는 것을 방지하기 위해 붐 권상(卷上)드럼의 역회전 방지장치가 있다.

② 굴착기계를 운행함에 있어, 운전 반경 이내에 작업자가 있거나 경사지에서는 방향 전환은 피하도록 한다. 다만, 등반 중에 부득이 방향 전환할 경우에는 주행 클러치를 등반의 동일방향으로 하여 기계를 정지시킨 후에 하도록 한다. 그리고 주행할 때에는 작업장치의 선회를 막기 위해 선회브레이크를 확실히 걸어 놓도

록 한다. 또한, 장치를 주차할 때에는 경사지 또는 작업장으로부터 충분히 떨어진 곳에 하도록 하고 버킷은 필히 지면에 놓도록 한다.

(2) 토공 기계

토공(土工) 기계로는 각종 건설공사에 사용하고 있는 견인차인 트랙터(tractor)에 각종 장치를 부착하여 사용하는데, 전면에 블레이드(토공판, blade)를 부착한 것이 불도저(bulldozer), 견인장치와 운반기를 부착한 것이 스크레이퍼(scraper)이다.

1) 불도저

불도저(bulldozer)는 트랙터의 앞면에 블레이드를 장착한 것으로, 흙의 굴착을 비롯하여 송토(送土), 절토(切土), 집토(集土), 정지(整地) 작업 등을 할 수 있다. 주행 장치에 따른 분류로 무한궤도식과 타이어식이 있다. 또한, 블레이드 각도에 따른 분류로 블레이드가 도저의 진행방향에 대하여 직각인 스트레이트 도저(straight dozer), 블레이드가 도저의 진행방향에 대하여 일정 각도로 기울어지는 앵글 도저(angle dozer), 블레이드의 아래면과 수평면과의 각도를 조절할 수 있는 틸트 도저(tilt dozer)가 있다.

2) 스크레이퍼

스크레이퍼(scraper)는 흙의 굴착, 싣기, 운반, 정지, 사토(捨土) 등의 일관 작업을 연속적으로 행할 수 있도록 굴착기와 운반기를 조합한 것으로, 비행장과 도로의 신설 및 주택지의 조성 등과 같은 대규모 정지작업에 적합하다. 그리고 빠른 속도로 중량물의 운반 및 흙을 일정한 두께로 얇게 깔기도 하는 만능의 토공기계이다. 운행상의 주의사항으로는, 주행할 때에 스크레이퍼의 무게 중심이 높으면 고르지 못한 지반을 주행할 때에 전복하기 쉬우므로 무게 중심을 가능한 한 낮추어야 하며, 경사면에서의 방향 전환은 전복하기 쉬우므로 하지 않도록 한다.

3) 모터 그레이더

모터 그레이더(motor grader)는 지면을 절삭하여 평활하게 다듬고 정지할 수 있는 것으로, 일명 '토공기계의 대패'라고 불린다. 또한, 굴착 및 흙의 운반도 하지만 경사면 정지, 제방 및 제설 작업, 아스팔트 포장재료 배합 등의 작업도 할 수 있다.

4) 롤러

롤러(roller)는 지면의 흙 등에 외력을 가하여 공극을 최소화하고 밀도를 증대시키는 다짐기계로 전압식(road roller, tamping roller, tire roller), 충격식(rammer), 진동식(vibration roller) 등이 있다.

(3) 운반 기계

운반(運搬) 기계로 대표적인 것이 덤프트럭(dump truck)으로, 이는 흙이나 모래 및 자갈과 같은 골재를 휠 로우더(wheel roader)에 의해 적재하여 운반 및 적하하는 장비이다. 그리고 로우더(loader)는 트랙터 앞의 작업 장치에 버킷을 부착한 것으로 셔블도저(shovel dozer) 또는 트랙터 셔블(tractor shovel)이라고 하는데, 버킷에 의하여 굴착 및 상차(上車)를 주로 행하는 기계이다. 이외에 지게차 등이 있다.

그리고 차량용 건설기계와 하역운반기계의 작업상의 기본적 안전사항에 대하여 언급하여 보고자 한다.

1) 차량용 건설기계

차량용 건설기계가 작업 중에 전도 및 전복될 위험이 있는 경우에는 유도자를 배치하고 지반의 부등 침하 방지와 갓길의 붕괴 방지 및 도로 폭의 유지 등의 필요한 조치를 취하여야 한다. 이들 건설기계 중에 작업의 특성상, 연약한 지반에서 사용되는 경우가 많고 높이에 비하여 폭이 좁은 특징을 가지고 있어서 넘어지는 사고가 발생하기 쉬우므로 다음과 같은 사항을 준수하여야 한다.

① 연약한 지반에 설치하는 경우에는, 깔판 및 깔목 등으로 각부(脚部) 및 가대(架臺) 침하를 방지하도록 한다.

② 시설 및 가설물에 설치하는 경우에는, 그 내력(耐力)을 확인하고 부족한 내력이 있으면 보강하도록 한다.

③ 각부 및 가대가 미끄러질 염려가 있는 경우에는, 말뚝 및 쐐기 등을 사용하여 이를 고정하도록 한다.

④ 버팀대만으로 상단 부분을 안정시키는 경우에는, 3개 이상의 버팀대를 하고 그 하단 부분은 견고한 버팀 말뚝 또는 철골 등으로 고정하도록 한다.

⑤ 버팀줄만으로 상단 부분을 안정시키는 경우에는, 3개 이상의 버팀줄을 하고 같은 간격으로 하도록 한다.

⑥ 평형추를 사용하여 안정시키는 경우에는, 평형추의 이동을 방지하기 위하여 가대에 견고하게 부착시키도록 한다.

2) 차량용 하역운반기계

차량용 하역운반기계로 물체를 적재할 경우에는, 하중이 한쪽으로 편중되지 않도록 하면서 로프로 고정시키고 운전자의 시야를 가리지 않도록 한다. 그리고 운전자가 운전 위치를 이탈할 경우에는 포크 및 셔틀 등의 하역장치를 가장 낮은 위치에 두고, 원동기를 정지시키고 브레이크를 확실히 거는 등의 불시에 주행의 방지를 위한 제반 조치를 취하도록 한다.

(4) 양중 기계

양중(揚重) 기계는 동력을 사용하여 물체와 인력 등을 운반하는 기계로, 크레인(crane), 데릭(derrick), 리프트(lift), 곤돌라(gondola), 승강기(elevator)가 있다.

대표적 양중기계인 크레인은 중량물을 들어 올려서 상하, 좌우(수평 및 선회)로 운반하는 기계로 기중기(起重機)라고도 하는바, 중량물을 운반하므로 일단 사고가 발생하면 중대 재해로 이어질 위험성이 크기에 안전문제가 매우 중요한 것이다. 참고로, 훅(hook) 등을 사용하여 중량물을 양중하는 기계를 호이스트(hoist)라고 하며, 중량물을 상하, 좌우, 전후의 6방향으로 운반하는 크레인에 대하여 호이스트는 상하, 좌우의 4방향으로 운반하는 기계이다.

이들 양중 기계에 의하여 중량물을 취급하는 줄 걸이로는 와이어로프(wire rope), 체인 슬링(chain sling), 벨트슬링(belt sling) 등으로, 이들의 안전성이 절대적으로 요구되므로, 우선적으로 이들은 규격을 갖춘 재질로서 변형이나 손상 및 부식이 없는 것이어야 한다. 그리고 줄 걸이 작업관계자는 작업내용, 작업방법 등을 TBM(tool box meeting) 등을 통하여 점검하고, 정격하중과 작업하중을 확인하고 작업을 실시하여야 하며, 양중물을 미끄러지지 않도록 2줄 걸이 이상을 적용하고 중심 위치 및 훅 해지장치를 확인하여야 한다. 그리고 줄 걸이 후에 이동 중에는 장애물 확인과 작업자 접근을 방지하고, 회전 이동으로 다른 곳에 충돌 위험이 있는 경우에는 유도 로프를 설치, 사용하여야 한다. 또한, 양중물을 착지하기 전에 지면상 10~20cm에서 일단 정지하여 줄걸이 상태와 작업자의 위치 및 받침목의 상태 등을 확인한 후에 착지하도록 한다.

1) 크레인(고정식)

고정식 크레인(crane)으로 타워크레인(tower crane)이 있으며, 이를 형태별로 구분하면 지브(jib)가 수평이고 트롤리(trolley)가 전후로 움직여 작업 반경을 조절하여 작업하는 'T형 타워크레인', 지브를 상하로 기복으로 움직여 작업하는 'Luffing Jib형 타워크레인'이 있다.

타워크레인에서 발생하는 사고의 위험은 설치 및 해체할 때에 발생하는 경우와 사용 중의 자재물 등의 낙하로 발생하는 경우가 있다. 또한, 순간 풍속에 따라서 작업의 제한을 받는 바, 10m/s 이상에서는 타워크레인의 설치, 수리, 점검 및 해체 작업은 중지하여야 하고, 20m/s 이상에서는 운전 작업을 중지하여야 한다. 그리고 자립높이 이상으로 타워크레인이 설치되는 경우에는 가능한 한 벽체에 지지하는 방법(wall bracing)이 좋으며 설치기준을 준수하여야 할 것이다.

① 방호장치

i) 권과 방지장치 — 권과(卷過) 방지장치는 양중 작업 중에 실수로 와이어로프를 드럼에 과도하게 감아 양중물이 크레인과 충돌하거나 낙하하는 사고의 발생을 방지하기 위하여, 양중물이 일정 이상 권상(卷上)되지 않도록 자동적으로 동력을 차단하고 작동을 제동하는 장치이다.

ii) 과부하 방지장치 — 정격하중 이상의 하중이 부하되는 과부하(過負荷)가 발생하면, 자동적으로 상승이 정지되면서 경보음을 발생하는 장치이다.

iii) 비상 정지장치 — 이동 중에 이상(異常)상태가 발생하면 급정지하는 장치이다.

iv) 제동 장치 — 운동체의 감속 및 정지 상태로 제동(制動)하는 장치이다.

v) 훅 해지장치 — 훅에서 와이어로프 등의 이탈을 방지하는 해지(解止) 장치이다.

② 안전사항

크레인의 설치, 조립, 수리, 점검, 해체 등의 작업을 하는 경우에 있어, 사고의 위험을 방지하기 위한 가장 기본적인 사항은 다음과 같다.

i) 작업 장소는 안전한 작업이 할 수 있도록 충분한 공간을 확보하고 장애물이 없도록 하고, 작업구역 내에 해당 작업자 이외의 사람의 출입을 금지하고 그 취지를 보기 쉬운 곳에 표시하도록 한다.

ii) 작업순서를 정하고 그 순서에 따라 작업을 행한다.

iii) 중량물을 들어 올리거나 내리는 경우에는 균형을 유지하면서 작업을 행한다.

iv) 크레인의 성능 및 사용조건 등에 따라 충분한 응력을 갖는 구조로 기초를 설치하고 침하 등이 일어나지 않도록 한다.

v) 조립용 볼트 등은 규격품을 사용하고 결합 및 분해할 경우에는 대칭되는 곳을 차례로 행한다.

2) 크레인(이동식)

이동식 크레인은 동력을 이용하여 중량물을 매달아 상하, 좌우로 원동기를 내장하여 불특정 장소에 스스로 이동하면서 운반하는 기계로서, 하부 주행체에 따라 크롤러(crawler) 크레인, 트럭(truck) 크레인 및 휠(wheel) 크레인으로 구별된다.

이동식 크레인으로 작업할 경우의 사고의 위험 요인으로는, 훅 해지장치 고장에 의한 인양물의 낙하 위험, 작업구역 내에서 작업자의 출입으로 인한 충돌 위험, 아웃트리거(outrigger) 설치 상태의 미흡 및 정격하중을 초과한 중량물 취급으로 인한 전복 위험 등이 있으므로, 작업하기 전에 훅 해지장치의 점검 확인, 유도원에 의한 작업구역 내의 작업자의 출입금지 조치와 아웃트리거의 설치 상태 및 중량물의 정격하중 초과 여부 등을 점검하고 확인한 후에 작업을 행하여야 한다.

3) 데릭

데릭(derrick)은 동력을 사용하여 중량물을 매달아 올리는 기계로, 마스트(mast) 또는 붐(boom)이 있고 원동기를 별도로 설치하여 와이어로프로 조작한다. 데릭의 종류로 가이(guy) 데릭, 삼각(tripod) 데릭 및 진폴(gin pole) 데릭이 있는데, 주로, 배에 하물(荷物)을 선창에 쌓거나 싣거나 할 때에 사용된다.

데릭으로 작업할 경우의 기본적인 안전사항으로는, 운전 작업자는 유자격자 만에 의하여 정하여진 신호자에 따라 운전하고, 데릭을 조립 또는 해체할 때에는 지정된 작업책임자의 지시에 따라 작업을 행하여야 한다.

4) 리프트

리프트(lift)는 동력을 사용하여 가드레일에 따라 승강하는 운반기에 사람과 물체를 운반하는 기계로, 건설용 리프트와 간이 리프트가 있다.

리프트의 안전사항으로, 방호문은 반드시 잠금 상태에서 운행하여야 하며, 정전 등으로 리프트가 정지되면 강제로 문을 열고 나오지 않고 외부의 지원을 받도록 하여야 한다. 그리고 간이 리프트의 경우, 권과 방지장치 등의 안전장치가 원활히 작동되도록 사전에 조정, 적재 하중 이하로 승강되도록 과부하의 제한, 작업시간 전에 브레이크 등의 방호장치의 기능 점검 등을 행하여야 한다.

5) 곤돌라

곤돌라(gondola)는 와이어로프 또는 달기 강선에 의하여 달기 발판 또는 운반구가 전용 승강장치에 의하여 오르내리는 장치이다. 곤돌라에 의한 사고 발생 요인은 과적, 지지대 불안정, 별도의 생명선 미설치 및 케이지에 안전대 부착, 고정용 와이어로프의 결속 미흡 등으로, 이의 발생 방지를 위한 조치를 충분히 행하여야 할 것이다.

8.3 건설공사 안전

(1) 가설 공사

가설(假設) 공사(temporary work)를 위한 구조물은 영구 구조물 건설에 필수적으로 사용되는 것으로 이동 통로, 비계 및 지보공(동바리) 등의 여러 종류가 있다. 영구 구조물에 비해 설치 및 해체 작업 등이 편리하여야 하고 존치 기간이 짧기에 구조물이라는 통상적 개념이 확고하지 않고 조립의 낮은 정밀도와 부족한 연결재로 불안정하여지거나 결함이 있는 부재의 사용과 불완전 결합하기 쉬운 점 등이 있어 사고 발생의 위험이 큰 특징을 지니고 있어 안전에 대하여 보다 유의하여야 할 것이다.

1) 가설 통로

가설 통로(temporary alley)는 건설공사 중에 자재의 운반 및 작업자가 통로로 활용하는 가설 구조물로 경사로, 통로 발판, 난간, 사다리, 승강로 등이 있는데, 진동 및 바람 등의 외력에 안전하고 작업자가 이동할 때에 추락이나 전도 등에 대한 안전 대책을 강구하여 다음과 같이 설치하여야 할 것이다.

① 경사로

i) 경사로(傾斜路, slope way)의 경사각은 30°이하로 한다. 다만, 계단의 설치 및 손잡이가 설치된 높이 2m 미만의 가설 통로는 예외로 한다.

ii) 경사로의 경사각이 15~30°이면 미끄럼막이를 설치한다.

iii) 경사로의 폭은 75cm 이상으로 한다.

iv) 경사로의 지지하여 주는 기둥은 3m 이내마다 설치한다.

v) 경사로 발판의 폭은 40cm 이상으로 3cm 이내의 간격으로 설치한다.

vi) 경사로 발판이 이탈하거나 한 쪽 끝을 밟으면 다른 쪽이 들리지 않게 3개 이상의 장선(長線)에 연결한다.

② 통로 발판

통로 발판(足場, foothold)은 건축물의 외벽의 마무리 작업, 창호 공사, 재료 운반, 단시간 작업에서의 재료 저장 등에 이용하는 작업 장소로, 작업자의 추락, 재료 및 공구 등의 낙하에 대비할 수 있는 적절한 안전조치를 행하여야 한다.

i) 작업자가 작업 및 이동하기에 지장이 없도록 통로의 발판은 폭 40cm, 두께 3.5cm 이상, 길이 3.6m 이내의 것을 사용한다.

ii) 추락의 위험이 있는 통로 발판에는 높이 90cm 이상의 견고한 손잡이 또는 철책을 설치한다.

iii) 발판을 겹쳐 이음할 때에는 장선 위에서 이음을 하고, 겹침 길이는 20cm 이상으로 한다.

iv) 발판 1개마다 지지물은 2개 이상으로 한다.

③ 안전 난간

i) 안전 난간(欄干, handrail) 기둥은 상부 난간대 및 중간대를 지지할 수 있게 충분한 강도와 간격을 유지한다.

ii) 상부 난간대는 바닥면이나 발판 또는 경사로 표면에서 90cm 정도의 높이를, 중간대는 45cm 정도의 높이를 유지한다.

iii) 상부 난간대와 중간대는 난간길이 전체를 통하여 바닥면과 평행을 유지한다.

iv) 경사로의 추락 위험이 있는 곳에는 표준 안전 난간을 설치한다.

④ 사다리

사다리(ladder)는 높은 곳에서의 작업이나 물품의 운반 및 통로의 수단으로, 비계(飛階)를 설치하기 곤란한 곳, 작업이 간단한 곳, 실내작업에 쉽게 사용하기 위하여 설치하는 것으로, 고정용과 이동형의 것이 있다.

i) 고정용 사다리 — 90°의 수직형이 기본이며, 경사면이 필요한 경우에도 수직면에서 15° 이내이어야 한다. 그리고 옥외용은 재질이 철재를 원칙으로 하고, 사다리 높이가 9m를 넘는 경우에는 9m 마다 계단참(階段站)을 두고 사다리 전면의 둘레 75cm 이내에는 장애물이 없도록 한다.

ii) 이동용 사다리 — 사다리의 길이가 6m 이내이어야 하고, 사다리 벌림은 벽 높이의 1/4 정도가 적당하며, 벽면 상부로부터 최소 1m 이상의 여분의 길이가 있어야 한다. 그리고 다리 부분에는 미끄럼 방지 장치를 하여야 한다.

⑤ 승강로

승강로(昇降路, hoist way)는 철골기둥이나 H형강(鋼) 건설작업에서 필요한 것으로, 용접으로 보통 19mm 강봉(鋼棒)을 사용하여 설치한다. 그리고 탱크의 경우에 높이가 15m 이상이면 점검 및 보수 등을 위한 승강용 사다리가 필요하며, 그 구조는 상단부가 걸 수 있도록 하고 중간 부분에는 15cm 정도 높이의 받침을 두어야 한다.

2) 비계

비계(飛階, scaffold)는 작업자가 고소(高所)에서 작업 장소에 접근하여 작업을 할 수 있도록 설치하는 작업대를 지지하여주는 구조물로서, 그림 8.2에서와 같이 구성되고 목재 및 합판을 사용한 발판이 설치될 수 있는 구조로 만들어야 한다. 비계의 종류로는 기준높이(4층 또는 12m) 이하에서 사용되는 통나무 비계와 그 이상의 높이에서는 강관 비계가 사용되며 이 외에 달비계, 달대 비계, 말 비계, 이동식 비계가 있다. 따라서 비계를 조립하고 해체하거나 변경할 경우에는, 추락과 같은 사고·재해를 방지하기 위하여 작업 절차에 대한 교육, 설치 기준의 준수 및 설치 상태 등을 점검·확인하고 작업을 실시하여야만 한다.

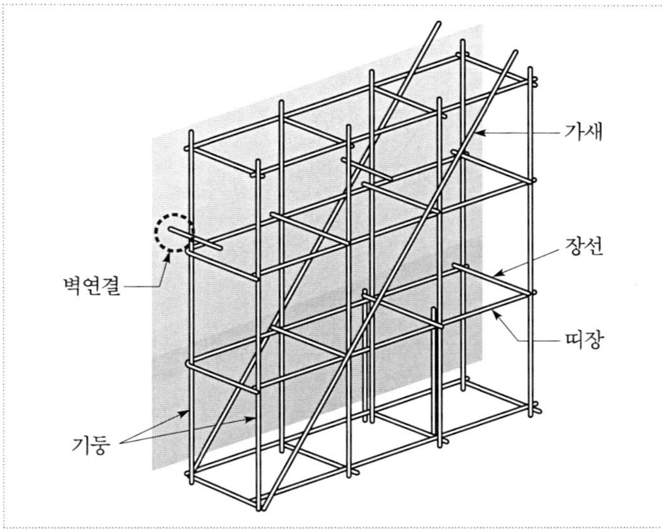

그림 8.2 비계의 구성

① 통나무 비계

통나무 비계(log scaffolding)는 기둥 간격을 2.5m 이하로, 지상에서의 첫 번째 띠장은 3m 이하의 위치에 설치하고, 기둥, 띠장 및 장선 등의 접속부와 교차부는 철선 등으로 견고하게 묶고 교차 가새(brace)로 보강한다. 그리고 비계기둥이 미끄러지거나 침하하는 것을 방지하기 위하여 기둥의 하단부를 묻고 밑둥잡이를 설치하거나 깔판을 사용하도록 한다.

② 강관 비계

강관(鋼管) 비계(steel pipe scaffold)는 통나무 대신에 강관을 사용한 비계로서, 단관(單管) 비계(pipe scaffolding)와 틀비계(prefabricated scaffolding)로 나누며, 크램프(clamp)와 조인트(joint)를 사용하여 강관을 연결하여서 비계를 구성한다. 단관 비계에 있어서, 기둥의 간격은 띠장 방향에서는 1.5~1.8m, 장선 방향에서는 1.5m 이하로, 지상에서의 첫 번째 띠장은 2m 이하의 위치에 설치하고, 기둥에 효과적인 수평력 전달을 위하여 가새로 보강하여 좌굴을 방지하고, 기둥 간의 적재하중은 400kg 이하가 되도록 한다. 그리고 틀비계는 쉽고도 신속하게 조립 및 해체를 할 수 있고 좌굴 하중에 대한 저항이 큰 장점이 있어 많이 사용되고 있는데, 최상층과 5층 이내 마다 띠장 틀 등의 수평재를 설치하고 보틀 및 내민틀은 수평 가새 등에 의하여 옆 흔들림을 방지하도록 하여야 한다.

③ 달비계

달비계(suspended scaffold)는 건축물 상부에 매단 작업용 비계로, 고층건물의 마감작업 및 청소작업 등에 이용되는데, 달기의 재료로 사용되는 와이어로프, 체인, 강선 및 섬유로프 등은 변형이나 부식 및 손상되지 않은 기준 이상의 안전계수를 갖는 규격품의 것으로 하여, 한 쪽 끝을 비계의 보(堡, beam) 등에 다른 쪽 끝을 내민 보, 앵커볼트 또는 건축물의 보 등에 각각 부착시켜야 한다.

④ 달대 비계

달대 비계(steel-pipe support scaffold)는 철골에 매달아 작업 발판을 만드는 비계로, 상하 이동이 안되며 철골공사의 리벳치기 및 볼트 작업 등에 이용된다. 그리고 이 비계를 조립할 경우에는 하중에 충분히 견디는 구조로 하여야 하고, 비계(또는 달비계) 위에서 높은 디딤판이나 사다리 등을 사용하는 작업은 절대로 하여서는 안된다.

⑤ 말 비계

말 비계는 비교적 낮은 천장 높이의 실내에서 내장 마무리 작업에 사용되는 것으로, 각립비계와 안장비계가 있다. 2개의 사다리를 상부에서 핀으로 결합시켜 개폐할 수 있도록 하여 발판 및 비계의 역할을 할 수 있어, 이동이 편리한 점이 있지만 발판에서의 추락 및 전도의 위험이 있으므로, 말 비계 높이가 2m 이상이 되면 작업 발판의 넓이를 40cm 이상으로, 지주부재(支柱部材)의 하단에 미끄럼 방지장치를, 지주부재와 수평면의 기울기를 75° 이하로, 지주부재 간의 사이를 고정시키는 보조부재를 각각 설치하여야 한다.

⑥ 이동식 비계

옥외의 낮은 장소 또는 실내의 부분적인 장소에서 작업을 할 때에 이용하는 것으로, 탑 형식의 비계를 조립하여 기둥 밑에 바퀴를 부착하여 이동하면서 작업을 할 수 있는 비계이다. 따라서 이동식 비계에 의한 작업에서는 전도 방지장치, 안전 난간대, 승강 설비 등이 설치기준에 따라 부착, 조립하여 사용하도록 한다.

(2) 철근 콘크리트 공사

철근(鐵筋) 콘크리트 공사는 콘크리트를 타설한 후에 콘크리트 강도가 경화할 때까지 굳지 않은 콘크리트를 지지하는 '거푸집 공사'와 철근을 가공, 운반 및 조립하는 '철근 공사', 콘크리트를 타설(打設)하고 양생(養生)하는 '콘크리트 타설 공사' 로 나누어 볼 수 있는데, 이들 구조물(構造物) 공사의 작업에 요구되는 설치 기준 및 안전 준수 사항에 대하여 다루어 보고자 한다.

1) 거푸집 공사

거푸집(form) 공사는 건설공사에서 콘크리트 구조물과 같은 것을 소정의 형태 및 치수로 만들기 위하여 일시적으로 설치하는 구조물로, 거푸집 판은 주로 합판이 이용되고 경우에 따라서 경질 섬유판이나 합성수지 등을 사용하기도 한다.

거푸집 지보공(支保工, 동바리)은 그림 8.3에서와 같이, 콘크리트 공사에서 경화되지 않은 콘크리트를 받쳐주는 지보공과 콘크리트가 경화하기 전까지 콘크리트의 형상을 유지하여 주는 거푸집 판으로 구성된다. 그리고 지보공은 거푸집 판을 받쳐주는 장선과 이를 받쳐주는 멍에와 이를 지지하여 하중을 지반으로 전달하는 지주(支柱, 기둥)로 구성된다. 그러므로 거푸집 및 거푸집 지보공의 재료는 변형 및 부식이나 손상된 것을 사용하여서는 안 되며, 이들에 사용되는 지주나 보(堡) 등의 주요한 부분에 사용되는 강재는 사용기준에 적합한 것을 사용하여야 한다. 또한, 거푸집 지보공은 설치순서에 따라 작성된 조립도에 따라 조립하여야 하며, 조립과 해체할 경우에 안전을 기하여야 할 유의할 사항으로는 먼저, 지주의 침하를 방지하기 위하여 깔목의 사용, 콘크리트의 타설, 말뚝 박기 등의 조치를 행하고, 지주의 상하 고정과 미끄러짐 방지를 기하고 하중을 충분히 받쳐줄 수 있도록 하여야 한다. 그리고 지주의 이음은 동질한 재료로 맞댄 이음 및 장부 이음으로 하며, 강재 간의 접속부 및 교차부는 볼트나 크램프 등의 전용 철재를 사용하여 견고하게 연결시키도록 한다. 또한, 곡면의 거푸집인 경우에는 버팀대의 부착 등을 기하여 거푸집에 의한 사고 발생의 방지를 기하도록 한다.

특히, 지보공의 기본 구성재인 기둥의 종류로는 파이프 서포트와 강관, 시스템, 강관틀 등의 지보공이 있는바, 이들 지보공들의 조립함에 있어 다음과 같은 사항에 유의하여야 할 것이다.

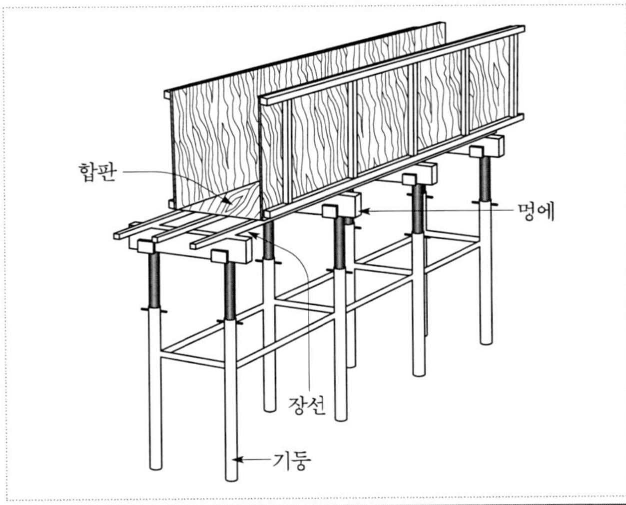

그림 8.3 거푸집 지보공의 구성

① 지보공의 조립

i) 파이프 서포트(pipe support)는 지주재와 받이판 및 조절형 받침철물로 구성되는데, 설치비용이 저렴하고 소규모 구조물 공사에 많이 이용되지만 조립상의 여러 난점이 있어 준수하여야 할 제반 사항들이 필요하다. 즉, 3개 이상의 파이프 서포트를 이음하지 않아야 하고, 이음할 경우에는 4개 이상의 볼트 및 전용철물을 사용하도록 하며, 3.5m 이상의 높은 경우에는 2m 높이마다 수평연결재를 2개 방향으로 만들어 수평 연결재의 변위를 방지하도록 하여야 한다.

ii) 강관(鋼管) 지보공은 파이프 서포트의 경우와 같이 높이 2m 이내마다 수평 연결재를 2개 방향으로 만들어 수평 연결재의 변위를 방지할 수 있도록 하고, 멍에 등을 상단에 올릴 경우에는 해당되는 상단에 강재의 단판을 붙여서 멍에 등을 고정시켜야 한다.

iii) 시스템 지보공은 규격화와 부품화된 수직재, 수평재, 가새재 등을 작업 현장에서 조립하여 거푸집으로 지지하는 것으로, 대규모 구조물에 사용할 경우에는 수평재 간격을 쉽게 조절하여 수직재의 허용 내력을 증가시키고, 설치 및 해체 작업의 안전도가 높은 지보공으로, 조립·설치상의 유의할 사항으로, 직각으로 설치되는 수평재와 수직재에는 수평 및 수직 하중에 의한 지보공 본체의 변위가 발생하지 않도록 가새재를 견고하게 설치하여야 한다.

iv) 강관틀 지보공은 BT(build up type scaffolding) 비계라고도 하며, 높이의 조절 범위가 크지만 수평 연결재와 가새의 연결을 생략하면 무너지거나 구부러지기 쉬우므로 조립할 경우에는 강관틀 간에 교차가새를 설치하고, 특히, 최상층과 5층 이내마다 지보공의 측면과 틀면의 방향 및 교차가새의 방향에서 5개 이내마다 수평 연결재를, 틀면의 방향에서 양단 및 5개의 틀 이내마다 교차가새의 방향으로 띠장틀을 각각 설치하여 변위를 방지하는 조치를 기하도록 한다.

② 거푸집 지보공의 해체

거푸집 지보공을 해체할 경우에는, 안전책임자 및 안전담당자는 각자가 맡은 바의 안전수칙의 직무를 충실히 이행할 수 있도록 한다. 그리고 작업장 주위에 관계자를 제외하고는 출입이 금지된 가운데, 작업자는 안전모 및 안전화 등과 고소작업에서는 안전대의 착용을 의무화하고, 상하에서 동시에 작업할 경우에는 상하의 작업자가 긴밀히 연락을 취하여야 하고, 또한, 해체한 거푸집 및 자재 등을 내리고 올릴 때에는 달줄 및 달포대를 사용하도록 한다.

특히, 최근에 고층 아파트 등의 건축공사에서는 거푸집의 설치와 해체, 철근의 조립, 콘크리트의 타설 및 면처리 작업 등을 위하여 거푸집을 작업발판과 일체형으로 한 여러 형태의 것의 사용이 증가하고 있는데, 이들 일체형에 의한 작업(조립, 이동, 양중, 해체)에서는 해체물의 낙하 등의 사고의 발생 방지를 위한 수직보호망 및 안전난간 등의 안전상의 시설 설치와 함께 작업상의 준수 사항 및 필요한 제반 조치를 취하여야 할 것이다.

2) 철근 공사

① 철근 가공 공사

철근 가공의 경우에, 기계를 사용할 때에는 누전의 발생 및 스위치의 오작동이 없도록 하여야 하며, 가스 절단과 이음 가공 등을 할 때에는 자격면허 소지자에 의해 작업 중에 보호구(보안경, 보호 장갑, 안전모)를 착용하여야 한다.

그리고 철골 공사는 각종 철근과 강판을 볼트, 리벳, 용접 등의 연결 및 접합 방법으로 조립하여 건물 골격을 구성하는 철근 가공 공사이면서 중량물의 양중과 고소작업이 수반되는 작업이기 때문에, 인명의 추락과 중량물 낙하 사고가 많이 발생하므로 양중기와 줄 걸이 작업에서의 낙하 방지를 위한 안전수칙의 준수가 무엇보다도 필요한 것이다. 따라서 철골을 조립할 때에는 철골의 접합부가 충분히 지지되도록 볼트가 체결되도록 견고한 구조로 하고, 수평과 수직 방향의 철골 연결 작업을 위한 작업발판과 안전난간, 울타리, 안전망의 설치 및 생명줄 안전대의 부착 설비 등이 구비되어야 할 것이다. 그리고 철골을 세운 후에 사고 방지를 위한 안전시설의 제반 가설부재나 부품의 부착은 처음부터 제작, 설치되어야 한다. 특히, 철골 작업은 미끄러운 강재를 취급하는 고소 작업이기에, 일반 작업에 비하여 기후 조건의 영향을 많이 받으므로 비와 눈 및 바람 등의 불순한 기상상태에서는 작업을 중지하여야 한다.

② 철근 운반 및 조립 공사

철근 운반은 인력 운반과 기계 운반으로 나누어 보는데, 인력으로 운반 할 경우에는 철근의 양 끝을 묶고 기본적으로 2인 1조가 되어 어깨 매기로 하여 운반하도록 한다. 한편, 기계 운반은 양중 작업에 해당되므로, 양중기로 운반할 때에는 작업 관계자 이외의 출입을 금지하고 작업책임자의 지휘를 받으며 철근을 복수 이상으로 묶어 수평을 유지하고, 허용하중을 고려하여 권양하고, 유도 로프 설치로 철근 간의 충돌 및 끼임 사고 등을 방지하도록 한다.

또한, 철근 조립의 경우에, 작업 위치가 2m 이상이면 작업 발판 설치와 안전대 착용 등의 기본적인 안전조치를 취한 후에 작업을 행하도록 한다.

3) 콘크리트 타설 공사

콘크리트 타설 작업에서는 거푸집 지보공의 붕괴, 펌프카와 레미콘 간의 작업자의 협착, 펌프카 전복 및 감전 등의 사고 발생의 위험이 있어, 이의 방지를 위해 준수하여야 할 제반 사항에 대하여 조치를 취하여야 할 것이다. 특히, 콘크리트 타설 작업 전에는 타워에 연결되어 있는 슈트의 접속과 달아매는 재료의 견고함에 대한 확인과 아울러 거푸집과 지보공의 변형, 변위와 지반 침하의 유무 등을 점검하여 이상이 없도록 보강 등의 사전 조치를 행하도록 한다. 타설 작업 중에는 콘크리트를 호퍼로 받아서 거푸집 내에 꽂아 넣는 벽형 슈트를 통하여 한 쪽에 치우침이나 변형 및 밀려남이 없게 골고루 분산하여 부어넣고, 최상부 슬래브는 이어붓기를 되도록 피하고 일시에 전체를 타설하도록 한다. 또한, 콘크리트의 양생은 안전과 더불어 콘크리트의 품질에 큰 영향을 미치므로 작업기준상의 양생 기간을 거친 후에 거푸집 지보공을 해체하도록 한다.

(3) 굴착 공사

굴착(掘鑿, excavation) 공사에서의 위험은 지반(地盤)의 굴착과 흙막이에서 발생하고 있는 바, 대부분 토사의 붕괴에 의한 것이다. 지반 붕괴의 형태로 미끄러져 내림(sliding), 절토면(切土面) 붕괴, 얇은 표층 붕괴, 깊은 절토 법면(切土 法面) 붕괴, 성토(盛土) 법면 붕괴 등이 있다. 그리고 지반 붕괴에서의 외적 요인으로 사면(斜面), 법면의 경사 및 구배(句配)의 증가, 절토와 성토 높이의 증가, 공사에 의한 진동 및 반복 하중의 증가, 지표수 및 지하수의 침투에 의한 토사 중량 증가 등이 있고, 내적 요인으로 절토와 성토 사면의 토질, 토석의 강도 저하 등이 있다. 따라서 여기에서는 지반의 굴착에 의한 이상 현상과 이의 안전대책에 대하여 간단히 언급하고자 한다.

1) 지반의 굴착

지반의 굴착에서 발생할 수 있는 이상 현상으로 흙막이 벽의 변위에 의한 배면(背面) 지반 침하, 굴착 바닥면에서의 히빙, 보일링 및 파이핑, 흙막이 벽과 지반 사이에 지하수와 함께 유출되는 토사에 의한 지반 손실 등이 있는 바, 이들 현상 때문에 지반 또는 흙막이 벽체가 붕괴되는 사고·재해가 발생되므로, 공사 이전에 이들 이상 현상에 대응하는 보강 조치 또는 안전대책을 실시한 후에 공사를 시작하여야 할 것이다.

① 히빙

히빙(heaving) 현상은 연약한 점성토(粘性土) 지반을 굴착할 경우에 흙막이 벽체 내부와 외부 흙과의 중량 차이로 인하여 저면(底面) 흙의 지지력이 버티지 못하고 붕괴되어, 흙막이 벽 외부의 흙이 흙막이 벽체의 선단을 들며 밀려들어 굴착 저면이 부풀어 오르는 팽상(膨上) 현상이다.

안전대책으로는 흙막이 벽체의 근입(近入) 깊이와 강성의 증가, 지반 개량으로 굴착 내측의 지반 강도의 증가, 굴착 평면 규모의 축소, 굴착 주위의 배면 지반의 굴착 등의 방법이 있다.

② 보일링

보일링(boiling) 현상은 투수성(透水性)인 사질토(砂質土) 지반을 굴착할 경우에 흙막이 벽체 배면의 지하수위가 굴착 지면보다 높거나, 저면 부근에 피압수(被壓水)가 있을 때에 굴착 지면에 상승하는 유수로 인해 굴착 지면 위로 사토(砂土)와 지하수가 부풀어 오르는 현상으로, 저면 지반의 지지력이 소실되는 것이다.

안전대책으로는 주변 지하수위를 낮추는 것이 가장 좋으며, 흙막이 벽을 깊게 설치하여 지하수 흐름의 방지, 차수성(遮水性)이 높은 흙막이 벽체의 설치, 굴착한 흙의 원상 매립 등의 방법이 있다.

③ 파이핑

파이핑(piping) 현상은 사질토(砂質土) 지반에서 흙막이 배면의 토사가 누수로 인하여 유실되는 현상으로, 안전대책은 차수성이 높은 흙막이 벽체를 설치하는 것이다.

2) 흙막이

흙막이(sheathing) 공사에서 발생하는 사고의 유형은 대부분이 붕괴와 낙하로, 해체 공사보다 많이 발생한다. 따라서 굴착 공사에서 지반의 붕괴를 방지하기 위하여 흙막이 벽체를 보강하는 방법으로 버팀대를 적용하거나 어스탱커(earth tanker)를 사용하는 방법이 있다. 그리고 흙막이 공사에서 주변의 지반 및 흙막이 벽체의 이상 변형으로 인한 붕괴 사고를 방지하기 위해서는 안전성을 부여한 흙막이 지보공의 설치와 이의 점검 및 확인과 함께 시공 중에는 계측을 통하여 안전성을 주기적으로 확인하고, 설계할 때의 예측과 공사 중에 계측한 거동간의 차이가 관리한계 값을 초과한 경우에는 이에 대한 대책을 수립 및 시행한 후에 공사를 진행하여야 할 것이다.

(4) 기타 공사

1) 발파 공사

발파(發破, blasting) 공사는 암석을 굴착하여 채석을 행하거나 터널 등을 굴착 및 콘크리트의 구조를 폭파하기 위한 공사로, 주로 화약으로 폭파하는 작업이기에 폭발에 따른 안전사고 및 공사에 따른 낙반(落磐)이나 붕괴 등의 사고·재해 발생의 위험이 많은 것이다. 따라서 화약류의 발파 작업은 관계 법규에 의거한 유자격자에 의하여 화약의 운반과 장전(裝塡) 및 점화 장치 등의 취급 및 발파와 안전담당자에 의해 위험 지역 내의 모든 작업자의 대피, 경보 발생 및 발파 전과 발파 후의 안전 확인을 기하는 등의 기본적인 작업 내용을 작업기준에 의하여 실행하고 안전과 관련된 제반 직무사항을 충실히 이행하며 작업이 진행되어야 할 것이다.

그리고 발파 작업에 있어 화약류 취급 관계자는 다음의 사항을 준수하여야만 할 것이다.

① 동결한 화약류는 화기에 접근이나 기타 고열물에 접촉 등의 위험한 방법으로 융해시키지 않아야 하며, 발파공(發破孔)의 충전 재료로는 점토 및 모래 등의 발화성 및 인화성이 없는 재료를 사용하여야 한다.

② 화약류를 천공(穿孔)에 장전하는 경우에, 그 주위에서 화기의 사용이 없도록 하고, 장전구는 마찰, 충격 및 정전기 등에 의한 폭발의 발생 위험이 없는 것을 사용하여야 한다.

③ 전기뇌관에 의하여 발파할 경우에, 점화하기 전에 화약류를 장전한 장소로 부터 30m 이상 떨어진 안전한 대피 장소에서 전선에 대하여 저항 측정과 도통(導通) 시험을 하도록 한다.

④ 장전된 화약류가 폭발하지 않거나 폭발 여부의 확인이 곤란할 때에는 먼저, 전기뇌관에 의한 경우에는 발파모선을 점화기에서 분리하여 그 끝을 단락시켜 재 점화되지 않도록 조치한 후, 5분 이내에는 화약류의 장전 장소에 접근하지 않도록 하고, 전기뇌관 이외에 의한 경우에는 점화한 후 15분 이내에 화약류의 장전 장소에 접근하지 않도록 한다.

2) 터널 공사

터널(tunnel) 공사에 있어서 낙반과 지반 붕괴 및 가스 발생 등의 사고의 발생 위험에 대한 안전시설과 작업 및 터널 지보공의 위험 방지에 대한 조치 사항을 다음과 같이 취하여야 할 것이다.

① 안전시설과 작업

i) 안전시설의 설치 — 터널 작업 중에 낙반 등의 위험에 대하여 부석(浮石)의 제거와 터널 지보공 및 록볼트(rock bolt) 설치를 하고, 터널에서 갱구부라고 불리는 출입구 부근은 경사면 등의 지반 붕괴 및 토석의 낙하 위험이 있다고 예상되므로, 흙막이 지보공 및 방호망 설치 등의 위험 방지시설을 설치하도록 한다.

ii) 출입의 금지 — 부석의 낙하 또는 터널 지보공의 보수나 보강 중의 낙반이나 낙석으로 작업자에게 피해를 줄 수 있는 장소에는 관계 작업자 이외의 사람에 대하여 출입을 금지하도록 한다.

iii) 시야의 확보 — 터널 내에서 발생한 배가스 및 분진 등에 의한 불량한 시야를 환기 및 분무수 등으로 시야를 확보하는 조치를 취하도록 한다.

iv) 가스의 제거 — 터널의 굴착 작업으로 발생 위험이 있는 가연성가스에 의한 화재 및 폭발의 예방을 위하여 보링(boring) 등에 의한 가스의 분출 방지 및 제거를 위한 조치를 취하도록 한다.

v) 소화 및 비상 설비의 설치 — 터널 내에 화기나 배전반과 변압기 및 차단기 등의 전기시설 설치 장소에 소화설비를 설치하고, 낙반과 출수 및 화재 등의 사고·재해의 발생을 작업자에게 신속히 알려주고 안전 장소로의 대피를 기하기 위한 비상벨 등의 통신설비를 설치하도록 한다.

vi) 작업의 조치 — 터널 내에서 작업자는 부득이한 경우를 제외하고 라이터 등의 발화 위험이 있는 물건의 휴대를 금지시키고, 용접 및 용단 등의 작업을 하는 경우에는 작업에 수반되는 가연성물질에 불연성 덮개를 하거나 불티 등의 비산 방지의 격벽을 설치하고, 해당 작업자에게 소화설비의 설치장소와 사용방법을 주지시키도록 한다.

② 터널 지보공의 위험 방지

터널 지보공 구조는 설치장소의 지반과 관계된 지질, 지층, 함수, 용수, 균열, 부식 등의 상태와 굴착 방법에 상응한 견고한 것으로 하고, 재료의 재질과 단면 규격, 설치 간격 및 이음 방법 등을 명시한 조립도에 따라 지보공을 설치하고, 이의 위험 방지를 위하여 부재에서의 손상, 변형과 변위 및 접속부와 교차부의 상태와 기둥의 침하 유무 등을 수시로 점검하도록 하고, 이상이 있는 경우에는 즉시 보강과 보수 등의 조치를 취하도록 한다.

3) 채석 공사

채석(採石, stone cutting) 공사에서의 위험은 주로, 지반의 붕괴와 토석의 낙하로, 이의 방지를 위하여 안전담당자에 의해 작업 시작하기 전에 작업 장소 및 그 주위 지반의 부석과 균열의 유무와 상태, 함수, 용수 및 동결 상태의 변화 등을 점검하도록 하고, 채석을 위한 굴착 및 발파 작업의 경우에는 위험지역 내에 관계 작업자 이외의 자에 대한 접근 금지 및 대피 방법의 사전 주지를 행하도록 하고, 발파 후에는 발파장소와 그 주위의 지반 부석 및 균열 등의 변화 상태 등을 점검하여야 한다. 아울러, 굴착기계 등은 운행경로와 토석의 적재장소에 대한 출입 방법을 사전에 정하여 해당 작업자에게 주지시키도록 하고, 작업자와의 충돌 및 전락의 위험이 없도록 유도담당자에 의하여 굴착기계 등을 유도하도록 한다.

4) 잠함 공사

잠함(潛函, caisson) 공사는 잠함, 우물통 및 수직갱 등의 건설물이나 설비 내에서 작업자가 굴착 등의 작업을 하는 것으로, 산소 부족으로 인한 인명 사고 또는 잠함 및 우물통의 급격한 침하 등의 사고 발생 위험이 있다. 따라서 이의 방지를 위하여 산소 결핍의 염려가 있는 경우에는 산소 농도 측정, 작업자의 안전한 오르내림을 위한 승강 설비의 설치, 20m 이상의 깊은 굴착인 경우에는 외부와의 연락을 취할 수 있는 통신설비의 설치, 산소 결핍 및 깊은 굴착에는 송기(送氣)를 위한 공기 공급 설비 등을 설치하도록 한다.

5) 준설 공사

준설(浚渫, dredge) 공사는 항로 및 정박에 필요한 수심을 확보하기 위해 해안이나 하천의 토사를 굴착하거나 매립용을 얻기 위해 작업을 하는 것으로, 이에 준설 선박이 필요하다. 그리고 준설의 방법으로, 해저 및 하천에서 토사를 직접 굴착하는 인양 및 운반하는 일반 준설, 지반 암반은 충격 등으로 파쇄하여 준설하는 파쇄 준설, 암반을 발파한 후에 일반 준설 방법으로 준설하는 발파 준설이 있는 바, 다음과 같은 사고 발생 위험에 대한 방지대책을 취하여야 할 것이다.

① 기상 악화로 인한 준설선 및 장비 등의 전복, 충돌 및 수중 지지물과의 걸림
② 준설 토사의 누출 및 매립 부유토에 의한 환경오염
③ 준설 기계 및 장비의 전복 등의 안전사고 및 이에 의한 작업자의 인명 피해

6) 해체 공사

해체(解體, demolition) 공사는 구조물의 해체 대상물을 작업용 기계에 의하여 공법을 이용해 해체하는 것으로, 해체 공사하기 전에 대상물의 구조, 부재 단면, 면적, 높이, 현장의 공지 유무 및 주위 상황 등을 고려하여 적합한 해체 방법을 선정하여 시행하여야 한다. 따라서 해체 대상물의 조건에 따라 다양한 공법을 병용하게 되므로, 사고·재해의 발생을 방지하기 위해서는 안전 관련 제반 사항을 확인하고 준수하면서 공사를 진행하여야 한다. 즉, 해체 작업용 기계 작업자의 작업계획서에 의한 작업 진행에 의한 안전사고 방지, 작업구역 내의 관계 작업자 이외의 자의 출입 통제, 사용 기계 및 기구 등의 오르내림에 그물망 및 그물포대의 사용, 외벽 및 기둥 등의 전도 작업에서 전도 위치, 파편 비산거리 등에 의한 작업 반경 설정과 안전거리 유지 및 작업자 대피 조치, 화약류를 사용하는 경우에 철저한 안전 취급 및 조치, 해체 공법의 특성에 따라 방진벽이나 비산 차단벽 및 분진 억제 살수시설 등의 설치 등을 행하도록 한다.

7) 관로 공사

관로(管路, pipe conduit) 공사는 물이나 가스 등의 유체를 흐르게 하는 수도관이나 가스관 및 송유관의 매설 공사로, 관로는 유체에 의하여 마찰 등으로 점차 압력이 떨어지므로 높은 내압(內壓)에 견딜 수 있도록 원형 단면으로 하여 주철(鑄鐵)이나 강(鋼) 및 철근콘크리트의 관 재료를 사용하는데, 최근에는 강관 대신에 다공관(多孔管)을 개발하여 사용하기도 한다. 그리고 지하에 매설한 전화용 케이블을 한데 모아 수용한 강관을 사용한 통신케이블용 관로 공사도 있다.

도로 등의 협소한 장소에서의 관로 공사는 굴착기 등의 장비를 사용하고, 토사의 되메우기 및 포장 작업 등에 따라 작업자의 협착 재해 및 교통사고 등이 발생할 수 있기에, 작업 반경 내에 작업자의 출입 제한, 장비 및 교통정리 신호수의 배치, 안전울타리 설치 등의 조치를 취하여야 한다. 특히, 관로의 배관 용접 작업을 하는 경우, 승강설비를 설치하여 작업자가 안전통로로 이동할 수 있게 하고, 굴착부의 사면(斜面) 주위에 자재 및 토사를 적재하지 않도록 하고, 용접 장비에 의한 감전 주의와 비산 불꽃에 대한 개인 보호구를 착용하도록 한다.

MEMO

P/A/R/T

09 작업 안전

제09장 작업 안전

산업 현장이나 작업장의 작업에 있어서의 안전 활동은 일상의 작업에서 안전작업을 확실하게 실행하는 것이다.

즉, 작업장에서 활동하는 작업자의 주위에 위험물 및 장해물을 없애게 하고, 기계 장치나 재료 등에 의한 불안전상태를 찾아내어 개선하고 이를 올바르게 유지하여야 할 것이다. 그리고 작업자에 대하여 위험한 행위 및 올바른 작업은 어떠한 것인지를 나타내는 안전작업의 범위를 정하여 줄 필요가 있다. 안전작업의 방법은 이를 결코 나타내는 것만으로는 의미가 없고 이를 확실히 이행하는 자세를 가져야만 할 것이다. 즉, 작업규정 및 안전규정은 안전이 작업자 자신을 위하여 필요한 것임을 깊이 인식하고 실행할 수 있도록 하여야 한다.

또한, 작업자가 작업을 원만하게 지속적으로 할 수 있도록 작업장의 작업 환경을 구비하여야 할 것이다. 즉, 온열, 소음, 진동, 유해광선, 전리방사선, 이상기압 등의 물리적 환경과 가스, 증기, 분진 등의 화학물질의 화학적 환경 및 생물학적 환경의 작업상의 적합한 관리를 기하여야만 할 것이다.

따라서 여기에서는 작업별로 다루어져야 할 기본적인 작업공사와 작업환경에 있어서의 요인별 위험성과 이의 평가와 개선 사항에 대하여 다루어 보고자 하였다.

9.1 작업공정 안전

(1) 생산 작업

생산 작업을 분야별로 나누어 이들의 안전작업을 위하여 기본적으로 유의하여야 할 주의 및 취급 등의 요점 사항들을 정리하여 보기로 한다.

1) 기계운전 작업

가동할 때의 주의사항, 정지할 때의 주의사항, 조작 금지 처리사항, 주유할 때의 주의사항, 동력 전달부분에서의 주의사항, 일반적인 작업상의 주의사항

2) 장치운전 작업

보안 요강, 이상(異常)의 발견 및 처리사항, 탑류(塔類)의 취급사항

3) 공작 작업

공작(工作)기계의 정비 요령, 작업지침, 취급 및 사용상의 주의사항

4) 전기 작업

① 전기류(일반 전기기계기구, 이동운반식 전기기계기구, 전선, 나(裸)전선 등)의 취급사항

② 정전 또는 스위치를 끄고 작업할 때의 안전조치사항

③ 활선충전(活線充電) 노출부의 근접 작업사항

④ 이상(異常)시의 처리사항

5) 계장관리 작업

계장(計裝) 담당자 및 운전자가 준수하여야 할 규칙사항

6) 고압취급 작업

고압장치의 가동과 취급 및 수리할 때의 주의사항

7) 고온 작업

고온, 고습, 고열의 작업환경에서의 발생 환자의 처리 및 환자 발생의 예방사항

8) 저온 작업

저온의 작업환경에서의 발생 환자의 처리 및 환자 발생의 예방사항

9) 발화위험 작업

제1류~제6류 위험물의 취급할 때의 주의사항

10) 폭발위험물 작업

① 폭발의 원인이 되는 발화원(자연발열, 단열압축, 충격 및 마찰, 화기(火氣) 및 고열물(高熱物), 전기불꽃 및 정전기 등)의 숙지사항

② 폭발위험물의 취급사항

③ 폭발사고의 방지대책(위험물의 제조시설 및 제조방법상의 폭발 예방대책 및 방폭대책)

11) 가연성기체 작업

가연성기체(가스, 증기)의 누출 방지 및 누출하였을 때의 대책, 발화원의 취급과 관리 및 교육에 관한 사항

12) 유해기체(가스, 증기) 작업

① 유해기체(가스, 증기)를 발생시키는 장치(기체발생로(爐), 용광로, 반응탑, 송급(送給)장치 등)에 관한 작업상의 주의사항

② 격리된 장소(건조실, 숙성실, 세정실, 도장실, 턴넬 booth 등)에서의 주의사항

③ 개방조(開放槽)(탈지조(脫脂槽), 산세척조(酸洗滌槽), 크롬(Cr)도금조(塗金槽), 혼합조(混合槽), 교반조(攪拌槽) 등)에서의 작업상의 주의사항

④ 작업대(환기작업대, draft chamber, clean bench 등)에서의 작업상의 주의사항

⑤ 자동기(자동도포기, 턴넬건조기 등) 및 각종 로(爐)(용해로, 가열로, 건조로 등)의 작업상의 주의사항

⑥ 기타 유해기체의 작업(각종 유기용제 함유물의 취부(吹附), 분사(噴射), 용기로의 주입(注入), 이주(移住) 등)에서의 주의사항

13) 분진 작업

① 분진(粉塵) 대책(분진의 발생의 방지와 발산의 억제, 부유분진의 확산 등)

② 분진의 국소배출 계획(배출 hood의 설계, 배기(排氣) duct의 설계, 배기에 따른 급기(給氣)의 확보 등)

14) 독극물의 취급 작업

① 부식성의 산(酸)류 또는 염기(鹽基)류 등의 취급(저장용 용기, 누출대책, 보호의(保護衣) 및 보호구 등, 욕조, 샤워 및 세척의 설비 등)상의 주의사항

② 자극성 및 유해성 물질의 취급(경보장치, 바닥, 벽 및 기타의 구조물, 작업의(作業衣), 식사 및 흡연, 이상의 발견 및 처리 등)상의 주의사항

15) 방사선 작업

방사선의 작업방법 및 작업수순의 결정, 방사선 안전의 해석, 방호조치의 계획, 피조사량(被照射量)의 설정, 작업 중의 관리, 작업 종료 후의 조치

16) 잠수 작업

잠수(潛水)에 따른 사고의 치료, 새로운 잠수방법의 개발

(2) 관리·보전 작업

1) 시운전·정지 작업

① 시운전 작업 — 계측기의 준비 및 점검, 냉각수 및 각 밸브의 점검, 안전밸브의 검사 및 검사장의 설치, 시운전 방법

② 정지 작업 — 배관의 진동 방지에 관한 설계, 배관의 허용 진동

2) 점검·검사 방법

기계 장치의 점검 및 검사

3) 보전·정비 작업

작업의 종류와 안전, 작업의 기준 및 규정, 정비 작업의 실시

4) 공작·수리 작업

① 작업의 종류와 안전

② 각 작업(선반, 밸브 수리, 기계조립 작업, 제강 및 배관 작업, 납 작업)의 안전상의 대책

5) 용접·절단 작업

① 작업의 종류와 안전

② 안전기준(보호구, 용접 작업의 안전, 절단 작업의 안전)

6) 청소 작업

유해물의 처리, 청소 방법, 청소 분담구역의 명확화

7) 탱크 내의 작업

① 작업 개시 전의 준비(책임 구분의 확립, 공사 감독, 공구 및 보호구의 준비, 복장 등)

② 작업 중의 대책(차단 처리 및 표시, 내용물의 배제 및 표시, 탱크 내의 치환, 세정 후의 공기 검사, 작업허가증의 발행, 작업자의 관리, 감전 방지, 감시자의 배치 및 임무)

③ 작업 종료 후의 대책(내부 점검, 종료 연락)

④ 보호구의 사용

8) 훈증·숙성 작업

훈증(燻蒸)과 숙성(熟成) 작업의 위험성과 대책

(3) 운반 작업

운반 작업의 종류별 유의할 사항에 대하여 간단히 언급하였으며, 이 중에서 인력 및 동력 운반 작업에 대한 안전 수칙에 대하여 다루어 보고자 한다.

1) 운반 작업의 종류

① 위험물품 운반 작업

i) 위험물과 관계 법규의 숙지

ii) 분류별 위험물(단독발화 연소물, 혼합접촉 발화물)의 숙지와 이의 취급

② 중량물 운반 작업

중량물(重量物) 운반의 종류와 운반 상의 주의사항

③ 긴 물체 운반 작업

인력 작업과 기계 작업에 의한 긴 물체 운반 상의 주의사항

④ 동력 운반 작업

하역운반 기계의 선정, 기계의 운전 및 보수(保守), 크레인 등의 안전 규칙 중에 하역 기계에 관한 규제, 화학공장에서의 기체와 분진의 하역 기계의 영향, 옥외 크레인의 폭풍 대책

⑤ 연속 운반 작업

전원과 컨베어라인의 취급 및 주의사항, 액체 및 분체의 수송 장치의 취급 및 주의사항

⑥ 포장 작업

포장의 안전 작업

⑦ 충전 작업

소형 용기에 의한 충전(充塡) 운반, 탱크로리 등에 의한 운반, 용기에 대한 충전에 대한 주의사항

⑧ 저장탱크 작업

탱크 및 탱크 내에서의 작업에 대한 주의사항

2) 인력운반 작업

사람에 의한 인력 운반은 융통성이 있어 편리하지만 물량이 많고 연속작업이면 피로와 방심으로 사고가 발생하기 쉽다. 특히, 물건을 올리는 작업에서는 척추에 무리가 오기 때문에 항상 주의를 기울여야하므로, 척추에 대한 부하와 근육작업을 가급적 줄이면서 안전작업을 기하기 위한 수칙은 다음과 같다.

① 안전 수칙

i) 물체의 무게가 단독 또는 공동으로 할 수 있는 작업인가를 먼저 확인하고, 무거운 물체는 공동작업을 하고 필요한 경우에는 보조기구를 이용한다.

ii) 물체를 들어 올릴 때, 팔과 무릎을 사용하면서 어깨보다 높이 들어 올리지 않고, 몸을 물체 가까이 하여 수직으로 들어 올린다.

iii) 장시간 동안 무리한 자세를 지속하거나 반복이나 층계로의 운반은 피하고, 가능한 한 수평으로 직선거리를 선택하여 물체를 운반한다.

② 작업하중 기준

i) 물체의 무게는 체중의 40% 이내로 하여 60~80m/min의 이동속도로 운반하는 것이 적당하다.

ii) 성별과 연령에 따라 적절한 작업하중을 취하도록 한다. 연속작업에서 남자는 약 20~25kg, 여자는 약 15kg을 한도로 하고, 55kg 이상은 2인 이상이 공동으로 운반하도록 한다. 또한, 20~35세를 기준하여 100으로 하였을 때, 36~40세는 95, 40대는 88, 50대 이후는 85를 적용하는 것이 적당하다.

iii) 신체 부위를 이용한 운반방법에서, 어깨를 이용할 경우에는 약 20kg, 등을 이용할 경우에는 약 30kg이 허용중량이 되도록 한다.

3) 동력운반 작업

동력운반 즉, 기계운반을 이용하는 것으로, 이의 운반 작업 수행기준은 2인 이상이 협동하여 장시간 계속하거나, 발끝에서 어깨 높이까지 25kg 이상, 발끝에서 허리 높이까지 50kg 이상, 발끝에서 무릎 높이까지 75kg 이상의 물체를 들어 올리는 작업이 해당된다.

① 안전 수칙

i) 운반차는 적재 높이를 약 100±50cm를, 밀 때의 자세는 약 75~85cm 정도의 높이로 하는 것이 적당하고, 운반차로 물체를 적재할 때에는 앞을 볼 수 있는 시야를 확보하도록 한다.

ii) 운반차에 물체를 적재할 때에는 가능한 한 전체 무게 중심이 아래에 있도록 하고, 무게가 다른 물체들을 적재할 때에는 무거운 물체부터 아래에서 순차적으로 한다.

② 취급·운반 원칙

i) 직선 운반, 연속 운반, 운반 작업의 집중화, 시간과 비용을 절감하는 운반방법 등의 원칙을 갖도록 한다.

ii) 운반거리의 단축, 운반의 기계화, 손이 닿지 않는 운반방식의 조건을 갖도록 한다.

(4) 하역 작업

1) 화물하역 작업의 안전수칙

① 화물 운반용으로 밧줄로 사용되는 섬유로프는 가닥이 절단되거나 손상된 것은 사용하여서는 안되고 즉시 교체하여야 한다.

② 하적단(荷積段, 포대·가마니 등의 용기로 포장화물에 의하여 구성된 것에 한 함)

이 바닥에서 높이가 2m 이상이면 인접 하적단과의 간격을 하적단 밑 부분을 기준으로 10cm 이상으로 하여야 하고, 하적단 위에서의 작업자는 추락 등의 위험을 방지하기 위하여 안전모 등의 보호구를 착용하여야 한다.

③ 하적단의 붕괴 및 낙하에 의하여 작업자에게 위험을 끼칠 염려가 있는 경우에는 해당 하적단을 로프로 묶거나 망을 덮는 등의 필요 조치를 하도록 한다.

④ 화물을 적재할 때에는 다음의 사항에 유의하여야 한다.

i) 침하의 염려가 없는 단단한 기반 위에 적재한다.

ii) 건물의 벽이나 칸막이 등의 강도가 화물의 하중에 견디지 못하는 경우에는 벽이나 칸막이에 화물을 적재하지 않도록 한다.

iii) 화물을 불안정할 정도로 높이 적재하여 올리지 말고 편하중(偏荷重)이 생기지 않도록 한다.

2) 항만하역 작업의 안전수칙

① 부두 및 안벽 등에서의 조치

i) 작업장 및 통로의 위험한 곳에 안전작업을 할 수 있도록 조명을 유지한다.

ii) 부두 및 안벽의 선을 따라 설치하는 통로는 90cm 이상의 폭을 유지한다.

iii) 육상에서의 통로 및 작업장소로서 다리 및 선거의 갑문을 넘는 보도 등의 위험한 곳에는 적당한 울 등의 설치한다.

② 통행설비의 설치

갑판의 상판에서 선창 하단까지의 깊이가 1.5m를 초과하는 선창의 내부에서 작업자가 화물을 취급할 경우에는 안전하게 통행하는 설비를 설치한다.

③ 양화장치의 사용

i) 양화(揚貨)장치를 사용하여 화물의 하역 작업을 하기 전에 후크가 붙어있는 스링, 와이어스링 등의 걸려있는 상태와 작동 여부 등의 점검을 행하고, 제한 하중을 초과하는 화물을 걸어서는 안되며, 로프로 화물을 끌어올리는 작업에서 로프나 활차가 탈락의 위험 염려가 있는 장소에는 작업자를 출입시키지 않도록 한다.

ii) 양화장치로 드럼통 등의 화물의 권상 작업을 할 경우에는 해당 화물이 벗어나거나 탈락하지 않도록 구조의 해지 장치가 부착된 후크 부착 스링을 사용한다. 단, 보조 스링에 부착된 후크에는 그러하지 아니하다.

iii) 양화장치의 운전에 관한 일정한 신호 방법을 정하고 신호하는 사람을 양화 장치별로 지정하여 신호를 하도록 하고, 운전자가 화물을 적재한 상태에서 운전위치를 이탈하여서는 안된다.

④ 무포장 화물의 작업

선창 내부의 무포장 화물(소맥, 대두, 옥수수 등)의 하역 작업은 시프팅보드, 피디박스 등 화물의 이동을 방지하기 위한 격벽이 도괴 및 낙하 위험이 있는 경우에는 해당 격벽을 해체한 후에 작업을 행하도록 한다.

⑤ 보호구의 착용

하역 작업에서 물체의 비래 및 낙하의 위험이 있는 경우에는 안전모를, 선창 등에서 분진이 현저히 발생하는 경우에는 방진마스크를, −18℃ 이하의 급냉동 어장인 경우에는 방한모, 방한복, 방한화 등을 각각 해당 작업자가 착용하도록 하여야 한다.

⑥ 유독성물질의 조치

하역 물질 중에 중독성이나 부식성 등의 염려가 있는 가를 파악하여, 이들의 위험성에 대하여 안전한 취급방법과 비산 및 누출하는 경우의 그 처리방법을 정하여 해당 작업자에게 주지하도록 한다.

(5) 벌목 작업

벌목(伐木) 작업은 일반적으로 4단계 과정을 거치는데, 목재를 자르는 기본 작업의 벌목(伐木, cutting), 자른 목재의 가지를 자르고 일정한 길이로 절단하는 작업의 조재(造材, bucking), 조재한 목재를 수집하는 작업의 집재(集材, skidding), 목재를 운반하는 작업의 운재(運材, log transportation)가 있다.

1) 벌목 작업에서의 조치

① 벌목할 경우에는 작업자가 대피할 장소를 사전에 선정하도록 한다.

② 벌목할 목재의 흉고 직경이 40cm 이상인 경우에는 벌목근 직경의 1/4 이상 깊이의 수입구를 만든다.

③ 벌목하는 유압식 벌목기에는 단단한 헤드가드를 구비하도록 한다.

2) 벌목 작업에서의 신호

① 벌목 작업할 경우에는 일정한 신호방법을 정하여 해당 작업자에게 주지시켜야 하고, 해당 작업자 이외의 자에게 벌목에 의한 위험의 발생 염려가 있는 경우는 대피시키도록 하고 이를 확인한 후에 벌목하도록 한다.

② 벌목 작업(벌목, 조재, 집재, 운재)에서 목재를 비롯한 물체의 전도 및 전락 등에 의한 작업자의 위험을 방지하기 위하여 해당 작업자로 하여금 안전모 등의 보호구를 착용하도록 한다.

③ 벌목 작업에서 아래 방향으로 벌목한 목재 등의 전락 및 활동에 의한 위험의 발생 염려가 있는 경우에는 작업자를 출입시키지 않도록 한다.

(6) 건설·조립 작업

1) 고소 작업

고소(高所) 작업의 안전, 발판 해체의 안전

2) 터널 굴진 작업

지질 조사, 물리 탐사, 물리 검증, 설계 및 시공 상의 안전

3) 토목 작업

작업 관리(작업 환경, 작업용 기계설비 및 작업 동작, 작업 표준)의 안전

4) 발파 작업

발파(發破) 설계 및 준비, 점화할 때의 주의사항, 발파 후의 처리

9.2 작업환경 안전

작업환경은 작업장에서 작업과 관련하여 야기되는 직업적 유해환경 요인을 찾아내어 이의 문제점 해결을 위한 작업환경의 관리와 환경개선 기술을 기하여 건전한 작업환경의 조성과 아울러 작업자의 건강 보호를 통한 작업의 능률 향상을 도모하고자 하는 작업환경 안전을 도모하여야 한다.

(1) 유해환경 요인

작업자가 건강을 저해하는 유해물질의 발생과 아울러 작업상의 유해환경에 많이 노출되어 작업하는 경우가 많은데, 이들 사항과 요인들에 대하여 다루어 보고자 한다. 일반적으로 대기 중에 발생하는 공기질 매개변수는 크게 두 분류 즉, 기상(氣相)과 입상(粒狀)의 물질이 있는 바, 각각의 생성 및 분산의 상태에 따라 분류하여 보면 표 9.1과 같으며, 이와 같은 물질이 인체에 유해한 경우, 이에 의한 중독과 이들의 위험성 및 방독에 대하여 간단히 다루어 보고자 한다.

표 9.1 대기 중의 물질의 성상

구 분	성 상	입경(μm)
가스(gas)	상온상압에서 기체 물질	분자상
증기(蒸氣, vapor)	상온상압에서 액체 및 고체 표면에서 발생한 기체 물질	분자상
운무(雲霧, mist)	공기 중에 분산한 액체 미립자(안개)	0.1~100
분무(噴霧, spray)	공기 중에 미립화한 액체 입자	10~1,000
분진(粉塵, dust)	공기 중에 분산한 고체 미립자(먼지)	0.1~100
연무(煙霧, fume)	화학반응으로 무기성가스/금속증기가 변하여 생성한 미립자	0.01~1
매연(煤煙, smoke)	유기물의 불완전연소에 의해 생성한 고체 미립자(연기)	0.01~1
비산재(飛散材, flyash)	석탄 연소에 의해 생성한 비가연성 입자로, 매연과 같이 연소로 생기고 연무와 같이 무기금속/광물질로 되어 있다.	10~1,000

1) 유해물질 중독

유해위험성물질에 의한 인체의 중독은 물질과 인간과의 관계에서 다루어져야만 한다. 따라서 '물질의 특성', '개인차', '인간과 유해물의 관계'의 3가지 요인으로 나누어 고려하여야 하며, 이에 따라 중독의 방지에 대응하여야 할 것이다.

① 물질의 특성

물질 자신이 갖고 있는 물리적 및 화학적 성질은 유해위험성에 밀접한 관계가 있다. 즉, 융점, 비점, 증기압, 밀도 등의 물리적인 성질은 인간이 그 물질에 흡입(吸入) 및 경피(經皮) 등으로 접촉하였을 때에 피부 및 점막에 자극을 주는 가의 여부를 정하는 하나의 특성이다. 또한, 물이나 지방질에 대한 용해성, 용해속도 등도 이에 흡입 및 경피 등으로 접촉하였을 때에 인체 내로의 흡수가 용이한 가를 정하는 하나의 척도인 것이다. 예를 들면, 비점이 낮고 휘발도가 높고 물에 잘 녹는 물질은, 호흡을 통한 흡입으로 폐에 침입하였을 때의 유해 작용은 상온에서 물에 녹기 어려운 물질에 비하여 보다 큰 것이 일반적이다.

② 개인차

개인별로 같은 유해물질을 같은 양을 섭취하여도 이에 따라 일어나는 반응은 많은 차이가 있는 것이 보통이다. 예를 들면, 유기용제의 증기를 흡입한 경우, 폐포(肺胞)에서 혈액 중에 침입한 양과 속도는 호흡, 혈액순환량, 폐포막의 성질 등에 따라 다르며 또한, 혈액 중에 들어간 유기용제 분자가 대사기구(代謝機構)에 의하여 분해되었을 때의 효소의 분포와 활성에 있어서도 개인차(연령, 성별, 영양상태, 병력, 유전적 부하 등)가 있다. 그러므로 어느 유해물을 체내에 흡수함에 따라 나타나는 현상은 개인에 따라 어느 정도의 차이가 생기는 것이다.

③ 인간과 유해물의 관계

"어떤 사람이 어떤 유해물이 어떤 형태로 인체 내에 침입 되었는가"가 중요한 요인이다. 인체 내로의 침입경로, 노출시간, 노출농도 등에 따라 유해위험성은 양적 및 질적으로 변동한다. 일반적으로, 유해물의 고농도의 증기를 흡입하면, 중추신경계에 대한 영향이 우선하여 소위, 마취작용을 보이는 경우가 많다. 물론, 이 마취작용과 함께 그 유해물 특유의 독작용이 나타나게 된다. 그러나 저농도의 경우의 반복 폭로에서는 마취작용보다는 그 유해물 특유의 독작용이 먼저 나타나는 경우가 많다.

따라서 신규 물질의 공업적인 사용 및 합성을 하는 경우에는, 특히 그 유해성에 대한 검토가 필요하다. 예로서, 화학구조가 비슷한 것은 그 생물학적 작용이 비슷한 것이 많지만(예: nitroglycerin과 nitroglycol) 그렇지 않은 경우도 적지 않다. 또한, 구조가 약간 달라도 허용농도가 매우 다른 것도 있어(예: benzene과 toluene), 반드시 생물학적 검정이 필요하다. 다만, 정하여진 절대적인 방법은 없지만 보통, 동물실험에 의한 급성독성의 평가를 LD_{50}을 비롯하여 다음의 지표를 사용하는 경우도 있다.

- LD_{50} — 1회의 투여로 7~10일 이내에 실험동물의 반수가 사망하는 유해물의 양을 동물 체중 1kg당의 mg으로 나타낸 것.(예: χ mg/kg)
- LC_{50} — 1회의 흡입으로 7~10일 이내에 실험동물의 반수가 사망하는 유해물의 농도를 동물 체중 1kg당의 ㎖로 나타낸 것.(예: χ ㎖/kg)
- LT_{50} — 일정 농도에서 7~10일 이내에 실험동물의 반수가 사망하는데 요하는 시간.(time/conc.)(예: χ min/㎖)

그림 9.1은 A, B의 두 유해물을 실험동물에 투여한 경우의 반응(사망)의 누적 백분율과 용량과의 상관곡선(용량반응곡선, dose-response curve)이다. 이 때, B의 LD_{50}이 A의 것보다 큰 값을 나타내어 A는 B보다도 유해하다고 할 것이다.

그리고 용량반응곡선이 그림 9.2와 같은 경우가 많이 있는데, C의 LD_{50}이 D의 LD_{50} 보다 적어 C가 보다 독성이 강하지만, 투여량을 적게 하면 C의 LD_5(실험동물의 5%가 사망하는 유해물의 양을 동물 체중 1kg당의 mg으로 나타낸 것)는 D의 LD_5보다 크므로 D가 보다 독성이 강하다. 즉, LD_{50}이 큰(독성이 보다 약함) 경우도 만성으로 미량을 흡수하면 결과적으로 독성이 보다 크게 된다.

이와 같은 방법으로 유해물의 독성을 구분하여 볼 수 있는데, 앞의 표 3.3의 '물질의 급성중독의 급별'에 나타내었다. 급성중독은 장기(臟器)의 일부 파괴, 신경계의 극도의 흥분 및 육체적, 정신적 마비 상태가 동시에 나타나는 것이고, 만성중독은 보통, 일정한 장기에 장해가 나타나고 그 회복에 장기간을 요하거나 회복 불능의 경우도 있게 됨을 주지하여야 한다.

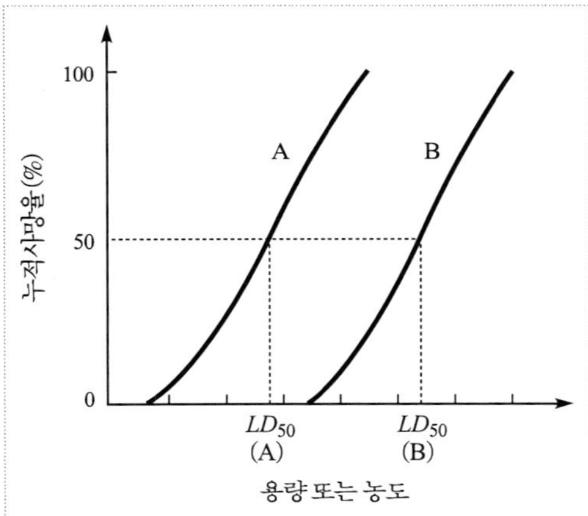

그림 9.1 2종의 화학물질(A, B)을 동물 집단에 투여한 가상의 용량반응곡선

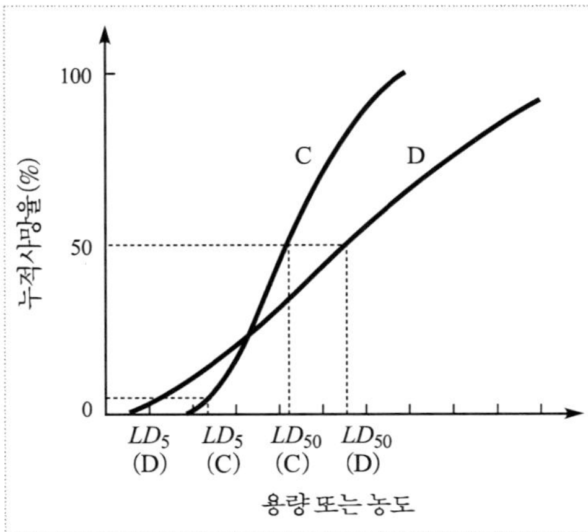

그림 9.2 2종의 화학물질(C, D)을 동물 집단에 투여한 가상의 용량반응곡선

한편, 유해물질이 공기 중에 기상(氣相), 액적(液滴) 및 분말(粉末)로 부유하여 인간이 흡입하는 경우에, 어느 일정 수준 이하의 공기 중의 농도로 유지하도록 권고 또는 규제하는 한계값을 허용농도(maximum acceptable concentration, MAC)라고 하는데, 이 값은 절대적인 것은 없고 안전성의 정도에 따라 변하므로 유해물질의 안전한 농도와 위험한 농도의 한계가 명확하지는 않지만, 인체 건강에 대한 위험을 미리 알고 제어하기 위한 지침으로 사용되고 있다. 현재, 가장 영향력 있는 것으로 미국의 ACGIH(American Conference of Governmental Industrial Hygienist)와 ASA(American Standard Association)의 것이 많이 알려져 있다.

ACGIH는 정규 권고치를 TLV*(threshold limit value)로 나타내어, 주로 작업장의 평균농도가 그 이하의 값이 되도록 하고 있다. 그리고 ASA는 물질은 적지만 충분한 의학적, 역학적 견지를 종합하여 신뢰성이 높은 값을 발표하고 있다. 즉, 최대허용농도(maximum permissible concentration, MPC)라고 표현하여 정하여진 값을 넘지 않게 정하고 있다. 따라서 ACGIH에서는 대상 물질에 따라 MPC적인 방법을 취하는데, TLV의 표로는 급성중독을 일으킬 염려가 있는 물질에는 결정할 수가 없는 상한 값으로 C**(ceiling, 천정치)를

* TLV는 본래 역치(閾値)의 의미이지만, 허용농도와 같은 의미로 사용되는데, 1일 7~8시간, 1주 40시간의 근로시간 중의 시간가중농도(時間加重濃度)로 표현함.

** Ceiling값 이상의 농도에 폭로한 경우의 15분 이내에, ① 견딜 수 없을 만큼 자극이 있다. ② 만성 또는 불

표시하여 주의를 환기시키고, C의 표시가 없는 물질에는 표 9.2에 나타낸 계수를 곱한 값을 단시간의 순간폭로에 대하여 허용할 수 있는 최대허용농도인 것으로 정하고 있다.

표 9.2 초과한도의 계수

허용농도(ppm 또는 mg/m^3)	계 수
0 ~ 1	3.0
1 ~ 10	2.0
10 ~ 100	1.5
100 ~ 1,000	1.25

또한, 미세한 분진(粉塵, dust), 연무(煙霧, fume) 및 운무(雲霧, mist)의 형태로 흡인되는 물질의 허용농도의 표시 단위는 mg/m^3(공기 $1m^3$ 중의 mg수) 또는 mppcf(million particles per cubic foot, 공기 1 ft^3 중의 입자수를 10^6 단위로 나타낸 것)으로, 1 mppcf = 10^6개/ft^3 = 35.3개/ml로 나타낸다. 이들 유해물은 호흡을 통한 흡입(吸入), 소화기를 통하여 먹거나 마시는 경구(經口), 피부를 통한 경피(經皮), 혈관이나 근육을 통한 주입(注入)의 경로로 인체에 침입하거나 직접 노출하므로 이의 방지를 위하여 취급에 주의를 기하여야 할 것이다.

2) 가스 중독

작업환경에서의 가스의 독성은 환경가스의 농도, 폭로시간 및 작업강도의 3가지 인자에 의해 평가된다. 그리고 가스농도는 작업공정 및 기상조건 등에 따라 크게 변한다. 그러므로 작업장의 장소별, 시간별, 기상별 조건하에서 가스농도를 측정하여 그 발산상황을 감시, 점검하는 태세를 갖추어야 한다. 그리고 인체의 육체 운동은 호흡활동의 증강을 비롯하여 각종의 생체반응을 촉진시키므로 환경유해 가스의 독성 발생은 작업강도에 따라 크게 좌우된다.

유해가스 중에서는, 매우 강한 자극작용 및 냄새를 갖는 것(예: NH_3, H_2S, SO_2 등)으로 생체에 대하여 강한 경고를 주는 것이 있는 반면에, 어떠한 자극작용도 없지만 위독한 중독 증상을 일으키는 것(예: CO)도 있다. 그리고 수용성(水溶性)이 강한 가스(예: NH_3, HCHO 등)는 기도(氣道)에 매우 강한 자극작용을 주면서 거부작용을 촉진시켜 폐포(肺胞)에서의 영향을 저하시키고, 수용성이 약한 가스(예: NO_2, $COCl_2$ 등)는 자극작용이 적어 고농도의 가스가 폐포에 도달하여 위독한 장해를 일으키는 경우

치의 후유증을 남긴다. ③ 마취작용이 나타나 사고를 일으키기 쉽고, 자제심을 잃고, 작업능률이 매우 낮게 하는 증상이 나타나는 가의 여부로 판정된다.

가 많다.

따라서 유해가스가 발생할 가능성이 있는 작업장에서는 효과적인 환기가 절대적으로 필요하며, 중독이 되었을 때의 치료의 기본적인 원칙은 ① 신속하게 신선한 공기 중에 옮기고, ② 보행금지, ③ 절대 안정과 보온, ④ 호흡 곤란에 대해서는 산소 흡입, ⑤ 호흡 정지에 대해서는 인공호흡, ⑥ glutamyleysteinylglycine(glutathion)의 투여(0.3~0,5g)는 회복을 빠르게 하는데 효과적이다.

① 아황산가스(이산화황, SO_2)

유황분을 함유한 물질의 연소에 의해 발생하며, 특히 자동차 매연 및 석유 연소 등에 의해 대기 중에 함유되어 대기 오염의 주성분으로 주목되고 있다. 허용농도는 5ppm으로, 강한 냄새와 자극성을 나타내고, 중독 현상은 국소 자극과 혈액에 흡수되어 순환계 장해를 일으킨다. 따라서 아황산가스를 발산하는 작업장에서는 눈의 보호에 유의하며 눈의 세정, soda수, 피부의 세정설비, 아황산가스용 가스 마스크, 치아산식증(齒牙酸蝕症) 예방약, 피부장해증 예방약 등이 필요하다.

② 황화수소(H_2S)

황화수소는 여러 산업에서 부산물로 나오는데, 공기보다 무거워 정체되는 경우, 예기치 않은 중독 발생의 가능성이 있다. 고농도의 흡입은 급속한 질식성 효과로 호흡중추의 마비작용 및 심장마비를 일으키고 황화수소의 수용성에 의한 기도점막 및 눈에 자극성 장해를 일으킨다. 따라서 황화수소를 발산하는 작업장에서는 가스 마스크, 보호안경의 착용이 필요하고, 특히 각막 손상의 상해에 대한 눈의 보호에 유의하여야 한다.

③ 일산화탄소(CO)

일산화탄소는 무자극성(무색, 무미, 무취)으로 공기보다 가볍고, 유기화합물(석탄, 나무, 종이, 석유류, 기타 유기물 등)의 불완전연소로 발생할 가능성이 있어 산업 및 가정에서 중독의 위험이 있다.

일산화탄소를 흡입하여 폐에서 혈액 속으로 들어가면 혈색소(hemoglobin, Hb)와 매우 빠르게 결합하여 혈액의 산소운반 능력을 뺏고 전신의 조직을 산소 부족으로 만들어 산소결핍에 의한 질식중독을 진행시킨다. 그리고 일산화탄소는 산소에 비하여 헤모글로빈에 강한 친화력을 갖고 있으며, 식 (9.1)의 반응식과 같이 가역반응이어서, 적당한 처치로 중독 증상은 회복되지만, 장시간 반복적인 노출 또는 고농도로 노출하면 조직의 변화가 비가역적으로 되어 후유증 위험이 크다.

$$HbO_2 + CO \rightleftarrows HbCO + O_2 \qquad (9.1)$$

또한, 일산화탄소 농도에 따른 생체반응은 노출시간(hr) × 노출농도(ppm)의 값으로 나타낼 경우, 300(장해 없음), 600(장해가 나타남), 900(두통, 구토), 1,500(생명 위험)으로 나타낸다고 하고 있다(by Henderson & Haggard).

④ 질소(N_2) 및 그 산화물(NO_x)

질소에 의한 전형적인 중독으로 잠함병(潛函病) 또는 잠수병(潛水病)이다. 이는 고압(高壓) 하에서 작업하는 경우에는 상압(常壓)의 경우보다 혈액 중의 용해질소가 증가하여, 상압으로 되돌아왔을 때에 혈액으로부터 분리하여 모세혈관을 폐색하면서 일어나는 증상이다. 또한, 고압의 공기 하에서 작업하는 경우에 마취작용 및 정신착란 현상이 나타나는데, 이 경우에는 작업을 끝내면서 0.8kg/cm^2·min 이하로 서서히 감압을 행하면서 질소를 호흡과 함께 배설시켜야 한다. 질소산화물의 경우에 이들의 종류와 유해성은 다음과 같다.

i) 아산화질소(N_2O) ― 마취성과 독성의 약하여 유해물로서의 큰 문제는 없다.

ii) 일산화질소(NO) 및 이산화질소(NO_2) ― NO는 고온 상에서 공기 중의 산소와 질소로부터 발생하며, 대기 중에서 서서히 NO_2로 변화한다. NO는 NO_2보다 4~5배의 독성을 가지며, 눈의 점막을 강하게 자극하고 다량을 흡입하게 되면 폐포벽을 침해하여 폐기종(肺氣腫) 및 폐수종(肺水腫) 등을 일으킨다.

iii) 오산화질소(N_2O_5) ― NO_2보다도 강한 독성을 가져 phosgene($COCl_2$)과 같은 정도의 유독성을 갖고 있어 취급에 주의가 필요하다.

3) 산소 결핍

인체는 호흡에 의해 산소를 체내에 섭취*하면서 생명을 유지하는데, 공기 중의 산소농도가 낮아지면 체내의 산소 부족으로 인한 산소결핍증으로 세포의 활동이 원활하지 못하는데 특히, 산소농도가 16% 이하이면 뇌세포의 작용이 비가역적인 변화의 경우가 많아져 산소농도가 회복되어도 기억상실, 정신이상 등의 중추신경 장해와 같은 후유증이 남으며, 때로는 산소농도가 10% 이하가 되면 심장 박동의 정지로 사망하는 경우도 많다.

메탄가스 및 탄산가스의 중독사고 는 산소 결핍인 경우가 대부분이고, 각종 산업에서의 물질의 반응과정상, 장치나 시설 및 공간 내에서 광범위하게 산소농도가 저하된다. 즉, 산소 결핍이 일어나기 쉬운 장소는 환기가 불충분하거나, 산소의 흡수 및 산소농도를 저하시키는 물질이 존재하는 두 가지 경우인데, 산소 결핍의 예방대책**은 이

* 인체의 평균적인 산소필요량은 휴식할 때는 0.23 l/min, 중간 정도 활동할 때는 0.97 l/min, 격한 운동을 할 때는 1.60 l/min이다.

중에 어느 하나를 제거함으로써 쉽게 이룰 수가 있다.

4) 유기용제 중독

유기용제는 상온상압에서 휘발성액체로 다른 물질을 용해시키는 성질을 갖는 것으로 기도나 피부를 통하여 체내로 침입하는 양을 증가시키고, 지용성(脂溶性)으로 생체조직으로의 흡수를 촉진시키고 이의 축적으로 중추신경 및 말초신경과 내분기 계통 등의 장해의 원인이 된다. 유기용제 중독은 주로 환경 중에 이의 증기 흡입으로 일어나므로, 환경 중의 증기농도를 감소시켜 흡입량을 낮게 하는 것과 개인 보호구를 착용함에 따라 중독을 예방할 수 있다.

① 방향족탄화수소류

i) 벤젠(benzene, C_6H_6) — 고농도 노출에는 마취작용, 저농도 장시간 노출에는 골수(骨髓) 등의 조혈조직을 침해하여 혈액 중의 백혈구와 혈소판 및 적혈구의 수를 감소시켜 백혈병의 가능성이 있다.

ii) 톨루엔(toluene, $C_6H_5CH_3$) 및 크실렌(xylene, $C_6H_4(CH_3)_2$) — 벤젠과 마찬가지로, 조혈 및 심장 장해와 마취작용이 있다.

② 지방족탄화수소류

i) $C_3 \sim C_8$ 파라핀(paraffin) — 일반적인 마취작용과 가벼운 자극작용이 있다. C의 수가 클수록 그 작용이 강하며, 액상의 파라핀은 피부 자극작용 및 폐에 침입하면 자극작용에 의해 폐염을 일으키기도 한다.

ii) $C_9 \sim$ 파라핀(paraffin) — 상온에서는 증발하기 어렵기에 실제의 위험성은 탱크 내의 작업과 같은 국한된 공간에서 발생하기 쉽다.

보통, 지방족탄화수소는 독성이 비교적 적은 용제이지만, n-hexane의 증기에 의한 신경다발염, cyclohexane의 골수 장해, 석유 naphtha의 함유 benzene에 의한 중독, gasoline의 함유 TEL(tetraethyllead)에 의한 중독, 석유증기의 독성 등이다.

③ 할로겐화탄화수소류

할로겐화탄화수소류($C_nH_{2n+1}X$)는 용제로서의 우수한 특성과 난연성으로 여러 분야에 사용되지만 이중에, 마취성, 피부자극성이 강하여 간장, 신장을 침해하는

** 구체적인 방법으로 (1) 환기 불량인 작업장인 경우, 사전에 환기를 충분히 한다.
(2) 산소분석기로 작업장내 공기 중 산소농도가 16~18% 이상인가를 확인한다.
(3) 산소검지나 환기불능의 장소로의 출입에는 호-스/산소마스크를 착용한다.
(4) 만일에 대비하여 현장작업자는 모두 안공호흡을 실시할 수 있도록 한다.
(5) 책임자는 산소 결핍에 대하여 충분한 교육을 받고, 사고 예방 및 구급을 위한 용구(예: 산소마스크)장비를 작업자에게 줄 수 있도록 한다.

경우가 있다. 그리고 고열에서 분해하여 phosgene($COCl_2$)과 같은 유독성 가스를 발생하기 쉽고, 연소나 가온하면서 사용함에 따른 비중의 증가로 작업장에 정체하여 장해를 주는 경우가 많다.

i) 염화메칠(methylchloride, CH_3Cl) ― 국부마취제로 의료용으로 사용되는데, 공업중독으로는 중추신경 장해 이외에 빈혈, 신장 장해도 일어난다.

ii) 클로로포름(chloroform, $CHCl_3$) ― 의료용 마취제로 잘 알려져 있고, 농업용에 사용되면서 중독 사고를 일으키기기도 한다.

iii) 4염화탄소(carbon tetrachloride, CCl_4) ― 독성이 강하여 간장과 신장에 큰 장해를 준다. 소화제(消火劑)로 사용 시에는 phosgene을 발생할 염려가 있어 주의가 필요하다(허용농도:10ppm).

iv) 3염화에탄(trichloroethane, $C_2H_3Cl_3$) ― 3염화에탄 중에 1,1,2-trichloroethane은 사염화탄소와 마찬가지로 간장 독성이 강하다(허용농도:10ppm).

v) 4염화에탄(tetrachloroethane, $C_2H_2Cl_4$) ― 사염화에탄 중에 1,1,2,2-tetrachloroethane(LD_{50}: 821mg/kg)은 1,1,1,2-tetrachloroethane(LD_{50}: 1,276 mg/kg) 및 1,1,2-trichloroethane(LD_{50}: 2,563mg/kg)보다 독성이 강하여 간장에 큰 장해를 준다(허용농도: 5ppm). 이들 4염화에탄류는 vinyl sheet 제조에 많이 이용되는데, 처음의 저농도에는 두통, 현기증을 반복하면서 급성 중독 증상이 나타나며, 특히 치사적인 증상의 예로는 돌연한 중독의 간장 장해가 있다고 알려져 있다.

vi) 염화비닐(vinylchloride, CH_2CHCl) ― 비교적 저(低)독성 물질로 1,000ppm 이상의 폭로에 점차 졸음을 느끼면서 의식이 몽롱해진다(허용농도: 500ppm).

vii) 2염화에틸렌(dichloroethylene, $C_2H_2Cl_2$) ― 드라이클리닝을 비롯하여 널리 사용되는 용제의 하나로, 마취성이 강하여 의료용의 마취제로도 사용된다. 고농도로 노출하면 의식불명이 되고 간장, 신장에 대한 독성이 강하고 가온하여 사용하는 경우가 많아 충분한 주의가 필요하다(허용농도: 50ppm).

viii) 4염화에틸렌(tetrachloroethylene, C_2Cl_4) ― 다른 할로겐화탄화수소와 같이 피부점막자극성, 마취성, 간장 및 신장의 장해작용은 3염화에틸렌(trichloroethylene, C_2HCl_3)과 같은 정도이다(허용농도: 100ppm).

④ 알코올(alcohol)류

일반적으로 알코올류는 비교적 약한 마취작용과 점막자극작용을 갖는다. 이 두 가지의 작용은 지방족 알코올에서는 탄소수가 증가할수록 강하게 되는데, 이는 체내에서의 대사(代謝), 배설의 속도가 변하기 때문이라고 생각되며, 알코올류에는 만성중독의 위험성은 적다. 알코올 중에 메탄올(methyl alcohol, CH_3OH)은 일반적인 작용 이외에 시신경(視神經) 장해를 일으키는 독특한 성질이 있는데, 이는 메탄올이 대사되어 생성되는 포름알데하이드(formaldehyde, HCHO) 및 개미산(formic acid, HCOOH)에 의한 것이다.

⑤ 에스테르(ester)류

에스테르류(R-COO-R')로서 유기용제로 이용되는 초산에스테르(acetic ester, CH_3COOR)는 체내에서 쉽게 초산(CH_3COOH)과 알코올(ROH)로 분해하여, 이에 의한 독성이 나타난다. 즉, 초산메틸(methyl acetate, $(CH_3)_2COO$)는 체내에서 분해하여 메탄올(methyl alcohol, CH_3OH)이 발생하여 신경성장해가 일어나고 실명(失明)하는 경우가 있다.

⑥ 에테르(ether)류

에테르류(R-O-R')의 주요 장해작용은 마취작용인데, ethyl ether($(C_2H_5)O$)은 대표적 의료용 마취제로 사용된다. 또한 dioxan(diethylene oxide, $C_4H_8O_2$)은 간장, 신장에 장해를 주고, tetrahydrofuran(buthylene oxide, C_4H_8O)은 피부, 사지 및 위장 장해가 있다.

⑦ 케톤(ketone)류

케톤류(R-CO-R')의 주요 장해작용은 가벼운 피부점막의 자극과 마취 작용이다. Acetone($(CH_3)_2CO$)은 독성이 매우 낮은 용제이지만(허용농도: 1,000ppm), MEK(methylethylketone, $CH_3COC_2H_5$)은 acetone보다 독성이 강하여(허용농도: 200ppm), 피부점막에 대한 자극성, 마취성이 있다.

⑧ 알데하이드(aldehyde)류

알데하이드류(R-CHO)는 용제로 사용하는 것은 적지만, 강한 자극작용으로 피부, 점막의 장해를 가져온다.

⑨ 기타

이황화탄소(carbon disulfide, CS_2)는 인화성이 강한 용제로서 독성이 강하여(허용농도: 20ppm), 단위시간의 고농도 폭로에서는 급성중독을 일으키며, 중증(重症)의 경우에는 의식상실, 혼수에 빠지고, 중증(中症)에서는 마취상태와 사지마비 및 신경염의 후유증을 남긴다. 그리고 테레핀유(turpentine oil)는 소나무 기름(松脂)의 수증기 증류로 얻어지는 α-pinene($C_{10}H_{16}$)을 주체로 한 식물계 용제로 피부자극, 신장 및 신경 장해가 있다.

5) 금속 중독

금속 단체가 인체에 침입하는 경우에는, 수은(Hg)과 같이 증기압이 비교적 높은 경우를 제외하고는 분진(粉塵, dust), 안개(霧, mist), 연무(煙霧, fume) 등의 형태로 공기 중에 부유하다가 호흡기를 통해 체내에 들어오는데, 금속 단체에 의한 중독은 비교적 적고, 주의할 것은 금속화합물로 된 경우이다. 수용성과 유용성의 금속화합물은 직접 피부(經皮)나 호흡기(吸入)를 통해 체내에 침입하기도 하지만, 주로 입을 통해(經口) 침입하여 흡수되어 신경계의 중독 작용을 일으키는 경우가 많다.

따라서 금속 중독의 발생을 사전에 방지하는 구체적인 대책으로는, 금속 또는 그 화합물의 dust, mist, fume의 발생원 주위를 밀폐화 또는 격리를 행한다(발생원 대책). 그리고 작업환경에서의 공기 중의 금속 및 그 화합물의 농도를 측정하여 허용농도 이하로 보다 낮추도록 환기, 통풍 및 기타 안전공학적 수단을 구사한다(작업환경대책). 아울러, 작업시간의 단축과 보호구의 착용 및 약제의 예방적 투여도 행하도록 한다(개인방호대책).

다음에 대표적인 중금속의 중독에 대하여 다루어보고자 한다.

① 납 중독

납(鉛, Pb)을 취급(납 제련소, 축전지, 납 안료 및 도료 제조업, 활자 주조 및 사용업소)하는 작업에서는 납 화합물이 dust 또는 fume 및 증기의 형태로 대기 중에 존재하면서 호흡에 의해 체내에 흡입되어 절반 정도가 잔류, 축적되는 바, 수용성의 납 화합물이 입을 통하여(經口) 체내에 침입하는 경우보다 많다.

만성의 납 중독(허용농도 0.2mg/m^3)은 본인이 자각 또는 의식을 하지 못하는 동안에 진행하는 경우가 많아서, 두통과 위장이나 신경근육 및 중추신경 장해, 빈혈 등이 일어난다.

② 비소 중독

비소(砒素, As) 화합물로 아비산(亞砒酸), 비산납(鉛), 비산석회(砒酸石灰) 등이 살충제 농약으로 널리 사용되기에 이에 의한 급성중독이 농약 분야에서 많다.

급성중독은 비화수소(砒化水素) 및 비소화합물의 분진이 인체에 접촉하여 습진이나 궤양을, 흡입으로 위염이나 복통을 일으킨다.(허용농도: 비소 및 그 화합물 0.5mg/m^3)

③ 수은 중독

수은(水銀, Hg)은 금속 단체인 경우와 금속화합물인 경우의 중독 양상은 약간 다르다. 즉, 금속 수은의 중독은 경구(經口)로 섭취되거나 수은 증기(허용농도: 0.05mg/m^3)의 흡입(吸入)으로 호흡, 순환계 및 정신신경 장해를 가져온다.

무기수은화합물{예: 승홍(昇汞, $HgCl_2$)}은 구강과 소화관 점막에 심한 부식작용을 주고, 쉽게 혈액 중에 흡수되고, 단백질과 결합해 각종 장기에 장해를 준다.

유기수은화합물(예: 알킬수은화합물)은 주로 중추신경 장해로 보행 곤란, 언어와 시력 및 정신 장해 등이 일어난다.

따라서 작업장의 작업대 및 바닥은 평활하고(리놀륨 및 고무는 단체 수은의 침입은 없지만, mortar을 칠한 콘크리트 바닥은 수은이 내부까지 침입한다), 약간 경사지게 하는 것이 필요하며, 환기는 충분히(전체 환기보다는 하방흡인형의 국소환기가 효과적이며, 공기청정장치에는 활성탄에 의한 흡착작용) 행한다.

④ 크롬 중독

크롬(Cr)은 광택있는 금속으로, 공기 중에서 녹이 생기지 않아 각종 도금이나 합금의 원료로 사용되고, 인쇄, 사진, 용접 등에도 이용되는데, 원자가에 따라 +2, +3, +6가의 크롬이 인체에 대한 독성이 제일 강하다. 크롬은 인체에 흡입, 경구 및 경피로 흡수되어 간장, 신장, 골수 등에 축적되는데, 만성중독으로는 코 안의 점막에 궤양을 일으키는 비중격천공증(鼻中隔穿孔症)의 중독이 있다.

⑤ 카드뮴 중독

캬드뮴(Cd)은 내식성(耐蝕性)이 강하여 도금 및 합금을 비롯하여 전극, 반도체, 방청제의 재료로 많이 이용되는데, 분진과 증기 또는 오염된 물이나 농작물 및 어패류를 섭취하여 체내(주로 간장이나 신장)에 축적된다. 중독 증상은 피로 및 설사, 체중 감소, 잇몸색소 침착, 칼슘대사 장해로 인한 뼈의 연화(軟化), 빈혈, 보행과 호흡 곤란, 폐기종 등이다. 이에 의한 뼈 질환 만성중독으로 일본에서 발생한 이따이이따이병이 대표적이다.

6) 유해 분진

공기 중에 부유하고 있는 고체입자는 0.1~100㎛ 정도의 입경을 가진 것으로, 앞에서 언급한 분진폭발에 의한 사고 이외에, 이것을 흡입하여 폐에 도달하여 유해성을 강하게 나타내는 것은 0.2~5㎛의 분진 입자이다. 인체에 유해 작용이 강한 부유 분진과 그 질병을 표 9.3에 나타내었는데, 그 중에 가장 경계할 것은 물에 녹기 어렵고 바로 유독작용을 일으키지 않는 분진을 만성적으로 흡입하였을 때 일어나는 폐의 만성질환인 진폐(塵肺)이다. 진폐에 대한 정확한 치료법은 없어, 이의 방지대책으로는 앞의 금속 중독에서의 대책에서와 같이, 발진(發塵)의 원인 제거, 분진의 비산 방지 등의 '발생원대책'의 수립을 적극적으로 추진하고, 환기 및 통풍과 기타의 안전공학에 입각한 '작업환경대책'을 충분히 행하여야하며, 또한 개인적으로는 보호구의 착용 및 폐포 내의 분진을 재객출(再喀出)시키는 촉진제의 흡입 투여 등의 '개인방호대책'이 필요한 것이다. 이들을 일괄하여 표 9.4에 방진(防塵) 대책을 구분하여 보았다.

표 9.3 부유 분진에 의한 질병

질 병	원인이 되는 분진	경과 부위
진폐	유리규산(함유량 1% 이상), 석면, 활석, 보크사이트, 베릴리움, 석탄 등	호흡기
중독	납, 비소, 석회질소, 망간, 아연 등	호흡기, 소화기
피부, 점막 장해	생석회, 카바이드, 석회질소 등	피부, 점막
알러지성 질환	꽃가루, 양털, 섬유 등	호흡기
암	비소, 석면, 방사선성물질 등	호흡기
전염성질환	세균, 바이러스를 지닌 각종 분진 등	호흡기

표 9.4 방진 대책

재료 또는 조작을 변경	1. 재료를 변경 2. 조작을 변경
발진(發塵)을 억제	1. 작업을 습식화 2. 퇴적 분진의 비산 방지
부유분진의 발생 방지	1. 장치의 밀폐화 2. 환기 3. 집진장치의 설비
분진 흡입의 억제	1. 분진에 노출되는 시간 단축 2. 분진에 접근 억제 3. 방진마스크 착용

7) 소음

사업장에서 발생하는 소음(騷音, noise)은 도시의 인구 집중화와 용도별 지구 제정의 불비로 인하여 작업자뿐만 아니라 인근 주민에게도 피해를 주고 있는 바, 자동차 및 항공기 소음, 건설토목 공사 현장에서의 소음 등에 의한 불특정한 다수의 생활인들에게 공해를 끼치고 있는 것이다.

산업 현장에서의 소음의 발생원으로는 기계의 충격음, 마찰음 및 폭발음이 있다.

특히, 단시간이라도 100(Phon) 이상이면 심한 귀 울림 현상이나 커다란 목소리가 아니면 듣기 어려운 일과성 난청 상태인 '일시적 청력손실'에 놓이는 경우가 많다. 이와 같은 청력의 저하는 사업장의 소음 레벨이 크거나 고주파 성분을 많이 포함한 소음일수록 그 정도가 크고 체류시간에도 크게 관계되어, 이러한 소음에 반복하여 노출되면 소음성 난청인 '직업성 난청'이라는 증상이 나타나게 된다. 이러한 소음성 난청은 내이(內耳)의 와우라센기관의 손상을 말하며, 감음세포에서 청(聽) 신경을 통하여 중추에 이르는 신경경로에 장해가 나타나면서 고음력의 청력 손실이 현저하여 진다. 초기단계에서는 일상 회화에 별 지장을 초래하지 않지만, 청력 손실의 주파수대 영역은 4kHz를 중심으로, 3~6kHz에 걸친 계곡형의 청력 저하로 이의 노출기간이 길어지면서 청력 손실의 범위가 점차 확대되어 고주파에서 음성 주파수대 영역인 3kHz 이하의 저주파에까지 이르면서 영구성 청력 손실의 정도가 상당한 상태에 이르기까지 진행하게 되는 것이다. 이와 같은 상황을 C-dip이라고 한다. 일반소음과 충격소음의 허용기준은 표 9.5 및 표 9.6과 같다. 참고로, 충격소음의 허용기준은 정상소음과는 달리 충격소음이 순간 음압레벨과 지속시간의 결합이 필요하게 된다.

표 9.5 소음의 허용기준(충격소음 제외)

1일 노출시간(hr)	8	4	2	1	1/2	1/4
소음강도 dB(A)	90	95	100	105	110	115

표 9.6 충격소음의 허용기준

1일 노출회수	100	1,000	10,000
충격소음강도dB(A)	140	130	120

① 소음 억제

소음을 억제하는 대책은 어느 정도까지 소음을 경감 및 저하시키는 것을 행하는 것이다. 이는 주위의 음향 조건, 피해자의 건강 상태와 환경 또는 발생하는 소음의 종류 및 성질에 따라 좌우된다. 실제, 소음을 완전히 없애거나 전혀 들리지 않게 하는 정도까지의 대책은 기술적으로나 경제적인 면에서 매우 어렵고, 대다수의 사람이 만족하는 선까지 들리게 하는 것이 현실이다.

소음 방지대책으로는 원리상 다음과 같은 방법으로 구분하여 생각할 수 있다.

i) 음원대책 — 음원(音源, 발음체)에서 소음의 발생 및 방사(放射)를 억제하는 것으로, 가장 기본적이고 효과적인 소음대책이다. 그러나 발음체로부터의 발생음을 적극적으로 억제하는 것이기에 실제적으로 매우 어려운 방법이다.

ii) 경감대책 — 발생 음이 전파하는 도중에 소음의 방사를 경감시키는 것으로, 음원대책보다 비교적 쉬워서 소음(消音)의 수단(소음 장치)을 많이 이용한다.

iii) 흡음대책 — 수음점(受音点)에서의 소음을 흡음하여 제어하는 것으로, 실내의 경우에 반사음을 억제하기 위해 흡음재(吸音材)를 활용하고 있다(흡음효과). 또한, 단위면적당의 중량을 크게 한 벽으로 음을 차단하는 것이다(차음효과). 그리고 소음 발생에 대한 개인의 편의적인 방호 방법으로, 귀마개나 귀덮개에 의해 방음(防音)하는 것이다(개인방호).

② 소음 장치

소음(消音) 장치는 음파를 이 장치에 통하게 하여 기류에 의해 전파되는 소리음을 흡수하거나 또는 펄스(pulse) 및 맥동(脈動)을 중단시키는 장치이다.

소음 장치로는 기능상으로 흡음형, 간섭형, 팽창형으로 분류하여 볼 수 있는데, 이들 형의 원리도는 그림 9.3과 같다.

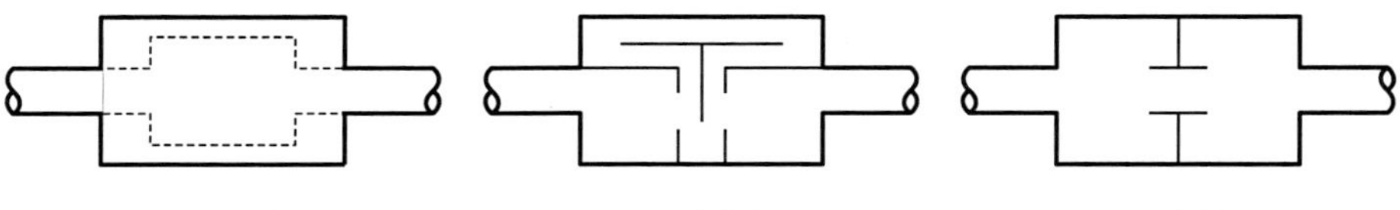

그림 9.3 소음기(消音器)의 원리도

i) 흡음형(吸音型) — 이 형은 흡음물질을 덕트(duct) 또는 공동(空洞)의 내부에 장착(裝着)한 것으로, 흡음물질로는 암면(岩綿, rock wool), glass wool, urethane foam 등이 사용되고 있고, 그림 9.4에서와 같이 여러 형상이 있다. 이 흡음형의 소음(消音)의 효과는 일반적으로 고주파 음에 대해서는 효과적이지만, 저주파 음에서는 비효과적이다.

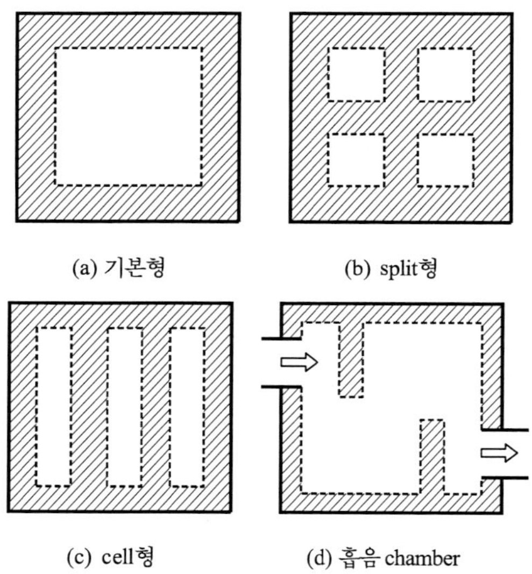

그림 9.4 흡음형 소음기의 형식

ii) 간섭형(干涉型) ― 소리의 통로를 마디마디로 나누고 각각의 경로의 길이를 변화시킨 후에 합류시켜 소음(消音)하는 방식이다. 다만, 소리를 완전히 제거하지 못하기 때문에 음파의 파장이 한 가지 종류에는 효과적이지만, 음원이 많은 파장의 음파인 경우에는 그다지 좋은 결과를 얻지 못하는 경우가 있다.

iii) 팽창형(膨脹型) ― 음파의 통로를 확대시키고 수축시켜 소음(消音)하는 방식이다. 공기팽창형이 가장 많이 사용되고 있고, 팽창실에 흡음재를 사용한 것(silencer)은 소리 주파수의 소음(騷音) 감퇴에 효과적이다.

8) 진동

인체에 가해지는 진동은 다음과 같이 전신과 국부로 나누어 이의 미치는 영향을 생각할 수 있다.

① 전신 진동

사업장에서 작업자가 전신 진동(全身 振動)에 따른 건강상 문제로, 시력의 저하를 들 수 있다. 즉, 안구의 공진(共振)에 의하여 시인력(視認力)이 저하되고 작업 능률이나 안전에도 관계되는 위험성이 내재하고 있게 된다. 또한, 인체가 전신 진동에 노출되면 부근에서 공진하게 되며 특히, 내장의 공진에서는 위장에서의 피해 영향이 문제가 된다.

② 국소 진동

국소 진동(局所 振動)은 인체에 진동이 전해지는 부위가 국소인 것으로, 국소에 가해지는 진동원으로는 수(手)작업하는 공구류를 들 수 있다. 즉, 수작업의 진동 공구로는 착암기, 에어햄머, 치핑햄머와 같은 충격성 진동과 자동식 톱과 같은 정현파(正弦波) 진동에 이르기까지 다종의 파형을 포함하고 있으며, 국소 진동은 전신 진동과는 인체에 다른 영향을 끼친다.

국소 진동에 따른 건강상의 문제로 가장 전형적인 것으로는 백랍병이라고 하는 직업성 레이노 증후군인데, 이는 발작성이 있는 간헐적인 수지(手指) 동맥의 혈관 수축이 일어난다. 그리고 신경 장해인 다발성 신경염을 들 수 있다. 이는 건강한 사람이 뜨겁다고 느끼는 열탕에서도 열통증 감각이 지연되는 경우를 나타내기도 한다. 그 외에 혈관의 위축 및 손가락이 굽어지면서 펴지지 않는 장해도 있다.

9) 물리적 환경

① 고열

고열(高熱)에 의한 대표적인 건강 장해는 열중증(熱重症)이다. 이는 환경조건으로부터의 영향에 따라 그 증상에 차이가 있는바, 열쇠약과 같은 가벼운 증상이 있고, 이외에도 열경련증, 열허탈증, 열사병 및 울열(鬱熱)증 등이 있다.

따라서 고열 환경에 대한 대책으로 다음과 같은 조건의 개선 사항이 필요하다.

i) 환경조건의 개선 — 열복사의 확산 방지, 열원이 갖는 열량을 이용한 대류현상에 의한 환기의 촉진, 건물 자체의 열효율의 검토, 생산 현장에서의 휴게실의 냉방화와 같이 환경 자체가 갖는 열량을 적정 조건에 이르기까지 줄여나가는 대책이 필요하다.

ii) 작업조건의 개선 — 연속적 작업의 경우, 작업자의 생리적 부담을 회복시키기 위하여 작업시간과 휴식시간의 효율적인 배분이 필요한데, 중등도(RMR 2~4)의 작업강도에서는 작업시간: 휴식시간 = 1:1을 기준으로 '작업밀도'를 설정하는 것이다. 또한, 방열면, 방열작업복 등의 방열구를 작업자에게 부착하는 '개인방호'가 필요하다.

② 한냉

한냉(寒冷)에 의한 대표적인 건강 장해는 전신체온의 저하와 동상(凍傷)이다. 이외에도, 한냉에 장시간 폭로되고 동시에 지속적으로 습기나 물에 잠기게 되면 참호족(塹壕足)(또는 침수족(浸水足), 침족병(鍼足病))이 발생하기도 한다.

따라서 한냉 대책은 작업환경의 입장에서는 환경조건의 개선이 무엇보다 필요하지만, 작업 성립에 필요불가결한 조건이라면 작업조건의 개선이 제1의 개선책이고, 다음으로 한냉 작업에 적합한 작업복의 개발이 중요하다고 하겠다.

③ 조명 및 채광

조명(照明)은 인공 광원에 의한 '인공조명'과 태양광선에 의한 '자연채광(採光)'을 통틀어 말하는 것으로, 이는 작업상의 전반적인 작업 관리에 있어서 중요한 작업환경 요인으로 고려하여야 할 중요한 사항인 것이다. 따라서 작업장에서는 조명 및 채광에 있어서 명암의 대조를 적게 하여야 하며 특히, 인공조명은 조명 설비가 시간이 경과함에 따라 그 성능이 저하되므로 이를 감안하여 조도를 측정하여 적정한 조도(照度)를 유지하여야 하는 것이 필요하다.

참고로, 적정한 자연채광(또는 자연조명) 및 인공조명을 유지하기 위한 방법은 다음과 같다.

i) 자연채광

자연채광은 태양을 광선으로 하며, 실내에 조사되는 빛과 옥외에서 확산 또는 반사되는 빛이 옥내에 들어와서 이루어지는 것을 말한다. 지상에서의 태양의 조도는 약 10^5Lux이고, 건물의 창 내측에서는 약 2,000Lux이다.

ii) 인공조명

조도는 낮에 200~1,000Lux, 밤에는 20~200Lux가 필요하고, 되도록 고르게 분포되고 광원의 휘도(輝度)가 높거나 그림자가 생기지 않도록 하여야 한다. 조명 방법으로, '직접조명'은 광원을 작업면에 직접 조사하는 것으로, 국부적인 조명에 이용되며 천정이 매우 높거나 어두운 색일 때 사용하게 된다. 그리고 '간접조명'은 광원을 천정이나 벽으로 조사하여 반사되는 광원에 의해 작업면을 조사하는 것으로, 천정의 높이가 적당한 높이이고 천정과 벽의 상부가 밝은 색이어서 반사가 잘 되는 곳에 사용하게 된다. 또한, '반직접(또는 반간접)조명'은 직접조명과 간접조명의 장단점을 실내의 용도에 따라 적절히 혼용한 것으로, 실제로 많이 이용하고 있다.

④ 고압 및 저압

고압 환경(hyperbaric environment)과 저압 환경(hypobaric environment) 에서의 장해 현상과 이에 대한 대책은 다음과 같다.

i) 고압 환경

ㄱ. 신체면 – 환경과의 기압차: '기계적 장해'로, 신체면 일부에 균일하지 않은 압력이 작용하게 되면 1mmHg/cm^2 이하에서도 울혈, 부종, 출혈 조직의 동통(疼痛)을 느낄 수 있다. 고기압에 폭로된 작업자는 치통, 압치통(壓齒痛), 압부비강염(壓副鼻腔炎) 등을 느낀다.

ㄴ. 고압하의 대기가스의 독성: '화학적 장해'로, 산소 중독과 질소, 이산화탄소 등에 의한 유해 작용이다. 산소는 2기압 이상에서는 중독 증상이 나타나 수족통, 시력 장해, 정신 혼란, 근육 경련 등이 일어나며, 또한 산소 흡인실에서의 가장 큰 위험은 화재의 발생이다. 그리고 4기압 이상의 공기 중의 질소는 마취작용이 있고, 작업력 저하, 기분의 변화 등이 있어 알코올 중독 증상과 비슷하다. 또한, 이산화탄소는 산소의 독성과 질소의 마취작용을 증가시키며, 고압 환경에서는 이산화탄소의 농도가 대기압으로 환산하여 0.2%를 초과하지 않아야 한다.

ㄷ. 잠함 작업: 잠함(潛函, caisson) 작업은 물속에서의 제반 작업이기에 공기압과 수압의 평형을 유지하는 것이 필요한데, 물속에서 올라오는 경우와 감압실에서의 감압과정에서 인체의 폐 압박과 폐 공기가 팽창하게 된다. 이 때, 감압으로 가스 팽창과 용해 질소가 기포를 형성하여 순환기 장해와 조직 손상으로 중증인 경우에는 신체마비 장해를 일으키게 된다.

ii) 저압 환경

일반적으로 지상 3km 이상의 고공에서 일어날 수 있는 환경으로, 고소 작업은 일반화되지 않아서 큰 문제가 되는 유해 작업환경은 아니다. 다만, 500m 이상의 고공비행 업무자에게 문제가 되는 것으로, 산소 부족에 의하여 급속히 의식을 잃게 되며 또한, 잠수부의 급속한 감압도 같은 증상을 나타내며 동통성 관절, 질식, 신경장애, 공기 전색(塡塞), 항공 이염(耳炎), 항공 부비강염(副鼻腔炎) 등이 발생한다.

이와 같이 고압 및 저압의 환경에서와 같은 이상 기압에 대한 관리 대책으로, 고압 환경의 경우, 고압 작업시간은 규정시간을 준수하고, 잠함의 잠수(潛水) 작업에서는 콤푸레샤, 송기관, 공기청정기, 압력계 등의 시설 점검, 감압은 신중하고 시간차를 두면서 단계적으로 시행하여야 한다.

⑤ 유해 광선

i) 자외선(紫外線)

파장이 2,920~4,000Å 범위의 광선으로, 공기 중의 NO_2와 olefin계 탄화수소와 광화학적 반응으로 산소 및 산화성물질을 생성시키고, trichloroethylene (C_2HCl_3)을 맹독성인 phosgene($COCl_2$)으로 변환시키는 광화학적 작용을 한다. 그리고 생물학적 작용으로, 피부에 투과하여 홍반의 형성, 색소 침착, 비후 및 피부암을 일으킬 수 있다. 또한, 눈 장해로 결막염(結膜炎), 전기성 안염(電氣性 眼炎) 등이 있다.

ii) 가시광선(可視光線)

파장이 4,000~7,600Å 범위의 전자파로, 망막을 자극하여 광각(光覺)을 일으키는 것으로, 특이한 유해 작용이 없이 인간 생활에서 가장 중요한 환경요인으로, 최근에 생리적 및 생화학적 작용에 대하여 알려지기 시작하였다.

iii) 적외선(赤外線)

파장이 7,500~120,000Å 범위의 전자파로, 열선(熱線)이라고 부르며 절대온도 이상의 모든 물체는 온도에 비례하여 적외선을 복사한다. 장시간 조사에 따른 인체의 장해로는 피부 장해(충혈, 혈관 확장, 습진, 암 변성 등)와 심부 화상, 눈 장해로는 각막 손상 및 백내장, 두부 장해로는 두통, 뇌막 자극 및 열사병 등을 일으킨다.

따라서 적외선은 허용기준이 정하여져 있지 않아서, 경우에 따라 조치하여야 한다. 눈 장해에는 차광보호구로, 열사병에는 차광모자 등으로 방호한다.

iv) 레이저광선(laser光線)

원자나 분자가 지니는 특별한 성질을 살려서 순수한 광선을 방출하는 장치로부터 발생하는 전자파로, 보통의 광선과는 달리 단일파장이고 강력하고 예리한 지향성을 지닌다.

인체에 대한 작용으로는 광선, 열, 압력파, 전자장 등의 종합작용이라 할 수 있으나, 특수한 경우를 제외하고는 주로 가시광선, 적외선, 자외선보다 강력한 광선으로 인하여 열 응고, 괴사, 연소 등의 작용이 있으며, 주로 눈과 피부에 장해를 준다.

⑥ 산소 결핍

산소의 결핍은 일반적으로 탱크의 내부, 맨홀 속, 턴넬 안의 공사 등에서 발생하기 쉬우며, 이의 원인으로는 한편에서 환기 불량, 다른 한편에서 산소의 흡수, 추출 등의 화학적, 물리적 및 생물학적 원인이 겹치면서 일어난다, 따라서 이들 장소에서는 작업하기 전에 필히 산소 농도의 측정과 최소한 18% 이상의 산소 농도가 유지될 수 있도록 적정한 환기가 될 수 있도록 조치하여야만 할 것이다. 인체에서의 산소 결핍은 대뇌피질(大腦皮質)에 감수성이 커서, 산소의 공급이 2분 이상 정지되면 활동성이 회복되지 않고 뇌세포에 불가역적인 파괴가 일어나 대뇌피질의 기능을 잃어 사망하거나 또는 생명만 유지하는 '식물인간'이 되기도 한다.

(2) 작업환경 개선

적정한 작업환경을 기하기 위한 물적인 제어수단의 기본적인 원리는 제거, 격리, 환기이다. 다만, 이들 원리가 모든 유해환경에 모두 적용될 수 있는 것은 아니고, 유해한 작업환경별로 이들 중에 적합한 어느 한 가지를 적용시키는 것으로 효과적으로 개선할 수 있다고 생각된다.

1) 제거(除去, exclusion)

작업환경상의 대책을 다룰 때, 종전에 하던 일에다 다른 일을 추가하는 방법을 생각하기 쉽다. 그러나 환경 개선의 가장 기본적인 방법으로는 환경 유해인자의 제거로, 위험원이 없는 안전한 것으로 대체(代替)하거나 변경(變更)하는 것으로, 이는 동일한 목적을 수행할 수 있는 다른 것으로 대체하거나 또는 동일한 것의 다른 것으로 변경하는 것인데, 물질의 변경, 공정의 변경, 시설의 변경 등으로, 환경 개선에 있어 매우 효과적인 방법이지만 기술적으로 쉽지가 않다.

(예) • 세척 작업할 때에 신나 대신에 비눗물이나 가성소오다 용액의 사용
• 스프레이 도장(塗裝) 작업을 침전(沈澱) 도장 방식으로 변경
• 승강기의 와이어로프의 교체

2) 격리(隔離, isolation)

작업자와 유해 환경인자 사이에 장벽이 놓여있는 상태를 말하며, 이 장벽은 물체,

거리, 시간 등이 있다.

(예) • 유해 환경설비에 울 및 칸막이의 설치

• 유해인자의 발생 작업(도장 및 독성물질 작업 등)의 자동화 및 원격 제어

3) 환기(換氣, ventilation)

작업장에서 발생하는 유해 기체(가스, 증기) 및 분체를 포착 배출하기 위하거나 또는 허용농도까지 희석시켜 쾌적한 환경 상태를 유지하기 위하여 사용된다.

환기에는 다음과 같이 '자연환기법'과 '보조환기법'으로 나누어 생각할 수 있다.

자연환기법(natural ventilation)은 벽면이나 천정 등의 간격에 의하여 자연적으로 행하여지는 환기법으로, 원동력은 풍압(風壓)과 실내외의 온도차이다. 즉, 건물의 한 편에서 풍압을 받고 그 반대편에 부압(負壓)으로 벽면의 간격을 통하여 공기가 이동하여 환기되는 '풍력환기'(anemotive ventilation), 실내외의 온도차가 약 5℃ 이상이 되어 환기가 되는 '온도환기'(thermal ventilation)의 방법이 있다. 그리고 보조환기법(auxiliary ventilation)은 환기가 행하여지는 환기창(窓), 환기관(管) 등에 의한 '간이보조환기법'과 동력을 이용하여 강제적으로 환기하는 '기계환기법'으로 나누어진다.

그렇지만, 작업장의 실정에 따른 입장에서 볼 때, '전체환기법'과 '국소환기법(국소배출장치)'으로 분류하고 있다. 또한, 환기법 이외에 '밀폐법'이라는 방법이 있는데, 이는 유해물을 밀폐용기에 봉입(封入)하는 방법으로 중독 및 장해 방지를 위해서는 유효한 대책의 하나로, 공정상에 지장이 없는 경우에는 권장할만한 것이지만, 실제적으로는 작업의 형편상 안전한 밀폐가 어렵기에 국소배출장치가 많이 이용되고 있다. 다만, 국소배출장치의 설치가 곤란한 경우에는 전체환기장치가 필요하다. 또한, 국소배출장치와 전체환기장치와의 병용도 바람직한 것이고, air conditioner와의 조합을 합리적으로 행하여 쾌적한 작업환경이 형성되고 작업자의 피로 경감에 의한 안전성의 확보와 작업능률의 향상도 기할 수 있을 것이다.

① 전체환기

전체환기(全體換氣, 일반환기)는 작업환경의 유해물질을 희석하는데 이용되기에 '희석환기'라고도 하는데, 고온과 다습을 조절하는데 활용되며 경우에 따라서는 분진, 냄새, 유해 기체를 희석하는 데에도 이용되어진다. 그러나 오염원 발생원에 대한 대책으로는 적합하지 않다.

전체환기는 자연환기에 의해서도 행하여지나, 효과적인 환기를 위해서는 기계환기를 하여야한다. 전체환기에는 급기(給氣)를 창(窓)의 개구부와 간격 및 통로에서 행하여지는바, 배기(排氣)를 행하는 '급기법'(plenum system)과 '배기법'

(exhaust) 및 이들의 양자를 병용하는 '급배기법'(給排氣法)이 있다. 급기법은 급기를 기계력을 이용하여 강제적으로 행하고 배기는 건물의 개구부로 자연배출하는 방법으로, 작업장에 청정한 외기(外氣)를 충분히 공급하는 것에 의하여 작업자의 호기(呼氣)에 의한 영향을 감소시키는 목적으로 활용(air conditione는 제외)되지만, 일반적으로는 배기법이 잘 이용되고 있다. 급배기 병용법은 급배기에 기계력을 이용하는 방법으로, 급기측에 공기정화(淨化)장치를, 배기측에 공기청정(清淨)장치를 설치하여야 한다.

② 국소환기

국소환기(局所換氣, 국소배출장치)는 기본적으로는 그림 9.5에서와 같이, 후드(hood), 닥트(duct), 공기청정장치(air cleaning device) 등으로 구성되고 있다.

국소환기를 이용하는데 있어서 유의할 사항으로는, 공정 및 시설을 밀폐시켜야 하며, 그리고 모든 개구부에서의 기류 방향을 밀폐된 후드 안쪽으로 흐르도록 하고 그 속도가 충분하여야 한다. 또한, 효과적인 환기가 이루어지려면 배기량과 급기량을 같은 양으로 하도록 하여야 한다.

i) 후드 — 오염원을 가능한 한 가까이에서 포집할 수 있도록 설치한 개구부에서 오염 공기를 흡인하는 장치로, 배기가 배출되는 방향에 따라 상방형(上方型), 측방형(側方型), 하방형(下方型) 및 위방형(圍方型)이 있다.

ii) 닥트 — 오염된 공기를 후드에서 공기청정장치를 통하여 송풍기(fan)를 지나 외부로 방출하기까지 반송(搬送)하는 도관(導管)으로, 닥트 내의 풍속은 10m/s 정도로 하는 것이 좋다.

iii) 공기청정장치 — 오염물질이 분진의 경우는 제진(除塵) 또는 집진(集塵) 장치가 필요하고, 유해 기체의 경우는 대부분 흡착법(吸着法)을, 그 이외에 흡수법(吸收法)을 이용한 제거장치가 이용된다. 이 공기청정장치는 주위 상황이 양호하면 생략할 수도 있지만, 작업환경의 쾌적화 및 공해 방지의 입장에서 설치하는 것이 좋다.

(3) 보호구

보호구(保護具)는 유해물질을 완전히 제거하지 못하거나 감소시키지 못한 작업환경에서 인체 내로의 유해물질의 침입을 방지하기 위하여 인체 부위에 착용하는 장비로, 호흡기, 귀, 피부 및 눈 등에 착용한다.

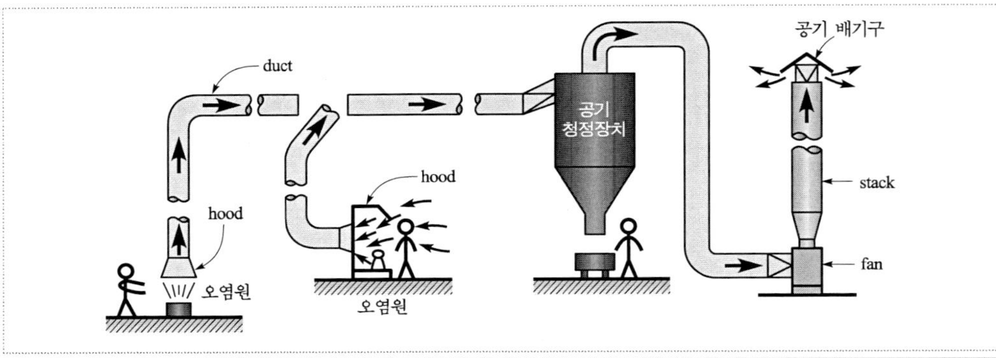

그림 9.5 국소배출장치의 구성

1) 호흡용 보호구

호흡기를 보호하기 위한 마스크(mask)는 유해물질의 종류와 농도범위에 따라 다른데, 일반적으로 방독(防毒)마스크와 방진(防塵)마스크로 대별된다.

① 방독마스크

방독마스크는 소극적인 방호수단에 지나지 않으며, 하나의 마스크로 모든 유해성분을 방지하여 주지 않고 그 수명과 성능도 기대만큼 좋지 않아서 지나치게 이에 의존하여서는 안된다. 그리고 적용범위도 산소가 부족한 경우에는 사용할 수가 없다.

일반적으로, 방독마스크는 안면을 덮는 부분과 유해물질을 흡수 및 여과하는 흡수관의 연결 방식에 따라 연결관이 있는 격리식과 연결관이 없는 직결식의 두 가지가 있다. 또한, 안면을 덮는 면체도 눈까지 덮는 전면식과 코와 입 부분에만 덮는 반면식이 있다.

② 방진마스크

방진마스크는 공기 중에 부유하고 있는 입자인 분진(粉塵, dust), 매연(煤煙, smoke), 연무(煙霧, fume) 및 운무(雲霧, mist), 분무(噴霧, spray)와 같은 고체 및 액체의 미립자의 흡입을 막기 위하여 사용하는 것이다. 그러나 방진마스크는 충분한 산소가 있고 유해물질이 규정농도 이하인 곳에서 사용할 수 있는 것이며 또한, 안면과의 밀착성이 좋지 않으면 방진효과가 떨어지기 때문에 주의를 요한다. 따라서 국내에서는 마스크에 대한 별도의 규격이 정하여 있지 않지만, 분진의 종류와 작업 종류에 따라 이에 적합한 방진마스크의 등급과 그 성능 및 중량 등을 참고하여 사용하도록 한다.

③ 송기마스크 및 자급식호흡기

송기(送氣)마스크와 자급식(自給式)호흡기는 산소가 결핍되어 있거나 유해물질의 농도가 높은 경우에 사용하는 것이다. 송기마스크는 호스마스크로, 송기법에 따라 공기 압축식, 송풍식 및 자력호흡 통기식이 있다. 그리고 자급식호흡기는 산소나 공기를 공급하는 실린더를 직접 작업자가 지니고 착용하는 것으로, 호기(呼氣)에서 나온 공기가 호흡기 장치 내에서 다시 순환하는 '폐쇄식'과 호기에서 공기를 호흡기 장치 밖으로 배출하는 '개방식'이 있는데, 폐쇄식이 개방식보다 오랜 시간 사용이 가능하다.

2) 차음 보호구

차음(遮音) 보호구는 외부의 소음으로부터 귀를 보호하기 위한 것으로, 귀마개, 귀덮개 등이 있다.

① 귀마개

귀마개는 외이도(外耳道)에 삽입하여 소음을 차단하는 것으로, 적어도 40dB 이상의 차음 효과가 있어야만 한다. 다만, 귀마개를 삽입하면 사람과의 대화가 방해되므로 보통의 회화영역인 1,000Hz 이하의 소음에 대해서는 25dB의 차음 효과만 있어도 사용이 가능하다.

② 귀덮개

귀덮개는 통신용 이어폰(earphone)과 유사하게 생긴 것으로, 일반적으로, 저음의 차음 효과는 20dB, 고음의 차음 효과는 45dB 이상을 가지게 된다. 그리고 소음이 120dB보다 큰 경우에는 귀마개와 귀덮개를 병용하는 것이 좋다.

귀덮개는 귀마개와 비교하여 볼 때, 차음 효과가 좋고 개인차가 적으며, 크기를 여러 가지로 할 필요가 없고, 착용 여부를 쉽게 확인할 수 있는 등의 장점이 있는 반면에 고온 작업장에서의 사용 및 휴대하기가 어렵고, 안경이나 헬멧 등을 착용할 경우에는 사용이 불편하고 비교적 가격이 비싼 점 등이 단점이다.

3) 피부 및 눈 보호구

① 피부 보호구

피부 보호구는 사용물질이 피부와 접촉하여 즉각적인 어떤 장해를 주지 않지만 작업자 작업복을 보호하기 위한 경우와 유해물질(유독성 분진, 방사성동위원소, 병원성 세균 등)을 취급하는 작업에서 사용하는 것이다. 또한, 피부보호용 크림과 같은 산업용 피부보호제로 피부에 직접 유해물질이 닿지 않게 하는 것도 있다.

② 눈 보호구

눈 보호구로 유해 광선(자외선, 적외선, 가시광선 등)을 차광(遮光)하는 보호구와 먼지 및 이물질로부터 눈을 보호하여 주고 눈의 외상(外傷)도 방지하여 주는 보안경(保眼鏡)이 있다.

MEMO

P/A/R/T

10 인간과 시스템 안전

제10장 인간과 시스템 안전

10.1 인간 - 기계 시스템

인간–기계 시스템(man–machine system)은 기본적으로 인간의 능력을 연장하거나 확대시키기 위하여, 지속적이고 큰 출력으로 또는 보다 정확하게 인간의 기능을 모사해 내도록 설계, 제작되고 있다. 따라서 인간과 기계가 서로 적절한 정보를 주고받을 수가 있도록 그 방법들을 개선하게 되면 인간–기계 시스템의 효능을 높일 수 있는데, 이를 위한 방법의 일환으로, 인간 측면에서는 적합한 작업 자세와 방법을 행하고, 기계 측면에서는 조작표시 기기의 선택과 배치 및 설계를 효율적으로 기하도록 하며 또한, 계기 및 장치 등에서 올바른 시각(그 외에 청각 및 촉각)을 통한 정보의 입수가 이루어지는 것이 필요하다.

(1) 조작표시

1) 조작표시 기기의 선택

조작표시 기기의 작동은 인간에게 여러 형태의 심리운동(psychomotor) 기능을 필요로 하므로, 조작 부위의 형상이나 크기 및 기기의 특성이 인간의 감각, 심리 운동 능력과 사용자의 신체치수 등에 맞추어 사용자가 그 기능을 효과적으로 행할 수 있어야 하며, 이를 위해서는 기본적으로 다음 사항들이 고려되어야 한다.

① 사용 목적에 가장 적합한 기기의 선택
② 기기의 표시, 운동 방향 및 위치가 인간의 기대와 일치
③ 손발의 자연스러운 운동과 조화를 이루는 조작기기
④ 기능적으로 관련이 있는 기기를 서로 연관성 있게 구성
⑤ 기기 간에 쉽게 변별이 가능

이 중 특히, 인간의 기대와 기기의 반응 방향이 일치하는 성질을 양립성(兩立性, compatibility) 또는 정합성(整合性, human stereotypes)이라고 하는데, 이는 작업자의 실수를 예방하기 위하여 시스템이나 기기의 설계시에 필요한 사항인 것이다. 또한, 각 기기 간의 변별(辨別, discrimination)이 쉽게 이루어지면 시선을 다른 곳에 활용할 수 있어 작업자의 실수를 감소시킬 수 있다.

2) 조작표시 기기의 배치

작업장의 기계, 조작기기, 표시기기 및 부품 등은 작업자가 작업이 능률적이고 원활하게 수행될 수 있도록 다음과 같은 원칙에 의해 배치되어야 할 것이다.

① 중요도의 원칙 ― 중요한 기기부터 눈에 잘 보이는 중앙에 우선 배치

② 사용 빈도의 원칙 ― 자주 사용하는 기기들을 중앙에 우선 배치

③ 기능별 배치의 원칙 ― 기능적으로 관련된 부품들을 가급적 한곳에 집중 배치

④ 사용 순서의 원칙 ― 순차적으로 사용되는 부품들을 가급적 차례로 인접 배치

특히, 인간은 입력 정보의 80% 정도를 시각을 통하여 받아들이고 있기에, 표시기기의 배치는 매우 중요한 것으로, 시각 정보가 원칙적으로 작업자의 시야 내에 있어야 한다. 이 경우에, 인간의 시계(視界, visual field)는 상하보다 좌우가 긴 타원 형태를 이루고 그 범위도 물체 색깔에 따라 다르며, 그 중에도 대상 물체를 신속하고 올바르게 파악할 수 있는 범위는 시선 부근에 한하고 있으므로 주의하여야 한다.

3) 조작표시 기기의 설계

조작표시 기기의 설계에 있어 가장 기본적인 사항으로는 조작 장치의 동작 및 위치가 제어 대상 또는 표시장치(계기류)의 동작 및 위치와 대응하여 직관적으로 제어장치를 조작하게 하는 것으로, 이것이 조작의 실수를 하지 않기 위하여 필요불가결한 것이다. 그림 10.1은 하나의 계기와 이에 대응하는 제어용 조작 nob 및 lever의 위치를 나타낸 것이다.

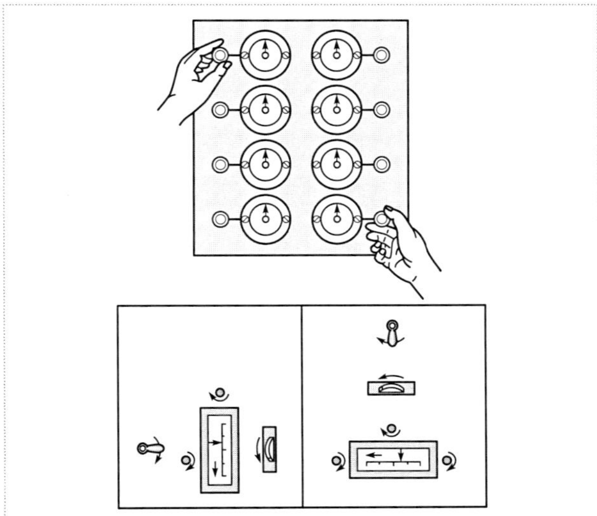

그림 10.1 계기와 제어용 nob의 관계

제어용의 nob 및 lever는 작업자의 허리부터 어깨의 높이 사이에 배치하는데, 작업자가 서서 제어장치를 작동할 때는 가능한 한 어깨의 높이보다 약간 아래에 배치하고, 앉아서 제어할 때에는 허리의 높이 정도로 배치하여야 힘도 주기 쉽고 작업자의 피로도 적게 하여준다(그림 10.2 참조).

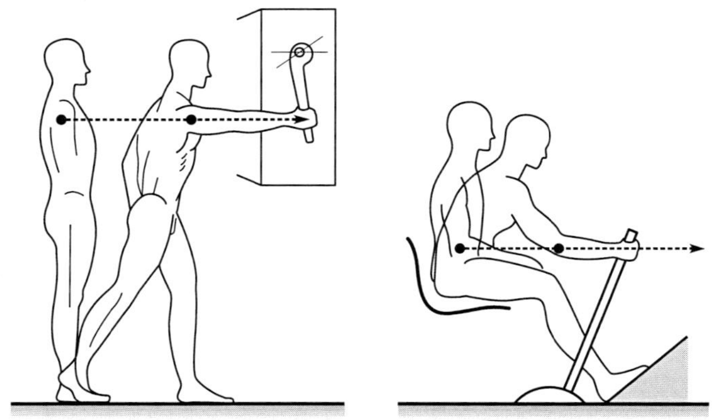

그림 10.2 제어용 nob의 위치

제어 nob와 lever의 크기는 작업자 손에 쥐어지는 정도를 한도로, nob의 경우에는 보통 3~5cm이고 최대 직경이 13cm 정도로, lever의 직경은 3.5~4.5cm가 적당하다. 그리고 전자식 제어장치에서의 조절용 손잡이는 미끄러짐 없게 하여 그림 10.3과 같이 세로로 줄흠을 한 원형의 손잡이가 효과적이다. 또한, 구분되어 작동하는 경우에는 그림 10.4에서와 같이 막대기형의 손잡이를 한 rotary switch가 적당한데, 이 경우 α값은 15~40°가 되도록 한다. 따라서 1개 rotary switch에는 24개 이상의 접점을 하여서는 안된다. 또한, snap switch는 약간의 공간에서 빠르게 조작이 되도록 하는데, 이 경우에 ON 또는 OFF로 할 때, 그림 10.5와 같이 중립위치에서 약 30° 경사지도록 하고 lever의 길이는 1.5~5.0cm, 손잡이 부분의 직경은 3~15mm의 것이 적당하다. 그리고 작업자의 측에서 앞쪽, 위쪽, 오른쪽이 ON이 되게 배치한다. 누름 button의 경우, 누르는 면의 직경은 12~30mm의 범위로 그림 10.6과 같이 작은 요철이 있게 하고 조작의 폭(누르는 쪽)은 3.0~3.5mm가 적당하다. 또한, 작업자가 제어용 pannel 앞에서 서있는 자세로 제어할 때에는 그 활동범위(수비범위)는 그림 10.7에서와 같이 가로 130~135cm, 세로 90~100cm 정도이고, 의자에 앉아서 제어를 행하는 범위는 서있는 자세에서 하는 경우의 0.8배 정도가 된다. 이 경우, 팔을 뻗어서 하면 가로 150cm 정도까지 제어가 가능하다고 생각되지만, 130cm 이상의 가로 폭을 하려면 자연히 몸을 구부리고 조작하게 된다. 따라서 양손을 동시에 사용하는 경우도 생각하여야 함으로 제어를 신속, 정확하게 하기 위해서는 작업자가 신체를 구부리지 않도록 하여 피로를 덜어주도록 하는 설계가 바람직스럽다.

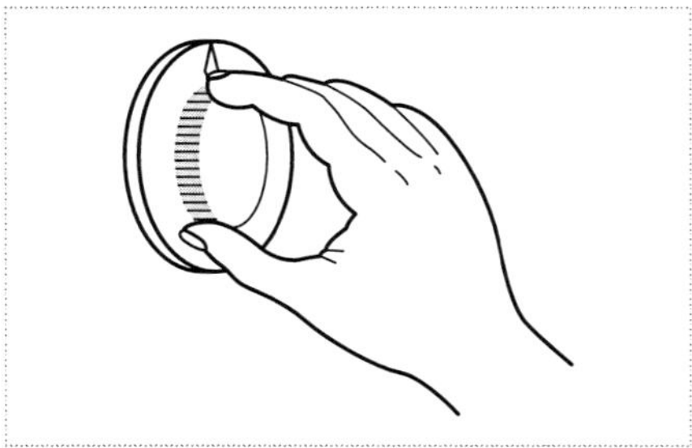

그림 10.3 제어용 원형 손잡이

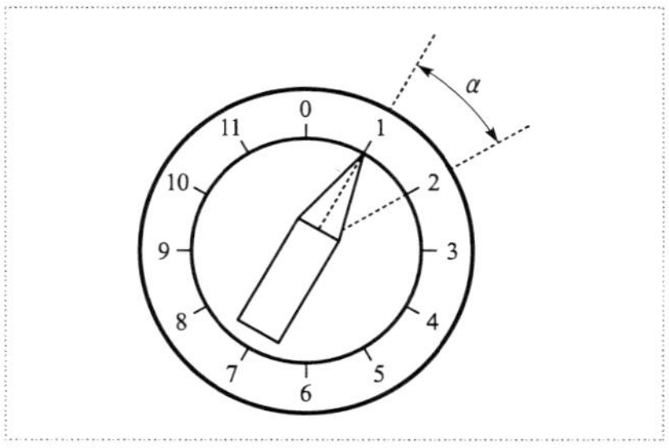

그림 10.4 rotary switch

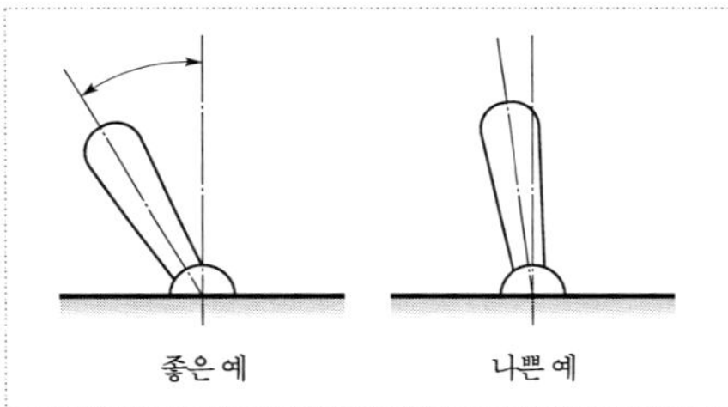

그림 10.5 snap switch

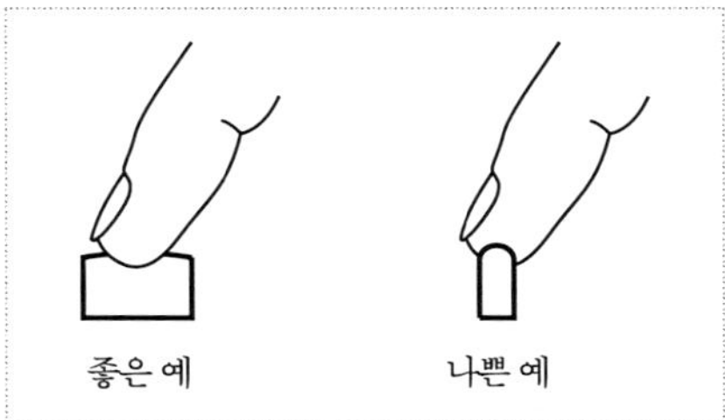

그림 10.6 누르는 button

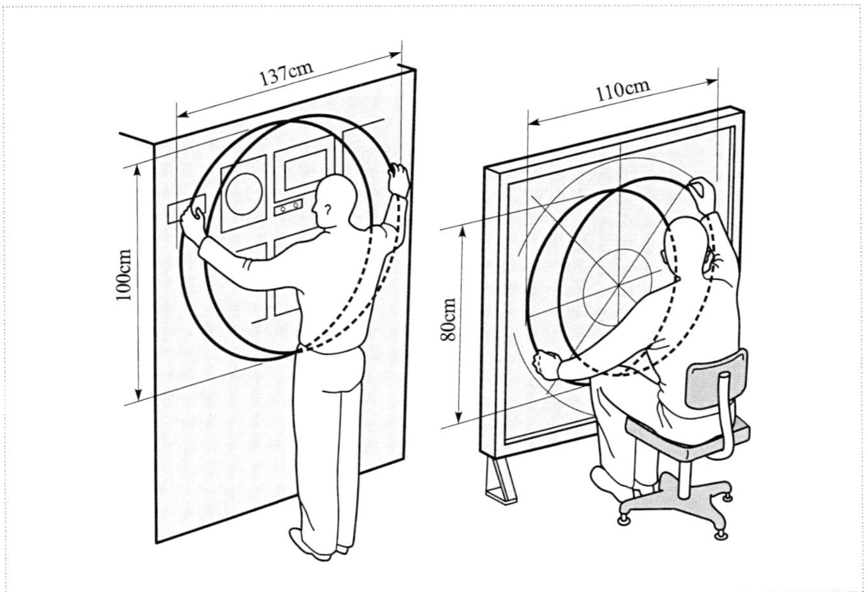

그림 10.7 제어용 pannel의 크기

(2) 작업자세와 작업방법

작업공간이 잘 구성되고 작업기기들이 이상적으로 배치되어 있어도 이들을 사용하는 작업자의 작업자세와 작업방법이 올바르지 않으면 예상하지 못하는 결과를 초래하기 쉽다.

따라서 좋은 작업방법이란 작업자에게 생리적, 신체적 부담을 최소화하고 쉽게 작업 목적을 달성할 수 있는 작업자세들의 집합체라고 할 수 있다. 그러나 아무리 좋은 작업자세도 심리적, 생리적 부담 때문에 일정한 자세로 장시간을 유지하기는 어렵다. 예를 들어, 인체의 혈액 분포는 중력방향으로 크게 영향을 받으므로, 특히 정적(靜的)인 작업자세가 오랜 시간 지속되면 혈액 장애 등의 심장순환계의 생체 부담이 급격히 증가하기도 한다.

그리고 통계상으로 작업자세의 부적합으로 인하여 발생하는 주요 문제는 직업성 요통(腰痛)이다. 특히, 물건을 들어 올리는 작업은 다루는 중량물뿐만 아니라 작업자의 체중이 부가적으로 작용하여 척추에 무리를 주어 손상을 주기 때문에 특별한 주의를 요하는 작업이다. 그러므로 물건을 들어 올릴 때에는 그림 10.8에서와 같이 허리를 굽히거나 상체를 기울이거나 충격적으로 하여서는 안 되고, 대퇴부와 둔부 근육에 부하(load)를 주는 상태에서 무릎을 구부려 들어 올리되 중량으로 인한 부하는 신체에 대칭적으로 걸리게 하고 방향을 전환할 때에는 몸을 뒤틀지 않도록 하여야만 한다.

또한, 작업방법의 설계 및 개선함에 있어 매우 유용하게 사용되고 있는 원칙으로 R. P. Barnes의 '동작경제의 원칙'(principles of motion economy)에 대한 내용을 소개하고자 한다.

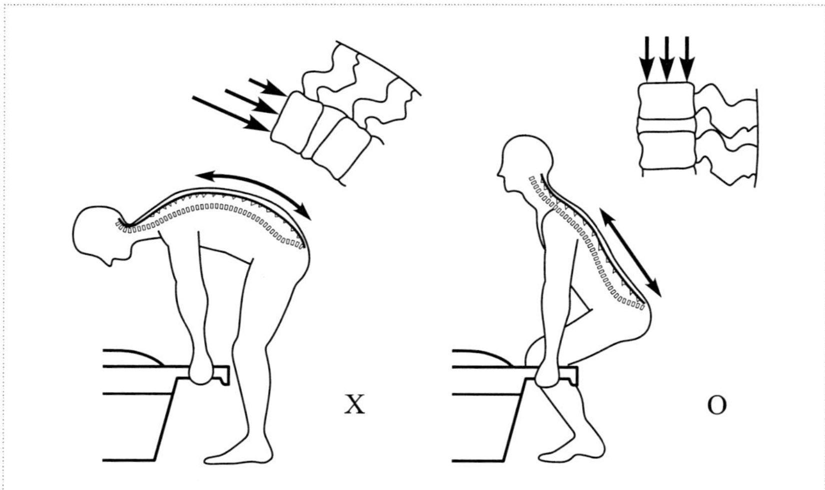

그림 10.8 물건을 인양하는 자세의 적부

1) 신체의 사용(use of the human body) 원칙

① 두 손의 동작은 같이 시작하고 같이 끝나도록 한다.

② 휴식시간을 제외하고는 두 손이 동시에 쉬지 않도록 한다.

③ 두 팔의 동작은 동시에 서로 반대 방향으로 대칭적으로 움직이도록 한다.

④ 손과 신체의 동작은 작업을 원만하게 처리할 수 있는 범위 내에서 가장 낮은 동작 등급을 사용한다. 즉, 몸통 전체보다 어께 관절을 활용하거나, 팔꿈치 관절보다는 손목 관절을 사용하는 등이다.

⑤ 가능한 한 관성(慣性, momentum)을 이용하여 작업하고, 관성을 억제하여야 하는 작업의 경우에는 발생되는 관성을 최소화하도록 한다.

⑥ 손의 동작은 원활하고 연속적 동작이 되도록 하며, 방향이 급작스럽고 크게 변화하는 모양의 직선 동작은 피하도록 한다.

⑦ 탄도(彈道, ballistic)동작은 제한되거나, 통제된 동작보다 신속하고 용이하며 정확하도록 한다.

⑧ 가능한 한 쉽고 자연스런 리듬이 작업동작에 생기도록 작업을 배치한다.

⑨ 가능한 한 눈의 초점을 모아서 작업을 하는 경우가 없도록 하고, 부득이한 경우에는 눈의 초점이 모아져야 하는 두 작업간의 거리를 최소화한다.

2) 작업장의 배치(arrangement of the workplace) 원칙

① 공구 및 재료는 제 위치에 있도록 하고, 작업조작이 원활하게 수행되도록 그 위치를 정한다.

② 공구, 재료 및 제어기기는 사용 위치에 가까이 있도록 한다.

③ 부품을 사용 장소에 가까이 보낼 수 있도록 중력 이송원리를 이용한 부품상자(gravity feed bin)나 용기를 이용한다.

④ 가능한 한 낙하식 운반(drop delivery) 방법을 사용한다.

⑤ 작업자가 잘 보면서 작업을 할 수 있도록 하고, 이를 위해 적절한 조명을 하여 주도록 한다.

⑥ 작업자가 작업 중에 앉거나 서는 등의 자세의 변경을 임의로 하고 좋은 자세를 취할 수 있도록 작업대와 의자의 높이를 조정하고 디자인이 좋도록 한다.

(3) 작업부하

작업부하(作業負荷, work load)는 작업수행에 따라 작업자에게 요구되는 육체적, 정신적 기능 정도를 말하며, 작업부하가 걸린 상황 하에서 개인의 능력 등에 따라 각각 다른 인체의 반응을 작업부담(work strain)이라고 한다.

작업부하에는 어떠한 형태로든 작업자에게 압박을 가하여 작업 성능을 저하시키는 속도압박(speed stress)과 작업특성을 변화시키는 부하압박(load stress)이 있다.

그리고 작업부담이 계속되면서 생기는 신체상의 변화가 피로(疲勞, fatigue)현상인데, 일반적으로 작업강도가 강할수록 또는 작업내용이 단순할수록 피로의 진행이 빨라서 급속히 기진하여 에너지를 지속적으로 소비한다는 점에서 인간공학적 측면에서는 매우 중요한 주의사항이다.

한편, 작업부하의 평가방법으로는 주관적 방법과 객관적 방법으로 나눌 수 있다. 즉, 주관적 방법은 주로 작업자 자신의 자각적인 판단에 의존하는 방법으로 심리물리학적(psychophysical) 방법을 이용하는데, 시스템의 안락함이나, 작업 중량의 적절함, 작업에 의한 심리적 부담 등 개개인의 심리적 요인과 관련된 작업부담을 평가하는데 이용된다. 또한, 객관적 방법은 작업자의 정보처리 용량이나 작업 기억(working memory) 등의 가시적 측정이 곤란한 작업 기능을 평가하는데 이용되는 심리운동학적(psychomotor) 방법과, 신체의 육체적 및 정신적 작업부담을 평가하는데 주로 이용되는 생리학적(physiological) 방법 등이 있다. 이들 방법과 이에 의한 측정사항의 예를 표 10.1에 나타내어 보았다.

표 10.1 작업부하의 평가방법

분류		측정사항
주관적 방법	심리물리학적 방법	• 자각증상 • 자각피로도
객관적 방법	심리운동학적 방법	• 2차 직무능력평가
	생리학적 방법	• 산소소비량(V_{o_2}) • 에너지대사율(RMR; relative metabolic rate) • 근전도(EMG; electromyogram) • 심전도(ECG; electrocardiogram) • 뇌전도(EEG; electroencephalogram) • 안전도(EOG; electrooculogram) • 융합점멸 주파수(flicker fusion frequency) • 피부전기반사(GSR; galvanic skin reflex)
	생화학적 방법	• 배뇨 중의 스테로이드량 • 아드레날린 배설량

(4) 계기 및 장치에 의한 정보

1) 시각 정보

시각(視覺)을 통하여 계기 및 장치 등에서 정보를 입수하는 것은 산업 활동에서 가장 많이 이용되고 있는 것인데, 이 정보를 입수하는 방법의 선정에는 필요한 표시 형식, 양, 정밀도, 빈도 등을 고려하여 충분한 검토를 행하여야하며, 작업자의 판독 실수를 하지 않도록 판독이 직관적으로 되도록 하는 배려가 요구된다.

또한, 인간의 시력의 한계 및 가시(可視)범위를 고려하여야만 한다. 일반적으로, 계기의 선정 작업은 설계단계에서 행하여지는데, 이 경우에, 온도계를 예로 보면, 그 표시온도의 범위, 정밀도, 크기 등은 설계할 때 정하여지고, 계기상의 눈금선의 폭, 높이, 크기, 영점(zero point)의 위치, 지침의 형식 등에 대해서는 그다지 많은 배려가 되어있지 않다. 따라서 계기류를 감시하는 작업자의 입장을 고려한 선정과 배치를 행하여 신호의 오인 및 착오에 의한 사고를 미리 방지할 수 있도록 하여야만 한다.

① 계기의 채용과 선정

계기의 채용 및 선정에 있어서는 다음의 사항들에 대하여 유의하여야 한다.

i) 계기는 그것이 요구하는 방식, 즉, 정성적인 것이든 정량적인 것이든 이에 요구되는 정밀도로 만들어져 단시간에 정확히 읽을 수 있도록 하여야 한다.

ii) 계기의 표시가 직관적으로 올바르고 신속히 읽을 수 있는 문자가 사용되어야 하며, 이를 감시하는 작업자 위치와 자세 등에 대한 고려도 필요하다.

iii) 계기에서의 정보 즉, 판독 값을 다른 단위로 환산하여야 할 경우는 피하도록 한다. 예를 들면, 유량계의 눈금이 (l/min)인 것에 운전에 필요한 정보는 (m^3/hr)인 경우도 자주 볼 수 있는데. 이와 같이 계기를 그대로 사용하게 되면 도량형 단위가 일치하지 않아 환산에 혼선을 주게 된다. 따라서 도량형 단위가 일치하거나 또는 일치되도록 눈금의 단위를 변경시켜 작업자의 피로를 경감시켜 사고를 사전에 방지할 수 있도록 한다.

iv) 계기가 있는 장소의 밝기는 시각적인 피로와 관계되므로, 외부의 명암에 의해 밝기가 변화하지 않는 배려가 필요하다. 특히, 아침과 저녁의 태양광선은 계기를 가까이 하여보게 되어 작업원의 피로가 축적되어진다. 따라서 조명등의 고장 및 조명회로의 정전에 대비하여 예비전등의 배려가 있어야 하며, 날씨가 불순하여도 계기의 눈금을 정확하고 신속히 읽을 수 있는 조명도를 갖추는 것이 필요하다. 그리고 계기실의 천정은 반사율 60~90%의 색(백색, 황색)을, 벽은 40~60%의 색(연녹색, 연황색)을, 바닥은 15~30%의 색(연감색)을 사용하는 등의 배려도 설계 단계에서 충분히 고려되어야 할 것이다.

v) 계장화(計裝化)는 설비의 대형화로 일반화되면서 계기에 의존하는 운전이 많아지므로 신뢰성이 높은 계기이어야 하는데, 신뢰성이 높은 계기에서도 계기의 고장에 따라 지시가 작동되지 않는 경우도 감안하여, 계기 고장을 감시원

에게 즉시 알려줄 수 있는 방안도 당연히 필요하다. 즉, 계기의 고장 정도에 따라 다른 대체 계기를 활용하여 운전을 속행하거나, 고장 부분을 직접 수리하거나 또는 장치의 운전을 정지시키고 수리하는 등의 계기의 고장에 대처하는 방법도 미리 강구하여야 한다.

② 계기판

i) 계기판의 형식

계기판(計器板)의 대표적인 형식으로는 그림 10.9에서와 같이 가동지침형(可動指針型), 고정지침형(固定指針型), 계수형(計數型)이 있다. 가동지침형은 목표값(정상값)에서 편차의 정도를 보는데 적합하고 정상값이 항상 중앙에 있는 경우에는 계기판의 숫자를 쓰지 않아도 된다. 이 형은 목표값의 조절 및 연속과정의 억제에 적합하다. 고정지침형은 제어장치와의 연동에 따라 조절하는 경우에 적합하고, 계수형은 정량적인 판독에 매우 알맞다.

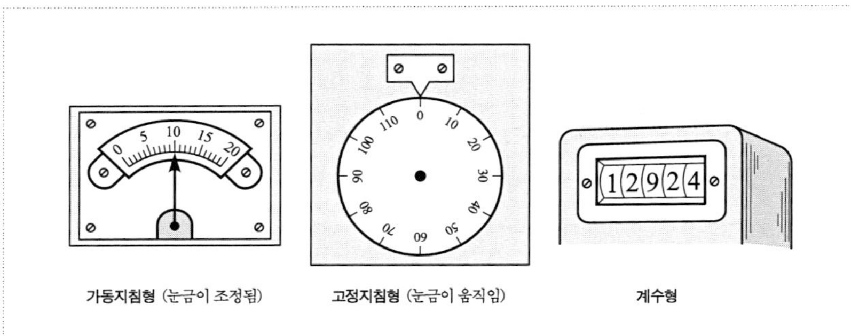

그림 10.9 계기의 대표적인 형식

ii) 계기판의 디자인

ㄱ. 계기에 기입하는 문자 및 숫자를 조화롭게 꾸미는 것은 큰 의미가 없으며, 식별하는 것이 가장 중요하여 그림 10.10에서와 같이 단순한 모양으로 한다.

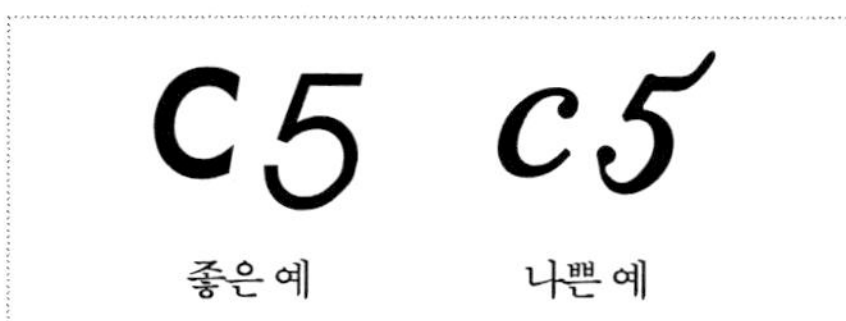

그림 10.10 계기판의 문자

즉, 계기판의 문자의 종횡비는 3:2가 알맞고, 자획(字劃)의 크기는 흰 바탕에

검은 것으로 할 때에는 글자 높이의 1/6 정도로 하고, 검은 바탕에 흰 것으로 할 때에는 1/8까지는 허용된다. 그리고 인접한 문자와 숫자 간의 중심 간격은 문자 높이의 1/6 이상이 필요하고, 띄어 쓰는 적당한 간격은 문자 1개분이 적당하다. 문자 크기의 표준은 표 10.2에서와 같이 눈에서 문자까지의 거리에 따라 변하게 된다.

표 10.2 일반용 다이얼 및 계기판의 문자 크기

눈에서 문자까지의 거리(m)	문자의 높이(mm)
0.5 이하	2.5
0.5 ~ 0.9	4.5
0.9 ~ 1.8	9.0
1.8 ~ 3.6	18.0
3.6 ~ 6.0	30.0

ㄴ. 눈금의 표시갯수는 필요한 정밀도에 따라 정하는데, 판독되는 가장 작은 한 눈금이 측정기의 오차보다 작으면 아무런 의미가 없다.
그리고 눈금은 대수(對數) 눈금과 같은 특수한 눈금은 피하고, 같은 간격의 눈금으로 하는 것이 바람직하다.

ㄷ. 계기판에 기입하는 숫자의 진행방향은 왼쪽에서 오른쪽으로, 아래에서 위로 갈수록 증가시키게 하는 것이 좋으며, 원반상의 눈금에서는 시계바늘의 진행방향으로 증가시키게 한다. 그리고 숫자 진행법은 표 10.3에서와 같이 1진법, 5진법, 10진법 등이 바람직하고, 3진법, 4진법 등은 피하도록 한다.

표 10.3 숫자의 진행법

좋음	보통	나쁨
1 2 3 4 5 5 10 15 20 25 10 20 30 40 50	2 4 6 8 10 20 40 60 80 100	3 6 9 12 4 8 12 16 0 2.5 5 7.5

ㄹ. 계기판의 지침은 계기반(計器盤)의 숫자에 닿지 않을 정도로 그림 10.11에서와 같이 가능한 한 가까이 있게 하고, 그림 10.12에서와 같이 지침은 숫자를 잘 알아볼 수 있도록 한다.

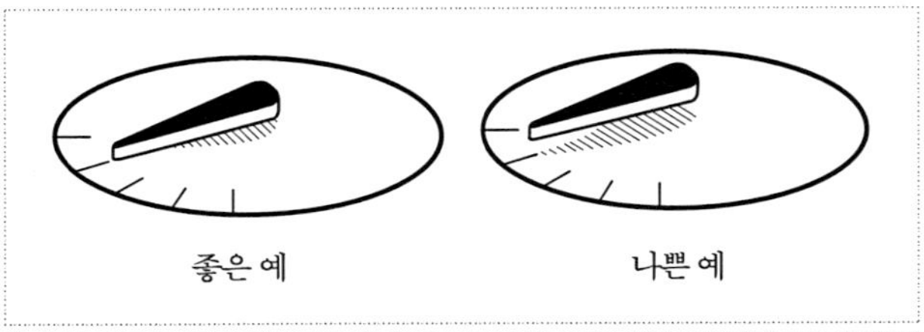

그림 10.11 지침과 계기반의 관계

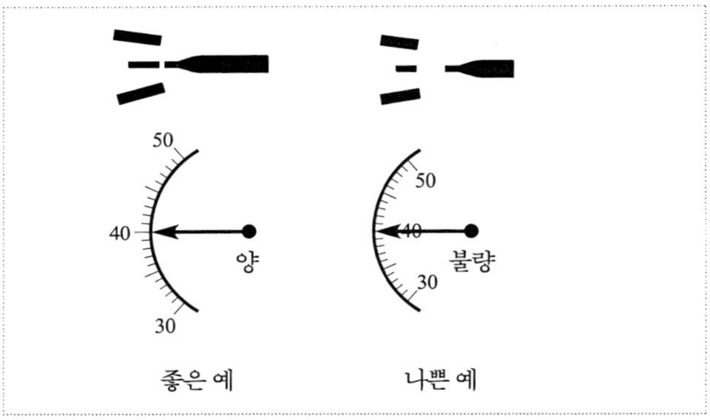

그림 10.12 지침의 길이와 눈금의 관계

ㅁ. 계기반의 숫자를 가리키는 것에는 사용하는 스케일 또는 다이얼의 형식에 따라 결정되는데, 고정지침형 계기에서는 그림 10.13에서와 같이 숫자는 원주 방향으로 나타내면서 정상(12시 방향)에서부터 시작하도록 하며, 가동지침형에서는 그림 10.14에서와 같이 수직으로 숫자를 나타낸다. 그리고 창에 눈금이 보이는 고정지침형의 경우에는 숫자는 수직으로 창에 보이도록 하고, 창의 크기는 적어도 2개 이상의 문자가 나타날 정도의 크기가 필요하다. 또한, 동일한 계기가 2개 병행하여 있을 때에는 숫자 위치, 방향 및 눈금을 동일하게 한다.

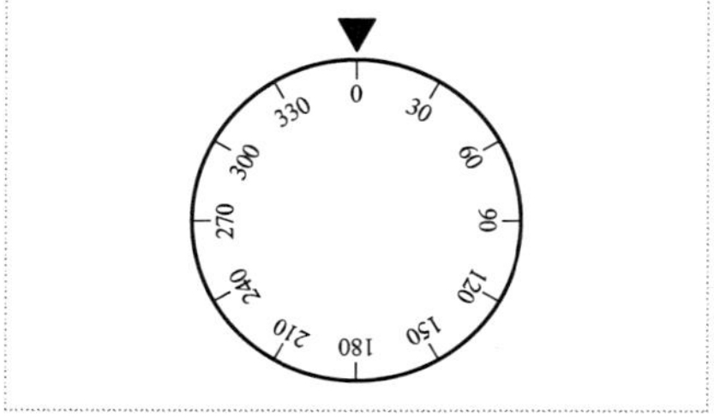

그림 10.13 고정지침형 계기의 문자

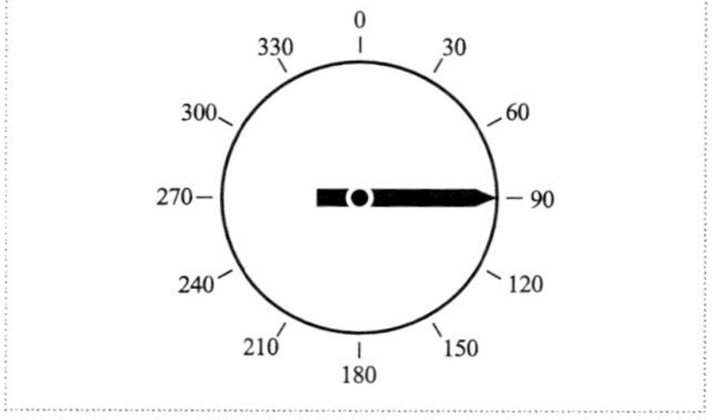

그림 10.14 가동지침형 계기의 문자

ㅂ. 복수의 계기를 수평으로 병행할 때에, 계기의 영점(zero point)을 동일한 방향으로 하는 것이 좋다. 이것은 설비의 운전 개시 이전의 상태 또는 운행 중지중에는 균일성이 유지되어야 하는데, 정상 운전할 때의 지침을 그림 10.15에서와 같이 시계의 9시 방향에 있도록(계기가 가로로 병행하여 있을 때) 배치하면 12시 방향에 있도록 할 때 보다 이상한 상태를 발견하는데 요하는 시간이 1/10 정도로 단축된다. 이와 같이 병행하여 계기를 배치하면 병행한 순서에 따라 판독하지만, 보통의 경우는 위에서 아래로 읽어나가도록 한다.

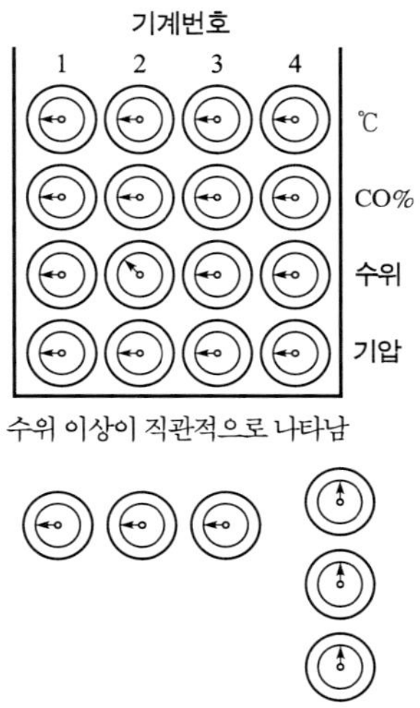

그림 10.15 계기의 배열 예

따라서 이와 같은 배열을 행하기 위해서는 계기의 제작사측에서 기술적인 문제의 해결과 아울러 생산설비의 안전운전에 따른 생산성 향상을 위해서도 부단한 노력을 기울여야 할 것이다.

ㅅ. 계수형 계기의 경우, 계수기의 드럼(drum)이 환(丸)의 것으로 하여 숫자가 움직임에 따라 상하 양단의 읽음이 쉽지 않기에 그림 10.16에서와 같이, 세로로 긴 숫자를 사용하는 것은 바람직하지 않다. 그리고 숫자의 진행방향은 그림 10.17에서와 같이, 계수기의 드럼이 위로 움직일 때에 수가 증가하도록 배치한다.

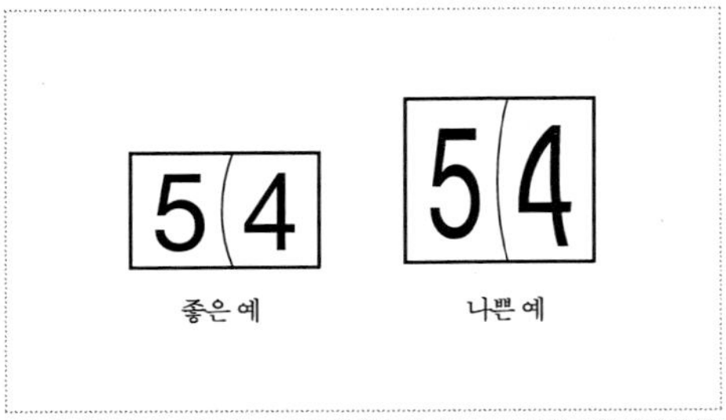

그림 10.16 계수형 계기의 문자 형태

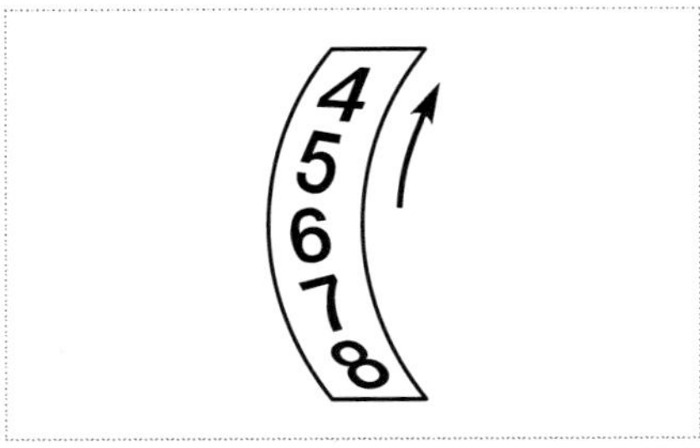

그림 10.17 계수형 계기의 문자 진행

ㅇ. 계수형 계기를 판독할 경우, 숫자의 움직임이 1초간에 2개 이상이 되면 매우 부담을 줄 뿐만 아니라 피로의 원인이 된다. 그리고 숫자 간격이 너무 크면 읽기가 어렵고, 자릿수가 많은 숫자의 경우 예를 들면, 5자리 이상의 숫자가 배열되어 있을 때에는 오른쪽 자리의 적은 값의 숫자가 의미가 없는 경우가 많으므로, 이러한 경우에는 그림 10.18에서와 같이 0으로 표시하게 하는 것이 필요하고 왼쪽의 큰 자리에는 숫자가 나타날 때까지는 0대신에 공백을 두는 것이 보기가 쉽다.

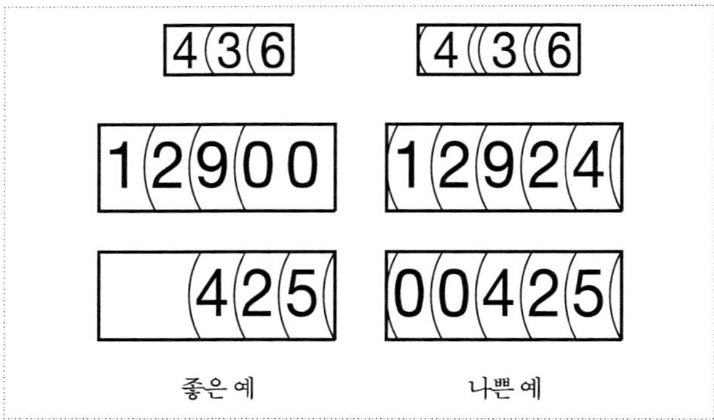

그림 10.18 계수형 계기의 수의 표시법

ㅈ. 계기판의 지시등은 조명이 절대적으로 필요한데, 긴급하게 주의를 환기시켜야만 하는 램프의 불빛은 적어도 기본판의 2배 이상의 조명이 필요하므로 램프 부근의 기본판을 어둡게 하여 도료를 칠한 램프의 조명이 명료하게 보이도록 한다. 그리고 경계등은 점멸 형식을 취하는 것이 좋고, 3~10회/초의 점멸로 하고, 점등시간은 0.05초 이상으로 하여 매우 주의를 가지도록 한다.

ㅊ. 하나의 계기 중에 여러 형식의 시각 표시 방식을 조합한 것을 사용할 때에는 서로 관련성이 있는 표시 형식을 하나로 묶어서 그림 10.19에서와 같이

그 표시 양식을 통일시키도록 한다. 또한, 계기의 지침의 모양도 가능한 한 단순한 것으로서 그림 10.20과 같이 지침의 상단을 뾰족하게 하고 만약에, 그렇지 않은 경우에는 상단의 폭은 최소눈금선의 폭 보다도 적게 하는 것이 필요하다.

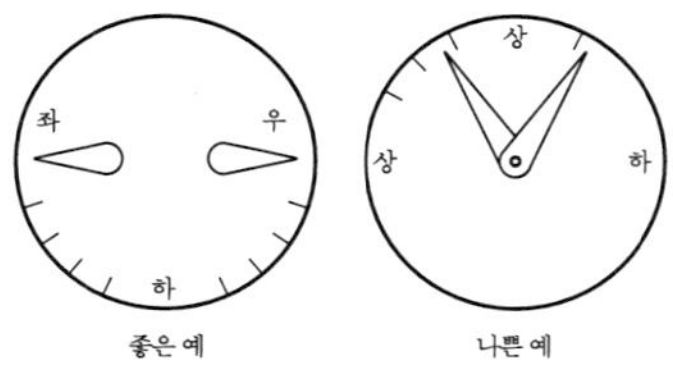

그림 10.19 조합 형식의 시각 표시방법의 사용

그림 10.20 계기 지침의 상단의 모양

2) 시각 외 정보

일반 공정에서 주어지는 정보는 편의적으로 앞에서 언급한 시각 정보와 시각 외의 정보로 나누어 생각할 수 있다. 시각 외의 정보로 청각(聽覺)과 촉각(觸覺)이 있는데, 청각의 경우, 반응시간이 시각(0.174초) 및 전기자극(0.170초)에 의한 경우보다 빠른 반응시간(0.158초)을 나타내기에, 긴급한 정보는 청각을 이용한 전달 방식을 하는 것이 바람직하다. 실제로, 작업자가 필요로 하는 시각에 의한 정보는 자주 착오를 일으키고 신호가 무시되는 경우가 많지만, 소리에 대해서는 매우 피곤한 경우에도 충분히 반응을 나타낸다.

예를 들면, 기계가 고장이 났을 경우의 대책으로는, 우선적으로 고장의 발생을 소리로 알리고 계속하여 고장이 발생한 곳을 신호등을 사용하여 알리도록 하는 것이다. 이렇게 한 후에 고장의 내용과 정도가 어떤 것인지를 시각으로 알도록 하는 것이 필요하다. 그리고 고장이 난 곳의 근처에 있는 계기의 지침이 위험한 영역을 나타내는 경우에는 이것이 어느 정도인 가를 즉각적이고 단적으로 알 수 있게 하는 것이다. 그리고 고장이 났을 경우의 긴급 처치(예: 제어기를 OFF로 놓는 것과 같음)를 알도록 하는 시각 표시와 함께, 처치 결과가 잘 가동이 되는 가를 알려주는 표시도 필요하다.

또한, 2개 이상의 청각신호가 필요한 경우에는, 각각의 신호를 명확하게 구별할 수 있는 능력인 예를 들면, 소리의 고저, 강약을 변화시켜 보는 것이다. 그러나 소리의 변화를 계속하여 식별할 때에는 식별의 실수가 자주 일어나고 또한 응답 동작도 직관적으로 단시간에 행하는 것이 어려워지므로 유의하여야 한다.

다음으로, 촉각에 의한 정보의 전달은 작업자에게 주는 것보다는 오히려 기계에 명령한대로 정보를 주는 제어장치에 사용하는 것으로, 제어용 nob의 손잡이를 손으로 행하는 경우가 많다. 제어용 nob는 야간의 정전에 대비하여 여러 가지 다른 형태의 nob를 이용하는 것이 바람직하다. 따라서 외관상의 균일성을 강조하여 동일한 형태의 손잡이를 한 사람의 제어 범위 내에 설치하는 것은 타당하지 못하다. 즉, 손잡이 부분의 모양을 다르게 하여 촉각으로 완전히 식별하도록 하는 것이다. 또한, 긴급한 경우에 조작하는 nob는 장갑을 착용한 작업자에게도 완전히 조작될 수 있도록 촉각을 중요시한 형태의 것이 요망된다.

10.2 인간 과오 및 심리

(1) 인간 과오의 개요

'인간 과오'(human error)는 매우 다양하고 개별적인 성격이 강하고 보편적이지 않아서 공통적이고 일반적인 성격을 찾기가 어렵지만, 대체로 '시스템의 임무를 수행하는 과정에서 미리 정하여진 인간의 기능을 발휘하지 못하여 발생하는 시스템의 기능을 열화시킬 가능성이 있는 작업요소'를 말한다. 한편으로, 작업을 행하는 과정에서 부여된 기능을 발휘하지 못하고 발생하는 인간 과오로는 생략적 과오(omission error), 수행적 과오(commision error), 시간적 과오(timing error), 순서적 과오(sequential error), 불필요 과오(extraneous error)로 분류하여 볼 수 있다.

이와 같이, 인간 과오가 다양하기에 단순히 규정할 수는 없고, 흔히 '부주의'에 의한 것이라고도 하지만, 이는 사고의 진정한 원인이 아니고 여러 요인들에 의하여 야기된 결과에 지나지 않는다. 즉, 인간 과오의 근본적인 원인은 부주의를 야기한 요인들이다.

이러한 인간 과오의 발생 가능성을 최소화하기 위해서는 인간 행동에 직간접적 영향을 미치는 요인들인 '행동 형성요인' 또는 '수행도 형성요인'(performance shaping factors, PSF)들을 관리하고 통제하여야 한다. 이러한 수행도 형성요인은 다음과 같이 외적요인과 내적요인으로 크게 나누어진다.

① 외적요인: 환경적인 특성, 작업시간 및 휴식주기, 인원 배치 및 관리, 보수 및 복지 지원, 작업 및 직무의 특성, 관련 설비 및 작업도구 등

② 내적요인: 경험 및 훈련, 능력 및 기술, 작업 의욕 및 태도, 감정적 상태, 스트레스 수준, 지식, 성별차, 건강상태 등

또한, 외적 PSF에 의해 야기되는 실패를 '상황유발 과오'(situation induced error, SIE), 상황의 적부에 관계없이 인간의 내적 PSF에 의해 야기되는 실수를 '인간유발 과오'(human induced error, HIE)라고 한다.

(2) 인간 과오의 발생기구

1) 감각 기능의 한계

인간은 외부로부터의 자극에 대하여 일정한 범위 내에서 반응한다. 예를 들면, 청각적 자극의 경우, 인간이 청취할 수 있는 주파수 범위는 20~20,000Hz이고, 시각적 자극의 경우, 가시광선은 400~700nm으로 감각 기능에 한계가 있다.

2) 정보처리 능력의 한계

인간은 정보처리 기능에 한계가 있는데, 그림 10.21에서와 같이 감지할 수 있는 정보량은 10^9 bits/s, 출력할 수 있는 정보량은 10^7 bits/s, 기억을 통하여 영구 보존할 수 있는 기억량은 0.7 bits/s, 영구 보존할 수 있는 총 정보량은 10^8~10^{i5} bits 정도로 추산한다. 그런데, 실제 중요한 정보처리 능력은 50 bits/s로, 정보처리과정 중에 최소이어서 시스템 능력을 좌우하는 한계용량(channel capacity)으로 작용하기 때문이다. 그리고 정상적인 정보처리를 행하여도 자극이 요하는 식별 형태에 따라 그 능력도 다르다. 즉, 어떤 부류에 속한 특정신호가 단독으로 제시되어 이를 식별하는 능력인 절대식별(absolute judgement)의 능력은 일반적으로 상대식별(relative judgement) 능력에 비하여 훨씬 떨어지는 것이다. 또한, 보다 문제가 되는 것은 인간의 심리적인 스트레스가 크거나 상황적 정보가 부족한 경우에 한계가 있는 기능이 보다 급감할 위험성이 있게 된다.

3) 대뇌 기능의 저하

인간의 대뇌 기능은 리듬이 항상 일정하지 않고 하루의 밤낮 및 시간에 따라서 변화한다. 소위, 일주성(日週性) 리듬(circadian rhythm)이라 하여, 대뇌의 활동 수준이 야간과 새벽에는 낮고 낮 12시 전후가 최고조에 이른다. 따라서 새벽이나 야간작업에서는 각성 수준이 낮아져서 안전사고가 많이 발생하는 것이다. 또한, 작업 상황에 따라서는 작업자의 각성 수준이 쉽게 저하하게 하는 경우가 있는데, 입력정보는 많아도 작업자에게 필요한 정보가 별로 없거나 또는 몇 가지 정보가 반복적, 규칙적으로 주어지는 경우 등이다. 이와 같이, 지나치게 자극이 적으면 오히려 대뇌 피질의 각성 수준을 저하시켜 판단을 둔감하게 하거나 졸음이 발생하게 된다.

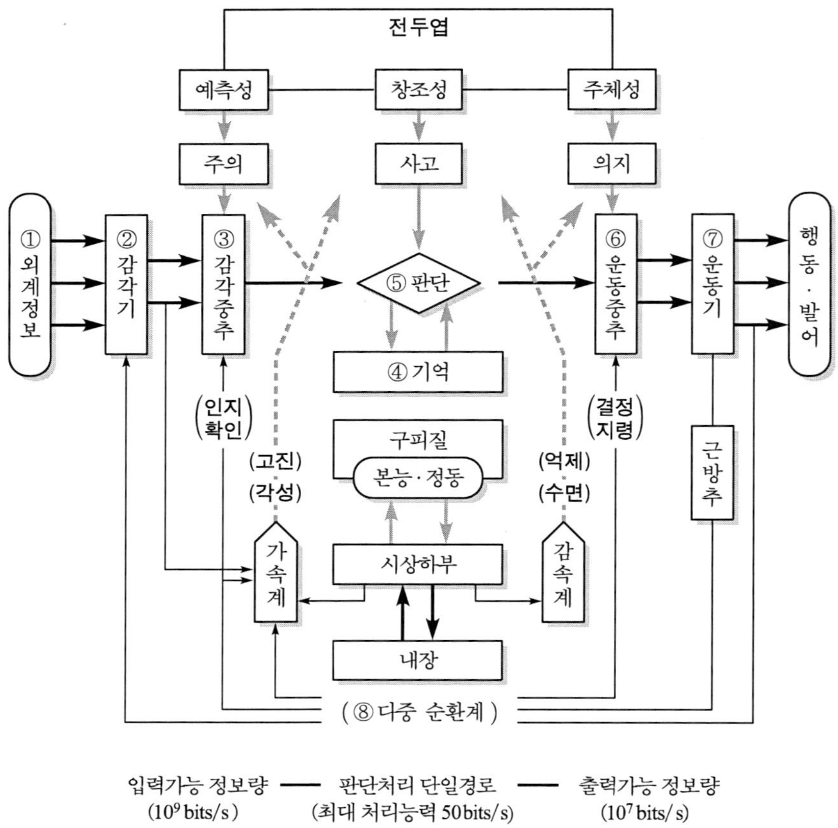

그림 10.21 인간의 정보처리 능력

4) 심리적 압박

작업자가 직무수행에 따른 심리적 압박이 극심해지고 갑작스런 공포나 극도의 불안에 휩싸이게 되면, 인간은 지나치게 흥분하여 주의력이 한 점에 고착되는 등의 주의력의 범위가 협소해져서 올바른 판단에 필요한 광범위한 정보를 얻거나 처리하는 것이 어렵게 된다. 이러한 심리학적 상태를 경악(panic)이라고 한다.

5) 운동 기능의 저하

외부의 자극에 대한 인간의 반응은 신체의 움직임이나 동작에 의해 나타나는바, 이때에는 다소의 시간이 경과하며, 더욱이 외부로 반응이 나타나기까지는 정보처리 시간과 신체의 운동시간까지 소요되므로 신속한 반응을 요구하는 자극에 대하여 올바르게 반응하기 어렵게 된다.

(3) 인간 과오의 방지대책

인간 과오를 예방하는 방법으로 자동화를 거론하는 경우가 있는데, 실제로, 각 시스템에서 발생하는 문제 중에서 인간 과오에 의해 발생하는 비율이 20~70%의 범위로 알려져 있기에 자동화는 근본적인 대책이 되지 못하는 것으로, 결과적으로 인간 과오의 예방은 인간 과오의 이면에 잠재되어 있는 인적 요인의 파악에서 다루어져야 하며, 일반적인 방지대책으로는 표 10.4와 같은 것이 있다.

표 10.4 인간 과오의 방지대책

요인	방법
설비·작업 환경적 요인	위험요인의 제거 정확한 정보 및 경보시스템의 활용 fool-proof, fail-safe 등 안전장치의 설계 양립성, 시계성(visibility)등 인간공학적 설계원칙의 준수
인적 요인	적성 배치 교육, 훈련, 작업 전 협의 등 위험예지능력 배양 작업 모의실험(simulation)
관리감독적 요인	안전 분위기 조성 설비, 환경의 자발적 개선 소집단 활동의 활용 지적확인제도 등의 관리기법의 적용

(4) 인간 심리

인간의 내면적인 특성, 다시 말해 심리적 특성을 파악하지 않고는 인간의 행동을 이해할 수는 없는 것이다. 따라서 산업현장에서의 생산성 향상을 위해서는 인간의 심리적 요인이 다른 어떤 요인보다도 영향력이 크기 때문에 심리학적인 접근 방법의 중요성이 인식되고 있다. 그러므로 안전사고의 경우에도 작업자의 행동 이면에 숨겨져 있는 심리적 특성인 욕구, 동기, 행동특성 등을 올바로 이해하지 않고는 예방할 수가 없는 것이다.

1) 사고·재해 발생 시의 인간 심리

사고·재해를 직면하였을 때 인간의 반응은 결코 객관적이지 못한 바, 표 10.5에 나타낸 바와 같이 인간이 느끼는 주관적 심리를 정리한 것인데, 일반적으로 자신 스스로 잘못을 하고 있다는 생각은 거의 없고 자신은 올바로 행동하고 있다고 하는 잘못된 인식이 대부분이다.

2) 인간의 소질적 사고요인

① 지능

인간이 지닌 적성의 기본 요소는 지능이다. 따라서 지능의 높고 낮음은 자신이 행하는 업무에 직접적인 관계를 가지고 있다. 예를 들면, 누구나 행할 수 있는 단순한 업무에 너무 지능이 높은 사람을 배치시키거나, 고도의 연구를 필요로 하는 복잡한 업무에 너무 지능이 낮은 사람을 배치시키면 업무의 능률면에서나 사고·재해의 예방의 측면에서도 적절한 조치가 아니며, 사업체 및 근로자 개인에 있어서도 결코 바람직하지 않다. 따라서 개개의 직무가 요구되는 지적 수준이 어느 정도인가를 파악하고 이에 적합한 사람을 배치시키거나 부단한 지속적 반복 훈련을 통하여 적응력을 키워야 한다.

표 10.5 사고·재해 발생 시점에서의 인간 심리

대분류	소분류
자기는 경험이 있기 때문에 절대로 안전하다고 생각하며 작업을 하였다.	• 점검이 불충분하여 기계설비의 돌발 사태에 대처할 수 없었다. • 작업방법에 잘못이 있다고 느끼지 못했다. • 이상한 상태에 정신을 차리지 못했다. • 이상한 상태를 느꼈으나 적절한 방법을 취하지 않았다.
다소 위험을 느꼈으나 염려 없다고 생각하며 작업을 하였다.	• (규정대로 하게 되면) 작업이 까다롭다. • (규정대로 하게 되면) 작업이 귀찮다. • 자기의 능력을 믿는다.
실제는 위험하였으나 그때는 위험하다고 느끼지 못했다.	• 경험이 없으므로 위험을 느끼지 못했다. • 언제나 하던 작업으로 익숙하기 때문에 그다지 위험하다고 느끼지 못했다. • 이제까지 몇 번이나 작업을 하였으나 아무 일도 없었다.
위험을 의식하지 않는다. 또는 예상하지 않고 작업을 하였다.	• 특히 즐거운 것, 염려가 있었기 때문이다. • 외적 조건에 이목을 빼앗겼기 때문이다. • 작업을 서둘러 하였기 때문이다.
너무나 단순한 작업이므로 반사적으로 작업을 하였다.	• 작업을 쫓겨서 하였기 때문이다. • 바른 방법이었으나 실수하였다.
자기의 작업방법은 옳았으나 제3자의 과오 때문에 일어났다.	• 공동작업 중의 동료에 의해서다. • 단순작업 등에 제3자에 의해서다. • 자기의 작업과 관계없는 기계, 설비에 의해서다.

② 성격

사람은 여러 자극에 대하여 반복적으로 반응함에 따라 각 조건에 따른 습관적인 행동 패턴이나 반응 양식을 만들어 가면서 그 사람의 성격을 구성하게 된다. 따라서 각 사람의 성격은 제각기 다르기 때문에, 그 성격을 알면 그의 행동을 기대하고 또한 어느 정도 예측할 수 있다. 그러므로 해당 작업자의 성격이 작업과 조화를 이루지 못하게 되면, 작업자의 행동은 작업 요구와 일치하지 못하게 되면서 사고·재해의 발생 가능성이 높아지게 된다.

③ 의식수준 및 정신상태

인간의 의식수준은 항상 일정하지 않고 그 사람의 주의 집중, 각성 수준, 피로, 심리적 흥분 등의 여러 요인에 영향을 받아 수시로 변화한다. 즉, 갑작스럽게 전혀 예측하지 못한 긴급사태에 직면하게 되면 미경험자의 대부분은 당황하여 표시기조차 제대로 읽지 못하게 되기도 한다. 특히, 긴급사태의 원인을 알 수 없는 경우 및 자신에게 직접적인 위험에 직면할 때에는 일정한 부분에만 주의가 집중되어서 판단을 그르치기가 쉽다.

이외에도, 의식수준이나 정신기능의 저하를 가져오는 선천적인 정신질환이나 신경쇠약 및 약물이나 음주에 의한 의식수준의 저하 그리고 극도의 피로도 작업안전을 위해 관리하여야 할 중요한 영향요인의 하나이다.

④ 동기유발 및 안전의식

작업 동기가 유발되지 않으면 작업의욕이 없으며 이는 곧 근무태만이나 부주의로 이어져서 사고의 요인이 된다. 특히, 안전의 동기유발(safety motivation)은 작업행동의 불안전요소를 스스로 점검하여 이를 제거함으로써 안전한 작업수행을 이루는데 필수적인 것으로 자신의 안전뿐만 아니라 동료 작업자는 물론 생산 시스템 전체의 안전에 영향을 주는 중요한 요소이다.

3) 정보처리과정 중의 과오

① 감각 기능

인간은 입력정보의 80% 이상을 시각에 의존하기 때문에, 시각기능의 이상은 작업수행에 중대한 영향을 미친다. 더구나 나이가 많아질수록 시각기능이 급격히 저하하므로 고령자의 작업에 있어서는 더욱 주의하여야 할 요인이다.

또한, 정상의 시각기능을 가졌어도 어쩔 수 없이 경험하게 되는 착각이나 착시현상은 불안전행동을 야기할 수 있는 중요한 요인이다. 일반적으로 이러한 현상은 신경계통의 이상으로 발생하기도 하지만, 대부분은 입력정보의 종합과정에서 판단 오류로부터 발생한다. 더욱이, 인간은 이러한 시각적 판단기능의 결함에도 불구하고 시각적 정보와 청각적 정보의 판단이 일치하지 않을 때조차 시각적 정보에 의존하는 경향이 매우 커서 상황 판단을 잘못하는 경우가 많다.

② 정보의 여과

인간의 정보처리 기능은 한계가 있는바, 이를 극복하기 위하여 많은 입력정보 중에서 특별히 주의하여야 할 사항들만을 선별 처리하는 기능을 정보의 여과 (filtration) 라고 한다. 그런데, 이러한 여과 기능으로 수많은 입력정보 중에 어느 것을 취하여야 하는가에 대해서는 경험, 지식, 기능과 순간적 판단에 의존할 수밖에 없어, 작업 상황을 종합적으로 판단하는데 과오를 범할 수 있다.

더욱이, 자신이 필요로 하는 정보보다 입력정보가 적거나 심리적으로 흥분되어 있을 경우에는, 자신의 주관적 판단에 따라 객관적 사실의 확인 없이 행동하는 억측판단을 쉽게 할 수 있는데, 이러한 심리적 현상은 스트레스가 심한 경우, 특히, 시간적 스트레스가 클수록 그 정도도 커진다.

③ 운동 기능

인간의 신체운동은 해당 근육을 통제하는 운동신경과 운동종판이라고 하는 운동단위(motor unit)로 이루어지고 있어, 이들 중에 한 쪽에 이상이 있으면 원하는 동작을 얻을 수 없다. 더욱이, 눈과 손의 조화를 요하는 협응동작의 경우에는 보다 과오를 일으키기 쉽다. 숙달된 작업의 일련의 행동이 기계처럼 정확하고 반복적으로 보이는 것은 신체를 통제하는 기능과 운동하는 기능이 절묘한 조화를 이루고 있기 때문이다.

4) 인간의 불안전행동 특성

인간이 작업 중에 나타나는 대표적인 불합리한 행동 특성으로는 다음과 같다.

① 본능적 행동

위험한 물체가 날아왔을 때, 순간적으로 피하는 행동 등은 이유나 논리를 가지고 설명할 수 없으나, 최근에 뇌과학의 진보로 몇 가지 가설들이 제시되고 있다.

② 동조 행동

인간은 보통 소속한 집단의 행동기준을 지키고 동조하는 행동을 하는 경향이 있는 바, 이를 '군중 심리'라는 말로 표현하기도 한다.

③ 습관적 행동

인간은 습관의 동물이어서 일단 몸에 익혀진 행동은 아무리 주의를 하여도 자연스럽게 그 행동이 반복된다. 특히, 안전에 관한 습관은 어릴 때부터 익혀온 가풍이나 성장 환경 등에 따라 좌우되는 경우가 많으며, 과거의 잘못된 경험 및 습관에 의한 그릇된 판단력은 작업자에게 주어지는 상황이나 정보를 오판하게 된다.

④ 위험 감수

위험 감수(risk taking)는 객관적 위험을 자기 나름대로 판단하여 의지결정을 하고 행동에 옮기는 것을 말하는데, 안전 동기가 유발되어 있지 않거나, 주관적 판단에 의한 행동이 객관적 정보에 판단하여 행동하는 것보다 이익이라고 생각하는 경우, 또한 심리적 흥분이 도를 넘어 주의가 한곳에 집중되는 자신과잉의 경우에 자주 발생한다.

⑤ 지름길 반응과 생략 행위

지름길 반응은 그대로 지나갈 길이 있는데도 지름길을 통하여 빨리 목적장소에 도달하려고 하는 것으로, 여기에서의 길은 물리적인 길이거나, 어떤 일을 수행해 가는 과정일 수도 있다. 그 결과, 외형적으로는 몇 가지 과정이나 절차를 생략하고 지나가는 것처럼 보이게 되므로, 경우에 따라서는 특히 '생략행위'라고 분류하는 경우도 있다.

⑥ 의식수준의 전철

인간은 의식행동을 수행하는 수준이 정해져 있어 외부 자극의 중요도에 따라 처리 궤도를 변경 즉, 전철(轉轍)함으로써 적절히 대응하는데, 만약, 대응 수준이 서로 맞지 않거나 의식수준의 전철이 지연될 경우에는 인간 과오가 발생한다.

인간의 의식 행동수준을 Rasmussen은 그림 10.22에서와 같이 3가지 수준으로 나누어 모형화 하였다.

⑦ 회복 행위와 경악

인간은 시간의 경과 및 작업진행에 따라 스스로의 과오를 깨닫고 이를 회복시키는 능력을 가지고 있는데, 이러한 요인을 경감 요인(mitigating factor)이라 하며, 이러한 인간의 행위를 회복 행위(recovery activity)라고 한다. 그러나 이와는 반대로, 심리적 흥분으로 인하여 공포와 경악이 극도에 달하여 객관적인 상황 판단이 전혀 불가능하여지는 경우도 있어, 시스템의 안전에 결정적인 위험이 되는 수도 있다.

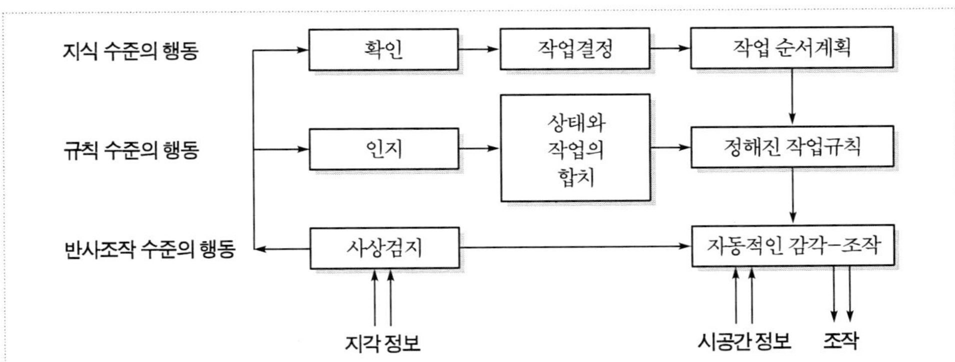

그림 10.22 인간의 의식행동수준 3단계 모형

5) 부주의

부주의는 목적의 달성을 위한 행동 전개과정 중에, 여러 심리적 원인에 의하여 의도한 주의집중 기능에서 벗어나는 심리적, 신체적 변화의 현상으로 나타내는 부주의로, 그 원인은 다음과 같은 것이 있다.

① 의식수준 저하

작업을 둘러싼 물리적 환경조건인 온·습도, 조명, 소음, 진동 등이 허용수준을 넘는 경우에는 불쾌감이나 신체기능의 저하로, 결국 주의를 지속하는 것이 곤란한 의식수준의 저하를 가져오게 되어 착각을 일으키기 쉬워진다. 이러한 상황은 심신의 피로나 단조로움 등에 의해서도 일어나기 쉽다.

② 의식 혼란

기기의 표시방법 및 조작의 방향이 심리적 양립성에 부합되지 않는, 즉, 인간공학적 디자인이나 설계가 불량하면 판단의 혼란이나 잘못이 발생하기 쉽다.

③ 의식 중단

작업자의 개인적 소질에 문제가 있는 것으로 예로서, 앉아서 졸거나 각성제를 상용하는 등의 경우에는, 지속적인 의식의 흐름에 단절 및 공백의 상태가 나타나기 때문에 발생하는 부주의 현상이다.

④ 의식 우회

작업에 집중하지 못하고 잠시 다른 생각을 하거나 멍하니 있는 작업자세 등이 의식의 우회(憂懷)를 나타내는 대표적인 행동 특징으로 걱정, 근심, 번민, 불안, 불만 등이 그 원인이지만, 때로는 기쁨이 지나친 경우도 해당된다.

⑤ 의식 과잉

부주의의 일반적인 원인들이 대부분 주의집중의 소홀인데 대하여 오히려 지나친 의욕의 결과로 주의가 한 곳에 집중됨으로 인하여 발생하는 부주의로, 다른 부주의 원인에 비하여 작업자의 행동에서 강한 확신과 신속한 행동으로 작업의 수행을 도중에 저지시키거나 회복시키기 어려운 특성이 있다.

따라서 이들의 부주의에 대한 예방대책으로는 이러한 상황의 전개나 원인들이 발생하지 않도록 조치하거나 개선시키는 지속적 노력과 지도가 필요한 것이다.

6) 동기 유발

인간이 원하는 욕구를 만족시키려는 목표를 향해 어떤 행동을 유발시키는 것을 동기유발(motivation)이라고 하는 바, 이의 방법으로는, 작업자 자신이 스스로 일을 하면서 자발적 욕구를 일으키는 내적 동기유발과 외부로부터의 자극에 의하여 욕구가 부여되는 외적 동기유발이 있으며 특히, 안전 동기유발이 되면 불안전 행동이나 불안전 상태를 제거하는데 보다 효과적이다.

산업 현장에서는 이와 같은 안전 동기를 유발시키기 위한 여러 방법들이 시도되고 있는데, 다음과 같은 사항들을 들 수 있다.

① 개인의 능력에 적합한 작업에 배치한다.
② 작업자가 필요로 하거나 관심이 있는 정보 및 자료를 제공한다.
③ 자신의 성취한 일의 결과나 진전의 정도를 알려준다.
④ 일정기간에 달성할 수 있는 활동목표를 세우고 이를 달성하도록 한다.
⑤ 자신의 묘안을 살릴 수 있는 기회를 제공한다.
⑥ 경쟁과 협력을 유도한다.
⑦ 상벌을 준다.
⑧ 금전적으로 임금을 올려준다.

10.3 시스템 안전

(1) 시스템 안전의 의미

시스템은 복수개의 요소들로 구성되어, 상호 유기적인 관계를 유지하며, 정하여진 운용조건하에서, 어떤 공통적인 목적을 위하여 기능하는 집단을 뜻한다.

따라서 인간이 기계·기기를 사용하는 것은, 인간과 기계가 하나의 시스템을 형성하여 생산활동과 작업수행을 지속한다는 점에서 인간-기계 시스템이라고 한다.

또한, 자동화된 기계도 정상적 조업에서는 인간이 직접 관계하지 않는 것뿐이지 이상의 발견이나 보수, 점검 등은 모두 인간에 의해 행하여지므로 이것들도 인간-시스템이라 할 수 있기에, 결과적으로 모든 기계나 장치가 인간-기계 시스템이라 할 수 있다. 따라서 사람 및 기계·장치가 상해나 손상·손해를 입지 않거나 입을 염려가 없는 상태를 이루기 위하여 시스템을 설계·분석·운영의 전 단계에서 관련된 기술과 지식을 습득하는 것이 시스템 안전(system safety)의 기본이라 할 수 있다.

(2) 시스템 안전 우선순위

시스템은 시간이 경과함에 따라 이미 결정되어진 다른 사항들이 시스템 구성의 융통성을 점차 훼손하여 가기 때문에, 안전을 확보하기 위한 노력을 보다 많은 가능성을 갖고 있을 때에 고려하고 검토되어지는 과정을 시스템 안전 우선순위(system safety precedence) 또는 위험성 저감 우선순위(hazard reduction precedence)라고 하는 바, 그림 10.23과 같은 과정을 나타낸다.

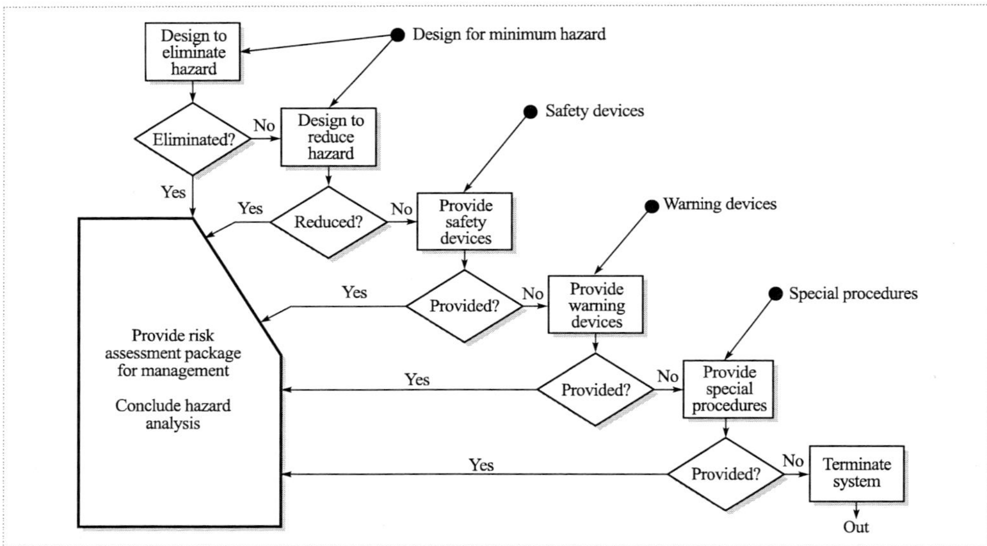

그림 10.23 시스템 안전 우선순위

즉, 우선순위의 첫 번째 단계는 최소위험성 설계(design for minimum hazard)로, 시스템의 설계 사항이나 구조 자체가 위험성을 갖지 않도록 구상 단계에서부터 고려하여야 한다는 것이다. 이와 비슷한 개념으로 '근원적 안전'이라는 것으로, 이는 '근원적 안전방폭 전기기기'에서 유래된 말로서, 원래는 폭발성 분위기에서 사용되는 통신·계측용 전기기기의 내부 및 배선에 단선이 일어나도 외부 분위기에 의해 착화·폭발하지 않도록 설계된 구조를 뜻하는 말이었다. 그러나 이 개념은 보다 넓게 확장되어, 현재로 일반적으로 사용하는 '근원적 안전화'는 작업자나 사용자가 의도적으로나 또는 실수로 위험기기나 설비를 작동시켜도 오동작이나 오조작으로 인한 사고·재해를 사전에 방지할 수 있는 능력을 갖춘 기기설비를 설계하는 기법을 말한다.

다음의 두 번째 단계는 안전장치(safety devices)를 설치하는 것으로, 시스템의 구조 및 기능상의 위험 부위가 위험성이 불가피한 경우에 작업자나 사용자에게 직접적으로 위해를 가하지 않도록 안전장치가 사용되어야 한다.

세 번째 단계는 경보장치(warning devices)의 설치로, 이는 최소위험성의 설계와 안전장치까지 채용하고도 위험성이 있을 때에 신속한 대응조치나 대피가 가능하도록 하는 것이다.

마지막 네 번째 단계는 이상의 모든 수단이 사용되고 있음에도 위험성이 남아 있으면 특수한 절차(special procedures)를 적용하는 것으로, 작업자나 사용자로 하여금 유사시의 대응조치 능력을 갖추도록 하는 것이다. 통상적인 교육과 훈련 및 표지 등을 규격화하는 것은 바로 이 단계에 해당된다. 이러한 관점에서 볼 때, 교육과 훈련만을 강조하여 왔던 종래의 사고·재해 예방을 위한 노력은 그 방향을 잘못 잡고 있었던 것이다.

이와 같이, 각 단계에서 시스템의 안전을 확보하기 위한 검증을 받아야 하는데, 이는 시스템도 인간과 마찬가지로 출생부터 사망에 이르기까지의 과정을 거치기 때문이다.

(3) 시스템 효능

복잡한 시스템이나 기능의 열화 및 기능의 불안정 등의 고장을 분석하기 위해서는, 시스템이 주어진 기능을 완수할 수 있는 전반적인 능력인 시스템 효능(system effectiveness)을 표현하는 척도를 정량적으로 정의할 필요가 있는바, 여기에서는 주로 확률론이 이용되는데, 이를 표현하는 척도로는 다음과 같이 크게 3가지를 들 수 있다.

1) 신뢰성(reliability)

'시스템이 고장이 없이 얼마나 사용할 수 있는 가의 성질'을 나타내는 것으로, 보다 구체적으로는 '시스템, 제품 또는 부품이 주어진 조건 하에서 일정기간 동안 고장이 없이 정하여진 기능을 발휘하는 성질'을 의미한다.

2) 보전성(maintainability)

'시스템이 고장이 발생하였을 경우에 얼마나 빨리 회복되는 가의 회복 능력'을 나타내는 것으로, 시스템에 고장이 발생하였을 경우, 주어진 조건하에서 특정한 시간 내에 보전 완료될 수 있는 성질을 뜻한다.

3) 가용성(availability)

'보전 가능한 시스템이나 제품이 어떠한 사용조건하에서 규정시간 동안 의도하는 기능을 유지하는 성질'을 나타내는 것으로, 신뢰성과 보전성을 종합한 개념으로 설비의 가동률에 해당하는 확률 값이다.

따라서 위와 같은 특성들과 관련된 시스템의 성질을 확보하고 향상시키고 유지하는데 있어 필요한 일련의 종합적 과학기술인 '신뢰도공학'의 이론이 요구되고 있다.

(4) 신뢰도 향상과 관리

1) 신뢰도 향상

시스템의 신뢰성이나 안전성은 이미 구상 단계에서 결정되는 경우가 많다.

그러므로 설계 단계에서부터 고려하여야 하는 신뢰성의 향상 방법으로는 다음의 표 10.6에서와 같은 기법들을 들 수 있으며, 이에 대하여 설명하고자 한다.

표 10.6 시스템 설계 단계에서의 신뢰성 향상 방법

신뢰도 향상 기법	실 시 내 용
고품질 자재 사용	자재 표준의 설정 및 준수 감률(derating)설계
신뢰도 향상 구조	고신뢰도 부품의 사용 고장영향을 감소시키는 구조적 설계방안의 강구 중복 설계방법의 활용
보전 용이성	제품의 단순화 부품과 조립품의 단순화 및 표준화 신뢰성 시험의 단순화

① 고품질 자재 사용

시스템에 요구되는 부하 강도를 예상하고 그 부하보다 큰 내구 성능을 갖도록 시스템을 설계하여, 시스템 용량에 대한 부하 강도의 비율을 낮추어 시스템의 신뢰도를 높이는 방법인 감률(甘栗, derating)설계를 행한다. 이 때, 예상되는 부하에 대한 시스템 내구 강도의 비를 안전계수(safety factor)라고 한다. 또한, 자재의 선정 및 충분한 성능을 부여한 표준적 기준의 설정과 이에 적합한 자재를 이용한 부품의 사용으로 시스템의 신뢰도를 향상시키도록 한다.

② 신뢰도 향상 구조

시스템은 복잡하여짐에 따라 시스템의 신뢰도는 감소한다. 따라서 시스템의 기본적 기능을 유지하면서 시스템의 신뢰도를 향상시키기 위해서는, 시스템에 부가적인 회로를 중복시키도록 한다. 이러한 구조를 중복구조 또는 용장구조라 하며, 이에는 병렬, 대기, 다수결, n중 k구조 등의 여러 가지가 있다.

③ 보전 용이성

시스템 내에 이상의 발견이나 시스템의 기능 열화에 대한 보전과 점검 업무를 행하는 인간은 과오를 일으키기 쉬운 특성을 지니고 있으므로, 결과적으로 어느 정도 쉽고 정확하게 수리할 수 있는 가는 시스템의 신뢰도 특성을 향상시키는 중요한 요인으로, 모듈화(modulization) 및 단위화(unitization)의 경향은 이를 반영한 개념으로서, 쉽게 고장 부위에 접근할 수 있고 부품 교체나 점검도 용이하게 한 제조 기법이다.

2) 신뢰도 관리

신뢰도 관리는 시스템의 성능과 신뢰성, 보전성, 가용성 등의 사용자의 요구를 충족시킬 수 있는 좋은 제품을 실용적으로 제조·판매하기 위하여, 제품의 개발 단계에서부터 설계, 제조 및 사용에 이르는 제품의 전 수명주기(life cycle)에 걸쳐서 신뢰성을 확보하고 유지하기 위한 종합적인 관리활동이다. 따라서 신뢰도 관리를 효과적으로 실시하려면, 사전에 설정된 목표를 달성하기 위하여 신뢰도 계획(reliability program)을 세우고 이에 따라 목표를 달성하도록 조직적으로 노력하여야 한다.

그런데, 어떤 시스템이든 시간이 경과함에 따라 그 기능은 점차 열화되어감에 따라 신뢰성이 저하되는 바, 이는 사용시간이나 사용횟수가 증가하면서 마모나 충격 등의 기능 열화 현상이 점차 축적되기 때문이다. 그러므로 정상적인 운전, 일상적인 보전, 규칙적인 주유와 정상적인 운용조건의 제공 등을 적절히 활용하면 적어도 열화의 진행속도를 늦출 수가 있다.

이와 같이 시스템의 열화 진행속도를 늦추고 고장이나 결함을 회복시키기 위한 제반 조치 및 활동인 다음과 같은 보전(保全, maintenance) 업무에 유의하여야 한다.

① 예방 보전

예방 보전(preventive maintenance)은 설비의 성능과 속성에 따라 대상 설비나 시스템이 고장이 나기 전에 미리 고장이 발생하지 않도록 효율적인 보전체계를 확립하는 것이다. 따라서 상시 또는 정기적으로 동작 상태를 감시하여 불안전한 결함을 사전에 검출하여 마모, 부식, 피로 등의 열화 관련 현상을 예방하거나 지연시킴으로써 장기적으로 시스템의 신뢰도를 높이는 보전 활동을 말한다.

② 교체

어느 부품이 사용시간의 증가로 고장률이 증가하는 경우에, 이 부품은 고장이 발생하기 전에 자주 점검하고 결국에는 교체(replacement)하는 것이 보다 효과적일 것이다.

교체 방식으로는 다음과 같이 수명 교체와 일괄 교체가 있다.

i) 수명 교체(age replacement) — 부품이 고장이 나면 즉시 교체하고, 일정기간 고장이 없으면 교체주기에 이르러 대상 부품을 교체하는 방식이다. 이 방법은 부품의 수명 이력을 모두 확보하고 있어야 하는 번거로운 단점이 있다.

ii) 일괄 교체(block replacement) — 교체 주기가 되면 부품에 고장이 없어도 새로운 부품으로 일괄 교체하고, 고장이 나면 언제든지 개별 교체하는 방식이다. 이 방법은 부품의 수명 이력에 대한 기록이 없어 간편하지만, 수명 교체에 비하여 교체 비용이 증가하기에, 비교적 저렴한 다수의 부품을 보전할 때 주로 사용된다.

③ **사후 보전과 수리** — 일단 고장이 발생하면 신속하게 시스템을 가동상태로 회복하기 위하여 예비부품 등을 이용하여 사후 보전(corrective maintenance)이나 수리(repair)를 실시한다, 이 경우, 일단 고장이 발생한 시스템이 얼마나 신속히 수리 완료될 수 있는 가를 나타내는 척도가 '보전도'(maintainability) 또는 '정비도'이다. 이는 '수리 가능한 시스템에 일단 고장이 발생하였을 경우에, 주어진 조건하에서 특정한 시간 내에 보전 완료될 수 있는 성질'을 확률을 이용해 정량적으로 표현한 것이다.

④ **보전 활동의 효율성** — 시스템의 고장이나 기능 이상을 가능한 한 신속히 발견하여 수리를 하게 되면, 예상하지 않았던 고장에 의하여 시스템이 정지하는 상황은 절대적으로 감소하게 된다. 이 경우에, 수리가 가능한 시스템이 얼마나 가동 가능한 상태를 유지하고, 보전 활동이 얼마나 효과적으로 수행되는 가를 나타내는 척도가 활용되어진다. 즉, 가장 단순한 척도로는 '작동 준비성'(operational readiness)으로, 시스템이 언제나 작동할 준비가 되어 있음을 나타내는 척도이다. 그리고 시스템이 일정 기간 중에 기능을 발휘하고 있을 시간의 비율을 나타내는 척도인 '가용도'(availability)로, 수리에 의해 시스템이 다시 작동이 가능한 상태가 되면 전체 시스템 운용기간 중의 작동시간 비율은 증가하게 될 것이다.

찾아보기

ㄱ

ㅂ

ㅇ

ㅈ

ㅊ

ㅋ

ㅌ

A

B

C

D

E

F

G

H

I

L

M

N

O

P

Q

R

S

T

U

V

W

Y

Z

》》 저자 소개

정 국 삼(鄭國三)
충북대학교 안전공학과 명예교수

송 영 호(宋榮鎬)
대전과학기술대학교 소방안전관리과 교수

기본 **안전공학** 정가 15,000원

저　자 : 정국삼 · 송영호

발행인 : 임정대
발행처 : 도서출판 **화수목**

인쇄 : 2016년 8월　5일 초판 1쇄
발행 : 2016년 8월 15일 초판 1쇄

등록 : 제2014-000166호

주소 : 서울시 마포구 신촌로 2길 5-15
전화 : 02-338-9119
팩스 : 02-335-2201

ISBN : 979-11-86290-61-3 (93530)

파본이나 잘못된 책은 교환하여 드립니다.